張劍渝、王誼 / 主編

現代市場行銷學

(第五版)

全面系統闡述現代市場行銷學的立論和方法
理論性和實踐性相結合
緊密結合市場行銷學最新發展

財經錢線

第五版前言

　　本次修訂在保持上版市場行銷理論的系統性、表述的規範性、實踐的應用性的基礎上，對部分章節內容做了調整和補充，調整的內容主要是部分章節的取捨安排和書中引用的一些過於久遠的事例，補充的內容則集中在一些章節中的新概念、新動態。調整和補充的原則，是在保證教材體系的完備性、延續性、權威性的同時，讓內容與結構更具合理性、時代性。

　　本次修訂，得到了工商管理學院市場行銷系全體教師的大力支持，各位教師根據其教學過程中使用本教材的情況，提出了對有關章節的修改建議，正是在匯集各位教師及讀者們的建議的基礎上，我們完成了本教材的此次修訂。參與本次修訂的作者及其分工是：唐小飛，第一章；郭洪、王誼，第二章；羅永明，第三章；謝慶紅，第四章；譚慧敏、王誼，第五章；付曉蓉、謝慶紅，第六章；許德昌，第七章；陳靜宇、王誼，第八章；李永強、白璇，第九章；張劍渝，第十章；黃雅紅，第十一章；翁智剛、許德昌，第十二章。

　　全書由張劍渝總纂。

　　我們對向本次修訂提出寶貴建議的各位讀者表示由衷地感謝，並希望繼續得到廣大讀者的支持與厚愛。

編者

前言

現代市場行銷學是管理學、經濟學、社會學等多學科相互滲透的一門應用性管理學科，是市場經濟中非常重要和熱門的學科。在市場經濟條件下，現代市場行銷的理念、理論、原理、方法和策略不僅適用於社會各種營利性組織，而且廣泛地被政府部門和其他社會組織所採用。市場行銷在經濟建設中的作用不僅被更多的人所認識，而且越來越重要，已經成為整個社會活動中不可缺少的重要組成部分。市場行銷已不僅僅是企業的活動，而是整個社會的活動。隨著社會經濟的發展，人類社會已進入新的時代，信息經濟、知識經濟、服務經濟都對市場行銷提出了更高的要求，市場行銷從內容、範圍、層次等方面都要向更高的水準發展，世界已經進入了以市場行銷為核心的服務行銷時代。為了適應中國工商界市場行銷管理實踐的需要，以及滿足高等院校行銷管理課程教學的需要，我們組織編撰了這本《現代市場行銷學》。

本書主要有三個特點：

（1）全面系統地闡述了現代市場行銷管理的理論和方法，注重理論性和實踐性相結合。

（2）增加了最新的市場行銷學科發展內容，如行銷能力、整合行銷、服務行銷、網絡行銷、綠色行銷、數據庫行銷等方面的內容。

（3）每章均有小結和復習思考題，以便學生掌握課程的重點，進行復習或自學，提高分析問題和解決問題的能力。

本書主要作為工商管理類專業教材使用，也可作為高等教育自學考試經濟類專業以及各類培訓和自學教材使用。

本書參編人員如下：王誼，第二、五、八章；於建原，第一、十一章；許德昌，第七、十二章；張劍渝，第十章；謝慶紅，第四、六章；羅永明，第三章；李永強，第九章；翁智剛，第十三章。本書由王誼、於建原總纂。

對書中的不妥之處，敬請廣大讀者指正。

編者

目　錄

第一章　市場行銷的基本理論範疇與方法 …………………………………（1）

第一節　為什麼學習市場行銷 ………………………………………（1）
第二節　市場行銷的基本理論 ………………………………………（4）
第三節　經營觀念（行銷哲學）……………………………………（10）
第四節　市場行銷中的顧客滿意 ……………………………………（15）
本章小結 ……………………………………………………………（17）
本章復習思考題 ……………………………………………………（18）

第二章　市場行銷戰略規劃 …………………………………………………（19）

第一節　市場行銷戰略概述 …………………………………………（19）
第二節　企業總體戰略規劃 …………………………………………（21）
第三節　業務戰略計劃 ………………………………………………（33）
第四節　市場行銷計劃的內容 ………………………………………（38）
第五節　市場行銷管理過程 …………………………………………（40）
本章小結 ……………………………………………………………（44）
本章復習思考題 ……………………………………………………（45）

第三章　市場行銷研究 ………………………………………………………（46）

第一節　市場行銷研究的基本概念 …………………………………（46）
第二節　市場行銷研究設計與過程 …………………………………（47）
第三節　市場需求的衡量與預測 ……………………………………（56）
本章小結 ……………………………………………………………（64）
本章復習思考題 ……………………………………………………（65）

第四章　市場行銷環境 ………………………………………………………（66）

第一節　市場行銷環境的概念和特點 ………………………………（66）

第二節　微觀行銷環境 ……………………………………………… (68)
　　第三節　宏觀行銷環境 ……………………………………………… (72)
　　第四節　環境分析與企業對策 ……………………………………… (80)
　　本章小結 …………………………………………………………… (83)
　　本章案例 …………………………………………………………… (84)
　　本章復習思考題 …………………………………………………… (84)

第五章　消費者市場和購買行為分析 ……………………………………… (85)
　　第一節　消費者市場 ………………………………………………… (85)
　　第二節　影響消費者購買行為的主要因素 ………………………… (89)
　　第三節　消費者購買決策過程 ……………………………………… (98)
　　本章小結 ……………………………………………………………… (108)
　　本章復習思考題 ……………………………………………………… (109)

第六章　競爭分析與競爭戰略 ……………………………………………… (110)
　　第一節　分析競爭者 ………………………………………………… (110)
　　第二節　選擇競爭者與一般戰略 …………………………………… (116)
　　第三節　市場領導者戰略 …………………………………………… (119)
　　第四節　市場挑戰者的競爭戰略 …………………………………… (122)
　　第五節　市場追隨者和市場補缺者的競爭戰略 …………………… (125)
　　本章小結 ……………………………………………………………… (127)
　　本章復習思考題 ……………………………………………………… (128)

第七章　市場細分與目標市場行銷戰略 …………………………………… (129)
　　第一節　市場細分與細分因素 ……………………………………… (130)
　　第二節　目標市場與行銷策略選擇 ………………………………… (139)
　　第三節　市場定位策略 ……………………………………………… (148)
　　本章小結 ……………………………………………………………… (155)
　　本章復習思考題 ……………………………………………………… (157)

第八章　產品策略 …………………………………………………………… (158)
　　第一節　產品的概念、層次及分類 ………………………………… (158)
　　第二節　產品組合決策 ……………………………………………… (162)
　　第三節　品牌決策 …………………………………………………… (167)

第四節　包裝決策 ………………………………………………………………… (176)

　第五節　產品生命週期 …………………………………………………………… (179)

　第六節　新產品開發 ……………………………………………………………… (189)

　本章小結 …………………………………………………………………………… (199)

　本章復習思考題 …………………………………………………………………… (200)

第九章　價格決策 …………………………………………………………………… (201)

　第一節　制定價格 ………………………………………………………………… (201)

　第二節　新產品定價 ……………………………………………………………… (220)

　第三節　產品組合定價 …………………………………………………………… (221)

　第四節　價格調整策略 …………………………………………………………… (222)

　第五節　價格變動與對價格變動的反應 ………………………………………… (228)

　本章小結 …………………………………………………………………………… (234)

　本章復習思考題 …………………………………………………………………… (235)

第十章　行銷渠道的選擇與管理 …………………………………………………… (236)

　第一節　行銷渠道的概念、分類與功能 ………………………………………… (236)

　第二節　行銷渠道的演化 ………………………………………………………… (240)

　第三節　渠道設計決策及任務分配 ……………………………………………… (244)

　第四節　行銷渠道的管理 ………………………………………………………… (251)

　第五節　零售商、批發商的類型與行銷決策 …………………………………… (255)

　本章小結 …………………………………………………………………………… (264)

　本章復習思考題 …………………………………………………………………… (265)

第十一章　行銷溝通與傳播 ………………………………………………………… (266)

　第一節　行銷溝通原理與基本的行銷傳播工具 ………………………………… (266)

　第二節　行銷傳播過程與組織 …………………………………………………… (268)

　第三節　整合行銷傳播（IMC） ………………………………………………… (279)

　第四節　廣告 ……………………………………………………………………… (280)

　第五節　人員銷售 ………………………………………………………………… (287)

　第六節　銷售促進與公共關係 …………………………………………………… (294)

　第七節　直復和數字行銷 ………………………………………………………… (298)

　本章小結 …………………………………………………………………………… (301)

　本章復習思考題 …………………………………………………………………… (302)

第十二章　行銷演進 ……………………………………………（304）

　第一節　服務行銷 ………………………………………………（304）
　第二節　網絡行銷 ………………………………………………（316）
　第三節　大數據行銷 ……………………………………………（325）
　本章小結 …………………………………………………………（332）
　本章復習思考題 …………………………………………………（333）

第一章　市場行銷的基本理論範疇與方法

第一節　為什麼學習市場行銷

一、市場行銷具有普遍性

在市場經濟中，無論是個人還是組織，都需要通過交換來滿足自己的各種需要和慾望。在商品經濟或市場經濟中產生的交換，是滿足需要的最基本、最普遍的方法。用交換的方式來滿足不同組織與個人的需要，為經濟社會中的分工奠定了運行基礎。隨著社會分工的逐漸固定化，交換將一個經濟形態中處於不同分工的組織或個人聯結起來，以至於人類社會一旦離開了交換就無法正常運轉。市場行銷隨著時代的進步與發展應運而生，迄今為止，人們可以改變的只是交換活動的具體方法，而不能改變對它的依賴。根據市場行銷的功能以及發展狀況我們將其劃分成五個發展階段。

第一階段為萌芽階段（1900—1920年）。這一時期，各主要資本主義國家經過工業革命，生產力迅速提高，城市經濟迅猛發展，商品需求量亦迅速增多，出現了需過於供的賣方市場，企業產品價值實現不成問題。與此相適應，市場行銷學開始創立。早在1902年，美國密執安大學、加州大學和伊利諾大學的經濟系就已開設了市場學課程。哈佛大學教授赫杰特齊走訪了大企業主，瞭解他們如何進行市場行銷活動，並於1912年出版了第一本銷售學教科書。該書的出版是市場行銷學作為一門獨立學科出現的里程碑。這本教材同現代市場行銷學的原理、概念不盡相同，它主要涉及分銷和廣告學。韋爾達、巴特勒和威尼斯在美國最早使用「市場行銷」術語。這一階段的市場行銷理論同企業經營哲學相適應，即同生產觀念相適應。

第二階段為功能研究階段（1921—1945年）。這一階段以行銷功能研究為特點。該時期出版了《美國農產品行銷》一書，其對美國農產品行銷進行了全面的論述，指出市場行銷的目的是「使產品從種植者那兒順利地轉到使用者手中」。1942年，克拉克出版的《市場行銷學原理》一書，在功能研究上有創新，把功能歸結為交換功能、實體分配功能及輔助功能等，並提出了推銷是創造需求的觀點，實際上是市場行銷的雛形。

第三階段為形成和鞏固階段（1946—1955年）。這一時期的代表人物有範利（Vaile）、格雷特（Grether）、考克斯（Cox）、梅納德（Maynard）及貝克曼（Beckman）。1952年，範利、格雷斯和考克斯合作出版了《美國經濟中的市場行銷》一書，書中全面地闡述了

市場行銷如何分配資源及指導資源的使用，尤其是指導稀缺資源的使用；市場行銷如何影響個人分配，而個人收入又如何制約行銷；市場行銷還包括為市場提供適銷對路的產品。同年，梅納德和貝克曼在出版的《市場行銷學原理》一書中提出了市場行銷的定義，認為它是「影響商品交換或商品所有權轉移，以及為商品實體分配服務的一切必要的企業活動」。由此可見，這一時期已形成市場行銷的原理及研究方法，傳統市場行銷學已形成。

第四階段為市場行銷管理導向與協同發展階段（1956—1980年）。這一階段市場行銷學逐漸從經濟學中獨立出來，同管理科學、行為科學、心理學、社會心理學等理論相結合，使本身的理論更加成熟。1967年，美國著名市場行銷學教授菲利普·科特勒（Philip Kotler）出版了《市場行銷管理：分析、計劃與控制》一書，該著作更全面、系統地發展了現代市場行銷理論。他精粹地對行銷管理下了定義：行銷管理就是通過創造、建立和保持與目標市場之間的有益交換和聯繫，以達到組織的各種目標而進行的分析、計劃、執行和控制過程。他同時提出，市場行銷管理過程包括分析市場行銷機會，進行行銷調研，選擇目標市場，制定行銷戰略和戰術，制訂、執行及調控市場行銷計劃。菲利普·科特勒突破了傳統市場行銷學認為行銷管理的任務只是刺激消費者需求的觀點，提出了行銷管理任務還影響需求的水準、時機和構成，因而提出行銷管理的實質是需求管理，還提出了市場行銷是與市場有關的人類活動，其既適用於營利組織，也適用於非營利組織，擴大了市場行銷學的範圍。1984年，菲利普·科特勒根據國際市場及國內市場貿易保護主義抬頭導致出現封閉市場的狀況，提出了大市場行銷理論，即6P戰略：原來的四大策略（產品、價格、分銷及促銷）加上兩個P——政治權力及公共關係。他提出了企業不應只是被動地適應外部環境，而且也應該影響企業的外部環境的戰略思想。

第五階段為市場行銷全球化大發展階段。進入20世紀90年代以來，關於市場行銷、市場行銷網絡、政治市場行銷、市場行銷決策支持系統、市場行銷專家系統等新的理論與實踐問題開始引起學術界和企業界的關注。進入21世紀，互聯網的發展及應用使基於互聯網的網絡行銷得到迅猛發展。2001年中國加入世界貿易組織（WTO）標誌著中國的市場經濟已經融入世界經濟中。中國企業的行銷問題也越來越受到世界市場競爭的影響。無論是在國內還是在國外市場中，中國企業的競爭能力將受到世界最先進企業的挑戰。在這些挑戰中，我們首先需要學習和掌握這些國外先進企業的管理知識和方法，同時也要與之進行面對面的競爭，而中國企業經理人員就必須向全世界的最好的觀念打開它的大門。

二、市場行銷具有重要性

在市場經濟逐步完善的今天，對於作為獨立經濟實體的企業、公司來說，如果沒有在市場行銷上有積極有效的措施，並以科學、現代化的行銷手段來經營，肯定難以在競爭激烈的市場中生存。

市場行銷對社會發揮著巨大作用。首先，它可以解決生產與消費的矛盾，滿足生活消

費和生產消費的需要。在商品經濟條件下，社會的生產和消費之間存在著空間和時間的分離以及產品、價格、雙方信息不對稱等多方矛盾。市場行銷的任務就是使生產和消費之間不同的需要和慾望相適應，實現生產與消費的統一。其次，它可以實現商品的價值和增值。市場行銷通過產品創新和加速相互免疫的交換關係，使商品中的價值和附加值得到社會承認。再次，它可以避免社會資源和企業資源的浪費。市場行銷從顧客角度出發，根據需求條件按批生產，最大限度地減少產品無法銷售的情況。最後，它可以滿足顧客需求，提高人們的生活水準，最終提高社會總體生活水準和質量。

市場行銷為企業經濟增長的貢獻巨大，主要表現在其能夠解決企業成長和發展中的基本問題。企業是現代經濟的細胞，企業的效益和成長是國民經濟發展的基礎。市場行銷以滿足需要為宗旨，引導企業樹立正確的行銷觀念，面向市場組織生產過程和流通過程，不斷從根本上解決企業成長中的關鍵問題。而且市場行銷為企業成長提供了戰略管理原則，將企業成長視為與變化環境保持長期適應關係的過程。市場行銷還十分重視研究企業如何以滿足需求為中心，形成自己的經營特色，以保證立於不敗之地。

［案例分享］

加多寶：從一億到兩百億靠的是什麼？

2002年以前，從表面看，紅色罐裝王老吉（以下簡稱「紅罐王老吉」）是一個發展很不錯的品牌，在廣東、浙南地區銷量穩定，盈利狀況良好，有比較固定的消費群，紅罐王老吉飲料的銷售業績連續幾年維持在1億多元。發展到這個規模後，加多寶的管理層發現，要把企業做大，要走向全國，就必須解決一連串的問題，比如，如何使原本的一些優勢繼續發揮，避免成為困擾企業繼續成長的障礙。如何用好市場行銷手段，讓市場行銷成為企業突破瓶頸的利刃，成為管理者思考的重要問題。

2003年起，加多寶全面推進行銷戰略。

首先，明確王老吉的廣告策略——罐裝王老吉，預防上火的飲料。

其次，在廣告策略的基礎上發展創意策略，在表現形式上，符合飲料在消費者心目中的基本屬性，確定傳播內容的選取標準，傳播的重點是品類。廣告在中央電視臺投放，覆蓋面大。廣告新穎、合適，能集中火力，清晰地傳達出一個聲音：「怕上火，喝王老吉！」

2003年紅罐王老吉的銷售額比上年同期增長了近4倍，由2002年的1億多元猛增至6億元，並以迅雷不及掩耳之勢衝出廣東，2004年，儘管企業不斷擴大產能，但仍供不應求，訂單如雪片般紛至沓來，全年銷量突破10億元，以後幾年持續高速增長，2010年銷量突破180億元大關。

第二節　市場行銷的基本理論

一、市場行銷的定義

市場行銷，該詞譯自英語 Marketing，作為學科名詞時，也譯為市場行銷學。在中國港臺地區則譯為市場行銷，簡稱行銷。現代行銷之父、美國西北大學教授菲利普·科特勒提出了一個簡明的市場行銷的定義：滿足他人的需要且自己贏利。根據此定義，市場行銷不僅是指將產品銷售出去，或是銷售的數量；而且還要追求能以可以贏利的價格將產品銷售出去。也就是說，我們所說的市場行銷，不僅僅是指產品的銷售數量，同時還有一個更重要的義項：企業在市場中的盈利水準。要取得高盈利水準，企業及其經理人員就必須能夠對行銷活動開展卓有成效的、全面的管理。

美國行銷協會（American Marketing Associations，AMA）2004 年給市場行銷下了一個更詳盡和全面的定義：市場行銷是一項有組織的活動，它包括創造價值，將價值溝通輸送給顧客，以及維繫管理公司與顧客間關係，從而使得公司及其相關者受益的一系列過程。

根據此定義，我們知道，市場行銷包括四個基本義項：①市場行銷首先是有組織的活動，因而它需要被管理；②市場行銷是創造價值的活動，這個價值既不是單獨指向顧客的，也不是單純指向企業的，而是與所有利益相關者都有聯繫；③市場行銷的本質是顧客關係管理，而不是銷售，銷售是行銷中需要使用的眾多工具中的一種，但銷售不是行銷；④市場行銷具有過程性，是從生產價值、溝通價值到傳送價值的一系列活動過程的組合。

二、市場行銷過程要素

行銷要素前端具體內容如圖 1-1 所示。

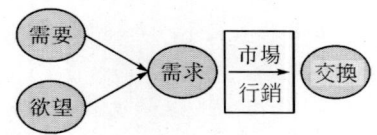

圖 1-1　行銷要素前端

（一）需要、慾望和需求

1. 需要（Need）

就社會整體的狀態來說，需要是指人類為了自身的生存和發展對物資和精神的基本要求；就個人而言，需要則是指沒有得到的基本的物質和精神滿足的一種感受狀態，如口渴時對於水的需要，饑餓時對於食物的需要，孤獨時對於交友的需要。任何一種需要沒有被

滿足，人就可能處於不安、煩躁、緊張甚至痛苦的感受狀態。需要的基本性質是它不依賴於行銷活動而發生。任何行銷組織和個人既不能創造需要也不能改變人的需要。需要是人類一切活動的出發點。

2. 慾望（Want）

慾望是指想獲得某種滿足需要的具體的物的願望。當一個人饑餓時，可以通過米飯、饅頭、麵包或其他任何一種食品來得到滿足。但究竟要通過什麼具體的食物來滿足對食品的需要，不同的人可以有不同的選擇，但滿足的需要——對食物的需要——是相同的。

如果人們的需要是屬於精神方面的，滿足這種需要的載體可能不再是有形物，而是一種精神性的享受過程，比如對音樂的需要，就要通過聽音樂作品來滿足。可見，滿足人們需要的「物」可以是「有形」的，也可以是「無形」的。通常，「無形物」表現為由某人為有需要的人提供的一種活動（如音樂家的演奏或用一種記錄媒體對存在的音樂作品的播放）。同樣的需要，可以由不同的物或活動方式來進行滿足。這種滿足方式上的差別，來源於人們的社會、經濟、政治、文化生活等方面的差異。

3. 需求（Demand）

需求是指人們有能力購買並願意購買某個（種）具體產品的慾望。

慾望使一個人對能滿足需要的物或活動有獲得的意願，但當他能通過購買方式來獲得某種物時，慾望就成為需求了。比如，普通中國人，在多少年前就想擁有汽車——這是慾望；但是這些人對汽車產品沒有需求，因為那時普通中國人的收入是不能支持其購買汽車的。進入 2001 年後，中國市場上的汽車產品甚至出現了供不應求的局面。這說明隨著改革開放和實行社會主義市場經濟，中國人民的收入大幅度提高了，從而具有了對汽車產品的需求。

由上述概念可以知道，任何企業要想進行行銷活動，都必須以需要為前提。任何行銷活動都不能創造需要，也不能消滅需要；但行銷活動能夠影響慾望的產生，經過行銷者的努力，能使慾望轉變為需求；只有當人們有了需求，行銷者才能將自己的產品出售給客戶。因此，市場行銷就是創造需求的活動。這就是所謂好的企業滿足市場需求，優秀的企業則創造市場需求。

（二）交換和交易

人的需要與生俱來，滿足需要的方式也很多，但只有用交換這種特定方式來滿足需要與慾望時，行銷活動才可能產生。交換是市場行銷活動的本質，交換的概念也是市場行銷學中的核心概念。

交換（Exchange）是指個人或集體通過提供某種東西作為回報，從別人那兒取得其所需要的東西的行為與過程。通過交換來滿足需要或慾望，與其他能滿足需要與慾望的方式相比，最大的不同在於：參與交換的每一方，通過交換以後，都能得到自己需要的東西；任何一方的需要與慾望的滿足，都不是以另一方的利益受損或受到傷害為代價的。參與交

換的任何一方，在交換之後，其利益一般都能夠增加，至少不會降低。因此，交換成為人類社會用於滿足需要與慾望最普遍的方式。

菲利普・科特勒指出，只有滿足五個充分且必要的條件，交換才能發生：

（1）至少要有兩方存在，即要有參加交易的人，自己和自己不能進行交換。

（2）每一方都要有被對方認為是有價值的東西，即有交易物。

（3）每一方都能夠溝通信息和傳送貨物，即信息與貨物能流通。

（4）每一方都可以自由地接受或拒絕對方的東西，即權力平等。

（5）每一方都要認為與另一方進行交易是適當的、稱心如意的，即各方通過交換，其境況都比沒有交換之前能得到改善。

只有具備上述所有條件後，交換才能進行。這些條件也是在現代行銷中，企業經理人員必須遵守的基本原理。企業經理人員對市場行銷活動所實施的任何管理，從本質上講，都是不斷創造或完備這五個充要條件的過程。

交換本身是一個過程，它由一系列事件組成。即便一項最簡單的交換活動，也需要參與方進行貨物查看、價格談判、轉移貨物和支付與結算。只有當所有參與交換的人都對上述條件達成一致時，各方才會將原來屬於自己的東西轉讓給對方，並從對方手中獲得作為回報的東西，也就是發生交易。交易（Transaction）就是指參與交換的雙方之間的價值交換。

交換實際是由交易的準備（尋找和達成雙方同意的交換條件）和交易（價值物易手）兩個部分組成。但是，在實際交換中，還需要確立一系列交易規則才行。比如，在完成已達成的交易協議前，如果任何一方反悔且對對方造成了損失，反悔一方將做出賠償。一項交易最終是否能夠完成，首先要取決於雙方對於交換是否有相同的基本要求，這種要求是建立在雙方都想獲得對方手裡的東西上的。從這個意義上講，行銷活動的實質就是變潛在交換為現實交換的活動和過程。交易的準備階段正是行銷者做出努力的階段；交易是這種努力取得的結果。

交易可以以貨幣為媒介，也可以不以貨幣為媒介。經濟學中也指出過，以貨幣為媒介的交易是最方便和最有效率的交易。但實際情況是，交易如果在一個國家內部進行，則主要是以貨幣為媒介；如果交易在不同國家之間進行，受各國貨幣相互之間可接受性的影響，也往往以貨幣為媒介。但如果在交易雙方都不能接受對方的貨幣的情況下，那就不得不採用物物交易了。所以，在國際市場上或國際貿易領域，現在也經常會採取以物易物、半貨幣半實物交易的方式，如「三來一補」「商品返銷」「補償貿易」「反向購買」「產品回購」等。這些也就是所謂的「對銷貿易」。

就行銷活動而言，無論發生在哪個領域，如工商企業對顧客的行銷，政治候選人對選民的行銷，學校對學生的行銷，行銷者期待的都是能得到某種反應：期待顧客的購買，選民的投票，學生的就讀。因此，行銷就是誘發交換對象產生一系列預期反應的行為。

要想產生行銷者希望的反應，行銷企業就要對目標顧客的需要進行瞭解，確定被行銷的對象希望得到什麼，並為之做好準備。在接近對方的過程中，行銷企業要向其傳達其希望得到的東西的信息，並與對方達成雙方能接受的交換條件。可見，在行銷活動中，要與交換的對方建立某種實現交易所需的行銷關係。這種關係就是一種交換雙方或多方以相互承認利益為基礎而建立的相互信任、瞭解和關心的信任關係。當這種關係建立起來後，就可以明顯地縮短每次交易的談判過程，以及避免由於需要相互防範增加約束條件而導致的交易費用的增加（如交易擔保）。這就是說，當交換雙方具有相互信任的關係或建立起這種關係後，就可以降低交易成本，減少交換雙方進行交易的時間，甚至使交易成為一種買賣雙方無須再進行選擇的慣例化的行為。人們所熟悉的購買「名牌」產品的市場現象，可以說是一種典型的慣例化交易。在這樣的交易中，行銷者與顧客都能節約精力和時間。這就出現了關係行銷的概念。與關係行銷相對應的那種在市場中隨機的、偶然接觸的行銷方式則屬於交易行銷。表1-1表明了這兩種行銷方式的典型差別。

表1-1　　　　　　　　　　交易行銷與關係行銷的主要區別

交易行銷的特點	關係行銷的特點
顧客平均化	顧客個別化
顧客匿名	顧客具名
標準化產品/服務	定制化產品/服務
大眾分銷	個別分銷
大眾化促銷	個別刺激
規模經濟	範圍經濟
市場份額	顧客份額
全部顧客	有盈利的顧客

（三）行銷對象

在市場行銷學中，凡是可以用於進行價值交換的事物都可以成為行銷對象。行銷對象可以是一個有形物體，如電視機、小汽車等；也可以是無形的，如醫療服務、教育服務、遊樂活動等。在市場行銷學中，我們可以把所有的行銷對象稱為產品，因為產品有兩種基本的形態——有形物與無形物。無形物通常習慣性地被稱為服務（活動）。行銷者和行銷對象屬於行銷要素後端，見圖1-2。

作為行銷對象的產品是滿足需要和慾望的媒介物。

一個人或一個組織購買別人創造的產品/服務，是因為這個產品/服務可以滿足其需要和慾望；一個生產產品的個人或組織，又為什麼要將自己的產品出售給別人呢？因為這個產品不能滿足生產者的需要和慾望，只有將其交換出去，才能換回能滿足生產商需要和慾

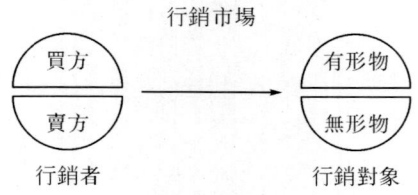

圖 1-2　行銷要素後端

望的別的產品、服務。

在這個過程中，顧客要求得到的是滿足其需要和慾望。這就是說，產品對於購買它的顧客具有價值；而生產者或產品出售者只有售出自己生產的產品或提供的服務，才能得到對自己有價值的產品、服務。因此，在市場行銷中，產品對於顧客來說，是需要和慾望的滿足；而對於出售者來說，是用一種價值物換回另一種價值物。在行銷活動中，產品的使用價值是對顧客而言的，產品的交換價值是對生產者而言的。生產者生產產品或服務就是提供一個可供交換的價值。所以，無論行銷者生產或經營的是什麼產品或服務，都不是用來滿足行銷者自己的需要的。生產產品不是行銷活動的目的，行銷者的直接目的是交換，因此，在市場行銷學中，有一個重要的定理——產品價值是由顧客來決定的！無論採用任何行銷技巧，都不能使顧客接受或購買對其來說沒有價值的產品。

這就產生了一個重要的行銷觀念：任何企業經營者的眼光，都不能只盯在自己的產品身上，而要盯在滿足顧客的需要和慾望上（顧客導向）。市場行銷活動也不是以產品為中心；相反，市場行銷活動是以滿足預期顧客的需要為中心。如果企業經營者不是這樣看待自己的產品，就必定會在行銷活動中患上「行銷近視症」（Marketing Myopia）。

（四）市場、細分市場和目標市場

交換需要在一定的空間和時間下進行，傳統的市場就是指商品交換的場所。菲利普‧科特勒將傳統的市場稱為市場地點。

在現代的交換活動中，買賣雙方並不一定需要在同一空間聚齊後才能進行交換。比如，20世紀90年代後期開始出現的電子商務，就是通過計算機信息網絡（虛擬的交易空間）進行的。因此，上述概念只是描述市場空間物理性，而不能反應市場概念的全部。行銷學中關於市場的概念採用的是經濟學的定義：一個市場是由對特定或某類產品進行交易的買方與賣方的集合。

由於採用機器大工業的生產組織方式（福特製），現代企業以極高的勞動生產率生產產品，使得生產具有集中化和專業化的趨勢。但是因為每個顧客的需求都有差別，單一生產一種產品是不能滿足所有顧客的要求的；如果按照每個顧客的不同要求提供他們各自分別需要的產品，又不能滿足成本經濟性要求。這就需要將具有不同需求的顧客區分開來，也就是對市場進行細分。當市場被細分後，企業就可以根據自己的資源情況、技術專長和

競爭能力，選擇只為其中一些細分市場提供產品或服務。被企業選為提供產品或服務的那些細分市場就是目標市場。細分市場（Segmentation Market）和目標市場（Target Market）是現代行銷學中的重要概念和理論範疇。在現實社會中，沒有任何一個企業可能滿足市場上所有顧客的要求，而只能滿足一部分顧客的要求，因此，企業只能集中為其能滿足的顧客提供產品或服務，使生產者的成本經濟性和顧客需求的差別性得到一個較好的平衡。

簡單行銷系統如圖1-3所示。

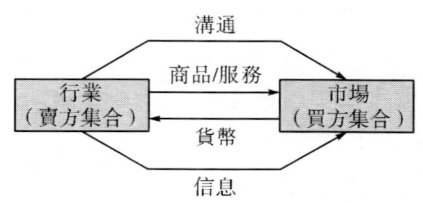

圖1-3 簡單行銷系統

（五）行銷者

市場行銷是交換活動。交換是為了滿足人們的需要與慾望。通過交換，參與交換的各方可以獲得自己所需、所欲之物。但有的時候，交換的各方對於交換的態度、要求、期望性等並非完全一樣。此時，多個賣方可能爭取與一個買主進行交換，由於買主有多個選擇，如果其中某個賣主實現了交換，則另外的賣主就不可能再與這個買主進行交換。這就是說，處於競爭中的賣方會更積極、主動地參與交換，並期望交換能夠成功；相反，對於一個特定的賣方來說，買方則不一定會積極、主動地進行交換。行銷者則是指在交換中積極、主動地參與交換的一方。

在交換中，誰是行銷者不取決於誰是產品的出售者，而是取決於競爭在哪一方發生。當企業面臨競爭時，企業（賣方）就是行銷者；如果顧客（買方）進行競爭，那麼顧客就是行銷者。在沒有競爭的情況下，一個企業也可以利用壟斷來迫使消費者在交換中順從它，從而使顧客成為行銷者。現代行銷研究的就是企業作為行銷者的問題。因此，當我們說一個企業是行銷組織時，就是說它在交換中要面對市場競爭。有時候，在一次交換中，可能參與交換的各方都在積極爭取實現交換。這時，我們稱交換的雙方（各方）都是行銷者，他們相互進行行銷。

有了行銷者的概念，我們得到一個重要的行銷學結論：由於行銷者在交換中處於更想實現交換的地位，因此，行銷者必須在交換活動中，事先為交換成功創造條件。這樣才能使預期的交換成為現實的交換。

在行銷活動中，競爭是一個永恆的主題，行銷活動的成功，也是在競爭中取得成功。圖1-4表明了現代行銷活動中的主要力量和構成系統。在這個系統中，競爭會促使企業不斷向顧客輸送價格越來越低而質量和價值越來越高的產品或服務。

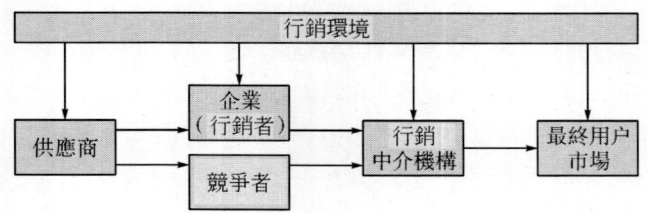

圖 1-4　現代行銷活動中的主要力量和構成系統

三、市場行銷的基本思想

綜上，要從事市場行銷活動，企業及其經理人員就應具備如下基本思想或觀念：

1. 消費者或顧客導向

市場行銷要求行銷者時刻瞭解消費者的需要和慾望，按消費者的需要與慾望生產和銷售產品或提供服務。因為行銷發生在有競爭的情況下，所以作為行銷者的企業必須首先準備好能夠被顧客認同為願意追求和接受的產品或服務，並要做出行銷努力爭取交換成功。

2. 活動一體化和整體性

企業從事的所有經營活動都必須服從市場的需要。企業要按照一個統一的市場目標來規劃和約束企業中不同職能部門和人員的行為。行銷決不僅是行銷部門的事，而且是整個企業的事。

3. 主動適應環境

顧客的需求會不斷發生變化，競爭者也會不斷追求對自己有利的行銷環境和結果，這些都不是以某個企業的意志為轉移的，因此，企業必須預見這些變化，並不斷調整自己的行銷方法，改變自己的競爭策略，不斷地主動適應外部環境的變化。

第三節　經營觀念（行銷哲學）

在行銷活動中，企業的具體行為方式千差萬別，但都反應的是對行銷的總體看法或思想。我們將這種對行銷的總體看法或認識，稱為經營觀念或行銷哲學。

從企業的發展歷史來看，企業的行銷活動都先後經歷了若干不同的經營觀念。通過剖析這些經營觀念，我們可以更好地理解現代行銷活動應奉行的經營觀念。

一、生產觀念（Production Concept）

生產觀念是最古老的經營觀念。生產觀念認為：消費者喜愛的是那些隨處可得、價格低廉的產品。所以經營者應該致力於提高勞動生產率，增加銷售覆蓋面。這個觀念的實質是賣方導向。

生產觀念認為消費者需要的是價廉物美的產品。所謂價廉物美，就是便宜和大量銷售的東西。遵循這樣的經營觀念，企業的努力方向是致力於提高勞動生產率。企業通過提高勞動生產率，既可以提高產量，又可以降低成本。因此，奉行生產觀念的組織，往往單一地生產某種產品，並希望通過擴大規模，使用效率更高的機器或用其他的方法，使產品的產量增加，成本降低；同時，採用廣泛的銷售渠道將產品盡量多地銷售到顧客手中。美國福特汽車公司的創始人亨利·福特被認為是這種觀念的創始人。他曾說過：「我不管消費者需要什麼，我只生產黑色 T 型車」。可口可樂公司原董事長伍德·魯福也曾「得意」地說過「可口可樂就是可口可樂，只有這種味道」。圖 1-5 為生產觀念示意圖。

致力於提高產品 → 增加銷售覆蓋面 → 提高生產率 → 降低成本 → 降低價格

圖 1-5　生產觀念示意圖

直到現在，某些企業組織仍然奉行生產觀念，尤其是那些排斥行銷觀念的組織。生產觀念的弊病在於：以生產者為中心，無視人的存在，對消費者的需要冷漠無情。「我生產什麼你就要什麼，你也才能得到什麼」是對奉行生產觀念的企業組織中的經理人員的最典型的寫照。同時，這種觀念對產品數量的關心更勝於對產品質量的關心。因此，在產品供應量充足、出現了競爭的市場上，奉行生產觀念的企業將遭受行銷失敗。

二、產品觀念（Product Concept）

產品觀念是繼生產觀念後出現的經營觀念。產品觀念認為：消費者需要的是高質量、多功能、有特色的產品，所以企業應該致力於生產高質量和高價值的產品，並不斷地改進產品。

與生產觀念相比，產品觀念是企業經營者對向市場的輸出物——產品本身更為重視的觀念。奉行這種觀念的經理人員，對於質量好、製作精致、有特色、功能多的產品非常迷戀和欣賞。因此，奉行這種觀念可能導致企業以產品為中心，迷戀自己的產品，而對消費者的需求變化視而不見。

產品觀念的產生，是由於在市場上產品供應比較充裕後，以數量取勝的生產觀念難以成功實現交換，特別是，當產品積壓時，增加產量的做法甚至會給企業帶來災難性的後果。

在西方，對產品觀念比較典型的表述是：「產品即顧客」。其意思是只要企業生產的產品好，就不愁沒有銷路，有好的產品，自然就有大量的顧客會找上門來搶購。這與中國過去經商者所尊崇的「酒好不怕巷子深」的思想或觀念完全相同。

從本質上講，產品觀念與生產觀念是相同的，仍然屬於生產者或賣方導向的經營思想，仍然是以生產者為核心的。產品觀念可能導致「行銷近視症」，即行銷者的眼光總是向內而不是向外看，總是看向自己的產品，而不是去看消費者或顧客的需求是否得到了很

好的滿足，顧客的需要和慾望是否已經發生了變化。

三、推銷/銷售觀念（Selling/Sales Concept）

推銷觀念出現於產品觀念之後，曾經為許多企業經營者所奉行，至今仍有相當數量的企業採用這種觀念，特別是那些不能正確區別行銷與推銷的企業組織。推銷觀念認為：若不對消費者施加影響，他們都不會購買足夠的某企業的產品，只有通過積極促銷和推銷，才能增加消費者的購買量。

推銷觀念之所以認為消費者不會購買足夠的產品，是以下列推論為前提的：消費者普遍存在購買惰性和對賣主的抗衡心理。購買惰性使消費者不願尋求不熟悉的產品，不願對市場上的好產品額外加以注意；抗衡心理則使消費者總認為賣主是想「騙取」他的錢財，所以對賣方缺乏信任。解決的辦法就是通過更多地向消費者做說服工作，施加影響，來解決消費者對產品不熟悉的問題，從而使消費者建立對企業產品和服務的信任。在這樣的企業組織裡，推銷與促銷的力度和方式被看成是決定經營成敗的關鍵。

不可否認，在現代市場經濟中，當企業面臨市場需求不足或產品有較大市場過剩時，推銷能發揮相應的作用。在這種情況下，企業需要多向消費者做說服工作，多向市場傳達產品和服務的有利信息。但是，「世界上最偉大的推銷員也不能將顧客不需要的產品賣出去」。

四、行銷觀念（Marketing Concept）

（一）行銷觀念

行銷觀念的出現被認為是對上述觀念的「革命」，行銷觀念認為：實現企業組織的目標的關鍵在於正確地確定目標市場的需要和慾望，並且比競爭對手更有效、更有力地傳送目標市場所期望滿足的東西。

行銷觀念所表達的基本意思是：企業要滿足交換對方——目標市場的需要和慾望，然後，還要用比競爭對手更好的作法，向目標市場輸送產品或服務。只有當目標市場的需要和慾望得到滿足時，企業組織才能實現其目標和利益。

顧客觀點與競爭觀點是行銷觀念的核心思想。顧客觀點表明，企業首先要從滿足顧客的需要出發，即從交換對方的要求出發；競爭觀點表明，企業為目標市場所做的一切，都需要時刻與競爭對手在同樣的市場範圍內進行比較，只有當顧客認為一個企業提供的產品和服務優於競爭對手時，企業才可能與這些顧客達成交易。

人們通常用「顧客是上帝」或「用戶是帝王」來通俗地表達行銷觀念。

（二）市場行銷與推銷的區別

市場行銷與推銷（Selling），無論在觀念，還是在實際做法上，都具有重要的區別（如圖1-6所示）。

第一章 市場行銷的基本理論範疇與方法

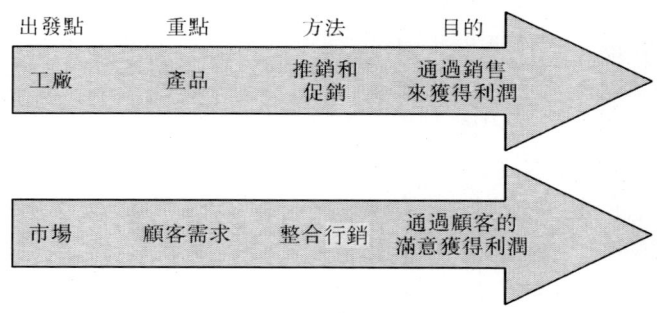

圖 1-6 推銷與行銷的區別

（1）推銷強調和注重的是賣方的需要和利益；行銷強調和注重的是買方的需要和利益。

（2）推銷將賣方的需要作為活動的出發點，主要考慮如何將既有的和能生產的產品售出，得到收入；行銷則以滿足顧客的需要作為活動的出發點，通過不斷滿足顧客的需要和慾望來獲得企業的利益。

（3）推銷是以生產者為主導的，在觀念上認為「我生產什麼，顧客才能得到什麼」，因此顧客應服從生產者；行銷是以顧客為主導的，在觀念上認為生產者應服從消費者或顧客，顧客需要什麼才應生產什麼。

五、全面行銷觀念

行銷觀念並非完美的行銷思想，因為行銷觀念把滿足消費者的需要置於前所未有的高度，盡力在行銷活動中使消費者滿意，這樣會導致過分強調滿足個別消費者，而忽視其他消費者和社會的整體利益的情況出現。也就是說，正確的行銷思想應在公司利益、消費者利益和社會整體利益上取得平衡，應該貫穿事情的各個方面。由此便產生了全面行銷觀念。

全面行銷觀念強調公司的行銷應當包括四個行銷主題：

（一）關係行銷

關係行銷要求企業不僅要與顧客建立持久的關係，還要同所有利益相關者——公司的業務合作者（如供應商）、渠道成員、股東（投資者）、其他社會組織（政府、社會群體）建立長期的相互關係。企業只有很好地協調與這些利益相關者的利益，通過建立和諧的利益關係，才能贏得社會的支持和顧客的忠誠。

在建立的這些關係中，企業與供應商和業務合作者建立的關係，將形成「行銷網絡」（Marketing Network）。這使得競爭從過去以企業為獨立的市場競爭者之間的競爭變成行銷網絡的競爭。在這樣的網絡化利益結構中，企業之間的競爭是群體性的，而群體競爭會帶

13

來價值鏈的分工。這將促使企業從過去追求一個企業最優變為爭取整個網絡的最優。因為只有產生整體價值最大化，才能使一個行銷網絡比其他競爭行銷網絡得到更多的收入和利潤。

關係行銷的另一個核心是使顧客的滿意程度得到最大限度的提高。需要採取的方法是與顧客進行「個別接觸」並滿足顧客對產品的個性化要求。這被稱為是將過去的「一對多」的行銷變成「一對一」的行銷。企業採取定制行銷的做法，需要依賴更多的條件。但是，在當今市場上，由於消費者對市場的控制權增強，不能提高個性化產品和服務的企業，就會越來越缺乏市場競爭力。

(二) 整合行銷

在整合行銷觀念的指導下，就整合如何對行銷進行操作的問題，企業採用了行銷組合（Marketing Mix）的概念。它包括四個基本的行銷工具，簡稱 4Ps：產品（Products）、價格（Price）、渠道（Place）和促銷（Promotions）。過去人們認為這些行銷組合工具是「獨立變量」。但整合行銷則認為企業要通過不同的具體行銷活動和工具向顧客傳遞和溝通價值，同時，這些行銷組合工具產生的效果必須使顧客對企業的行銷有統一的認識。因此，各種行銷職能或因素，如推銷、生產、產品設計、廣告、行銷調研等都必須相互協調，通過相互配合產生出顧客願意購買企業的產品或服務的效果。企業行銷管理部門應與其他職能部門相互協調，使其他部門都認識到，企業的一切工作，都是為了顧客。如果整合行銷能減少企業內非行銷部門與行銷部門的衝突，將會有效地提高整個行銷活動的效率。

(三) 內部行銷

整合行銷的實現，還需要依賴內部行銷的方法。內部行銷的基本思想是通過訓練和激勵，使企業的所有員工都能很好地為顧客服務，將顧客滿意作為自己的工作目標。

整合行銷還提出了對企業組織機構的新看法，即在一個樹立了行銷觀念並能真正將其貫徹的企業組織內，應該建立如圖 1-7 所示的組織關係。

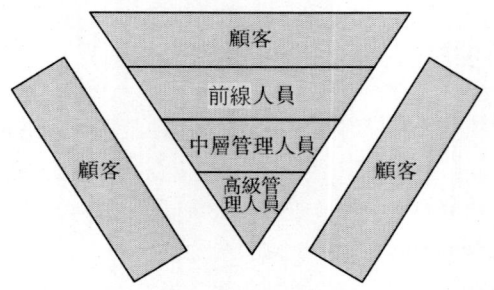

圖 1-7　樹立整合行銷觀念的企業的組織機構關係示意圖

(四) 社會責任行銷

對行銷觀念提出批評的人認為，推行行銷觀念的企業，難以做到在滿足個別消費者需要的同時兼顧其他消費者的利益和社會的整體利益。企業在滿足消費者當前利益的時候，可能損害人類社會的長遠利益。所以，正確的行銷觀念應在公司利潤、消費者需要和社會利益三者之間取得平衡。由此便出現了像「人道主義行銷」「綠色行銷」「可持續行銷」等觀念。這些觀念都可以被統稱為社會行銷觀念。社會行銷觀念反應出，在現代社會中，人們更重視社會各個階層成員的和諧、人與自然的和諧、社會發展的可持續性等。因此，這使得行銷超越了公司實現產品銷售的狹隘領域，將行銷活動引入更為廣闊的人類社會生活和發展空間中。

第四節　市場行銷中的顧客滿意

正確的行銷方法是「吸引」顧客，而不是「強迫」顧客接受產品和服務。因此，市場行銷就是圍繞如何提高顧客價值來展開的——這是市場行銷的基本方法論。圖 1-8 為市場行銷過程元素圖。

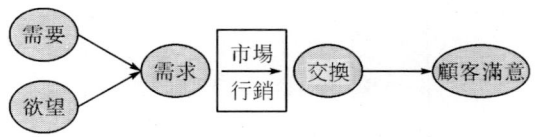

圖 1-8　市場行銷過程元素圖

一、顧客價值

顧客的購買行為，是選購一個產品的過程。在這個過程中，顧客會按照「價值最大化」原則，從眾多的品牌和供應商中選擇自己所需要的產品和服務。其中，「價值最大化」是顧客每次交易力爭實現的目標，也是顧客評判交易成功與否的標準。所以，顧客在選擇願意與之進行交易的行銷者時，會事先形成一種價值期望。將期望的價值與獲得的實際價值進行比較，是顧客衡量是否得到了「最大化價值」的現實評判方法。

顧客價值包含兩個相聯繫的概念：總顧客價值和總顧客成本。

總顧客價值是指顧客期望從某一特定產品或服務中獲得的一系列利益構成的總價值。總顧客價值包含四個方面的內容：①產品價值，即顧客購買產品或服務時，可以得到的產品所具有的功能、可靠性、耐用性等；②服務價值，即顧客可能得到的使用產品的培訓、安裝、維修等服務；③人員價值，即顧客能與公司中的訓練有素的行銷人員建立相互幫助的夥伴關係，或者能及時得到企業行銷人員的幫助；④形象價值，顧客通過購買產品與服務，使自己成為一個特定企業的顧客，如果企業具有良好的形象與聲譽，顧客則可能獲得

他人的贊譽，或者通過與這樣的企業發生聯繫而體現出一定的社會地位。

總顧客成本是指顧客在評估、獲得和使用產品與服務時預計會發生的全部耗費。顧客不可能無償地獲得上述一系列價值，一般有四種耗費會發生：①貨幣成本，即顧客購買一個產品或服務，需要支付的貨幣或者服務價格；②時間成本，即顧客在選擇產品時，學習使用、等待服務等所需付出的成本或損失；③精力成本，即顧客為了學會使用和保養產品，為了聯絡行銷企業的人員，或者為了安全使用產品而付出的擔心等；④體力成本，即顧客為了使用、保養和維修產品而付出的體力。

與上述兩個概念緊密相關的一個概念是顧客讓渡價值。顧客讓渡價值（Customer Delivered Value）是指總顧客價值與總顧客成本的差額。總顧客價值越大，總顧客成本越低，顧客讓渡價值越大（如圖1-9所示）。

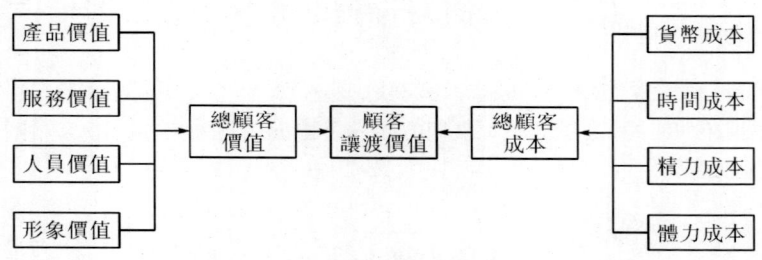

圖1-9　顧客讓渡價值

顧客讓渡價值包含的思想與傳統的觀念有根本的不同：一是顧客購買產品所獲得的不僅僅是產品具有的功能和質量；二是顧客購買產品所付出的也不僅僅是購買價款。讓渡價值可以看成是顧客購買產品時所獲得的「贏利」。現在我們知道，如同任何廠家希望通過銷售產品獲得盡可能高的利潤一樣，顧客也希望通過購買產品實現利益最大化。

需要說明的是，限於不同顧客具有的知識、經驗等的差異，一個特定的顧客爭取最大讓渡價值的過程是一個「試錯」的過程，是逐漸逼近最大讓渡價值的過程。也就是說，一個特定顧客的某次購買活動，也許並沒有使他實現讓渡價值最大化。但是，當這位顧客重新購買時，他會通過累積的經驗和知識，來增加其獲得的讓渡價值。只有那些能夠比競爭對手提供更大的顧客讓渡價值的企業，才能保持住已有的顧客；只有不斷提高顧客讓渡價值的企業才會擁有忠誠的顧客。

提高顧客讓渡價值有三種渠道：①盡力提高顧客價值；②盡力減少顧客成本；③在提高顧客價值和減少顧客成本兩個方面都做出努力。

二、顧客滿意

顧客讓渡價值很好地說明了顧客的購買選擇與行為取向。但顧客的讓渡價值僅僅是其選擇購買哪個廠家的產品時做出的一種價值取向和判斷。顧客對於任何企業的產品或服務

的信任，不是建立在一次性的購買和使用上的，顧客對其每次購買活動，是按照滿意程度給予評價。滿意的顧客是企業最大的行銷財富，因為顧客通常反覆購買令其感到滿意的企業的產品或服務。同時，滿意的顧客將影響別人的選擇，是企業最好的廣告。

顧客滿意（Costumer Satisfaction）是指顧客通過對一個產品的可感知績效（Perceived Performance）與預期績效（Expectation Performance）的比較而形成的感覺狀態。顧客的可感知績效是指購買和使用產品以後可以得到的好處、實現的利益、獲得的享受和被提高的個人生活價值。顧客的預期績效指顧客在購買產品之前，對於產品具有的可能給自己帶來的好處、利益及提高自己生活質量的期望。

顧客滿意可以通過上述二因素的函數來表示，如圖1-10所示。

$$顧客滿意 = f(可見績效, 預期價值) \begin{cases} 很滿意（可見績效 > 預期績效）\\ 滿意（可見績效 = 預期績效）\\ 不滿意（可見績效 < 預期績效）\end{cases}$$

圖1-10　顧客滿意函數示意圖

[案例分享]

顧客永遠是正確的

上海曾有一家永安公司，以經營百貨為主。老板郭樂的經營宗旨是：在商品的花色品種上迎合市場的需要，在銷售方式上千方百計地使顧客滿意。商場的顯眼處用霓虹燈制成的英文標語（Customers are always right!）是每個營業員必須恪守的準則。

本章小結

在任何以交換作為需要與慾望滿足方式的社會中，行銷具有普遍性。市場行銷從需要出發，通過影響慾望的產生和創造需求，用產品或服務來滿足顧客。在行銷活動中，積極、主動地想實現交換的一方為行銷者，行銷者通過創造性的努力，完備交換必需的五個條件，用比競爭對手更有效的方法來向目標市場傳送希望滿足的東西，使潛在交換變為現實交換。

歷史上先後出現過五種不同的行銷思想或觀念。行銷觀念是一種革命性的觀念。這種觀念要求企業從顧客的需要和利益出發來考慮和安排整個企業的行銷活動。但行銷觀念也具有時代的局限性，因此，當今的企業應該奉行全面行銷觀念。

行銷活動的基本方法是使顧客滿意，因此創造和提高顧客價值是行銷的基本方法。要增加或提高顧客價值，就要提高顧客讓渡價值，從而達到提高顧客滿意度的目的。行銷者要從適當降低顧客對企業產品或服務的預期績效與提高可感知績效的角度，來提高顧客的滿意度。這要求不斷提高顧客讓渡價值系統的效率。為此，企業需要在行銷活動中採用和實施全面質量行銷。

本章復習思考題

1. 什麼是市場行銷？
2. 市場行銷在決定企業的競爭能力中應該處於怎樣的地位？為什麼？
3. 試舉一例，說明需要、慾望與需求有什麼區別。
4. 如果有這樣兩個企業：一個盡力降低產品價格來增加銷售量以提高企業的收入；另一個則不斷提高產品質量，通過提高產品價格來提高收入。你認為哪種行銷做法才是正確的？
5. 為什麼說行銷不是推銷？
6. 試以一個你瞭解或熟悉的企業為例，說明如何才能實行社會責任行銷。
7. 質量好、定價高的產品是否就一定是好的產品並能為企業帶來更多的盈利？為什麼？

第二章　市場行銷戰略規劃

對於企業而言，做正確的事（效能）要比正確做事（效率）顯得更為重要。在環境多變、競爭日趨激烈的市場條件下，制定正確的戰略規劃是企業長期生存和發展所需要解決的首要問題。本章闡述企業總體戰略、業務單位戰略和行銷戰略這三個層次的企業戰略計劃的制定過程以及市場行銷管理過程問題。

第一節　市場行銷戰略概述

一、市場行銷戰略的概念

「戰略」（Strategy）一詞源於希臘語 Strategos，意為「將軍的藝術」，原意是指軍事方面的重大部署和安排，後被廣泛應用於政治和經濟等領域。對於企業來說，企業戰略可理解為企業為實現預定的目標所做的全盤考慮和統籌安排。市場行銷戰略（Marketing Strategy）是指在市場行銷活動中，企業為實現自身的行銷任務與目標，通過分析外部環境和內部條件，所制定的有關企業行銷活動安排的總體的、長遠的規劃。

行銷戰略強調了兩點：一是企業必須根據環境狀況、資源供應和利用情況來確定未來一定時期內的合理的經營目標；二是為完成所確定的目標，企業需要規劃實現目標的行動方案。實現企業目標的方法和途徑一般不止一種，相對而言，在現有的資源條件下，總存在一種最好或最有效的方法和途徑，這就需要在能夠實現目標的多個方案中，選擇對本企業來說相對最好的方案。也就是說，為達到預定的經營目標，企業要確定一個能使本企業的資源被充分利用，使市場需要被充分滿足的行動方案。

二、企業戰略層次

許多大型企業一般包括四個不同的組織層次：公司層、部門層、業務層和產品層。首先，企業總部負責整個企業戰略計劃的設計，以指導整個企業的營運，統籌總部給每個業務單位提供多少資源以及開發和放棄哪些業務單位等。其次，每個總部部門也都必須制訂相應的部門計劃，將整個企業的戰略計劃細化，以便把企業資源有效地分配給總部下屬的各個業務單位。我們將公司層面和部門層面的計劃統稱為企業總體戰略。再次，各業務單位也必須制訂各自的業務單位戰略計劃，以便有效利用資源，取得良好的經濟效益。最

後，在每個業務單位的各個產品層次上，也要制訂相應的行銷計劃，以便在特定的產品市場上實現預定的目標。所以，企業戰略可以分為：企業總體戰略、業務單位戰略和產品戰略，而市場行銷戰略是產品戰略中的一個十分重要的戰略。企業戰略結構體系和不同層次戰略需要完成的主要工作內容見圖2-1。

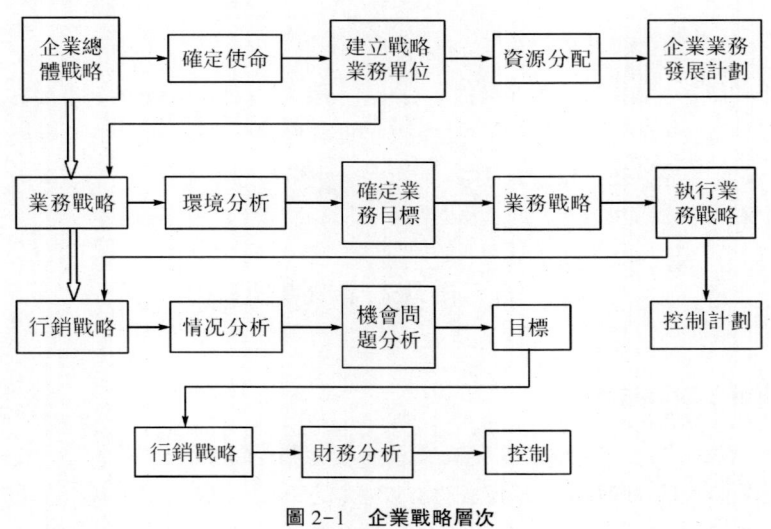

圖2-1　企業戰略層次

三、市場行銷戰略的特徵

企業市場行銷戰略的關鍵是把握環境變化的趨勢和自身的能力，在充分分析條件的基礎上，確立正確的戰略經營思想，進行科學的戰略決策，制定合理的發展方針、目標、產品結構發展方向，實現企業環境、企業能力與企業經營目標的動態平衡和統一，謀求良好的經濟效益。企業市場行銷戰略著眼於整個企業發展的全局，目的在於解決對全局有長期決定性影響和帶方向性的重大問題。因此，企業市場行銷戰略是企業全部行銷活動中最高層次的行銷決策，具有以下主要的特徵：

（1）全局性。企業行銷戰略是全局性的策略，確定行銷戰略就要從企業的生存和發展角度考慮。企業行銷戰略包括企業對自身發展的總體規劃和整體策略手段，它是企業在市場經營中做出的事關企業全局和未來發展的關鍵性戰略。

（2）長遠性。企業行銷戰略是企業長遠發展的綱領，是企業為適應未來環境變化，實現其長遠目標的對策。它不是為了維持企業的現狀，而是為了創造企業的未來。

（3）對抗性。正像沒有戰爭就沒有戰略一樣，沒有激烈的市場競爭，也就不需要行銷戰略。企業行銷戰略總是要針對特定的環境和對手制定，它是為戰勝競爭對手而制訂的一整套行動方案。

（4）相對穩定性。企業行銷戰略一經制定，在一個戰略週期內要保持相對穩定，以便企業能夠執行規劃的行動方案，實現戰略目標。

第二節　企業總體戰略規劃

企業的市場行銷工作必須遵循企業總體戰略所確定的戰略方向。企業的總體戰略是企業最高管理層組織和控制企業行為的最高行動綱領，是企業所有戰略中最高層次的戰略。企業總體戰略規劃是一個在目標、資源、技能和市場環境之間建立與保持一種可行的適應性管理的過程。企業總體戰略將企業的經營活動進行整體的規劃和統一的安排，使得企業活動目標一體化；同時，在戰略的指導下，企業才能主動地、有預見性地、方向明確地根據市場環境的變化來調整自身的各項經營活動，減少盲目性，使各項經營業務相互協調、相互支持，最終使企業的有限資源得到有效的配置和利用。

企業總體戰略規劃包括四項基本的戰略計劃活動：一是確定企業使命；二是建立戰略業務單位；三是為戰略業務單位分配資源；四是發展新業務。

一、確定企業使命

企業使命（Mission）也稱為企業戰略任務，是指某個企業關於自身存在價值的系統思考，是對「企業的事業是什麼？」和「企業要成為什麼？」這兩個事關企業全局和未來發展方向的重大問題的明確回答。關於企業使命的書面的、正式的和公開的陳述就是企業使命書或者使命宣言（Mission Statement）。企業使命明確了企業做什麼事業（經營範圍）和事業要做得怎麼樣（目標），是指引企業所有成員活動的一只「看不見的手」。

（一）影響企業使命的主要因素

一個企業使命通常由五個關鍵性要素決定。

（1）歷史和文化。每一個企業都有自己的由來和發展的歷史，都有自己的經歷、制度變遷、失敗與成就、公共形象等，累積了許多寶貴的歷史經驗和教訓，並形成了自己的企業文化。每個組織都有自己的目標、方針和發展歷史。所以，在制定新的戰略任務時，企業必須充分考慮歷史和文化的延伸性。

（2）所有者和管理者的偏好。企業董事會和經理層有他們自己個人的觀念和目的，有其獨特的性格、業務專長、文化背景和管理風格，由此形成其對企業發展和管理的偏好，從而會影響對企業經營領域和經營目標的認識。

（3）市場環境。市場環境的發展變化可能給企業帶來市場機會或者構成市場威脅，企業在制定行銷戰略時必須加以考慮。企業的戰略發展方向應該能充分利用出現的市場機會，避開環境威脅，尤其是那些對企業發展可能具有毀滅性的威脅，必須具有切實的措施或對策來避免其可能對企業造成的危害。

（4）資源。企業的資源不僅是指傳統意義的人、財、物等資源，也包括企業的人員素質、管理水準、社會責任、品牌、使用和開發新技術的能力等。企業資源的有限性與優劣勢使得企業能夠完成某些任務，同時又會限制另外一些任務的完成。企業所制定的戰略任務最終能否完成，必定會受到企業資源特徵的限制。所以，規定企業的戰略任務，必須既要有資源的保證，又要充分利用資源。

（5）核心競爭力。企業應根據自己獨有的能力和優勢來選擇自己的經營業務，揚長避短，才能保證在市場競爭中取得優勢地位。

（二）制定企業使命書

為了明確企業長期發展方向和任務，企業應編寫使命書，使企業的每個成員都負有一種使命感，都能為了實現企業的目標努力工作。任務書應包括以下兩個方面的內容：

1. 經營業務領域

經營業務領域表明企業未來在哪些行業領域從事生產經營活動，參與競爭。基本的要素包括：

（1）行業範圍。有的企業只在某一個行業內經營，實施專業化經營；有的偏好跨行業，進行多角化或多元化經營。

（2）市場範圍。這是指企業服務的市場或顧客類型。有的企業以大眾為服務對象，有的專門服務於中低收入者，有的專為高收入者群體提供產品和服務。

（3）能力範圍。這是指企業目前或者希望未來能夠掌握和支配的技術與其他核心能力所涉及的領域。

（4）地理範圍。就是企業活動的區域範圍，可分為地區性、全國性和世界性三種類型的企業。

除了以上四個方面的基本內容之外，有些企業使命陳述書還明確提出了企業經營倫理、經營方針政策、縱向範圍（即企業自給自足的供應程度）、產品範圍及應用領域等其他一些內容。

2. 願景

願景（Vision）是企業對未來發展的期望和描述，說明的是企業將來想要的「樣子」。這是企業努力奮鬥的前進方向，可幫助員工、利益相關者和公眾對企業的未來有個清晰的瞭解和認識。

企業在制定使命書時還應注意一些事項：

一是企業在確定其使命時應該從產品導向轉向市場導向，因為企業的市場定義遠比企業的產品定義更加重要。企業必須將其經營活動看成是一個滿足顧客的過程，而不是一個生產產品的過程。任何產品及其技術都是有生命週期的，而滿足顧客需要則是永恆的。一家生產人力運輸車的企業在汽車問世後不久就會被淘汰，但如果它能明確界定其使命是提供交通工具，它就有可能從生產人力運輸車轉向生產汽車，從而抓住市場先機。

二是企業所確定的使命應該是具體和切實可行的指導方針，絕不能將企業使命書作為公共的工具。因此，要注意避免兩種傾向：一種是對企業業務範圍的規定過於狹窄，這將導致企業不能把握市場上出現的有利於其發展的機會，從而限制企業的進一步發展或者貽誤市場機會；另一種是將企業的業務範圍定義得太過廣泛，這將使企業在發展過程中目標不明確，經營無重點，從而使企業無法在市場競爭中發揮自身的優勢。

三是企業使命是全局性、長遠性和預見性的重大規劃，所揭示的是企業今後十年、二十年甚至更長時期的發展藍圖，因而企業使命一經確定就不能輕易改變，要保持穩定性；除非戰略環境確實發生了巨大的變化。

此外，在企業使命書中不宜過度宣揚盈利性或者類似的目標，因為銷售收入或者利潤增長是社會對於企業使命及其履行狀況的評價和回報，而企業更應當關注於為自己的顧客創造價值。

二、建立戰略業務單位

在確定了使命之後，企業就要規劃戰略業務單位，將企業戰略使命具體化，也就是將戰略使命確定的經營業務領域落實到企業內部具體的各個經營單位中。企業中獨立經營某項業務的單位就是企業的一個戰略業務單位（Strategic Business Unit，簡稱SBU）。企業的業務單位可以從以下三個方面加以劃分：①企業所要服務的顧客群，即市場類型；②企業所要滿足的顧客需要，即市場需求類型；③企業用以滿足顧客需要的產品或技術，即產品技術類型。企業可以依據顧客差異、顧客需要的差異或者產品技術的差異來區分戰略業務單位，因此戰略業務單位可以是企業的一個部門，或者是部門中的一條產品線，或者就是某種產品或某個品牌。一個戰略業務單位是企業能為其制訂專門的行銷戰略計劃的最小經營單位。

理想的戰略業務單位有四個基本特徵①：

（1）用有限的相關技術為一組同類市場提供服務。應保證一個戰略業務單位裡的各產品/市場單位的差異最小化，使業務單位的管理者能更好地制訂、實施具備內在連貫性和一致性的業務戰略。

（2）有一組獨一無二的產品/市場單位。企業內部沒有其他戰略業務單位生產類似產品以爭取相同的顧客，因此能夠避免重複努力，並使其戰略業務單位的規模達到規模經濟。

（3）控制那些對績效必不可少的因素，如生產、研發和行銷等。這並不是說，一個戰略業務單位不能與另一個或多個業務單位分享諸如生產廠房、銷售團隊等資源，而是戰略業務單位應該清楚，如何分享這些共同的資源從而可以更有效地實施其戰略。

---

① 小奧威爾·C.沃克，約翰·W.馬林斯.行銷戰略：以決策為導向的方法：第7版［M］.李先國，等譯.北京：北京大學出版社，2014.

（4）對自己的利潤負責。

企業一般根據經營規模、產品品牌的複雜性、管理效率以及應對市場變化的需要來建立戰略業務單位，使企業能對戰略使命的實施實行有效的管理，從而實現企業的戰略目標。

三、為戰略業務單位分配資源

企業建立了戰略業務單位之後，接下來要做的事情就是將企業有限的資源在各個戰略業務單位之間進行合理的分配，以使資源利用效率最大化。在各個戰略業務單位之間分配資源，也稱為企業的業務組合或者投資組合。業務組合的規劃包括兩個步驟：首先，企業必須分析當前的業務組合狀況，即各個戰略業務單位未來的發展狀況，並據此確定哪些業務應該加大投資，哪些業務應該維持原有的投資，哪些業務應該減少投資，哪些業務應該撤資；其次，根據業務增減和建立新的戰略業務單位制定新的業務組合戰略。

制訂企業業務組合計劃，有兩個著名的方法，即波士頓諮詢公司法（Boston Consulting Group model，簡稱「BCG法」）和通用電氣公司法（The General Electric Model，簡稱「GE法」）。

（一）波士頓諮詢公司法

1. 方法概述

波士頓諮詢公司在20世紀60年代初期首創了成長—份額矩陣（Growth-share Matrix）法，用來分類和評價企業現有的戰略業務單位，並從整個企業戰略發展的角度對各個業務進行投資資源的分配。由於該方法構造了一個四象限分析矩陣，因此也被稱為波士頓矩陣法，簡稱「BCG法」（如圖2-2所示）。

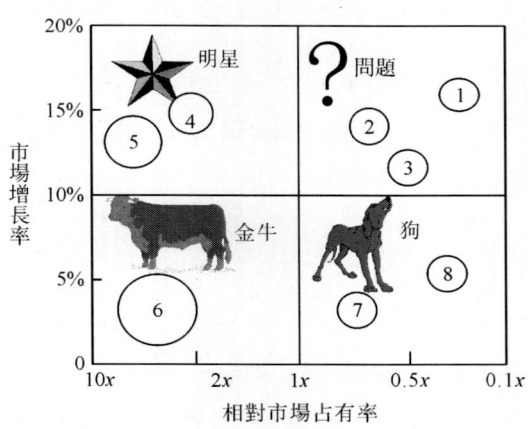

圖2-2　波士頓矩陣法

這種方法假定所有企業都是由兩個以上的戰略業務單位組成的，每個業務單位都有明顯不同的產品市場，因此企業必須為每個業務範圍制定目標和戰略，而目標和戰略又是由

相對競爭地位（相對市場佔有率）和市場增長率這兩個因素決定的。

在圖2-2中，縱坐標表示市場增長率（大多是指某項業務所在市場的年平均銷售增長率），一般以年為單位；增長率高低的標準可由具體市場情況而定。圖2-2中假設以10%的增長率為界，10%以上為高增長率，低於10%則為低增長率。市場增長率反應了某個戰略業務單位所提供的產品市場的成長機會。

在矩陣中，橫坐標為相對市場佔有率，這是指某個戰略業務單位與其最大的競爭者之間在市場佔有率上的比率。如果某個戰略業務單位相對市場佔有率為0.5，說明它的市場佔有率是最大競爭者市場佔有率的50%；若相對市場佔有率為2，則表示企業的市場佔有率為最大競爭者市場佔有率的2倍。可見，相對市場佔有率比市場佔有率更能表明市場競爭態勢，用公式表示為：

相對市場佔有率＝企業某個戰略業務單位的市場佔有率÷最大競爭者的市場佔有率×100%

矩陣圖中的圓圈代表戰略業務單位，圓圈的位置（圓心）是由戰略業務單位的市場增長率和相對市場佔有率值所確定的。圖2-3中每一個圓圈表示一個戰略業務單位（圖2-2中一共有八項），圓圈的大小表示每個戰略業務單位年銷售額的多少。波士頓矩陣圖將企業所有戰略業務單位分為以下四種類型：

（1）問題類（Question Marks）。這類業務的特點是具有較高的市場增長率和較低的相對市場佔有率。大多數戰略業務單位在最初起步時都處於這種狀況。存在這類業務的原因一般包括兩個方面：一是這類業務的市場需求增長迅速，而企業剛開始介入該市場或者過去的投資額較少，因而其市場份額小；二是企業經營的這類業務較之競爭對手相同的業務來講，可能缺乏競爭優勢。如果要進一步發展問題類業務，企業就需要投入大量的資金，添置廠房、設備、引進人員，以跟上迅速成長的市場需求和趕超其他競爭對手。問題是如果企業在這些業務上繼續增大投資，而最終不能獲得一個有利的市場競爭地位，將無法收回投入的資金或者不能達到預期的投資回報率。所以，企業必須慎重考慮是否要對問題類業務進行大量投資或者及時從前程未卜的「問題」中擺脫出來，放棄這類業務。

（2）明星類（Stars）。這類業務的特點是具有較高的市場增長率和相對市場佔有率（處於市場領先者地位）。經營成功的問題類業務，會發展成為明星類業務。但是，對於這類業務企業仍然需要投入大量資源以跟上市場的快速增長和擊退競爭者的各種進攻，所以明星類業務短時間內不能夠給企業帶來可觀的回報。一個企業如果沒有適量的明星類業務，企業的發展就缺乏後勁。

（3）金牛類（Cash Cows）。這類業務的特點是具有較低的市場增長率和較高的相對市場佔有率（處於市場領先者地位）。當某項明星類業務的年市場增長率下降到10%以下，而繼續保持較大的市場佔有率，該類業務就成了金牛類業務，這類業務能為企業帶來大量的現金流。由於市場需求趨於飽和，市場增長速度放緩；同時由於市場競爭格局基本穩定，而企業該業務處於市場領先地位，具有較高的品牌聲譽和規模經濟效益等優勢，因

而企業可以從這類業務上得到大量的現金。企業常用金牛類業務帶來的收益來支付當前行銷管理活動中發生的各種費用，支持明星類、問題類和瘦狗類業務的發展。如果企業的金牛類業務過少，說明企業的業務投資組合不健康，因為維持企業生存和發展的金牛類業務收入太少。從圖2-2中可看到，企業只有一個大金牛類業務，其財務狀況就很脆弱，如果這個業務的市場佔有率突然下降，企業就必須把大量的現金投入到該金牛類業務中以維持其市場領導地位；反之企業把大量的現金用來支持其他業務，強壯的金牛有可能變成一頭病牛，企業將面臨危機。

（4）狗類（Dogs）。這類業務是指市場增長率低、相對市場佔有率也很低的業務。一般來說，它們的利潤很低，甚至虧損，發展前途暗淡。狗類業務可能是市場本身進入了市場衰退期，或者是企業和市場競爭對手比較不具有競爭優勢。狗類業務的存在必須有足夠的理由，如市場增長率可能回升、戰略業務單位具有明顯的競爭優勢等；如果僅僅是出自某種情感上的緣故，就必須下決心放棄這類業務，尤其當企業狗類業務過多時，必須堅決地加以清理。

2. 投資組合分析

將企業戰略業務單位在矩陣圖上進行定位後，企業就可以對其業務組合是否合理，經營是否健康進行分析。分析可從兩個方面進行：

（1）靜態分析。在企業現有的業務組合中，如果有太多的狗類和問題類業務，或者太少的明星類和金牛類業務，企業的業務投資組合就是不合理的。尤其當金牛類業務過少且又過小時，企業就處於十分不利的狀態中。

（2）動態分析。任何一個成功的戰略業務單位都有一個業務生命週期，即基本上都是從問題類開始，沿著明星類、金牛類，直到狗類的軌跡而發展變化的。但是，這也不是絕對的，各個戰略業務單位的發展狀況始終是動態的、變化的，最初的「問題」可能是未來的「明星」，也可能淪為「病狗」，「瘦狗」經營得法也可能起死回生……企業可將當期的矩陣圖與過去的矩陣圖進行比較，選擇和決定戰略方向和採取具體行動；並依據資源合理配置和有效利用的原則，考慮各個戰略業務單位未來需要擔當的角色。也就是既要看現狀，也要分析未來，從全局、長遠出發來把握投資組合。

3. 戰略規劃

通過以上分析，企業的下一步工作是為每個戰略業務單位確定目標和適當的戰略，以決定需要在本戰略週期內為哪些業務增加投資，不再需要為哪些業務投資，以及要收回哪些業務占用的投資。企業一般有四種戰略選擇：

（1）發展（Build）。這種戰略的目的是提高戰略業務單位的市場佔有率。這就意味著要對該項業務進行較多的追加投資，甚至不惜放棄近期收入和贏利來達到這一目的。發展戰略特別適用於有希望成為問題類業務的業務單位，因為要使其成為明星類業務，市場份額必須有較大的增長。對於明星類業務同樣需要採取發展戰略。

（2）維持（Hold）。該戰略是指保持某一戰略業務單位的市場佔有率，既不縮減投資規模，也不再擴大。這一戰略主要適用於金牛類業務，尤其是較大的「金牛」，以使它們產生大量的現金流，以支持整個企業業務結構的優化。

（3）收割（Harvest）。收割戰略的目的在於在不影響某項業務的長期地位的前提下，增加戰略業務單位的短期現金收入。這一戰略適用於處境不佳的金牛類業務以及那些目前還有利可圖的問題類和狗類業務。

（4）放棄（Divest）。放棄戰略意味著對某項業務進行清理或出售，目的是盡可能地收回資金，把資源轉移到更有利的投資領域。它適用於狗類和問題類業務。

（二）通用電氣公司法

1. 方法概述

通用電氣公司法是美國通用電氣公司在波士頓矩陣法基礎上加以改進而提出並推廣應用的一種戰略業務投資組合的評價方法，又稱「多因素投資組合矩陣法」，簡稱「GE法」。此方法主要通過兩類因素對企業戰略業務單位進行綜合的評價，即市場吸引力（Market Attractiveness）和業務能力（Business Strength）。一旦企業的某項業務進入了富有吸引力的行業，並且企業擁有此業務在特定市場所需要的具有優勢的業務能力，這項業務就有可能取得成功。如果企業的某項業務缺乏市場吸引力和（或）企業缺少發展此項業務所必需的資源和競爭條件，就很難取得預期的行銷成果。對於這樣的業務企業不應投入更多的資金或乾脆放棄它。

GE法是通過市場吸引力和業務能力這兩類因素來綜合分析和評價戰略業務單位的實際經營狀況，每一類因素都包含了若干的變量。市場吸引力包括的主要變量有：市場大小、年市場增長率、歷史利潤率、競爭強度、技術要求、通貨膨脹、能源要求、環境影響等。業務能力包括的變量有：市場佔有率、市場佔有率增長、產品質量、品牌信譽、分銷網絡、促銷能力、生產能力、生產效率、單位成本、原材料供應、研究與開發實力、管理人員等。市場吸引力和業務實力是企業戰略業務單位實際情況的綜合反應，企業可以根據自身的實際情況增加或者減少變量。多因素投資組合矩陣法的示意圖如圖2-3所示。

分析和評價這兩類因素的實質就是要正確衡量市場吸引力和業務能力這兩個變量。通常做法是將這兩類因素劃分為高、中、低三個檔次，以業務實力為橫坐標，以市場吸引力為縱坐標，將企業當前所經營的每項戰略業務單位，按兩類因素所包含的變量逐一進行評定。表2-1就是對圖2-3中的業務單位A的評定過程。將每項因素的評分值和其重要性權數（這是企業根據各變量的重要性程度主觀確定的）相乘，再將它們進行相加求和，得到被評定業務的綜合評分值。以每項業務所得到的兩個變量的綜合評分值為圓心，以該業務所在市場的銷售總規模為直徑，在多因素投資組合矩陣圖中標出該業務的圓心位置和圓的大小，這樣就可以畫出多因素投資組合矩陣圖。圖2-3標出了某企業的七個戰略業務單位，圓圈的大小表示市場規模，圓圈中的陰影部分則代表該企業戰略業務單位所在行業佔有的市場份額。

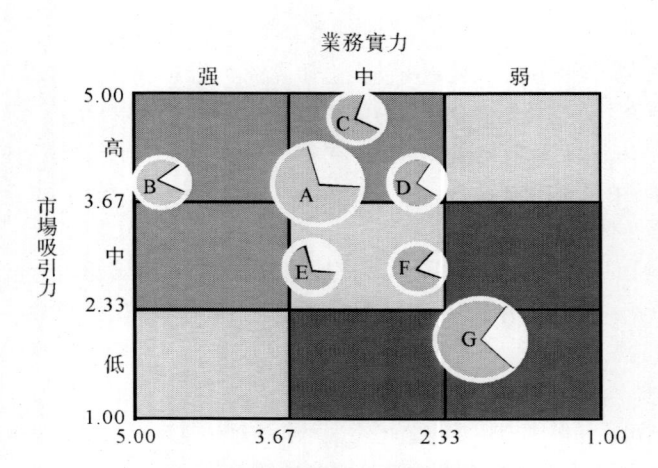

圖 2-3　多因素投資組合矩陣法示意圖

表 2-1　多因素投資組合矩陣的分析因素
（以 A 戰略業務單位為例）

	變量	權數	評分值	加權值
市場吸引力	市場規模	0.20	4	0.80
	年市場成長率	0.20	5	1.00
	歷史利潤率	0.15	4	0.60
	競爭強度	0.15	2	0.30
	技術要求	0.15	4	0.60
	通貨膨脹	0.05	3	0.15
	能源要求	0.05	2	0.10
	環境影響	0.05	3	0.15
	社會、政治、法律等	必須可以接受		
		Σ1		Σ3.7
業務能力	市場佔有率	0.10	4	0.4
	市場佔有率增長	0.15	2	0.3
	產品質量	0.10	4	0.4
	品牌信譽	0.10	5	0.5
	分銷網絡	0.05	4	0.2
	促銷效果	0.05	3	0.15
	生產能力	0.05	3	0.15
	生產效率	0.05	2	0.10
	單位成本	0.15	3	0.45
	原材料供應	0.05	5	0.25
	研究與發展	0.10	3	0.30
	管理人員	0.05	4	0.20
		Σ1		Σ3.4

2. 戰略規劃

根據企業每個戰略業務單位在矩陣中的位置，可以為處於不同象限中的業務確定適宜的戰略。

多因素矩陣實際上分為九個方格和三個區域。從右上角到左下角為對角線，處在對角線左上部的三個方格裡的業務單位的市場吸引力和業務實力均處於較高的水準，它們處在比較理想的區域。對於這些業務單位，企業宜採取發展戰略，即增加投資，提高其市場佔有率。處在對角線上的三個方格裡的業務單位的市場吸引力和業務實力居於中等水準。對於這些業務，企業應視其目前和未來發展情況相應地採取發展、維持或收割策略。而對於處在對角線右下部的三個方格裡的業務單位，市場吸引力和業務實力都處於較低的水準，它們處在失望的區域。對於此類業務，一般都採取收割或放棄策略。企業應根據戰略業務單位的具體位置做出不同的戰略選擇，如圖 2-4 所示。

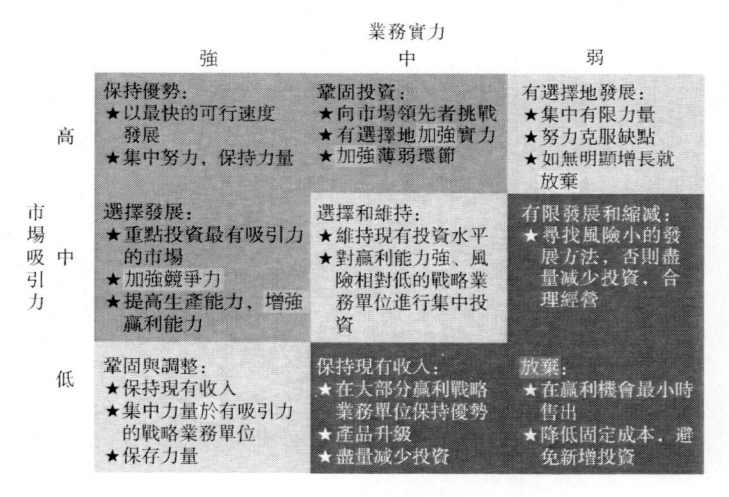

	業務實力 強	中	弱
市場吸引力 高	保持優勢： ★以最快的可行速度發展 ★集中努力，保持力量	鞏固投資： ★向市場領先者挑戰 ★有選擇地加強實力 ★加強薄弱環節	有選擇地發展： ★集中有限力量 ★努力克服缺點 ★如無明顯增長就放棄
中	選擇發展： ★重點投資最有吸引力的市場 ★加強競爭力 ★提高生產能力，增強贏利能力	選擇和維持： ★維持現有投資水平 ★對贏利能力強、風險相對低的戰略業務單位進行集中投資	有限發展和縮減： ★尋找風險小的發展方法，否則盡量減少投資，合理經營
低	鞏固與調整： ★保持現有收入 ★集中力量於有吸引力的戰略業務單位 ★保存力量	保持現有收入： ★在大部分贏利戰略業務單位保持優勢 ★產品升級 ★盡量減少投資	放棄： ★在贏利機會最小時售出 ★降低固定成本，避免新增投資

圖 2-4　GE 法分類戰略選擇示意圖

與 BCG 法相比，GE 法有較多的優點。首先，GE 法包括了各種影響因素，可以更準確地反應實際情況；其次，在特定的條件下，特定的企業可以選擇特定的因素進行分析，從而更具針對性；最後，GE 法包括了 BCG 法的優點，而 BCG 法只可以看作是 GE 法的一個特例。

四、發展新業務

企業對現有的經營業務做了投資組合分析並且擬定了戰略業務計劃後，然後將現有各戰略業務單位所制定的業務經營組合計劃匯總，就可以對現有的戰略業務單位在本戰略週期內的銷售額和盈利潛力做出預測了。如果企業在未來預計能夠達到的銷售水準低於期望的銷售水準，即兩者之間出現了缺口，通常稱之為戰略計劃缺口。企業的決策者必須創造性地填補

這一戰略計劃缺口。這就需要制訂發展新業務的計劃，擴大企業現有的經營領域。

某企業的戰略計劃缺口如圖2-5所示。假設某企業的戰略週期為10年，圖中最下面的一條曲線表示該企業以現有的業務經營狀況為出發點，預計在今後10年可以達到的銷售額；最上面的一條曲線是該企業希望或戰略目標要求10年後應達到的水準。從圖2-5可以看出，按照企業現有的業務水準是不可能完成預期的戰略任務和目標的，這就導致了戰略計劃缺口的出現。在這種情況下，企業必須制訂新的業務發展計劃，才能填補這個戰略計劃缺口，完成和實現企業的戰略任務和經營目標。企業可以通過三個途徑來填補戰略計劃缺口，即企業發展新業務的三種基本戰略：

(1) 從企業現有的業務領域內尋找未來的發展機會（密集型成長機會）。
(2) 建立或收購與目前企業業務有關的新業務（一體化成長機會）。
(3) 增加與企業目前業務無關的但富有市場吸引力的新業務（多樣化成長機會）。

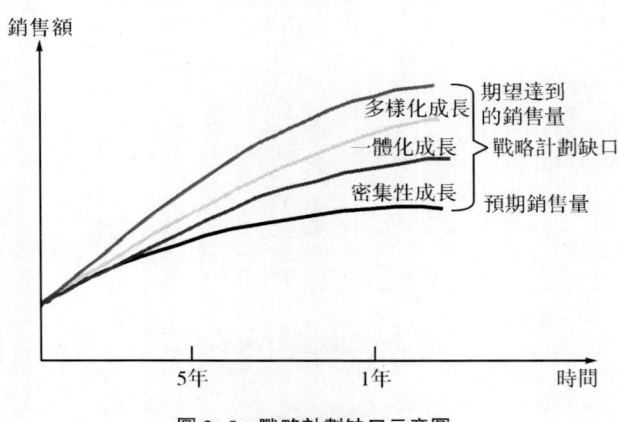

圖2-5 戰略計劃缺口示意圖

1. 密集型增長戰略

這是一種在現有的業務領域內尋找未來發展機會的戰略。企業的經營者在尋求新的發展機會時，首先應該考慮現有產品是否還能得到更多的市場份額，其次考慮是否能為現有產品開發新的市場，最後考慮是否能為現有的市場發展若干有潛在利益的新產品，以及為新市場開發新產品的種種機會。一般而言，這四種戰略成功實現的概率依次減小，而失敗的風險依次增大。圖2-6是產品與市場發展戰略選擇順序的矩陣圖。

	現有產品	新產品
現有市場	1. 市場滲透	3. 產品開發
新市場	2. 市場開發	4. 一體化、多樣化

圖2-6 產品市場發展戰略選擇順序的矩陣

密集型成長戰略有三種類型：

（1）市場滲透。市場滲透是指企業在現有的市場上增加現有產品的市場佔有率。要增加現有產品的市場佔有率，企業應充分利用已取得的經營優勢或競爭對手的弱點，進一步擴大產品的銷售量和增加產品的銷售收入。市場滲透有三種主要的方法：

一是盡力促使現有顧客增加購買，包括增加產品的購買次數和購買數量。如牙膏廠可以向顧客宣傳餐後刷牙是護齒、潔齒的最好方法，宣傳保護牙齒的重要性。如果能增加顧客的刷牙次數，也就能增加牙膏的使用量，從而增加顧客購買牙膏的數量。

二是盡力爭取競爭者的顧客，使競爭者的顧客轉向購買本企業的產品。如提供比競爭對手更為周到的服務，在市場上樹立更好的企業形象和品牌信譽，努力提高產品質量等，盡可能地把競爭對手的顧客吸引到本企業來。

三是盡力爭取新顧客，使更多的潛在顧客變為現實顧客。由於支付能力受限或渠道等其他原因，市場上一般總存在沒有使用過本企業產品的消費者，即潛在的顧客。企業可以採取相應的措施，如分期付款、降低產品價格、拓展銷售渠道等，使更多潛在的消費者成為本企業的顧客。

（2）市場開發。市場開發是指企業盡力為現有的產品尋找新的顧客，滿足新市場對產品的需要。市場開發有三種主要方法：

一是在當地尋找潛在顧客。這些顧客尚未購買本企業的該產品，但是他們對產品的興趣有可能被激發。

二是尋找新的細分市場，使現有產品進入新的細分市場。如一家以企事業單位為目標市場的電腦商，可以向家庭、個人銷售電腦。

三是擴大市場範圍，建立新的銷售渠道或採取新的行銷組合，發展新的銷售區域，如向其他地區或國外發展。

（3）產品開發。產品開發是指向現有市場提供新產品或改進的新產品，以滿足現有市場不同層次的需求。具體的做法有：利用現有技術開發新產品；在現有產品的基礎上，增加產品的花色品種，改變產品的外觀、造型或賦予產品新的特色；推出不同檔次、不同規格、不同式樣的產品。

發現密集型成長機會，企業就有可能從中找到促進銷售增長的途徑。然而這可能還不夠，企業還應該研究實施一體化成長的可能性。

2. 一體化增長戰略

在尋求新的發展機會時，企業需要認真分析其每一項業務，發現各種一體化增長的可能性。所謂一體化增長戰略是指企業為了增加某項業務的銷售收入和利潤，常常通過後向一體化、前向一體化或本行業水準一體化，將其業務範圍向供銷領域發展。這樣做的好處是可以有效地為企業建立較為穩定的行銷環境，使企業對由供、產、銷組成的行銷鏈進行有效的控制。圖 2-7 顯示了企業的核心行銷體系。

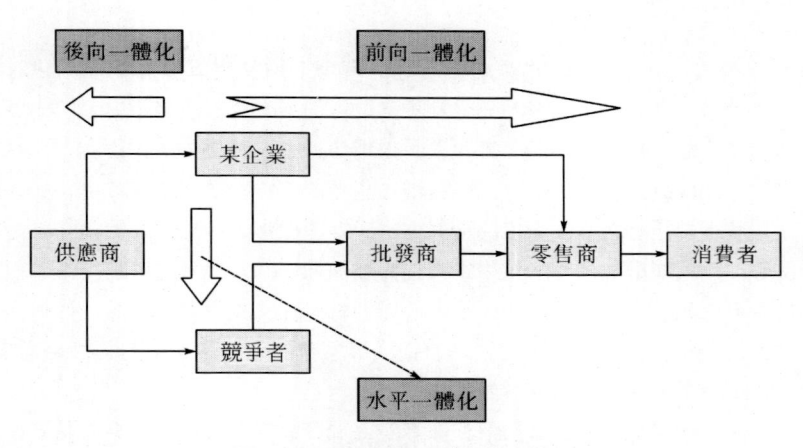

圖 2-7　企業的核心行銷體系示意圖

一體化增長戰略包括三種類型：

（1）後向一體化。企業兼併收購原材料、零配件或包裝物等供應商，以增加盈利或加強對供應鏈系統的控制。實行後向一體化的企業通過把原材料等供應商納入企業內部經營範圍，既使企業有穩定的原材料供應保證，又可以降低供貨成本。

（2）前向一體化。企業兼併收購若干個經銷商，以控制分銷系統和提高企業的贏利水準。實行前向一體化的企業把產品分配渠道納入其經營範圍，即自己建立銷售渠道和網點，自產自銷。當市場行銷受銷售渠道流通效率影響太大，或者產品的銷售必須與生產保持緊密同步時，企業往往實行這種戰略。

（3）水準一體化。企業收購一個或幾個競爭者，擴大其產品的生產能力，從而增加產品的銷售量，提高企業的市場份額。

如果通過一體化戰略還不能達到其戰略目標的要求，企業就需要考慮多樣化的發展戰略。

3. 多樣化增長戰略

多樣化增長戰略是指企業進入目前所未涉足的經營領域和業務範圍。如果企業在目前業務範圍以外的領域發現了好的經營機會，並且有資源把握機會，就可以採用多樣化增長戰略，也就是採取跨行業的經營模式。當然，好的經營機會是指新行業的吸引力很大，企業也具備各種在新行業取得成功的業務實力。一般來講，如果企業實力雄厚，在現在的經營領域內沒有更多或更好的發展機會，或者企業在目前的經營領域內繼續擴大業務量，會使風險過於集中時，就可考慮採取多樣化增長戰略。多樣化增長也有三種類型：

（1）同心多樣化。這種戰略是指企業利用現有的技術、生產線和行銷渠道開發與現有產品或服務相類似的新產品或新的服務項目。這是多樣化增長戰略中較容易實現的一種戰略，因為它不需要企業進行重大的技術開發和建立新的銷售渠道，而只是從同一圓心逐

漸向外擴展其經營範圍。實施這種戰略時，企業並沒有脫離原來的經營範圍，因此能夠借助原有經驗、特長等優勢來發展新的業務，經營風險小，易於成功。如生產家電的企業，過去只生產電視機這類產品，而現在可以生產冰箱、洗衣機、空調等家電產品，這樣既保持了不同種類產品之間技術上的關聯性，又可以利用原有的家電銷售渠道。

（2）水準多樣化。這種戰略是指企業為了滿足現有市場顧客的需要，採用不同的技術開發新產品，以增加產品的種類和品種，提高為現有顧客服務的能力。所採用的技術與生產現有產品所採用的技術沒有必然的聯繫。這使企業在技術和生產上進入了一個新的領域，有一定的風險性。如生產玩具的企業開發電子遊戲機，生產白酒的企業開發生產果酒等就是水準多樣化增長戰略。

（3）複合多樣化。這種戰略是指企業開發與現有產品、技術和市場毫無關係的新業務，開闢新的經營領域。通常也將此稱作「多角化經營」或「跨行業經營」。國際上許多大型集團公司，大都採取複合多樣化的發展戰略。在中國，近年來也有不少的大企業採取了這種發展戰略。如海爾集團不僅增加了家電的新品種，還向智能家居、金融、工業旅遊等領域擴展業務。複合多樣化增長戰略可以擴大企業的經營領域，有效地分散經營風險，提高企業適應環境變化的能力。但跨行業經營的企業涉足自己過去毫無經營經驗和經營資源的新領域，其投資風險一般要比前兩種多樣化增長戰略要大，同時其管理難度也遠大於其他戰略。

第三節　業務戰略計劃

在制訂企業總體戰略計劃後，企業的各個戰略業務單位需要進一步制訂各自的戰略計劃。業務戰略計劃是在總體戰略計劃的指導下，由企業的各戰略業務單位經理具體完成的。業務戰略單位戰略計劃任務的制訂由八個步驟組成，如圖 2-8 所示。

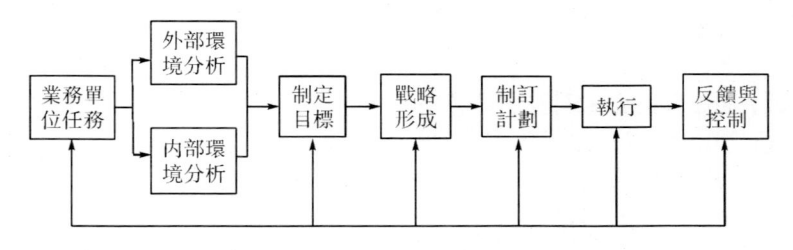

圖 2-8　制訂業務戰略單位戰略計劃任務的步驟

一、明確業務任務

在企業總任務範圍內，各戰略業務單位必須明確自己的任務，必須在總任務的規定

下，對本單位的業務範圍做出更為詳盡的界定：本單位準備滿足的具體需求，提供的產品，依靠的技術，產品的性能，市場細分和目標市場，地理範圍以及作為獨立業務單位要達到的特定目標等。

二、SWOT分析

SWOT分析是指對企業的優勢（Strengths）、劣勢（Weaknesses）、機會（Opportunities）和威脅（Threats）的全面分析和評價，它是企業制訂戰略行銷計劃的重要步驟和分析方法。SWOT分析包括兩個重要的方面：一是外部環境分析，二是內部環境分析。

（一）外部環境分析

外部環境分析就是對企業所面臨的機會與威脅進行分析。企業的生存和發展，與企業的外部環境和內部環境的變化有著密切的關係。企業的外部環境包括宏觀環境因素（人口、經濟、技術、政治或法律、社會和文化等）和微觀環境因素（顧客、競爭者、分銷商、供應商、利益相關者等）。外部環境因素的變化會給企業創造機會或者對企業構成威脅，會直接影響企業在市場上的贏利能力。企業分析環境的目的就在於發現和辨別潛在的機會和威脅，以提高企業對環境的適應能力。

分析環境的一個主要目的就是發現新的市場機會。優秀的市場行銷就是能不斷地發現和利用各種市場機會，並從中獲取滿意的利潤。

在市場上只要有沒有被滿足的需要，就可能存在企業行銷的機會。市場機會一般有三個來源：

（1）某種產品的供應短缺。

（2）使用新的方法或更好的方法向市場提供現有產品或服務。

（3）向市場提供全新的產品或服務。

企業應進行市場機會分析（Market Opportunity Analysis，簡稱MOA），以辨別不同機會的市場吸引力和取得成功的可能性。

另外，分析外部環境的目的還在於發現各種可能的威脅。如果不採取果斷的行銷行動，這些威脅將導致企業市場地位的削弱。

企業在做了以上的環境分析後，就可以對該戰略業務單位在市場上的地位和發展情況進行客觀的評價，從而為其制定相應的策略。

（二）內部環境分析

分析外部環境是為了發現有吸引力的機會。要利用這些機會，企業必須具有相應的能力，這樣才有可能取得成功。內部環境分析就是對企業的優勢和劣勢進行分析。企業要認真分析每項業務的優勢和劣勢，預測現有的經營能力與將來環境的適應程度。優勢和劣勢分析的重點是將現有能力與利用機會所需要的能力進行對比，從中找出差距，並採取提供所需能力的措施。內部環境分析可以利用表格形式（如表2-2所示），找出反應企業業務

能力的各項因素，進行等級判定，然後對每一因素的相對重要性進行評分和比較分析。

表 2-2　　　　　　　　　　　　內部環境分析表

能力因素	現有能力的績效					所需能力的重要性		
	強	較強	中	較弱	弱	高	中	低
營銷能力　1. 企業的知名度								
2. 市場份額								
3. 產品質量								
4. 服務質量								
5. 定價效果								
6. 分銷效果								
7. 促銷效果								
8. 銷售人員								
9. 創新能力								
10. 市場覆蓋區域								
資金能力　11. 資金成本								
12. 現金流量								
13. 資金穩定								
生產能力　14. 設備								
15. 規模經濟								
16. 生產能力								
17. 員工素質								
18. 按時交貨能力								
19. 技術製造工藝								
組織能力　20. 領導者能力								
21. 員工奉獻精神								
22. 適應和應變能力								
……								

通過以上分析就可以發現業務單位的優勢和劣勢，根據所需能力的要求，企業就可以採取措施，改進現有的業務能力。

三、制定目標

各業務單位的戰略任務還必須轉化為具體的目標，即制定業務單位在戰略週期內所要

求達到的具體目標。從總體上來講，企業最常見的目標有贏利、銷售、市場份額、創新、投資等。為了使目標易於執行，企業所確定的戰略目標應符合以下要求：

1. 重點突出

對戰略業務單位來說，想要實現的目標有時往往不止一個，但在一個戰略週期內，受各種條件的限制不可能將所有目標都實現。因此，應該確定一個對企業當前更為重要、迫切需要實現的或者對實現企業戰略任務更為有利的目標。

2. 層次化

企業在戰略計劃工作中制定出的戰略目標往往是一個目標體系。這一目標體系不僅包括總目標，也包括許多子目標；不僅包括為不同活動環節規定的目標，也包括為不同部門和人員設定的目標。企業不僅應該按輕重緩急將這些目標進行排序，而且應對總目標進行層層分解，逐步落實，使目標的完成有可靠的保證。

3. 數量化

目標必須是具體的和唯一的，即能夠被執行者理解，而且此種理解應是唯一的。因此，要求能夠定量化的目標應定量化，不能定量化的目標也應清楚地加以說明。例如「提高投資報酬率」就不如「提高投資報酬率到12%」具體、明確。把目標具體化和唯一化能促進經營管理計劃的制訂、執行和控制。否則，所制定的目標既無法得到有效執行，也無法對其執行結果進行檢驗。

4. 現實性

一個企業選擇的目標水準應該切實可行，即在企業現有資源條件的基礎上，通過企業自身的努力是能夠完成和實現的目標。一方面，目標不應成為「口號」，可望而不可即，沒有實現可能性的目標是毫無意義的。另一方面，目標也應對其執行者具有一定的挑戰性，執行者必須付出了相應的努力才能實現；而輕輕鬆鬆就能完成的目標對企業的發展是絕無助益的。

5. 協調性

企業的各項目標之間應該協調一致。目標涉及對企業經營活動諸多方面的要求和規定，它們必須相互協調和相互補充。而互相衝突、互相矛盾的目標是無法實現的，如「成本最小化和利潤最大化」「以最少的銷售費用獲得最大的銷售量」「在最短的時間設計出最好的產品」等。企業必須對各種目標進行權衡，抉擇取捨。企業面臨的戰略權衡和抉擇還包括：高收益與高市場份額，市場滲透與新市場開發，利潤目標與非利潤目標，高速增長與低風險，短期目標與長期目標。在這些存在衝突的成對目標之間，企業必須決定相對重要的一面，否則目標將失去指導作用，並且也不易於執行。

6. 時間性

對於所確定的經營目標，均要明確規定完成時間，這樣才便於進行檢查和控制。不對目標提出明確的完成時間和沒有目標幾乎是沒有差別的。

四、戰略形成

戰略目標表明企業的發展方向，戰略內容則說明企業如何達到目標。各戰略業務單位要在總體戰略的框架內制定各自的經營戰略。邁克爾·波特提出了被廣泛接受的、可供選擇的一般性競爭戰略：

（一）成本領先戰略

成本領先戰略的核心是不斷降低單位產品成本，使企業在行業內處於總成本最低水準，從而以較低的價格取得競爭中的優勢，爭取最大的市場份額。

採取這種戰略的業務必須在生產工藝、採購、製造和分銷等方面具有優勢，而在行銷方面可以相對弱一些。實施這種戰略的條件主要包括四個方面：

（1）規模經濟效益，即單位產品的費用隨著生產規模擴大而降低。

（2）市場容量大，有一定的發展潛力，銷售增長率高，企業能不斷提高其產品市場佔有率。

（3）企業具有較高的管理水準，能不斷提高產品質量，加強內部成本控制，降低產品成本，並能從多方面降低成本，如產品設計成本、工藝成本、採購成本、倉儲費用、運輸費用、資金占用、銷售成本等。

（4）不斷更新技術設備，在擴大生產時不斷採用效率高、技術領先的加工製造設備。

面對以下的市場環境，成本領先戰略的效果更加明顯：行業內部或目標市場競爭激烈，價格成為最重要的競爭手段；行業提供的是標準化、同質化的產品，相互難以形成差異化；大多數顧客對產品和服務的需求趨同；市場需求價格彈性高，價格是決定購買者選擇和購買數量的主要因素；客戶轉換成本低，因而具有較強的降價談判能力。

（二）差異化戰略

差異化戰略的核心是通過對市場的全面分析，找出顧客最重視的利益，集中力量開發不同經營特色的業務，從而比競爭者更有效地滿足顧客的需求。

實行差異化戰略的主要條件有：

（1）企業在產品的研究和開發上具有獨到的創新能力。

（2）企業在生產技術上具有較高的適應能力和應變能力。

（3）企業在經營上具有較強的行銷能力，能採取有效的行銷手段和方法。

如不具備這三個條件，企業就很難取得差異化戰略的成功。但一旦此種戰略獲得成功，由於差異化的優勢，企業在競爭中就處於有利地位，能夠取得良好的收益。

（三）集中戰略

成本領先戰略和產品差異化戰略都是將整個市場作為經營目標，而集中戰略卻是將經營目標集中在整個市場的某一個或幾個較小的細分市場上。企業通過在這部分市場上提供最有效和最好的業務來建立自己在成本和產品差異上的優勢。

集中戰略依據的前提是：企業能比競爭對手更有效地為某一特定的目標市場服務，在這一特定的市場上取得產品差異或低成本優勢，處於有利的地位，獲得良好的效益。實行集中戰略時，由於企業把力量集中在市場的某一部分，風險便會隨之增加，有時可謂孤注一擲，一旦市場發生變化，後果難以想像。

五、計劃執行

戰略確定以後，就要根據這一戰略的要求，考慮和採取相應的措施，制訂執行戰略的具體計劃或支持計劃，以保證和支持經營戰略的順利實施。

正確的戰略計劃只是企業成功經營的要素之一。美國一流的諮詢企業麥肯錫公司認為，只有戰略計劃是不夠的。他們提出了一個「7S」結構，即戰略（Strategy）、結構（Structure）、制度（Systems）、作風（Style）、人員（Staff）、技能（Skills）和共同的價值觀（Shared values）。戰略、結構和制度被認為是企業取得成功的「硬件」因素；作風、人員、技能和共同的價值觀被認為是企業取得成功的「軟件」因素。「硬件」為這些「軟件」的運行提供平臺或保障；而只有這些「軟件」成功運行，計劃才能得到落實並達到預期的目標。

六、反饋與控制

在制訂戰略計劃的過程中，企業要不斷跟蹤計劃的執行結果，並對環境中出現的變化進行監測。如果在執行戰略計劃的過程中出現了偏差，可以對計劃進行必要的調整，以保證目標的實現。如果環境中出現了重大的變化，企業就要重新進行戰略評估，對計劃、戰略進行修正，必要時甚至要對戰略目標進行修正。一旦一個企業因為沒有適應變化的環境而失去市場地位，要恢復其原來的地位是非常困難的。對任何企業來講，生存和發展的關鍵是對環境的適應性。在市場環境動盪的年代，企業必須具有較強的適應能力和應變能力。

第四節　市場行銷計劃的內容

在戰略業務單位內，企業為了實現經營目標，必須制訂市場行銷計劃。制訂產品的市場行銷計劃是一項非常重要的工作，也是企業行銷計劃管理最重要的成果之一。企業產品市場行銷計劃的內容如表2-3所示。

表 2-3　　　　　　　　　　　　產品市場行銷計劃的內容

計劃步驟	目的
1. 計劃概要	對擬制訂的計劃進行簡要的綜述
2. 目前的行銷狀況	提供有關市場、產品、競爭、分銷以及環境的相關資料
3. 機會與問題分析	確定主要的機會、威脅、優勢、劣勢和產品面臨的問題
4. 目標	確定銷售量、市場份額和利潤等要完成的目標
5. 市場行銷戰略	提供實現計劃目標的主要行銷手段
6. 行動方案	要做什麼？誰去做？什麼時候做？費用是多少？
7. 預測損益表	預算財務收支
8. 控制	如何監測計劃的執行

（一）計劃概要

在行銷計劃的起始部分應對計劃內容進行一個簡明扼要的概括，以便企業決策者能迅速地瞭解計劃的主要內容。在概要之後應附上計劃內容的目錄。

（二）目前的行銷狀況

這一部分包括市場、產品、競爭、分銷及宏觀環境的背景資料。

（1）市場狀況。在這裡主要提供有關目標市場的主要數據，如市場的規模和成長情況。上述市場情況可以通過過去幾年的總銷售量及各細分市場、區域市場的銷售情況來反應。數據要反應顧客的需求、觀念和購買行為的發展趨勢。

（2）產品狀況。產品狀況的相關數據要反應過去幾年中主要產品的銷售量、價格和淨利潤。

（3）競爭狀況。競爭狀況的相關數據要反應主要的競爭對手及其規模、市場份額、產品質量、行銷戰略和策略。

（4）分銷狀況。在這一項下，要對企業的銷售渠道規模和現狀進行描述。

（5）宏觀環境。這一部分要對影響企業產品前途的各種宏觀因素進行分析，包括人口、經濟、技術、政治和法律、社會和文化等。

（三）機會與問題分析

在這一部分，企業的產品經理要從產品線出發，找出產品面臨的主要機會與威脅，優勢和劣勢及產品線面臨的問題。

（1）機會與威脅分析。產品經理要通過各種渠道來明確產品面臨的主要機會和威脅。

（2）優勢與劣勢分析。企業必須辨別自身的優勢和劣勢。

（3）問題分析。企業要確定自身面臨的主要問題。

（四）目標

企業必須確定產品市場行銷計劃要實現的各種目標，包括財務目標和行銷目標兩類。

（1）財務目標。如投資收益率、利潤和現金流量等。

（2）行銷目標。財務目標必須轉化為行銷目標，才具有可操作性。行銷目標包括銷售收入目標、產品價格目標、產品銷量目標、市場份額目標以及產品認知度、分銷範圍目

標等。行銷目標要盡量具體化、數量化。

（五）市場行銷戰略

企業或產品經理要制定市場行銷戰略。戰略可以用下述結構來表現：

（1）目標市場，如中等收入的家庭。

（2）定位，如最好的質量、最可靠的性能。

（3）產品線，如增加兩種高價格的產品線。

（4）價格，如高於競爭品牌。

（5）分銷，如由專業電器商店進入百貨商店。

（6）銷售人員，如擴大10%。

（7）廣告，如推廣一個新的廣告活動，支持兩款高價新產品，增加20%的廣告預算。

（8）銷售促進，如促銷預算增加15%，增加POP廣告形式。

（9）研究與開發，如增加25%的研發費用用於開發新產品。

在制定戰略時，戰略制定者要與企業的其他部門進行協商，以保證戰略的可行性。

（六）行動方案

行動方案是指企業為了實現業務目標所採取的主要行銷行動。行動方案應該能回答以下問題：將要做什麼？什麼時候做？誰來做？成本是多少？

（七）預測損益表

在產品市場行銷計劃中，要表明計劃的預算。如收入要反應預計的銷售量和價格，費用要反應成本的構成和成本的細目，兩者之差就是預計的利潤。企業要對計劃的預算進行核查，預算如果太高，就要適當削減。

（八）控制

產品市場行銷計劃的最後一個內容是控制，主要用來監測計劃的實施進度。通常目標和預算是按月或季度來制定的。企業要對計劃的執行結果進行核查，出現問題要及時彌補和改進。對預先難以做出預測的問題，要制訂應急計劃。

第五節　市場行銷管理過程

對企業來講，制訂一個合理的、能充分利用現有和潛在的資源、自身技能，並能抓住市場機會的戰略計劃，僅僅是取得成功的一個方面；企業的經營活動最終能否實現其預定的戰略目標，更重要的還在於企業的行銷戰略計劃是否得到了有效的、正確的貫徹和執行。因此，企業有必要對其戰略計劃實施的全過程進行精心的組織，恰當的協調和適時的控制。市場行銷管理過程就是分析市場行銷環境，規劃行銷戰略，制訂行銷計劃，執行和控制市場行銷工作，從而完成企業戰略任務，實現戰略目標的過程。

一、分析市場機會

在現代社會，市場需求不斷變化，任何產品形式都有其生命週期，任何企業都不能永遠依靠一個永恆不變的產品盈利。每一個企業都必須不斷地尋找、發現和識別新的市場行銷機會，才能正確確定企業的發展方向，制定可行的戰略目標。發現市場機會對企業的整個經營活動來講至關重要。在某種意義上可以說，企業的全部經營活動都是圍繞著如何利用市場機會來進行的。如果企業不能經常地尋找到可供企業利用的市場機會並善加利用，企業就很難取得長期、穩定的發展。所以，企業面臨的首要任務就是分析市場上的各種長期機會，以不斷提高企業的經營業績。

要發現企業今後長期投資的市場機會並不是一件容易的事。為了保證企業能夠長期生存和發展，保證企業戰略方向和計劃的正確性，企業必須建立善於發現和評價各種可利用的市場機會的市場行銷信息系統（MIS）。市場調研是現代市場行銷必不可少的有力武器，因為只有通過市場調查和研究，才能深入瞭解市場，包括顧客、競爭者和市場環境的變化，才能更好地為他們服務。企業應積極開展各種形式的調研活動來搜集各種市場信息，通過對信息進行分析和整理，發現各種有用的資料和機會。

為了瞭解市場變化的長期趨勢，企業還應研究行銷環境可能發生的各種變化。各種環境的變化都會對企業的發展形成威脅或機會。

現代市場行銷的出發點是滿足顧客的需要和市場需求。瞭解市場需求的變化情況，消費者的需要、慾望、分佈、購買行為以及影響購買行為的主要因素，可以幫助企業發現許多的市場機會。此外，企業還要對競爭者有充分的認識，密切註視競爭者的動向，預測競爭者的行動和反應。

通過對各種市場機會進行分析，企業就可以準確地選擇目標市場。現代市場行銷要求企業對市場進行細分，評價每一個細分市場，並且選擇和確定目標市場。只有這樣企業才能更好地發揮自身的優勢和特長，更好地為市場服務。

二、制定行銷戰略

企業在選擇了目標市場之後，就要確定產品在目標市場中的定位。一旦做出了產品定位決策，企業就要組織開展產品開發、測試和投入市場等一系列工作。在產品進入市場後，企業需要制定產品生命週期的行銷策略，選擇和確定產品在不同目標市場上各自的定位，迎接各種機會和挑戰。

三、制定行銷預算與行銷組合

企業的行銷戰略制定了企業的行銷目標和活動計劃，為了在預期的環境和競爭條件下完成企業的戰略任務，企業必須把行銷戰略轉變為可執行的行銷計劃。因此，企業必須就

行銷預算、行銷組合和行銷費用的分配做出決策，以保證行銷戰略的順利實施。

（一）市場行銷預算

為了貫徹市場行銷戰略，實現戰略目標，企業必須規劃行銷支出，進行資源分配的預算。進行市場行銷支出預算決策的一般做法是根據過去的行銷預算與銷售額的比率做出行銷預算，即通過上一期的行銷預算和銷售額之比，來進行本期的行銷預算。為了做出合理的行銷預算，企業還必須瞭解競爭者的行銷預算和銷售額之比。此外，如果企業期望獲得較高的市場佔有率，其行銷預算比率可能要比通常的比率高些。企業還要分析實現戰略目標所規定的銷售額和市場佔有率所必須進行的行銷活動以及做這些活動的費用，並在此基礎上做出最終的行銷預算。

（二）行銷組合（Marketing Mix）

市場行銷組合是現代市場行銷理論的重要概念之一。市場行銷組合是指企業為在目標市場實現預期的市場行銷目標所使用的一整套行銷工具。行銷組合也就是企業對可以控制的、對行銷活動能發生影響的行銷變量的組合運用，從而在特定的目標市場上形成相適應的行銷方式。

市場行銷組合這一概念最早是由美國市場行銷學者、哈佛大學尼爾·波頓教授在20世紀50年代提出的。1960年，美國另一名著名的市場行銷學家杰羅姆·麥卡錫將之歸納為著名的四個「P」，使之得以完善並在現代市場行銷活動中得到企業界的高度重視和廣泛應用。市場行銷組合中所說的行銷變量被概括為「4Ps」，即產品（Product）、價格（Price）、地點（Place）和促銷（Promotion），其中每個P下面又包括若干個特定的分變量。

產品包括質量、設計、性能、規格、式樣、品牌、包裝、服務、保證、退貨等分變量。價格包括目錄價格、折扣、折讓、付款期限、信用條件等分變量。地點包括渠道、市場覆蓋區域、市場位置、存貨、運輸等分變量。促銷包括廣告、人員推銷、銷售促進、公共宣傳、直接行銷等分變量。

每個產品在某一時間 t 內的行銷組合可以用向量來表示：

行銷組合＝（P1，P2，P3，P4）t

式中，P1為產品質量，P2為價格，P3為地點，P4為促銷。

例如，某產品的質量為1.2（平均質量1.0），價格為1,000元，分銷費用為30,000元，促銷為20,000元，則該產品在 t 時間內的行銷組合可以表示為：

（1.2，￥1,000，￥30,000，￥20,000）t

市場行銷組合有多種選擇。當然，不是所有的行銷組合變量都可以在短期內調整。一般來講，企業在短期內通常只能對行銷組合中的少數幾個變量進行變更，如修訂價格、擴大銷售力量和增加廣告開支等。從長期來看，企業可以開發新產品和改變銷售渠道。

市場行銷組合這一概念的提出，主要包括三方面的思想：

（1）市場行銷組合是若干變量的組合，而這些變量應如何組合，是由企業自己確定的，即企業是可以控制的。

（2）這些變量組合的意義在於，企業面臨的外部市場環境是企業所不能控制的，企業要適應外部環境的變化，就必須利用可控制的行銷變量來調整企業的經營活動方式。

（3）企業在確定行銷組合時，有多個變量可以選擇，這些變量一經選定，就構成企業在某一市場的經營方式。

值得注意的是，4Ps 是企業市場行銷的有效工具，但它是從行銷者，即賣方的角度提出來的。從顧客，即買方的角度來看，每一個行銷工具都是用來向顧客傳遞利益的。羅伯特·勞特伯恩（Robert Lauterborn）從顧客的角度提出了與 4Ps 相對應的「4Cs」，如圖2-9所示。

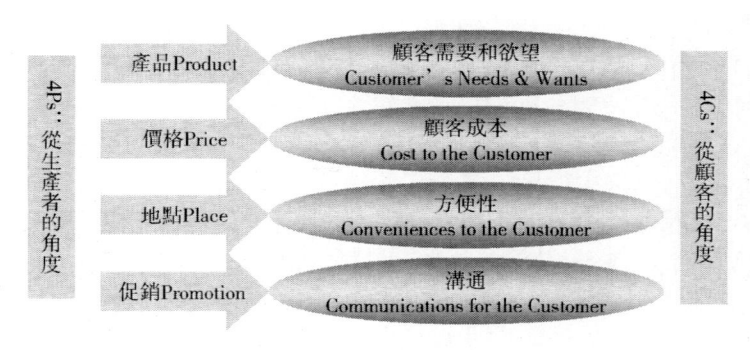

圖 2-9　4Ps 與 4Cs 的對應關係示意圖

(三) 行銷費用的分配

企業必須決定如何將行銷費用分配給不同的產品、渠道、促銷媒體和銷售區域。企業要給每一個產品提出一個具體的分配方案。

四、執行和控制

行銷管理的最後一個環節是對戰略計劃的實施和控制。任何計劃都必須轉化為行動，否則就毫無意義。之所以對計劃付諸實施後，還要花大力氣對其進行控制，是因為：一是在企業的整個經營活動中，存在許多環節，有許多的人員和部門參與，其中某一個環節或某一個部門、人員出現了偏差，就有可能影響到其他的環節和方面。這些偏差甚至會對全局產生影響，如果不實施動態的控制，並對偏差及時地進行糾正，其後果是不堪設想的。二是戰略計劃是事前制訂的，是否符合實際情況，只能通過實際執行情況來檢驗。因此，在戰略計劃的執行過程中，需要進行監督和控制，以便對出現的偏差或失誤進行糾正或調整。三是經營環境的不確定性往往會超出事先的預測，因而對戰略計劃進行控制，也是為了在環境出現變化時，能對戰略進行動態的調整，以保證戰略任務的順利完成。

為了有效地進行控制，在管理過程中，企業需要制訂控制計劃。控制計劃主要包括對戰略計劃所規定的各項任務的完成情況、完成的質量、計劃執行的偏差進行檢查的方法、檢查的時間及檢查的頻率。行銷控制計劃一般有三種類型：

1. 年度控制計劃

年度控制計劃包含了對企業在年內的銷售、盈利和其他目標的實現情況的控制。這一任務可分為四個步驟：

（1）明確規定年度計劃中每月、每季的行銷目標。

（2）明確規定檢查計劃執行情況的手段。

（3）確定執行過程中出現嚴重問題的原因。

（4）確定最佳的修正方案，以彌補目標和執行之間的缺口。

2. 利潤控制

企業需要對不同的產品、顧客群、銷售渠道和訂貨量大小的實際盈利率進行定期分析和檢查。分析盈利率是衡量各種經營活動效率的最好、最直接的方法。通過對盈利情況進行檢查，可以及時地發現問題，採取相應的措施。

3. 戰略控制

由於市場行銷環境變化迅速，企業必須不時地檢查本企業的總體經營計劃，以決定其計劃是否繼續具有良好的戰略意義。因此，企業必須經常檢查原定的戰略是否與外界環境的變化相適應。

本章小結

企業戰略可以分為企業總體戰略、業務單位戰略和產品戰略，其中企業總體戰略是企業全部經營活動中最高層次的戰略，而市場行銷戰略是產品戰略中的一個十分重要的戰略。市場行銷戰略（Marketing Strategy）是指在市場行銷活動中，企業為實現自身的行銷任務與目標，通過分析外部環境和內部條件，所制定的有關企業行銷活動安排的總體的、長遠的規劃。它具有全局性、長遠性、對抗性和相對穩定性的特點。

企業總體戰略規劃是一個在目標、資源、技能和市場環境之間建立與保持一種可行的適應性管理的過程。它包括四項基本的戰略計劃活動：①確定企業使命。影響企業使命確定的主要有歷史和文化、所有者和管理者的偏好、市場環境、資源、核心競爭力五個因素。企業戰略使命書（任務書）包括經營業務領域和願景兩個方面的內容。②建立戰略業務單位。企業中獨立經營某項業務的單位就是企業的一個戰略業務單位（簡稱「SBU」）。理想的戰略業務單位有四個基本特徵，即用有限的相關技術為一組同類市場提供服務，有一組獨一無二的產品/市場單位，控制那些對績效必不可少的因素，對自己的利潤負責。③為戰略業務單位分配資源。制訂企業業務組合計劃，有波士頓諮詢公司法

（簡稱「BCG法」）和通用電氣公司法（簡稱「GE法」）兩個著名的方法。通過分析，可以決定企業將要發展、維持、收縮和淘汰的業務。④發展新業務。通常當預期目標低於企業所希望達到的水準時，企業就需要制訂一個新增業務的計劃，開闢新的業務，擴大企業現有的經營領域。企業可以通過三個途徑來制訂新業務發展計劃：在企業現有的業務領域內尋找未來的發展機會（密集型增長戰略），建立或收購與目前企業業務有關的業務（一體化增長戰略），增加與企業目前業務無關的富有吸引力的業務（多樣化增長戰略）。

在制訂企業總體戰略計劃後，企業的各個戰略業務單位需要進一步制訂各自的戰略計劃。業務戰略單位戰略計劃任務的制訂由八個步驟組成：明確業務任務、分析外部環境、分析內部環境、制定目標、制定戰略、制訂計劃、執行計劃和反饋與控制。

各戰略業務單位必須開發針對具體產品的行銷計劃。制訂產品的市場行銷計劃是企業行銷計劃管理最重要的成果之一。

把企業和部門的戰略計劃與業務單位的計劃組成一個整體，就構成了企業的市場行銷管理過程。企業市場行銷管理過程就是分析市場行銷機會，規劃行銷戰略，制訂行銷計劃，執行和控制市場行銷工作，從而完成和實現企業戰略任務和戰略目標的過程。

本章復習思考題

1. 企業戰略的層次是什麼？
2. 影響企業使命確定的主要因素有哪些？
3. 企業戰略使命書的內容是什麼？
4. 試說明企業總體戰略規劃的主要內容和制定企業總體戰略規劃的基本步驟。
5. 什麼是戰略業務單位？理想的戰略業務單位有哪些基本特徵？
6. 為什麼要為戰略業務單位分配資源？分配資源時主要採取的方法有哪些？
7. 新業務發展計劃的主要類型有哪些？
8. 什麼是密集型發展戰略？它主要包括哪些類型？
9. 什麼是一體化增長戰略？
10. SWOT分析包含什麼內容？
11. 什麼是市場機會？企業應該如何去發現各種市場機會？
12. 什麼是行銷組合？

第三章　市場行銷研究

　　越來越多的企業認識到借助市場行銷研究可構建決策與信息之間的橋樑，彌補決策與信息之間的缺口。著名行銷學者科特勒博士在概括市場行銷的基本框架體系時，給出了 M—STP—4Ps 這樣一個分析框架與工具體系。所謂 M 指的是市場行銷研究。從這個框架體系中不難看出，M——行銷研究——是這個框架的首要環節與第一位的工作。行銷研究是行銷決策的基礎和前提，市場細分、目標市場選擇、市場定位以及行銷組合各項工作的決策中，沒有哪一項不以行銷研究提供的信息為基礎。例如，企業的市場行銷戰略是建立在對企業行銷環境、顧客及其需求、行業狀況、競爭狀況、企業自身的資源及優劣勢等影響因素分析的數據基礎上的，特別是量化分析數據。

　　本章主要介紹市場行銷研究過程及活動包括的主要內容，如何進行市場研究活動，如何衡量和估計產品的市場需求。

第一節　市場行銷研究的基本概念

一、市場行銷研究

　　市場行銷研究（Marketing Research），也被稱為市場調查（與預測）、市場信息調查與分析、市場調研、市場行銷研究方法等，有時也被簡稱為市場研究。廣泛被接受的市場行銷研究的定義表述為：市場行銷研究是組織和個人為診斷特定行銷問題和最終為企業市場行銷決策提供依據而進行的系統的、客觀的、科學的、有計劃的信息資料的收集、分析、判斷、解釋和傳遞的活動過程。其主要活動是收集和分析企業市場行銷活動信息，其實質就是信息的收集和處理。美國市場行銷協會將市場行銷研究定義為「行銷者通過信息與消費者、顧客、公眾進行聯繫的一種職能。這些信息用於識別和確定市場行銷機會和問題，計劃、完善、控制和評價行銷活動，改進人們對行銷活動的理解」。

　　2．企業信息系統

　　行銷信息系統是由人、機器和程序組成的，為行銷決策服務的，收集、整理、分析、評估和處置數據的一個企業信息系統。企業的高效率運行離不開信息，企業首先需要獲得做出正確決策所需要的信息，其次，評估這些信息，進而衍生出可選擇的多個方案，根據企業的既定目標做出最優化的行動計劃。在執行計劃時，企業再收集信息對計劃的執行進

行控制、調整。

由於企業各自所處的環境不同，條件不同，不同的企業會構建不同的市場行銷信息系統。一個有效的市場行銷信息系統一般應包括四個子系統：內部報告系統，行銷情報系統、行銷研究系統、行銷決策支持系統。圖 3-1 反應了這四個子系統的相互關係。

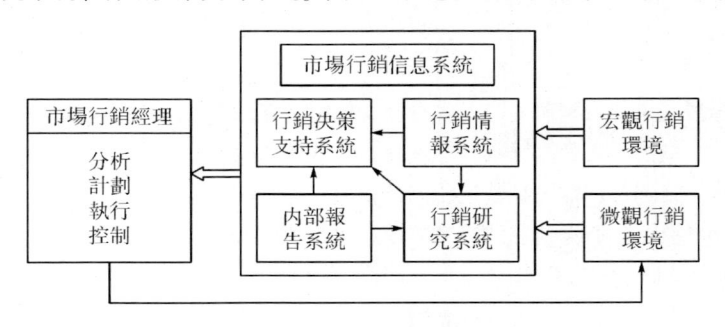

圖 3-1　市場行銷信息系統

（一）內部報告系統

企業的生產經營活動產生的信息稱之為內部信息。企業需要設計一個內部報告系統收集內部信息，這些信息可以準確地反應企業經營活動全貌，廣泛地被企業經營管理者所利用。與內部報告系統的無明確目的性相比較，市場行銷研究有明確的目的性——為特定的行銷決策提供依據（數據）。

（二）行銷情報系統

行銷情報系統是收集企業外部環境所產生的、對企業有重大直接影響的個別個體的特殊用途信息，企業必須根據這些信息有的放矢地調整企業的經營行為。與行銷情報系統相比較，市場行銷研究更傾向於對眾多個體（而不是個別個體）的特徵進行統計分析，找出其中的規律，指導行銷管理決策。

（三）行銷決策支持系統

20 世紀 60 年代以來管理學的諸多學派（如決策理論學派、系統管理學派、科學管理學派等）大量地將數學、統計方法運用於管理。同時，為了應對越來越大量的數據和複雜的運算，他們又引入計算機作為工具，形成了一個完善的行銷決策支持系統，為日常行銷活動決策服務。與行銷決策支持系統相比較，市場行銷研究只為特定的行銷管理決策服務。

第二節　市場行銷研究設計與過程

一、市場行銷研究設計

市場行銷研究設計是開展某一研究項目時所要遵循的一個框架或計劃，它詳細描述獲得

或解決研究問題所需要信息以及必要程序和主要活動,是執行市場行銷研究項目的基礎。

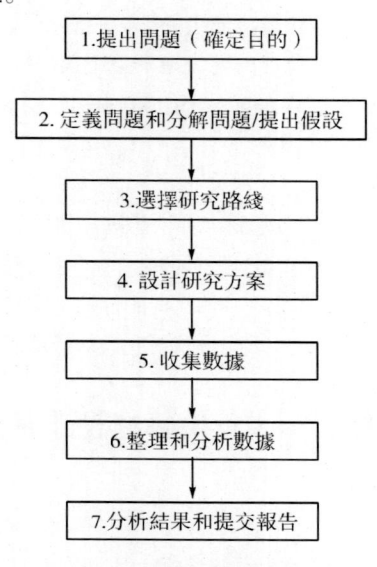

二、市場行銷研究過程

市場行銷研究是一個由多階段、多步驟、多活動構成的有目的的連續過程,各階段、各步驟在功能上相互聯繫、互相銜接,共同構成一個整體。從功能上看,市場行銷研究過程可分為四個階段。

第一個階段是市場行銷研究的準備階段。行銷研究應從企業決策面臨的問題出發,搞清楚研究目的,基於實用的市場行銷學理論,分析企業內、外部相關因素,形成解決問題的思路、預案,進而提出需要搞清楚的問題和需要驗證的假設清單。

第二個階段是市場行銷研究的設計階段。包括研究項目總體設計、研究方案、內容、方法和手段的計劃,計劃的目的就是要基於第一階段的「問題和假設清單」收集數據。

第三個階段是市場行銷研究的實施階段。這是研究的關鍵階段,主要工作就是組織人員採集所需的信息資料。研究人員通過管理、組織、控制、監督和檢查數據的收集活動,以保證數據的質量。

第四個階段是市場行銷研究的結果形成階段。在這一階段要利用各種定量分析和定性分析方法對數據進行整理、處理和分析,做出結論性的報告,提供給有關部門和行銷管理決策者。

從操作的層面上,我們可將市場行銷調研過程分為七個步驟(見圖3-2),這對於指導實際研究工作更具有意義。

```
1. 提出問題(確定目的)
       ↓
2. 定義問題和分解問題/提出假設
       ↓
3. 選擇研究路綫
       ↓
4. 設計研究方案
       ↓
5. 收集數據
       ↓
6. 整理和分析數據
       ↓
7. 分析結果和提交報告
```

圖3-2 市場行銷研究過程

(一)提出問題（確定研究目的）

市場行銷研究為決策服務，第一步就是確定市場行銷研究的目的——決策的問題是什麼？研究要解決什麼問題？企業在提出行銷計劃之前需要分析諸多「問題」——環境問題、競爭者問題、消費者和企業自身；企業在執行行銷計劃過程中會不斷出現實際執行結果與計劃的偏差，這種偏差就也是所謂的問題，主要原因是市場行銷計劃的前提條件——環境出現了變化，或者前期的研究有誤。企業出現問題後，決策者需要採取什麼行動（決策）才能解決問題，行銷研究就是為決策提供依據。例如，一個啤酒企業在訂單增加，生產供不應求時，會面臨是否投資擴大產能的決策問題，行銷研究需要為是否擴大產能決策提供參考意見，「意見」是建立在收集到的客觀數據分析基礎上的，而非「臆斷」。

(二)定義市場行銷研究的問題和分解問題

市場行銷研究因行銷管理決策問題而起，即企業面臨決策難題而需要進行市場行銷研究，但是，需要研究問題與決策問題有本質區別：

(1) 行銷管理決策問題（Marketing Management Decision Problem）是決策者需要做什麼事情。

(2) 市場研究問題（Marketing Research Problem）是提供什麼樣的信息支持管理決策，如何獲得和分析信息。

決策問題明確了市場行銷研究的目的後，就要把它轉換為一個市場行銷研究問題——定義市場行銷研究問題，即對市場行銷研究問題的概括性描述（確定研究工作的走向）和確定其具體的組成部分，包括需要搞清楚的關鍵問題及其他需要搞清楚的相關問題與假設。例如，2016年茅臺推出「控量保價（茅臺的酒體年產量控制在兩萬噸左右）」策略，茅臺酒的零售價逐步恢復到原來的高價位。對於同為醬香型酒的「郎酒」行銷管理決策問題是「能否跟進「茅臺」的控量保價策略？」，作為行銷研究者就需要有依據地回答「是否」這個問題，而明確需要尋找的「依據」就是定義研究問題。基於郎酒公司，可能的行銷研究問題是：

(1) 行銷管理決策問題：能否跟進「茅臺」的控量保價策略？

(2) 行銷研究問題：公司的顧客是否長期忠於公司？

研究問題進一步分解為如下問題：

Q1. 誰是公司的顧客？地理特徵、人口統計特徵和心理特徵是什麼？

Q2. 區分不同類型的顧客群，是否可以進一步細分？

Q3. 顧客對公司產品的感知如何？產品吸引顧客的因素是什麼？

Q4. 顧客對公司品牌是否忠誠？他們是否是品牌忠誠者？

影響決策者做出一個決策的關鍵證據往往就是行銷研究問題，而決策者也需要搞清楚其他相關的重要問題——行銷研究問題分解出來的諸多問題。

在實踐中，每一個「分解的研究問題」有可能還可以進一步分解出「子問題」，最終

會形成一個樹形解構的問題清單。

在定義研究問題前,研究人員已經對決策問題進行了充分的研究,對上述研究問題已經有了自己的認識,這時,這些「自己的認識」只能是假設,行銷研究包括證明這些「假設」。例如,對於研究問題:「Q1. 誰是公司的顧客?地理特徵、人口統計特徵和心理特徵是什麼?」有如下假設:

H11:郎酒顧客可以按收入、對醬香型白酒的偏好程度、對酒精的依賴程度進行市場細分。

H12:每一個細分市場(顧客)因不同的原因而購買公司產品。

H13:偏好醬香型白酒、高酒精依賴度細分市場的顧客對郎酒品牌忠誠度高。

從系統論的觀點看,任何一個行銷決策問題都與企業的所有內部、外部問題有關係,但是企業的資源、時間有限,我們沒有能力搞清楚所有相關問題,同時,直接影響行銷決策的問題是有限的,我們也沒有必要搞清楚全部有關的問題,只要抓住主要矛盾就行。例如,郎酒面對「能否跟進『茅臺』的控量保價策略?」定義的市場行銷研究問題——「公司的顧客是否對企業忠誠」是最關鍵的問題。當然,由於研究者的認識不同、決策者的風格不同,也可能定義的市場行銷研究問題是「公司輻射市場的需求是否持能持續穩定增長」,或者是「市場競爭是否會加劇」。

良好的開端是成功的一半,正確定義市場行銷研究問題將為研究提供正確的方向,對整個研究工作具有重大的意義,它決定市場行銷研究的總方向;它決定著市場行銷研究方案設計,研究問題定義不同,調查內容、方法、對象和範圍就不相同;它還決定著市場行銷研究的成敗和研究成果的價值。

為了高效、高質量地收集信息,定義的市場行銷研究問題應該具體、明確,範圍不能太寬,也不能太窄。定義問題的範圍太寬不能為後續的研究提供指導;範圍太窄可能無法滿足科學決策的需要。

在定義研究問題這一步,應注意下面幾個問題:

(1)發現尋找信息的原因。為什麼要收集信息?利用這些信息論證什麼問題?決策需要什麼樣的依據?哪些是最需要的信息?

(2)確定信息是否已經存在。所要收集的信息是否存在?現有的信息是否能滿足所界定的問題?是否需要收集原始數據?

(3)確定所界定的問題是否能找到答案。要考慮實際取得資料的可能性,即進行行銷研究的問題能否得到解決,所需要的數據是否一定存在且能夠被收集到。

(4)行銷研究的問題應該具體、明確,範圍不能太大。這樣才能有效地收集高質量的數據。

完成研究問題定義後要形成一個「研究問題」「分解的研究問題」和「提出的假設」清單,在隨後的研究中需要比照清單設計研究計劃,這樣才能避免出現遺漏。

（三）選擇研究路線

為決策提供依據還要有一個清晰的思路和相應的理論作為指導——研究路線。研究路線包括用什麼樣的客觀理論、客觀證據和分析模型來論證正確的決策。

客觀理論是研究人員組織研究和解釋研究結果的基礎，是與決策相關的管理學、市場行銷學及其他相關學科的成熟理論。研究用的理論應該採用得到決策者認可的理論。

客觀證據是指客觀事物的特徵，可以用多種方法獲得，但是，下列問題值得注意：其質量是否能得到決策者的認可，二手數據要考察其可靠性，專家意見是否具有權威性，抽樣調查是否具有隨機性和樣本的容量是否足夠大。

分析模型能夠將相關的證據基於依據的理論聯繫起來說明問題，分析模型有用文字描述的文字模型，也有用圖形描述的圖形模型，還有用數學式反應變量之間數量關係的數學模型。

（四）設計研究方案

市場行銷研究的第四步是制訂一個收集和分析所需要信息的計劃——市場行銷研究設計。一個根據研究目的而制定的周密設計有助於保證研究結果服務於解決最初提出的問題，有助於保證行銷研究不偏離研究目的。市場行銷研究設計一般包括以下幾個部分：

1. 研究背景

研究背景是對項目開展的原因、必要性做大致介紹和總體概括。其內容包括：行銷管理決策問題簡介及面臨的背景，闡明行業歷史、現狀及發展趨勢。另外，分析企業（產品）市場現狀，面臨的機會與威脅。

2. 研究目的

市場行銷研究是針對特定市場行銷決策問題而進行的，所以，研究項目一定要有明確的研究目的，即行銷管理決策問題的詳細描述，為什麼要做這次研究。

3. 研究內容

研究內容就是對定義的研究問題和分解的研究問題或提出的假設進行詳盡的梳理、解釋。

4. 確定數據（資料）來源

根據研究目的、研究對象以及研究的限制條件，確定分析、研究問題所需要的數據來源，一般收集數據（資料）有兩個途徑，收集原始數據和收集二手數據。

二手數據是在某處已經存在，為某種目的所收集的數據。二手數據為最初的研究提供了方便，具有成本低、取得容易和快捷的優點。研究人員的工作通常從二手數據的收集與分析開始，運用二手數據做一些試探性的研究，定義研究問題。二手數據的來源很多，有內部報告系統提供的數據，有政府公告和出版物，有報紙、雜誌和書籍，有商業調查公司提供的有償信息，今天，大數據、網上數據是最便捷的二手數據來源。

原始數據是研究人員為了解決當前市場行銷研究問題而收集的信息（數據）。當研究

人員所需的二手數據不存在，或者二手數據已經過時、不正確或不可靠時，研究人員必須收集原始數據。常規的做法是先召集一些被訪者開一個專題組座談會，以對問題有一個初步的認識，然後，據此制訂正式的研究計劃，並將其運用於實際研究。原始數據雖然有適時、可靠、針對性強和極高保存價值的優點，但是，它的取得成本高，時間長。故一般原則是當二手數據足夠利用時，不收集原始數據。

原始數據收集的方法有四種：

（1）觀察法。收集最新資料的簡便方法就是觀察有關對象和事物。觀察法是用低介入或無介入的一系列方式記錄事物、事件特徵或人的行為模式，以獲得有關的信息。例如，企業可以派員到百貨公司實地觀察顧客的購買行為特徵。

觀察法按性質可以分為：①結構性觀察（標準化、量化觀察結果）與非結構性觀察（不標準化、不量化觀察結果）；②掩飾觀察（被觀察對象沒有察覺觀察的存在）與非掩飾觀察（被觀察對象察覺到觀察的存在）；③自然觀察（觀察調查對象正常活動行為）與實驗觀察（觀察在人工控制環境中的調查對象行為）；④人員觀察（由調查人員到現場進行觀察、記錄）、機械觀察（由機械設備進行觀察、記錄）、審計（研究人員通過檢查物理記錄或分析存貨清單來收集數據）、內容分析（觀察內容是人們之間的交流內容要素而非行為或實物）和痕量分析（痕量分析的數據收集以被調查對象過去行為的物理痕跡或證據為基礎）。

觀察法的具體方法有：①人員觀察：由研究人員觀察、記錄正在發生的調查對象的實際行為。②機械觀察：用機械設備而非人員來記錄所觀察的現象。例如，商場通過紅外感應設備記錄顧客流量。③審計：研究人員通過檢查物理記錄或分析存貨清單來收集數據。④內容分析：如果所觀察的對象是人們之間交流的文字/語言/圖像等文化內容而非行為或實物，那麼內容分析是一種適用的方法。分析的要素可以有單詞、特徵（個人的或物體的）、主題（建議）、空間和時間指標（信息的長度或持續時間）、話題（信息的題目）類型等。⑤痕量分析：數據收集以調查對象過去行為的物理痕跡/證據為基礎的方法就是痕量分析，這些痕跡可能是調查對象有意或無意地遺留下來的。

（2）訪談法。訪談法指運用特定的研究方法——專題組座談、深度訪談收集事物特徵信息的方法。

一是專題組座談。具體方法是由調研人員邀請6～10名典型樣本，由一名經驗豐富的研究人員組織他們對某產品或行銷問題進行討論，並詳細記錄下討論過程，最後總結討論會，寫出調查報告。典型樣本可以是消費者，也可以是客戶代表。該研究方法首先應當注意主持討論會的研究人員應以中立的身分出現和持有中立的態度。在實際運用中，可以同時討論幾個產品或行銷問題，而把目標產品或行銷問題置於其中。其次，主持人應當努力營造一種和諧、積極的氛圍，讓每一個為參與者都能主動、積極地發言，為此，組織者一般會給每一位參與者一定的報酬，保證會議現場物理環境條件良好。

二是深入訪談。根據研究目的確定訪談對象，並就訪談問題與訪談對象做深入溝通，瞭解其行為及其行為背後的態度、傾向、偏好，為進一步的研究提供研究基礎。

應當提醒讀者，訪談法是一種非隨機抽樣調查，其結論的代表性無法推斷，主要是作為獲得對研究問題的初步認識，提出假設的探索性研究方法來使用。

（3）調查法。調查法是以詢問調查對象為手段，獲得調查對象的行為、意向、態度、感知、動機及生活方式的原始數據方法。使用調查法時，與調查對象的接觸方式有四種：電話訪談（傳統訪談，電腦輔助電話訪談）、面對面訪談（入戶調查、街頭/中心區域攔截調查，電腦輔助面訪）、郵件訪談（傳統郵件訪談，固定樣本組郵件訪談）、電子訪談（電子郵件訪談，網絡在線訪談）。運用調查法收集數據時還會涉及度量與量表，問卷設計、抽樣設計和接觸方法的難題，解決這些難題有專業書籍可以利用。

調查法是常見的、深受研究者喜愛的方法，但是，由於存在度量的「信度（度量是否可靠）」與「效度（度量是否全面、準確）」問題，調查法不是優先考慮的研究方法。另外，面對尋找消費者潛意行為動機難題時，調查法無法提供幫助。

（4）實驗法。在做行銷決策時，企業需要瞭解引起特定行為或者問題的原因，即需要進行因果關係研究，這時實驗法就派上用場了，實驗法能夠獲得嚴謹因果關係的證據。用實驗法進行嚴謹因果關係研究的五個階段：

第一階段，選定研究的變量——因變量與自變量，並加以區分，如銷售量與價格水準這兩個變量。

第二階段，確定因變量與自變量的關係。精確的因變量與自變量關係非常複雜，研究人員首先要確定這種關係是否存在，如果存在，是單向還是雙向的；其次可以用成熟的計量經濟模型擬合這種關係。

第三階段，設計試驗方案。設計試驗方案的主要任務是找出因變量與自變量的關係的證據，並排除干擾因素的影響。

第四階段，實施試驗方案獲得數據。

第五階段，分析試驗數據，得出結論。

5. 抽樣調查計劃

由於費用太高和有時根本無法實現的原因，市場行銷研究一般不用普查的調查方式，而用抽樣的調查方式。

抽樣調查有四種隨機抽樣組織形式（簡單純隨機抽樣、機械抽樣、分層抽樣和整群抽樣）和四種非隨機抽樣組織形式（便利抽樣、判別抽樣、配額抽樣和滾雪球抽樣）可供選擇。

抽樣調查需要確定調查對象——抽樣總體，即市場調查的範圍。調查對象由研究目的、研究空間、研究方式和研究時間等共同決定。例如，研究治療某類疾病藥品在成都市場的容量問題時，由於成都市對較大區域的輻射作用，調查對象就不能僅僅限於在成都市

生活、工作的居民，而應該確定為在成都市就診的患者，甚至還要包含在成都市購買藥品的患者。確定調查對象後，還必須明確樣本的抽取方法，通常還要給出總體單位的具體特徵清單，並做出具體的設計和安排。

樣本量的確定是一個常見的難題。樣本量由可接受的調查誤差控制範圍決定。困難主要體現在以下三個方面：研究指標往往不止一個，由哪一個指標的誤差範圍大小決定樣本量？一般選擇最重要的一個指標即可。第二，決策者往往不清楚調查誤差大小對其決策風險的影響程度。研究人員只能先主觀地提出一個誤差控制範圍供決策者選擇。第三，調查誤差大小、樣本量和指標的標準差（調查標誌的變動程度）三者之間具有相互依存關係，這種依存關係就是估計樣本量的依據。而指標的標準差在調查之前沒有，研究人員可以先利用歷史數據或試調查先估計一個標準差值。

6. 現場工作/數據收集管理計劃

計劃會明確如何收集數據以及由誰來收集，同時需要闡明如何保證收集數據質量的控制體系。

7. 數據分析計劃

計劃用什麼統計方法分析數據及如何解釋分析結果。

8. 報告

研究是否提供中期報告，最終報告以何種形式提交，最終報告有哪些內容（提綱）。

9. 研究進程計劃

市場行銷研究有一定的時間限制，為了提高工作效率，研究需要按一個事先確定的時間表進行各項工作。

10. 估計調研成本，確定一個恰當的調研預算

研究預算與調研結果的精度是正相關關係，即研究預算越高，研究結果的精度越高。但是，研究預算的成倍增長並不能帶來研究結果精度的成倍提高，研究負責人需要根據研究目標的、精度要求確定一個恰當的研究預算。

11. 附錄

某些研究委託人（通常是決策者）可能感興趣的其他研究相關信息。

（五）收集數據

數據收集的主要任務是按照研究設計的要求，收集所需數據。收集數據階段的費用開支一般會占研究項目總預算的絕大部分，同時，這個階段也是最容易出差錯的階段。主要問題有：①實驗過程沒有完全排除干擾因素的影響；②觀察記錄有誤；③選定的被訪問者不在現場或不合作；④被訪問者對問題的理解有誤；⑤被訪問者敷衍了事或不如實回答；⑥訪問者有時也帶有偏見或不誠實等。如果在這個階段出了差錯，又未及時糾正，該研究項目基本上就失敗了，因此，在進行大規模現場調查之前，需要做一個小規模的預調查，以使研究設計更加完善；還要制定嚴格的現場調查程序和紀律，並配合有抽樣檢查和復核

制度。這裡給出一個抽樣調查抽樣程序實例：

對某城市進行電視收視調查，其總體單位為住戶，如果已經抽取了樣本街道，並已依照隨機抽樣——機械抽樣計劃確定在某條街道抽取 5 戶進行調查，可進一步制定具體入戶調查抽樣操作程序。

入戶調查抽樣程序：

第一步，到達街道找到門牌號為 1 號的第一戶住戶。

第二步，依門牌編號順序抽取樣本戶。

第三步，從第一戶開始（第一戶不作樣本），每隔二十戶確定一個樣戶。

第四步，如果一個門牌號為多戶，可繼續沿「附」號順序抽樣。如果該多戶門牌號內未編「附」號，可按如下原則順序抽取：①進入多戶門牌號院內，沿右手方向為先的原則順序數戶；②如果遇到樓房可按其所編的號棟、單元及門牌號順序數戶；③如果其樓房也未編號，可按右手為先的原則逐棟、逐戶數戶。

第五步，記下抽取的住戶門牌號或具體位置（對於多戶門牌號內抽取的樣本戶應畫出示意圖）。

第六步，按上述方法抽取樣本戶直至抽足 5 戶為止。

第七步，如果按上述方法數到街道最後一戶仍不足 5 戶，可將開始的第一戶接續到最後一戶繼續順序抽樣。如果這時正好抽中第一戶，則放棄第一戶，並將抽樣間隔調整為十九戶（或其他與「二十」不重複的頻率間隔）。

第八步，對按上述方法抽中的住戶應排除一切困難進行調查。如果因該住戶無電視或長期沒有在此居住等其他無法接受調查而需排除的，應報調查項目負責人批准後方能排除，並按上述方法重新抽樣。

(六) 數據整理和分析

行銷研究人員要對收集的數據進行分類整理、審核、檢驗、加工、分析，以更好地利用這些數據。

數據分析分為單變量的描述統計和兩個及兩個以上變量之間的相關分析兩大類。單變量的描述統計得到事物特徵的分佈、均值、方差（標準差）、偏度、峰度、極值指標等。相關分析方法很多，這裡總結兩個變量之間的相關分析方法：如果兩個變量是離散變量，用列量表分析；如果一個變量是離散變量，另一個變量是連續變量，用分組統計；如果兩個變量是連續變量，用相關係數分析。

(七) 分析結果和提交報告

研究報告是市場行銷研究成果的集中體現，行銷研究人員應該把整個研究過程、分析結果、結論和建議以書面報告的形式提交給管理決策者和相關部門。根據同一數據整理和分析結果，研究人員可以做出不同的解釋，衍生出不同的行銷結論。市場研究報告的質量取決於研究人員擁有的研究行業專業知識、統計學、行銷學水準和其他邊緣學科知識水準。

第三節　市場需求的衡量與預測

企業開展市場行銷研究的主要原因之一就是發現和確定市場機會。市場機會可以從許多方面來描述：需求量（市場規模）、成長性、利潤率、競爭環境、對環境的依賴性等，其中，最重要的是需求量。

一、市場需求的含義

企業產品銷售量估計是以需求估計為基礎，行銷人員首先必須搞清楚需求的含義。在產品研究和開發階段的初期可以泛泛而談某某產品是否有需求，隨著研發工作的深入，逐步開始考慮行銷計劃時，行銷人員就會面臨需求的具體化。

行銷人員必須從三個方面（變量）具體化需求：時間（短期、中期、長期）、空間（個別顧客、地區、區域、全國、世界）和產品範圍（單一產品、一組不同型號、規格的產品、產品線、公司全部行銷產品、某一行業的產品、全國的全部產品），見圖3-4。

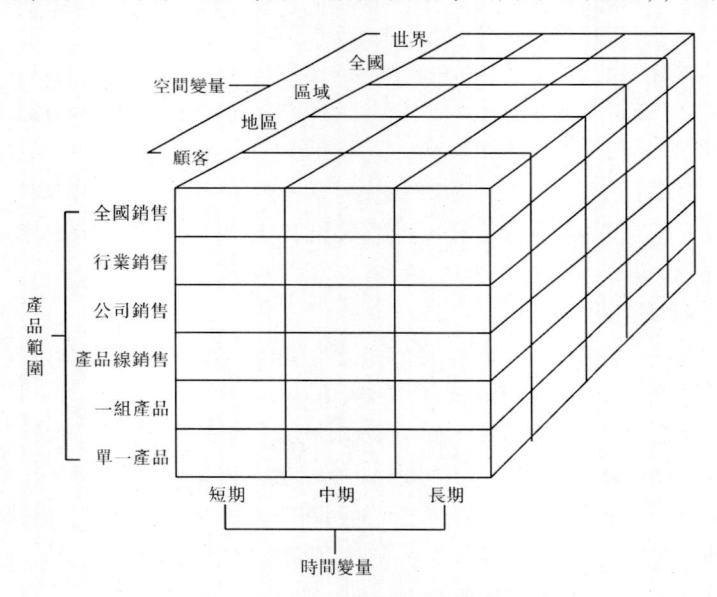

圖3-4　90種（6×5×3）範圍的需求量

公司可以根據需要估計90種不同範圍的需求量，引導公司的經營活動。同時經理們還要進一步明確需求量的具體含義。

（一）市場需求量的層次

市場是對某一特定產品有需要和購買力的全部實際和潛在顧客，這一概念也可以用公

式更直觀地表述：

市場＝消費者＋購買力＋需要（慾望）

我們經常說諸如「產品的市場太小」「產品有市場嗎？」「某某產品市場正在萎縮」此類的話，這時候的「市場」是一個更具體的概念——市場需求量。從行銷管理的角度這一市場的概念可以被劃分為四個層次：

1. 潛在市場

潛在市場是由那些對某個在市場上出售產品有某種程度興趣的人群組成。一般情況下，行銷努力不會針對全部潛在市場，但是我們必須瞭解潛在市場這一行銷基本環境。

2. 有效市場

有效市場是由一群對某一產品有興趣、有收入和能通過行銷渠道被接近的潛在人群所組成。通過行銷經理的努力，公司提供的行銷服務可以觸及的市場是有巨大誘惑力的有效市場。有的商品由於國家法律或社會倫理的限制，有效市場中的一些顧客必須被放棄（如網吧不能對未成年人開放，藥品中的麻醉品不能賣給癮君子等情況）。對於公司來說，似乎觸手可得的就只能是合格有效市場——是由對某一市場上出售的產品有興趣、有收入和能通過行銷渠道被接近的合格顧客所組成。

3. 服務市場（目標市場）

服務市場是公司決定要在合格有效市場上追求的那部分顧客群體。事實上，行銷者運用特定的行銷手段，追求具有某（些）共同特質和共同需要的顧客群體——目標市場。企業把行銷努力集中於追求目標市場顧客才是最有效和最經濟的經營行為。

4. 滲透市場

滲透市場是指那些已經買了公司產品的顧客群體。公司總會在目標市場上出售一定數量的產品，這些現實的顧客應該也可以成為傳播公司價值的中堅力量。

從市場需求量的大小來看，有如下關係存在：

潛在市場≥有效市場≥服務市場≥滲透市場

我們也可以用圖示方法直觀地描述上述關係，見圖3-5。

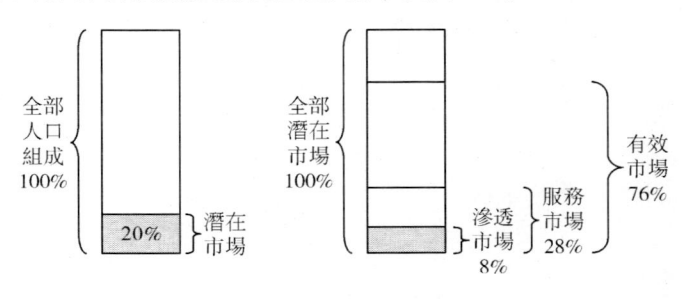

圖3-5　各層次市場的分割

(二) 市場需求量的界定

「市場」和「需求」這兩個詞的含義都比較廣泛，我們具體化、界定市場需求量包含了時間、空間、產品範圍三個方面（變量）和其他多個方面：

1. 時間週期

企業的行銷計劃一般分為短期（一年以內）、中期（一年至五年）、長期（五年以上）三個時間覆蓋段。為了加強控制，行銷經理還會把短期計劃進一步細分成半年、季度、月甚至旬計劃。與之相對應有涵蓋不同時期的市場需求量，即市場需求量必須有明確的時間界限。

2. 空間

企業的產品銷售可以是針對某一特定的顧客（個別行銷），也可以針對某一行政地區（如某一省、市或自治區）市場、某一地理範圍——區域（如華東地區、西北地區或沿海地區）市場、全國市場或世界市場。地理上的分佈是形成需求差異性的重要原因，分析市場需求量應以特定的地理區域為基礎。

3. 產品範圍

差異化的需求需要用不同的產品去滿足。單一產品能滿足某一特定的消費群體；某一產品不同的型號、規格、包裝——一組產品（如中秋節市場上流通的各個檔次的月餅）用於滿足不同消費者差異化的需求；公司的某一產品線是為消費者差異化的需求設計的（如通用公司包含各檔次的轎車產品線），也可能是為同一消費群體的不同需求設計的（如寶潔公司的清潔劑產品線）；公司全部行銷產品涵蓋的顧客和需求就更加廣泛。分析某一行業和企業的產品需求量是確定企業在競爭中的地位和確定企業目標和競爭策略的基礎。

4. 量

市場需求最終會落實到「量」，這個「量」是指消費者對產品的需求數量或支付的金額——產品銷售收入。產品的銷售收入會隨產品的價格波動而變化很大。例如，手機在中國市場推廣的初期，單價在2萬元左右，而功能更加強大的手機現在平均單價僅4,000元左右，即使準確預測了現在的手機需求數量，用當初的單價估計現在的手機市場銷售規模誤差也會太大。

5. 消費群體

前面提到「空間」問題，事實上，在同一地理區域內的顧客需求也有差異性。面對消費者需求的差異性，運用市場細分原理是有效的行銷方法，不同細分市場需求量的估計有更重大的意義。

6. 消費者的狀態

在企業確定的目標市場中，由於各種原因，一些消費者會立即購買，成為企業的現實顧客；而另一些消費者可能還需要等待一段時間才能成為企業的顧客——潛在顧客。企業

的任務就是把潛在顧客轉化為現實顧客。

7. 行銷環境

需求雖然不是創造出來的，但是，行業的行銷努力（如廣告的投入量、企業的公關活動、在賣場大量鋪貨形成的行銷氣氛等）會影響消費者的消費行為。估計市場需求量時，行銷經理應當考慮行銷環境的影響。

8. 企業的行銷投入

與行銷環境相同的因素是企業的行銷努力，企業的行銷投入直接影響企業的產品銷售量。行銷經理在估計企業產品銷售量時一般會把企業的行銷投入作為自變量。

二、市場潛量

特定產品的市場需求量並非一個常量，它會受多種因素的影響，隨著時間的推移而變化。因變量市場需求量對應的自變量可能是消費者收入、產品自身的價格、關聯產品的價格、消費者的合理預期、行銷費用支出等因素。其中，行銷費用支出是影響市場需求量最直接和最大的因素。就一個行業分析，兩個變量之間的關係見圖 3-6。

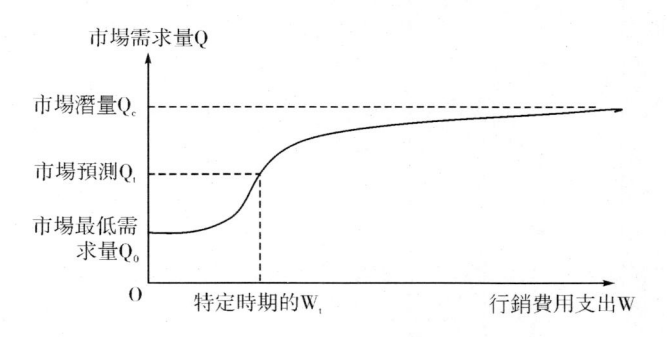

圖 3-6　市場需求量——行銷費用支出曲線

圖 3-6 反應了在特定的行銷環境下，市場需求量與行銷費用支出的函數關係。在沒有任何行銷費用支出時，一個新產品的信息也會通過最原始的方式（如產品研製參與者的人員傳播、生產企業的人員傳播、商店的櫃臺陳列等）在相對較小的範圍內傳播，產品會有一個市場最低需求量 Q_0。隨著行銷活動的正式開展，行銷費用支出的產生，消費者在新產品引入市場的初期有一個對其逐步認識、逐步接受的過程，這一時期市場需求量增長速度緩慢。隨著行銷活動的進一步深入，新的競爭者加入，行銷費用支出加大到一定程度，產品的行銷氣氛變得熱烈，消費者受到更大的刺激，市場需求量增長速度會隨之加快。但是，任何產品的市場需求量都會有一個極限——市場潛量，即無論行銷者花費多少時間，做出多大的行銷努力，市場需求量都不可能突破其極限——市場潛量。

市場潛量在市場行銷活動中有著極其重要的意義，當市場需求量接近市場潛量時，進

一步的行銷努力是不經濟的，突破市場潛量的行銷努力是徒勞無益的。

企業也有市場需求的潛量。一般情況下，由於消費者需求的多樣性和差異性，即使是行業龍頭，企業想獨占某一產品的全部市場也是不現實的，因此，企業也會有一個企業市場潛量，它比行業市場潛量小。

三、市場需求量的估計方法

（一）行業市場潛量的估計方法

行業市場潛量可以用下列公式估計：

$$Q = nqp$$

式中：Q——特定時期內行業市場潛量；n——在特定條件下市場上的產品購買者的數量；q——每一個購買者的平均購買數量；p——產品的單價。

上述行業市場潛量估計公式中，n 的確定是關鍵。一般的做法是從總人口入手，考慮消費者的收入或地理分佈或產生需要等主要消費行為影響因素，確定 n。

例如，某製藥公司開發了一種治療乙肝的新藥，如何估計市場開發初期的產品市場潛量？首先考慮中國 10% 的人口是乙型病毒標誌的慢性攜帶者，在市場開發的初期宣傳推廣工作只能在城市進行，其次考慮中國城市化水準為 58.52%，2017 年年底，中國的總人口為 13 億 9,008 萬人，那麼，市場潛量 = 8,134.75 萬人（139,008 萬人×10%×58.52%）。

每一個購買者的平均購買數量 q 可以通過調查獲得（「統計年鑒」的「人民生活」部分有一些日用品的人均消費數據），也可以通過技術分析獲得。上面的例子中的 q 可以通過治療方案的技術分析獲得。

估計市場潛量有時用「匯總法」更為準確、方便。即先估計各細分市場的市場潛量，然後匯總計算出總的市場潛量。就上例，考慮市場開發初期宣傳推廣工作只能在 50 萬人規模以上的城市進行，而每一個地區的「乙肝病毒攜帶者」比例也有所差異，可以先計算符合條件城市的市場潛量，再匯總得到該產品總的市場潛量。

（二）區域市場潛量的估計

某些情況下，總市場潛量容易估計，而區域市場潛量的直接估計卻缺乏完備的統計資料。這時，可以綜合考慮使用該區域市場的人口、居民收入、社會商品零售額等主要影響因素對總的市場潛量進行分配。

例如，估計消費品的區域市場潛量的購買力指數法就是綜合考慮主要影響因素影響估計方法的一種，公式如下：

$$Qi = Q \times (0.5Yi + 0.3Ri + 0.2Pi)$$

式中：Qi——i 區域市場潛量；Q——總的市場潛量；Yi——i 區域社會商品零售額占全國的比重；Ri——i 區域個人可支配收入占全國的比重；Pi——i 區域人口占全國的比重。

上述公式用線性方法綜合考慮各主要因素對市場潛量的影響，其中的 0.5、0.3、0.2 是三個因素的權重（權重之和一定為 1）。對於權重，可以根據商品的不同進行調整，也可以用相同商品或相似商品的歷史數據估計。

（三）類比法

世界範圍的消費都有趨同的傾向，經濟較為發達地區消費者的產品消費行為可以作為較落後地區消費的借鑑。例如，恩格爾系數是用來衡量消費者生活水準的指標，按照馬斯洛需要層次理論，隨著消費者生活水準的提高，人們會逐步按順序追求更高層次的需要，見圖 3-7。

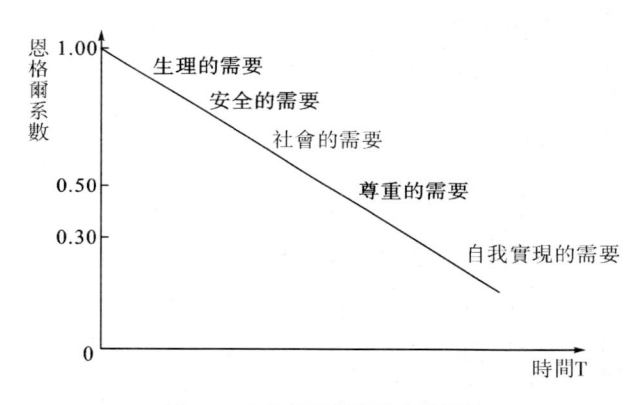

圖 3-7　恩格爾系數與特定的需要

各層次的需要會催生出特定的產品，特定的產品消費會與恩格爾系數有一定的對應關係。例如，當恩格爾系數接近 1 時，市場上流通的飲料幾乎都是含糖的，當恩格爾系數在 0.3 時，市場上流通的飲料多數是不含糖的。經濟較為發達地區消費者的產品消費行為是其他人文條件較為接近而經濟落後地區將來的借鑑。例如，據統計，2002 年美國的肉食人均消費量 120 千克，2016 年中國人均消費的肉食數量才 26.1 千克[①]，中國的肉食人均消費量與美國相比還有很大的差距，肉食品及相關產品的市場發展潛力還很大。

（四）連比法

國家的職能（特別是統計）部門和一些民間機構有很多現成的統計資料可供公司經理們利用。經理們可以利用一些統計數據作為參數分析，估計市場潛量，如用連比法估計市場潛量。連比法即是由一個基礎數據乘上幾個參數加以修正得到市場潛量。

上述參數可以通過抽樣調查獲得。

四、估計未來的需求量

對企業未來需求量的預測是艱鉅而複雜的工作。用統計方法進行定量預測，首要任務

---

① 中華人民共和國國家統計局. 2017 中國統計年鑑［M］. 北京：中國統計出版社，2017.

是分析影響需求的諸多因素，分析它們之間的數量關係，建立適當的數學模型，其次才是收集數據，最後運用計算分析軟件估計未來需求量。

企業通常經過三個階段預測企業的銷售量。首先需要對宏觀經濟運行環境進行預測，宏觀經濟的平穩發展會使需求量預測的誤差減小。其次再預測直接影響企業的行業產品需求量。最後才是企業未來的需求量預測，企業估計其在行業銷售中能達到的一定份額，據此預測其未來的需求量。

在估計未來的需求時，有許多成熟的統計預測方法（如迴歸分析、時間序列分析、計量經濟學方法等）和與之相對應的軟件（如 SPSS、SAS、STATA 等）可以借用，讀者可以在相關課程中學習。這裡給大家介紹幾個簡單、易學的方法。

（一）購買者意圖調查法

市場預測是在一組規定的條件下估計消費者可能買什麼的技術。購買者意圖調查法是通過一個量表對消費者的購買意願進行度量，從中分析預測需求量的方法。如果購買者有清晰的意圖，能付諸實施，並願告訴訪問者，則這種調查就顯得特別有價值。

例如，某調研機構對消費者購買汽車的意圖進行定期調查。表 3-1 是調查機構所使用問卷中的度量表。

表 3-1　　　　　　　　　　消費者購買意圖度量表

你準備在 6 個月內購買一輛汽車嗎？					
0	0.2	0.4	0.6	0.8	1.00
不可能	有些可能	可能	很可能	非常可能	肯定

表 3-1 就是所謂的購買概率度量表（Purchase Probability Scale）。此外，這種調查還包括詢問消費者目前和未來的個人財務狀況以及經濟前景。各種信息的要點都綜合在消費者感情度量或消費者信任度量中。消費耐用品生產商通過瞭解這些指標，希望預料消費者購買意圖的主要轉移方向，從而使企業能相應地調整其生產和行銷計劃。

某些產品通過度量購買概率的調查在新產品上市之前就能得到較為準確的市場反饋信息。

（二）銷售人員意見綜合法

當企業訪問消費者有困難時，則可要求它的銷售人員進行估計。每個銷售人員估計消費者會買多少企業生產的產品，企業再對他們的估計進行綜合，得到預測結果。由於銷售員最瞭解客戶的意見和動向，故銷售人員意見綜合法的預測，應有較大的參考價值。

例如，假設某公司有 3 個銷售人員，銷售人員對未來的產品銷售的估計結果如下：

銷售人員甲的預測結果是：最可能銷售量為 250（單位），銷售量為 200~300 的可能性為 85%；

銷售人員乙的預測結果：最可能銷售量為 200（單位），銷售量為 160~240 的可能性

為 90%；

销售人員丙的預測結果是：最可能的銷售量為 220（單位），銷售量為 170~270 的可能性為 80%。

假定甲、乙、丙三個銷售人員的預測值分別服從正態分佈，最可能的預測銷售量就是它的期望值。查正態分佈表得：

85%的概率保證度，(250-200)/σ 甲 = 1.44

即 μ 甲 = 250   σ 甲 = 34.72

同理得：

μ 乙 = 200   σ 乙 = 24.24

μ 丙 = 220   σ 丙 = 37.06

總銷售量均值是三者之和，即 250+200+220 = 670

總銷售預測的標準差是：

σ =（σ 甲 2+σ 乙 2+σ 丙 2）1/2 = 57.6

結論：未來需求量的均值是 670，有 95.4%的把握在 554.8（670-2×57.6）到 785.2（670+2×57.6）之間。

很少有企業在利用它們的銷售人員的估計時不做某些調整。銷售代表是有偏見的觀察者。他們可能是天生的悲觀主義者或樂觀主義者；他們也可能由於最近的銷售受挫或成功，從一個極端走到另一個極端。此外，他們經常不瞭解更大範圍的經濟發展和影響他們地區未來銷售的企業行銷計劃；他們可能瞞報需求，以達到使公司制定低定額的目的；他們也可能沒有時間去做出審慎的估計或可能認為這不值得考慮。

為了促進銷售人員做出較好的估計，企業可向他們提供一些幫助或鼓勵。例如，銷售代表可能收到一個他過去為公司所做的預測與實際銷售對照的記錄，一份公司在商業前景上的設想，有關競爭者的行為及行銷計劃。

吸引銷售人員參加預測可獲得許多好處。銷售代表在發展趨勢上可能比其他任何人更具敏銳性。通過參與預測過程，銷售代表可以對他們的銷售定額充滿信心，從而激勵他們達到目標。而且，一個基層銷售代表的預測過程還可產生按產品、地區、顧客和銷售代表細分的銷售估計。

（三）專家意見法

企業也可以借助專家來獲得預測。專家包括經銷商、分銷商、供應商、行銷顧問和貿易協會。例如，汽車生產企業向它們的經銷商定期調查以獲得短期需求的預測，然而，經銷商的估計和銷售人員的估計一樣有著相同的優點和不足。這些預測專家處在較有利的位置。由於他們有更多的數據和更好的預測技術，因此，他們的預測優於企業的預測。

企業可以不定期地召集專家組成一個專門小組，做一個特定的預測。具體做法為：請專家們交換觀點並做出一個小組的估計（小組討論法）；或者可以要求專家們分別提出自

己的估計，然後由一位分析師把這些估計匯總成一個估計（個人估計匯總法）；或者由專家們提出各人的估計和設想，由公司審查、修改，再反饋給專家們，這樣反覆循環幾次，專家們的預測結果會逐步趨於一致（特爾菲預測法），從而深化原估計。

（四）時間序列分析法

銷售預測可以以過去的銷售情況為基礎，運用時間序列分析估計未來的需求量。時間序列分析（Time-series Analysis）把影響銷售量的因素分解成四大類的因素——趨勢、循環、季節和偶發事件，然後，把這些因素再組合以產生銷售量預測。例如，指數平滑法（Exponential Smoothing）是對下一期的銷售預測較好的方法，綜合考慮過去的歷史銷售平均值，越近的數據權重越大。

（五）市場測試法

在購買者沒有準備仔細的購買計劃，或購買者在實現其購買意圖時表現得非常無規律，或專家們並非可靠猜測者的情況下，一個直接的市場測試是必要的。直接的市場測試就是將產品在測試市場推出，統計分析銷售情況，預測企業的市場需求量。直接的市場測試特別適用於對新產品的銷售預測或為產品建立新的分銷渠道或地區的情況。

本章小結

市場行銷研究是組織和個人為診斷特定行銷問題和最終為企業市場行銷決策提供依據而進行的系統的、客觀的、科學的、有計劃的收集、分析、判斷、解釋和傳遞信息的活動過程。市場行銷研究要以正確的市場行銷學理論為指導，運用恰當的統計學方法剖析市場現象。它是市場行銷學和統計學的有機結合。

市場行銷研究的內容包括市場行銷環境研究、市場研究、消費者研究、產品研究、行銷組合研究、競爭者研究等，其過程可分為四個階段、七個步驟。

企業產品銷售量估計是以需求估計為基礎的。行銷人員必須搞清楚需求的含義。市場需求包括多個層次，具體化市場需求還要從多方面進行界定。估計市場需求的方法包括行業市場潛量估計法、區域市場潛量估計法、類比法和連比法。估計未來的需求可以採用購買者意圖調查法、銷售人員意見綜合法、專家意見法、時間序列分析法等。

市場行銷研究主要有四個難題：一是如何解讀一個行銷管理決策問題，並將其編譯為一個研究問題；二是如何獲得解讀問題或者驗證假設的支撐信息（數據）；三是用什麼分析方法分析獲得的信息；四是如何解讀信息的分析結果。

本章復習思考題

1. 什麼是市場行銷研究？它的主要內容是什麼？
2. 市場行銷研究的主要步驟包括哪些？
3. 收集原始數據的主要方法有哪些？
4. 一個市場行銷設計主要包括哪些內容？
5. 如何衡量企業的市場需求？
6. 企業如何估計未來的需求？有哪些主要的方法？

第四章　市場行銷環境

　　任何企業的行銷活動都是在一定的環境下進行的，它的行銷行為既要受到自身條件的限制，又要受到外部條件的限制和制約。制約和影響企業行銷活動的一系列條件和因素，就是企業的市場行銷環境。企業只有主動地、充分地使行銷活動與行銷環境相適應，才能使行銷活動產生最佳的效果，從而達到企業的行銷目標。

第一節　市場行銷環境的概念和特點

一、市場行銷環境的概念

　　市場行銷環境是指影響企業行銷能力和效果的、外在的各種參與者和社會影響力。這裡所說的「外在的」，既是指企業的外部，有時也是指企業行銷部門的外部。企業的市場行銷環境是不斷地變化的，這種變化會對企業的行銷活動產生重大的影響。一方面，環境的變化對企業可能形成新的市場機會；另一方面，這種變化亦會對企業造成新的環境威脅。因此，市場行銷環境是一個動態的概念，企業必須經常調查研究環境的現狀和預測其發展變化的趨勢，善於分析和判斷由於環境的發展變化而新出現的機會和威脅，以便結合企業自身的條件，及時採取趨利避害的對策，使企業的行銷活動能和周圍的環境相適應，以取得最佳的行銷效果，達到企業的行銷目標。

　　企業的市場行銷環境可區分為微觀行銷環境和宏觀行銷環境兩個層次。微觀行銷環境就是和企業緊密相連、直接影響企業為目標市場顧客服務能力和效率的各種參與者，包括企業本身、供應商、行銷仲介、顧客、競爭者和公眾。宏觀行銷環境則是指影響微觀環境的一系列巨大的社會力量，主要有人口、經濟、自然、技術、政治法律、社會文化六個方面。微觀環境和宏觀環境的主要內容及相互關係如圖4-1所示。微觀環境雖然直接影響企業的行銷活動，但是這種影響是由宏觀環境所決定的。

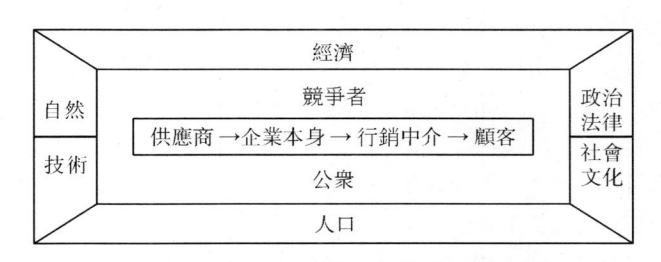

```
         經濟
    ┌─────────────┐
    │   競爭者     │
自然 │ ┌─────────┐ │ 政治
    │ │供應商→企業本身→行銷中介→顧客│ │ 法律
技術 │ └─────────┘ │ 社會
    │   公眾      │ 文化
    └─────────────┘
         人口
```

圖 4-1　微觀環境和宏觀環境的主要內容及相互關係

二、市場行銷環境的特點

市場行銷環境是一個多層次、多因素和不斷發生變化的綜合體系，有其自身的特點。

1. 客觀性

市場行銷環境是客觀的，是不以人和組織的意志為轉移的，是企業不可控制的。企業的行銷行為總是在一定的環境條件下發生，這就是說，無論如何企業是無法改變和擺脫行銷環境對企業行銷活動的影響和制約的，企業只能通過改變行銷組合來主動適應行銷環境的變化，來應付環境變化所造成的各種挑戰。

2. 差異性

市場行銷環境的差異性不僅表現在不同企業受不同環境的影響，而且表現在同樣一種環境因素的變化對不同企業的影響也不一樣。由於外界環境因素對企業作用的差異性，導致企業為應付環境的變化所採取的行銷策略各有其特點。

3. 多變性

構成企業行銷環境的因素是多方面的，每一個又都隨著社會經濟的發展而不斷變化。這就要求企業根據環境因素和條件的變化，不斷調整其行銷策略。

4. 相關性

市場行銷環境不是由某一個單一的因素來決定的，它要受到一系列相關因素的影響。市場行銷環境是一個系統，在這個系統中，各個影響因素相互依賴、相互作用和相互制約。

5. 複雜性

企業面臨的市場行銷環境具有複雜性，表現為各環境因素之間經常存在著矛盾關係。這種複雜的相互影響程度也是使得企業對外部環境難以預測和估計的重要原因。

6. 動態性

行銷環境總是處在一個不斷變化的過程中的，首先，社會在發展，環境在變化，企業的各個行銷環境要素都處於一種易變的、不穩定的狀態之中；其次，不同的環境要素變化的速度也不一樣；最後，行銷環境要素的變化經常是連鎖反應性的。因此企業要不斷地研

究和調整自己的行銷策略，以適應不斷發展變化的行銷環境。

第二節　微觀行銷環境

　　企業的行銷管理者不僅要重視目標市場的要求，而且要瞭解企業行銷活動的所有微觀環境因素，因為這些因素影響著企業服務目標市場的能力。同時，構成微觀環境的各種制約力量，又與企業行銷形成了協作、競爭、服務、監督的關係。一個企業能否成功地開展行銷活動，適應和影響微觀環境的變化是至關重要的。圖 4-2 展示了行銷微觀環境的主要因素，包括企業本身、供應商、行銷中間商、顧客、競爭者和公眾。

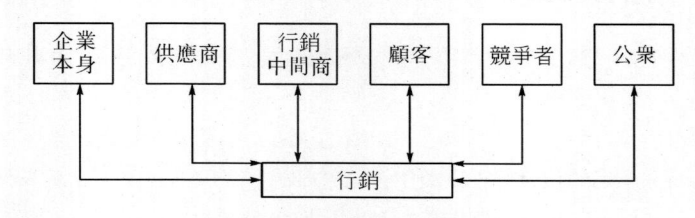

圖 4-2　行銷微觀環境主要因素

一、企業本身

　　現代企業為開展行銷業務，必須設立某種形式的行銷部門。為使企業的行銷業務卓有成效地開展，不僅行銷部門內各類專職人員需要盡職盡力通力合作，而且更重要的是必須取得企業內部其他部門，如高層管理、財務、研究與開發、採購、生產、會計等部門的協調一致。所有這些企業的內部組織，就形成了企業內部的微觀環境，如圖 4-3 所示。

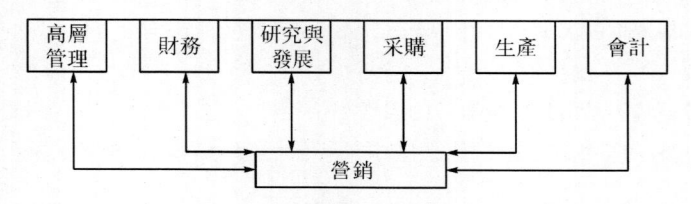

圖 4-3　企業內部微觀環境

　　企業內部的微觀環境應分為兩個層次。第一層次是高層管理部門。行銷部門必須在高層管理部門所規定的職權範圍內做出決策，並且所制訂的計劃在實施前必須得到高層領導部門的批准。第二層次是企業的其他職能部門。企業行銷部門的業務活動是和其他部門的業務活動息息相關的。財務部門負責尋找和使用實施行銷計劃所需的資金；研究與開發部門研製安全且吸引人的產品；採購部門負責供給原材料；生產部門生產品質與數量都合格的產品；會計核算收入與成本以便管理部門瞭解是否實現了預期目標。這些部門都對行銷

部門的計劃和行動產生影響。行銷部門在制訂和執行行銷計劃的過程中，必須與企業的其他職能部門互相配合、協調一致，這樣才能取得預期的效果。

二、供應商

供應商是指向企業及其競爭對手供應為生產特定產品和勞務所需要的各種資源的工商企業或其他組織與個人。供應品對企業行銷活動會產生巨大的影響。行銷經理必須關注供應品的可獲得性和成本。供應短缺或延遲、工人罷工、自然災害和其他活動的發生，在短期內會影響銷售業績，長期來看會降低顧客滿意度。供應品的成本增加會導致產品售價提高，進而影響銷量。供應資源對企業產品的影響主要體現在以下三個方面：

（1）資源供應的可靠性，即資源供應的保證程度。這將直接影響企業產品的銷售量和交貨期。

（2）資源供求的價格變動趨勢。這將直接影響企業產品的成本。

（3）供應資源的質量水準。這將直接影響企業產品的質量。

如上所述，資源供求是影響企業競爭能力和產品銷售量的重要條件。通常，企業應向多個供應商採購，而不可依賴於任何單一的供應者，以免受其控制。條件許可時，企業應採取後向一體化的策略，自己生產所需外購的主要資源，以增強對行銷業務的控制能力，保證企業順利實現預定的行銷目標。

三、行銷中間商

行銷中間商是幫助企業銷售、促銷並將產品送到最終購買者手中的企業或組織，包括經銷商、物流公司、行銷服務代理商和金融仲介機構。這些都是市場行銷中不可缺少的中間環節，生產企業必須借助行銷中間商的協助才能經濟有效地開展行銷活動。

1. 經銷商

經銷商是幫助企業找到顧客或將產品銷售給顧客的渠道商，包括批發商和零售商。尋找經銷商並與之合作是企業的一項重要工作，也是一件比較困難的事。選擇合適的經銷商，並且盡可能同有影響、有能力的經銷商建立良好的合作關係，將有利於開拓市場增強競爭，提高行銷活動的效率。

2. 物流公司

物流公司幫助企業儲存和運送商品，將產品從原產地運往銷售目的地，完成產品的空間移位工作。在與物流公司打交道時，企業必須綜合考慮成本、運輸方式、速度和安全性等因素，從而決定運輸和倉儲產品的最佳方式。

3. 行銷服務代理商

行銷服務代理商包括行銷調研公司、廣告公司、媒介公司、諮詢公司。它們幫助企業將產品銷售到正確市場，正確地定位和促銷產品。

4. 金融機構

金融機構包括銀行、信貸公司、保險公司，以及幫助企業進行融資、抵禦買賣商品相關風險的其他公司，對企業行銷活動的成功具有決定性的意義。

像供應商一樣，行銷中間商是公司整個價值傳遞網絡的重要組成部分。在創建令顧客滿意的關係過程中，企業不僅要使自身效益最大化，還必須與行銷中間商合作，使整個系統的效益最大化。

四、顧客

顧客是企業產品購買者的總稱，可以是組織或個人。凡是那些已經購買了企業產品的組織或個人，是一個企業的現實顧客；而那些現在還沒有但可能購買企業產品的組織或個人，為潛在顧客。

正如我們所強調的，顧客是企業微觀環境中最重要的因素。整個價值傳遞網絡的目的是服務目標顧客，並與他們建立穩定的關係。任何企業的產品，如果未能被顧客認可和接受，就沒有交換對象，因而不可能得到預期的行銷成果。所以，分析顧客的需要，瞭解顧客對企業所提供的產品的看法與態度，以及顧客對競爭對手產品的看法和態度，是企業行銷管理最重要的內容。

行銷企業的顧客一般來自五個市場：一是消費者市場，二是產業市場，三是中間商市場，四是政府市場，五是國際市場（如圖 4-4 所示）。公司可能會以五類消費者市場中的任意一類作為目標顧客。消費者市場由購買商品和服務的個人和家庭組成，一般用於個人消費。在組織市場購買商品和服務是為了在後續的生產過程中進一步處理或使用，而在經銷商市場購買商品和服務則是為了轉售以獲利。政府市場由購買商品和服務的政府機構組成，用來提供公共服務，或將產品、服務轉讓給有需要的人。國際市場由其他國家的買家組成，包括消費者、生產者、經銷商和政府。每個市場類型都需要賣方認真研究該市場的特殊性。

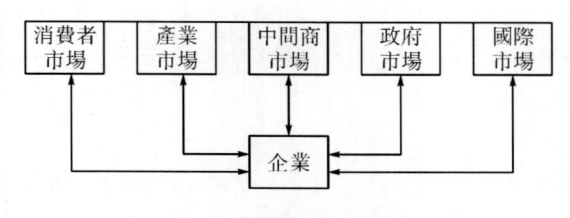

圖 4-4 顧客市場的種類

五、競爭者

一個行銷企業的競爭者是指在同一個目標市場爭奪同一顧客群體的其他企業或類似的

組織。任何企業從事行銷活動都會遇到各種競爭對手的較量和壓力，因此，競爭者成為企業行銷的重要環境因素。行銷理念指出，要取得成功，公司必須提供比競爭對手更高的顧客價值和顧客滿意度。因此，行銷人員必須做得更多，而不僅僅是迎合目標消費者的需要。他們還必須獲得戰略優勢，明確定位自己的產品，使之在消費者的腦海中區別於競爭對手的產品。

單一且有競爭力的行銷戰略並不適合所有企業。每個企業都應該根據競爭對手的情況並考慮自身的規模和行業地位來制定行銷戰略。在一個行業中占據主導地位的大企業可以使用的戰略，小企業可能負擔不起。但僅僅規模大是不夠的。有成功的大型企業，當然也有失敗的。小企業也可以開發自己的戰略，獲得比大企業更高的回報率。

六、公眾

公司的行銷環境還包括各種公眾。公眾是指對一個組織實現其目標的能力具有實際的或潛在的影響力的任何團體。我們可以識別出七種公眾，見圖 4-5 所示。

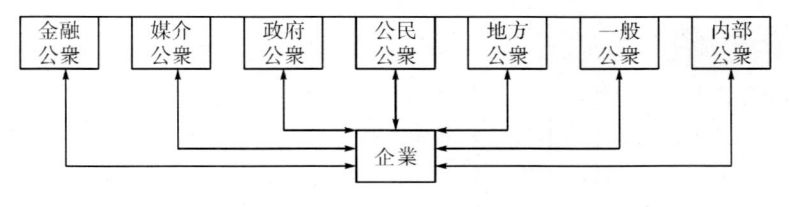

圖 4-5 公眾的種類

1. 金融公眾

這個群體會影響公司獲得資金的能力。銀行、投資分析師、股東是主要的金融公眾。

2. 媒介公眾

這個群體傳播新聞專題和社論觀點，包括報紙、雜誌、電視臺以及微博和其他網絡媒體。

3. 政府公眾

政府公眾即負責管理企業行銷業務的有關政府部門。因此，企業的行銷管理當局在制訂自己的行銷計劃時，需要研究政府和各種法令法規，各項政治和經濟發展方針、政策和措施，使企業的行銷活動符合政府的要求，以得到政府對企業行銷活動的最大支持。

4. 公民公眾

一個公司的行銷決策可能受到消費者組織、環保團體、少數族裔和其他團體的質疑，其公共關係部門能幫助它保持與消費者和公民團體的聯繫。

5. 地方公眾

地方公眾即企業附近的鄰里居民和社區組織。大公司通常會建立專門的部門和程序，

以處理當地的社區問題並提供社區支持。

6. 一般公眾

非組織形式的公眾就是一般公眾。一般公眾不會對企業採取有組織的行動，公司需要考慮一般公眾對產品和活動的態度。公眾對公司的印象反應在其購買上。

7. 內部公眾

內部公眾指企業內部的全體職工，包括員工、管理人員和董事會。企業需要通過調動內部員工的積極性來提高企業的活力、增強凝聚力。當員工對他們所在的公司感覺良好時，這種積極的態度會滲透到外部公眾中去。

公眾對企業的命運會產生巨大的影響，因此企業一般都設有公共部門專門策劃建立和各類公眾的關係。需要強調的是公共關係事務並不只是公關部門的工作，而應該是企業全體職工都參與的工作。

第三節　宏觀行銷環境

宏觀行銷環境是指對企業的生存發展創造機會產生威脅的各種社會力量，包括人口、經濟、自然、技術、政治法律、社會文化等因素，如圖4-6所示。公司和所有其他的利益相關者都在一個大的宏觀環境下營運。即使是實力最強的公司也可能在面對時常動盪和變化的行銷環境因素時變得脆弱不堪。如諾基亞一度是手機業的全球霸主，但是這家手機巨頭錯過了規模空前的智能手機革命，並在業務惡化的情況下被迫壯士斷腕，將手機部門出售給微軟。其中一些因素是不可預見和不可控的，還有一些因素可以通過一些技巧來預測和處理。那些能瞭解和適應它們所處環境的公司可以茁壯成長，而做不到這一點的公司就可能面臨危機。在本章接下來的部分，我們將解讀這些因素並看看它們是如何影響行銷計劃的。

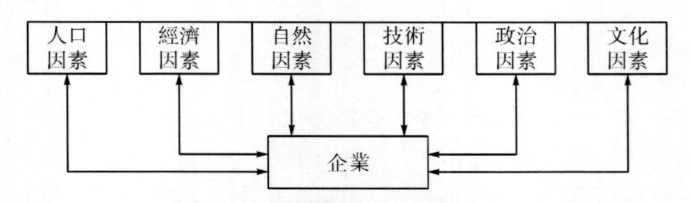

圖4-6　宏觀行銷環境包括的主要因素

一、人口環境

行銷者們要重點監測的一個因素是人口，因為市場是由人組成的。企業市場行銷人員所感興趣的是：世界人口的規模、地理分佈、人口密度、流動趨勢、年齡構成、性別構成、出生率、結婚率、死亡率，以及人種、種族和宗教結構。

下面我們將闡述當前人口出現的比較重要的趨勢及它們對行銷計劃的影響。

1. 人口爆炸性增長

截至 2018 年 1 月，全世界人口總數達 74 億多。人口爆炸是世界各國政府及各種社會團體極其關切的一個大問題。世界人口迅速增長，導致的主要問題有：一是因為地球上的資源有限，可能不足以養活這麼多人口，特別是無法維持大多數人所渴望的那種生活水準，這會導致企業面臨所需資源越來越短缺、生產成本越來越高的問題。二是因為人口增長最快的地方恰恰正是那些最貧窮、經濟發展最慢、最缺乏能力養活過多人口的國家和地區，因此，高昂的生產成本與市場有效支付能力之間的差距將越來越大，加劇了貧窮的惡性循環。

如果人口增長伴隨著經濟的更快發展，則人口增長的同時意味著人類需求的增長。如果人們有足夠的購買力，人口的增長就意味著市場的擴大，這種人口增長無疑會為企業提供發展的機會。倘若人口的增長對糧食的供應和各種資源的供應形成過大的壓力，生產成本就會暴漲而利潤便會下降。

2. 年齡和家庭結構的變化

中國人口數量目前已超過 13.900,8 億，最重要的人口趨勢變化就是年齡結構的變化。中國人口由幾代人構成。以下主要討論具有鮮明消費特點的五個世代——60 後、70 後、80 後、90 後、00 後及他們對行銷戰略的影響。

（1）60 後（出生於 1960—1969 年），約 2.365 億人。由於成長於計劃經濟時代，他們的消費觀更為謹慎、節約、保守和理性，同時他們希望在消費上展現出獨特的品位和優越感，所以傾向於選擇富有自我概念、有助於表達成功的消費品和健康養生類產品。

（2）70 後（出生於 1970—1979 年），約 2.17 億人。從 70 後的成長軌跡來看，他們是較為「幸運的一代」，同時也是「轉型的一代」。成長於計劃經濟時代和改革開放時代，因此 70 後的消費往往呈現出傳統與超前消費並存的特點。他們的消費觀承襲父輩中庸且謹慎的個性，注重實用性、不注重品牌，對價格敏感。

（3）80 後（出生於 1980—1989 年），約 2.19 億人。這代人生長在經濟高速增長、中西方文化不斷碰撞的時代，同時也是獨生一代。80 後更注重享受生活，其消費時偏好時尚，忠誠度普遍不高。

（4）90 後（出生於 1990—1999 年），約 1.88 億人。他們成長於信息化時代，也是獨生一代。他們在消費時更加關注性價比和獨特價值，消費觀念超前且更有個性。90 後買東西時不關注價錢，品牌意識強烈，愛好奢侈品，熱衷於網購。90 後的消費動機最為複雜，主要有理性因素、自我表現因素和求同因素。理性因素不僅表現為實用性傾向，還表現為性價比消費、比較消費、環保消費等。自我表現因素是 90 後消費的顯著特徵，他們不滿足於標準化、模式化，有獨立的思考方式和價值觀，追求個性彰顯和與眾不同。

（5）00 後（出生於 2000—2009 年），約 1.47 億人。這一代成長於全面數字化生活的

時代。00後市場包括重要的兒童和青少年市場。這些年輕消費者代表了未來的市場，他們現在所構建的品牌關係會影響未來的消費決策。與90後一樣，00後也是享受數字生活的一代。他們理所當然地也擁有智能手機、平板電腦、iPod、互聯網游戲、無線網、數字和社交媒體。有人說：「他們一起在線上。」還有人說，數字技術已經成為他們的DNA。

3. 家庭的變化

家庭是以婚姻為基礎、以血緣為紐帶的人類社會細胞，也是產生消費行為的基本單位。由於晚婚、少子女、高離婚率、已婚婦女就業等現象的出現，家庭的特徵也在發生變化，導致家庭規模小型化，家庭結構核心化。

家庭的變化趨勢主要有：①晚婚。一方面導致生產結婚用品的企業行銷機會減少；而另一方面，結婚用品呈現高檔化的趨勢，這也同時提供了行銷機會。②少子女。子女減少，一方面使子女在家庭中的消費地位提高，家庭中未成年子女對產品的態度和選擇，將大大影響父母的購物選擇和態度；另一方面，隨著子女的減少，兒童用品的生產行業行銷機會在相應減少。③離婚率增高。這將導致對許多居家用品的市場需求增多，同時，對於社會化的家務勞動的需求也在不斷增加。這對於提供家庭服務行業的企業來說，增加了更多的行銷機會。④雙職工家庭增多。該現象引發市場的方便食品、冰凍食品、節省時間的家庭用品及照顧老人、兒童，洗衣、做飯等的需求增大，從而為有關行業帶來了良好的經營機會。

中國是世界上人口最多的國家，也是世界上家庭數量最多的國家。原國家衛生計生委家庭司發布的《中國家庭發展報告2016》顯示，目前中國的家庭有以下特點：一是家庭規模小型化，家庭類型多樣化。以兩人家庭、三人家庭為主體，由兩代人組成的核心家庭占六成以上。同時，單人家庭、空巢家庭、丁克家庭不斷湧現。二是家庭收入差別明顯。收入最多的20%的家庭和收入最少的20%家庭收入差距19倍左右。三是家庭養老需求和醫養結合的需求比較強烈。老年人養老最強烈的要求是健康醫療，特別是對社會化需求比較強烈。此外是流動家庭和留守家庭已經成為家庭的常規模式，目前流動家庭比例已接近20%，也產生了一些留守兒童、留守婦女、留守老人。

行銷人員必須考慮非傳統型家庭的獨特需要，因為這樣的家庭數量正在快速增加。每個群體都有不同的需要和購買習慣。隨著社會老齡化程度的加深和城鎮化改革的不斷推進，中國家庭中出現了越來越多的「空巢老人」「留守婦女」和「留守兒童」。很多商家洞察到這一突破口，通過關懷弱勢群體締造出更大的市場。

4. 人口的區域流動

在國家內部和國家之間都會有大規模的人口流動。舉例來說，中國就是一個流動國家，流動人口的規模在改革開放後的40年中持續增長，《中國流動人口發展報告2017》指出，2016年中國流動人口規模為2.45億人，流動人口家庭化會使其消費行為產生變化，進而影響流入地的社會經濟發展。

近年來，中國的人口地理分佈出現了幾個值得企業行銷人員高度重視的趨勢：①人口遷移，即人口從農村流向城市，從內地流向沿海，從不發達地區流向發達地區；②城市人口增長的速度明顯加快；③隨著城鎮化的快速發展，直接從事農業的人口迅速減少；④每年隨著農閒、農忙和春節而產生的「農民工流動」現象（農民短期流向城市打工，再返回農村，再流向城市，再返回）越來越明顯。

這樣的人口流動值得行銷人員的關注，因為居住在不同地區的人們由於地理位置、氣候條件、傳統文化、生活習慣的不同而表現出消費習慣和購買行為的差異。例如，相比中國東南部來說，中西部的居民會購買更多的冬季服裝。

二、經濟環境

市場由人口和購買力組成。經濟環境（Economic Environment）由影響人們購買能力和消費模式的經濟因素組成。行銷人員必須密切注意市場內外的主流趨勢。

各個國家在收入水準和分配上不盡相同。一些國家發展的是工業經濟，組成財富市場的是不同的貨物和商品。另一個極端的例子是物質經濟。人們消費的大部分是農業和工業輸出，提供的市場機會很少。處於這兩者之間的是發展中經濟，它能為適宜種類的產品提供不錯的市場機會。

（一）消費者收入水準

消費者的購買力來源於其收入，分析消費者收入水準需要進行收入分配與收入量分析，如圖 4-7 所示。

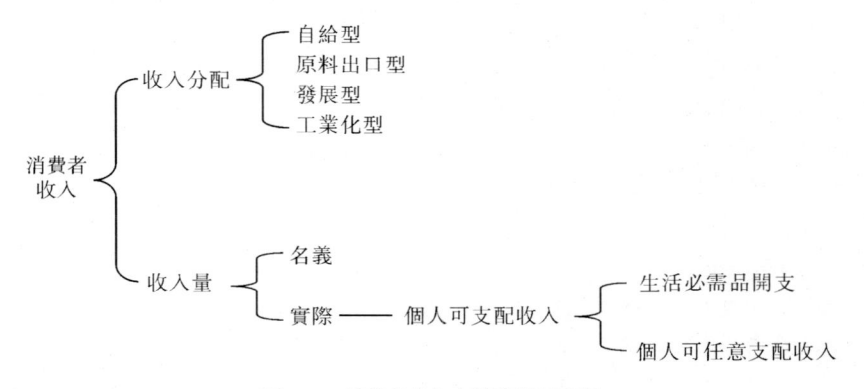

圖 4-7　消費者收入水準分析示意圖

1. 收入分配

各國收入的水準與分配差異很大，主要取決於國家的產業結構。產業結構有四種類型。不同的產業結構，對收入分配量的大小也有重要影響。

（1）自給型。在這種產業結構中，大多數人從事簡單的農業勞動，大部分產品都由

生產者自行消費，剩餘的則用於交換簡單的商品與服務。這種產業結構為市場行銷人員提供的機會很少。

（2）原料出口型。在這種產業結構中，國民的大多數收入往往來自一種或幾種自然資源的出口，而其他方面則很匱乏，如中東地區的石油輸出國。

（3）發展型。在這種產業結構中，製造業占國家國民生產總值的10%～20%，擁有發展型產業結構的國家發展現代工業，主要集中在紡織、汽車、鋼鐵等傳統工業。工業化產生了富裕的階層和不斷增加的中產階層，他們需要新型的商品，其中有些只能靠進口來滿足。在這樣的國家中，也存在大量的貧困階層，且貧富的差距很大。

（4）工業化型。工業化型經濟是出口製成品和輸出資金的經濟。擁有工業化型產業結構的國家出口產品以換取原材料和半成品。這些國家擁有大量的富裕階層及規模很大的中產階層，因此，國民購買力很強，是新產品、技術產品和奢侈品的主要消費國家。

現在，也開始出現知識經濟國家，主要是掌握了最先進的信息、通信和其他高新技術的國家。這些國家通過出口這些技術和產品，獲得大量的財富。

2. 收入量

對一個國家或特定的市場消費者的收入量進行分析，常用如下兩個指標：個人可支配收入和個人可任意支配收入。

（1）個人可支配收入。消費者的一切個人收入並不都是可以由自己支配的。個人收入中必須扣除應由消費者個人繳納的各項稅款和其他各種政府強制執行徵收的管理費（如個人所得稅、住房公積金、退休保險等）以後才是個人可支配的收入。這部分個人可支配收入是真正影響消費者購買力水準的決定性因素。

（2）個人可任意支配收入。上述個人可支配收入實際上仍不是消費者所能任意支配的，因為其中的相當一部分必須用來維持個人及家庭的生活或其他已固定的開支，即生活必需品開支，如伙食、衣著、房租、分期付款、保險費用和其他固定開支。扣除以上開支後的餘額才是個人可任意支配的收入。個人可任意支配的收入是消費者用來擴大購買量及提高消費水準的基礎。

(二) 消費結構

當消費者的收入逐步增加時，其消費結構也會相應地出現有規律的變化。所謂消費結構是指各類消費支出額在消費支出總額中所占的比重，因此，消費結構也稱為消費支出模式。

研究消費結構變化的最主要的經濟學理論是恩格爾系數。厄恩斯特·恩格爾（Ernest Engel）是德國統計學家，他在研究消費者家庭開支變化時，發現了一個規律：家庭收入越少，用於食物方面的費用在家庭全部支出中所占的百分比越大；當家庭所得收入增加時，用於食物的支出在支出總額中所占的百分比就會逐漸下降。恩格爾發現的這一規律在以後的家庭收支研究中得到了廣泛的證實。

恩格爾系數的求法為：

$$恩格爾系數 = \frac{用於食物的支出}{全部消費支出} \times 100\%$$

恩格爾系數可以用來衡量居民的富裕程度，同時也可表明一個國家潛在購買力的大小。按照聯合國的劃分標準，當恩格爾系數≥50%時，為貧窮國；30%～50%，為較富裕；當<30%時，為富裕。企業從恩格爾系數可以瞭解目前市場的消費水準，也可以推知今後消費變化的趨勢及對企業行銷活動的影響。

(三) 儲蓄和信貸

在不考慮消費者儲蓄變化影響的情況下，消費者及其家庭的可任意支配收入就形成當期的全部購買力。但是，一般情況下，消費者並不是將其全部收入完全用於當期消費，而會把收入的一部分以各種方式儲存起來，如銀行存款、債券、股票等。經濟學家發現消費和儲蓄都隨收入的增加而增加，但收入增加到一定程度後，消費增加的百分比將逐漸降低，而儲蓄增加的百分比將逐漸提高。

消費信貸對購買力的影響正好與儲蓄相反，消費信貸實際上是購買力的預支，因此，消費信貸的擴大等同於購買力的擴大。西方國家的消費者信貸比較普遍，也比較發達。許多消費者家庭普遍通過借款來增加當前消費。最常見的消費信貸有短期賒購、分期付款和信用卡信貸等。中國處於工業化發展中，因為資金的缺乏和受傳統觀念影響，消費者信貸還不發達。但近年來，中國的消費者信貸也出現了增加的勢頭。如為啟動房地產業市場，對消費者購買商品住房提供的銀行資金按揭等。

影響購買力的因素，還包括生活消費觀念的變化，社會文化風氣的變化等。對於市場行銷人員來說，對經濟環境的變化經常地予以觀察，並做出正確的分析和預見，對於制定正確的行銷策略是很有裨益的。

三、自然環境

企業行銷的自然環境，是指影響企業生產和經營的物質因素，如企業生產需要的物質資料，企業生產產品過程中對自然環境的影響等。自然環境的變化，既可以為企業帶來嚴重的威脅，也可能為企業創造有利的市場行銷機會。企業行銷人員必須重視自然環境的變化趨勢。

(一) 某些自然資源發生短缺

地球上的資源可分為無限資源、有限可再生資源、有限不可再生資源三種。

無限資源如空氣、陽光等，目前還未出現問題。儘管某些環保組織認為存在長遠的危機，如臭氧層遭到破壞，但目前引起世界廣泛關注的是水資源問題。如今，水資源問題已成為某些地方的主要問題了，包括中國在內的許多國家和地區都出現了水資源短缺的情況，有些水資源甚至遭到了嚴重污染。耕地面積的減少，森林的過量採伐等損害了資源的

再生能力而使可再生有限資源出現短缺。由於掠奪性開採，石油、煤、鉑、鋅和銀等不可再生資源，最後不可避免地會趨於耗竭。使用這些稀有礦藏的企業將面臨成本大幅度上升的問題，而且很難將其轉嫁給顧客。

面對自然資源日益短缺的威脅，人們對能節約資源耗用的產品和方法，以及稀缺原料的有效代用的需求也更為迫切，這將為從事該方面研究和開發工作的企業形成良好的發展機會。

(二) 能源成本的上升

石油這一有限不可再生資源已經成為未來經濟增長中的一個嚴重的問題。世界上的主要工業化國家對石油的依賴很嚴重，除非能夠開發出經濟的替代能源，否則，石油將繼續主宰世界的政治、經濟局面。20世紀70年代的油價大幅上升，1991年的海灣戰爭，已促使人們去研究替代能源。煤又重新被普遍使用，許多企業還在探求太陽能、原子能、風能及其他形式能源的實用性。僅僅太陽能領域，已有成百上千的企業、機構推出了第一代產品，用於家庭供暖和其他用途。還有一些企業，正在研究有實用價值的電動汽車。

對能源替代資源的開發和更有效地使用能源導致了1986年原油價格的下降。低價對石油勘探不利，但卻明顯地使用油企業和消費者的收入提高了。企業需更密切關注石油及能源價格的變化。

(三) 環境污染日益嚴重

發達國家工業發展的歷史表明：工業發展的過程，同時也是環境污染日益增加的過程。例如，化學和核廢料的隨意丟棄，海洋中水銀的危險濃度，土壤和食品中的化學污染量，以及我們周圍散亂丟棄的大量無法被生物降解的瓶子、塑料袋和其他包裝材料等都會嚴重地污染環境。環境污染造成的公害已引起公眾越來越強烈的關注和譴責。一方面，這種動向對一切造成污染的行業和企業會構成一種「環境威脅」，它們在社會輿論的壓力和政府的干預下，不得不採取措施控制和消除污染；另一方面，也給生產控制污染設施或不污染環境的產品的行業和企業造成新的市場機會，如淨化、回收中心、土地填充系統工程都因此獲得了巨大的市場。

(四) 政府對自然資源的管理和干預日益加強

隨著經濟發展和科學技術的進步，許多國家都加強了對自然資源的管理，制定了一系列相應的法規，如荷蘭成功地推行了「國家環保政策計劃」，該計劃以減少污染為目標；德國政府堅持不懈地追求環境的高質量；美國於1970年成立了環保署（Environment Protection Agency，簡稱 EPA），負責制定和實施關於污染的標準，開展對污染的形成和影響的研究。但是，政府的管理與干預，往往與企業的經濟效益相矛盾。比如，中國為了控制某些地區的環境污染，按照法律和合理的標準，對一些企業實行「關、停、並、轉」，這樣就可能造成該地區工業增長速度放慢。因此，一方面必須健全和完善環境保護的有關法規，加強治理環境的力度；另一方面，又必須統籌兼顧，有步驟地分階段治理。

四、技術環境

科學技術是影響人類前途和命運的最大力量。技術的進步對企業行銷會產生直接而顯著的影響。新技術創造了市場和機會。然而，每一項新的技術都會取代舊的技術。晶體管的出現重建了真空管行業，數字攝影的誕生影響了電影業，MP3 播放器和數字下載使光盤業務逐漸沒落。當老產業抵觸或忽視新技術時，它們的業務將衰退。科技創造了諸如抗生素、機器人手術、微電子、智能手機及互聯網等奇蹟。它還創造了恐怖的核導彈、化學武器和突擊步槍，以及汽車、電視和信用卡。因此，西方有人把科學技術稱為「創造性的破壞力」。新技術創造新的市場和機遇。行銷人員應注意觀察和預測技術發展趨勢，隨時準備應變。

（一）技術的高速發展

當今世界的科學技術迅猛發展，在生物技術、微電子、機器人和材料科學等領域都出現了令人振奮的結果。這些新技術的研究將革新人們的產品和生活方式，給人們的需求帶來更廣闊的天地。行銷者有責任加速和引導這個過程。

（二）技術環境變化對市場行銷的影響

科學技術進步給市場行銷帶來的影響表現為：①大部分產品的生命週期有明顯縮短的趨勢；②技術貿易的比重增大；③勞動密集型產業面臨的壓力將加大；④發展中國家勞動力費用低廉的優勢在國際經濟中將削弱；⑤流通方式將向更加現代化發展。

因此，行銷人員必須密切注意技術環境的變化，瞭解新技術如何能為人類需要服務，以促進本企業的技術進步。企業應該和研究開發人員密切合作，鼓勵以市場為導向的研究；同時，也必須警惕技術發明對使用者可能造成的危害，以避免引起消費者的懷疑甚至抵制。

五、政治法律環境

企業總是在一定社會形態和政治體制中活動的，因此，企業的行銷決策在很大程度上受政治和法律環境變化的影響。

這裡所說的政治法律環境，主要是指與市場行銷有關的各種法規及有關的政府管理機構和社會團體的活動。綜觀世界各國，在過去幾年中，調節企業行銷活動的法令、法規呈現出不斷增加的趨勢。尤其是西方國家的政治法律環境，正在愈來愈多地影響著市場行銷。

中國自黨的十四大明確中國經濟體制改革的目標是建立社會市場經濟體制以來，已經明顯地加快了經濟立法的速度，迄今已陸續頒布或修訂了公司法、廣告法、稅收法、經濟合同法、反不正當競爭法、保護消費權益法等多項法律，以規範企業行為。

政治法律環境對現代行銷活動的影響有：

（一）對企業經營活動實行大量的立法

立法的目的主要有：①保護企業相互之間的利益，防止不正當競爭；②保護消費者的利益，使其免受不公平商業行為的損害；③保護社會利益，防止社會成員受到不符合社會公德的商業活動的影響。

（二）公眾利益團體力量增強，影響擴大

企業行銷人員除必須懂得法律外，還要瞭解有關公眾利益團體的動向。在西方，這些能夠影響立法傾向和執法尺度的非立法、執法性質的社會團體被稱為壓力集團。對市場行銷有直接影響的，主要是消費者保護和環境保護方面的團體。中國於20世紀80年代建立了消費者協會。此後，各大中城市的消費者組織紛紛成立。消費者協會在貫徹《中華人民共和國消費者權益保護法》、維護消費者權益方面做了大量工作，發揮著日益顯著的作用。許多企業都建立了新的公眾事務部門來應付這些組織及相關問題。企業的經營者既要善於應付消費者保護和環境保護力量的挑戰，又要善於捕捉消費者保護和環境保護力量所提供的機會。

新的法律和不斷增加的各種壓力組織使市場行銷人員受到更多的限制，他們不得不協同公司法律、公共關係和公眾事務部門一起制訂市場行銷計劃。

六、社會文化環境

文化是指在一定的社會區域內人們所具有的基本信仰、價值觀和生活準則等的總稱。而文化環境是影響人們慾望和行為的重要因素。企業行銷人員只有瞭解和掌握了不同市場消費者的社會文化背景，才能掌握或認識消費者的主要行為特徵和規律。

構成一個社會文化最核心的東西是人們的價值觀。價值觀又分為核心價值觀和次價值觀。核心價值觀是支配人的行為的最穩固的力量。一個人的核心價值觀一經形成就具有高度的持續性，在行銷活動中，企業不要試圖做與消費者核心價值觀相衝突的事。次價值觀是比較容易改變的。在行銷活動中，企業可以通過改變人們的次價值觀來影響消費者的某些行為，以營造一個有利的行銷環境。

除核心文化外，在一個社會中還會存在亞文化。亞文化是指在一個共同的社會文化背景下，由於某種自然或社會原因所造成的具有差異性的不同文化群體。亞文化的存在，使一個社會或國家中存在有不同行為取向的社會群體，因而，就必然會出現不同的消費群體。市場行銷人員可以將這些亞文化群體作為目標市場。

第四節　環境分析與企業對策

市場環境分析的任務就是對外部環境諸因素進行調查研究，以明確其現狀和變化發展的趨勢，從中區別出對企業發展有利的機會和不利的威脅，並且根據企業本身的條件做出

相應的對策。行銷環境分析使行銷企業能識別行銷機會和發現環境威脅，以提高企業對環境的適應性。市場環境分析也被稱為機會和威脅分析。

一、環境分析的意義

分析行銷環境的主要意義在於企業可通過分析行銷環境，識別行銷機會和發現環境威脅，提高其對環境的適應性。

環境威脅是指行銷環境中出現的不利的發展趨勢及由此形成的挑戰。如果企業不採取果斷行動，這種不利的趨勢將導致行銷企業的市場地位被侵蝕。當出現環境威脅時，行銷企業必須能預見並制定對應的措施，否則，企業的行銷活動就會遇到困難，嚴重時，將使企業面臨全面的危機乃至被毀滅。

行銷機會是指在行銷環境中出現的對企業的行銷活動具有吸引力的領域。在這一領域內，企業擁有競爭優勢或有得到更多行銷成功的可能性。

對於行銷企業來說，行銷機會是企業在市場中遇到的發展機遇。如果行銷企業不能及時地抓住這些機會，就不可能取得行銷活動的成功。

二、環境評價方法

（一）列表評價法

所有對企業經營有影響的環境事件，其影響可分為正影響（即機會）和負影響（即威脅）兩種。不論是正影響還是負影響，都有不同的強弱程度。此外，環境因素還有一個發生概率的問題。為了能定量地表述影響的強弱程度和概率的大小，常以某個數列來表示。例如，分別以+5~-5這11個數字來表示從最好的機會到最大的威脅影響的強弱程度，以0~5這6個數字表示發生概率的大小，然後將影響強弱的得分和概率大小的得分相乘，得到的乘積就表示正影響或負影響的重要程度。

例如，某工業發達國家的某造船廠，對石油漲價這一環境因素，通過分析可能引發的事件對該廠業務的影響，做如表4-1所示的重要程度分析。

表4-1　　　　　　　　　　環境事件重要程度分析表

事件	對企業的影響	發生的概率	潛在的機會（+）或威脅（-）的重要程度
石油價格上升			
1. 油輪需求量減少	-5	5	-25
2. 運煤船需求量增加	+5	5	+25
3. 貯油設備需求增加	+3	3	+9
4. 酒精燃料技術的進步	+1	1	+1
5. 發展中國家造船技術的提高	-3	5	-15

從表中可見，第 1、2、5 項三個事項最為重要，是制定對策時首先應予以考慮的因素，第 3 項是次一級考慮的因素，而第 4 項屬於不重要的因素，可以忽略。

（二）矩陣分析法

利用矩陣分析法來分析環境因素的做法一般為：首先，將有關環境事件的影響區分為機會和威脅兩類，將影響的程度和發生的概率大致上分為高低兩檔。其次，以發生的概率為橫坐標，以機會或威脅的強弱程度為縱坐標，分別做出威脅矩陣和機會矩陣。最後，根據各環境事件的相應數據，在坐標平面上描點，區分其重要程度。仍以上例為例，可分別做出威脅矩陣和機會矩陣，如圖 4-8 所示。

列於威脅矩陣或機會矩陣左上角的因素，皆為重要性高的因素，企業應予以高度重視並制定對策利用機會或避開、減小威脅；列入右上角和左下角的因素，其重要程度較次，一般不需要企業立即制定對策，但經營者仍應嚴密監視其動向；至於列於右下角的因素，企業則可略而不顧。

通過對環境事件進行重要性分析，企業對所處的環境要有一個綜合的估計，即綜合考慮面臨的機會和威脅的程度。這種綜合估計可用機會威脅綜合矩陣來表示，即以機會的強弱程度為縱坐標，以威脅的強弱程度為橫坐標，並各分為高低兩檔，從而把企業的處境分為四種類型，如圖 4-9 所示。

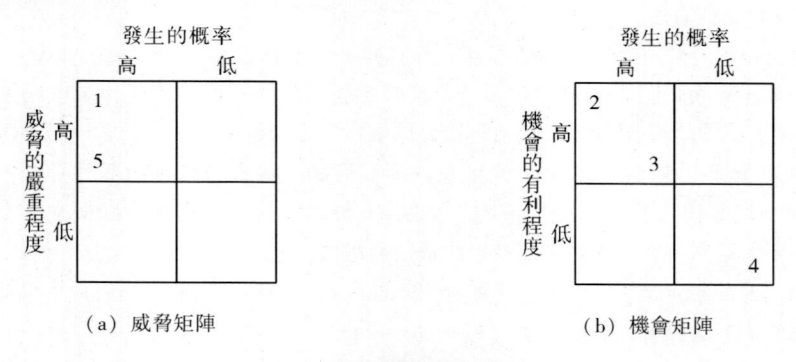

圖 4-8　矩陣分析法示意圖

圖 4-9　機會威脅綜合矩陣示意圖

從圖4-9可知，企業可以被分為四類：
(1) 理想企業，即具有重大機會而無重大威脅的企業。
(2) 成熟企業，即面臨的機會及威脅均低的企業。
(3) 投機企業，即面臨的機會及威脅均高的企業。
(4) 艱苦企業，即機會小而威脅大的企業。

三、擬訂對策

企業通過對外部環境進行分析，可找出重大的發展機會和避開重大的威脅，以改進企業的地位，謀求企業的發展。

一些企業把行銷環境看成是「不能控制」的因素，認為企業只能去適應它。它們被動地接受行銷環境，而不試圖去改變它。這些企業分析環境因素，然後制定策略，以避免環境中的威脅，或者利用環境中的機會。

而另一些企業則採用了預測性環境管理的方法。這些企業不再單純地觀察環境變化然後做出反應，而應採取積極步驟去影響行銷環境中的公眾和其他各種因素。它們雇用遊說者去影響有關本行業的立法，策劃媒體事件以獲得對其有利的報導；它們利用廣告來影響公眾的觀念，利用訴諸法律或向管理部門上書的方式來保證競爭者不會出格；它們還利用合同管理的方式來更好地控制分銷渠道。

然後，行銷管理人員並不能永遠控制環境因素，在許多情況下，企業也只能觀察和適應環境。例如，企業基本上不能影響經濟環境和主要的文化價值觀。但只要有可能，行銷管理者就應對市場環境採取主動而非被動的態度。

本章小結

市場行銷環境是指影響企業行銷能力和效果的外在的各種參與者和社會影響力。市場行銷環境是一個動態的概念，企業必須善於分析和判斷由環境的發展變化帶來的機會和威脅，以實現企業的行銷目標。

企業的市場行銷環境可以被分為微觀行銷環境和宏觀行銷環境兩個層次。微觀行銷環境就是和企業緊密相連，直接影響企業為目標市場顧客服務能力和效率的各種參與者，包括企業本身、供應商、行銷仲介、顧客、競爭者和公眾。

宏觀行銷環境是指對企業的生存發展創造機會和產生威脅的各種社會力量，包括人口、經濟、自然、技術、政治法律、社會文化等因素。人口的數量和人口的一系列性質因素對市場需求會產生重大的影響。收入、價格、儲蓄和信貸是構成經濟環境的主要因素。企業行銷的自然環境是指影響企業生產和經營的物質因素。科學技術是影響人類前途和命運的最大的力量。技術的進步會對企業行銷產生直接而顯著的影響。行銷人員應注意技術

發展趨勢，隨時準備應對。政治法律環境主要是指與市場行銷有關的各種法規及有關的政府管理機構和社會團體的活動。文化是指在一定的社會區域內人們所具有的基本信仰、價值觀和生活準則等的總稱。

市場環境分析的任務就是對外部環境諸因素進行調查研究，以明確其現狀和變化發展的趨勢，從中區別出對企業發展有利的機會和不利的威脅，並且根據企業本身的條件做出相應的對策。通過行銷環境分析，企業能識別行銷機會，發現環境威脅，從而提高企業對環境的適應性。市場環境分析可分為環境評價和擬訂政策等步驟。

本章案例

創建於1902年的菲利普・莫里斯公司，是美國最大的卷菸公司，也是獲利最多的國際性卷菸公司。在一次環境掃描中，該公司發現有如下環境因素影響公司自身的業務發展：

（1）美國公共衛生署要求國會通過一項法令，規定所有品牌的卷菸包裝上必須印有警告文字：「根據科學調查表明，每天抽菸者將平均縮短7年壽命」。

（2）越來越多的公共場所已禁止人們吸菸，或分別設立了禁菸區和吸菸區。

（3）近年來發現有一種昆蟲專門侵害菸草，如果不能找出控制該種昆蟲繁殖的方法，可能造成菸草減產而不得不提高香菸的售價。

（4）菲利普・莫里斯公司正在進行一項研究，將萵苣葉子培養成良性菸草。該項研究已接近成功，一旦成功則新的菸草將因是無害的而受到人們的歡迎。

（5）美國以外的市場，尤其是發展中國家卷菸消費量迅速增加。

（6）美國國內有一些團體正在設法使大麻菸的銷售及製造合法化，以便通過正常的零售渠道出售。

本章復習思考題

1. 簡述企業與市場行銷環境的關係。
2. 市場行銷環境的特點有哪些？
3. 微觀行銷環境由哪些方面構成？
4. 宏觀行銷環境包括哪些因素？
5. 市場環境分析的方法有哪些？
6. 企業對行銷機會環境威脅的對策如何？

第五章　消費者市場和購買行為分析

得市場者得天下。只有那些真正瞭解顧客的企業，才能發現和把握更多的市場機會。因此，企業必須認真研究目標市場消費者的慾望、偏好、購買行為及影響消費者購買行為的因素，為企業的行銷決策提供客觀的依據，從而使企業在競爭中獲得優勢，取得自身的發展。

第一節　消費者市場

一、消費者市場需求的主要特徵

消費需求是隨著社會經濟、政治和文化的發展而不斷產生和發展的。消費需求儘管千變萬化，但總有一定的趨向性和規律性。市場消費需求的基本特徵，主要表現在以下幾個方面：

1. 多樣性和差異性

由於消費者在地理位置、收入水準、文化程度、生活習慣、民族傳統、職業、性別、年齡等方面存在差異，因而對產品和服務的需要無論在對象本身還是滿足方式上都不一致。消費者有各式各樣的愛好和興趣，對商品的需要是豐富多彩和千差萬別的，即使是滿足相同的需要，也存在著差異。企業應注重產品的綜合開發與整體市場的結合，以滿足消費者的需要。

2. 發展性

消費水準不會停留在一個水準上。隨著科學技術的進步，社會生產力水準的提高，消費者的經濟收入也會隨之提高，人們對市場上的商品和服務的需求也會不斷發生變化。原有的需求得到滿足，又會產生新的需求。這種需求的發展性一般是由低級到高級，由簡單到複雜，從追求數量上的滿足向追求質量上的滿足發展。這種發展性表現為曾經流行的暢銷品在一定時期後可能成為過時的滯銷品，新產品和高檔產品的比重將不斷增大。

3. 層次性

消費需求要受到貨幣支付能力和其他條件的約束。在一定的條件下，消費者對各類消費資料的需求有緩有急，有低有高，表現出層次性。一般來講，消費需求可以被劃分為三個基本層次：生存需求、享受需求和發展需求。生存需求是最基本的需求，屬於低層次需

求，享受和發展需求屬於高層次需求。只有低層次的需求得到滿足後，才會產生高層次的需求。雖然每一個消費者的需求在一定時期內處於一個層次上，但從全社會來說，則同時存在著高、中、低檔不同層次的需求。針對這一特點，企業應根據不同時期不同消費者的需求層次，適時開發出不同層次的產品。

4. 伸縮性

人們的消費需求受各種因素的影響。這些因素的變化會引起消費需求的相應改變，既可能變多，也可能變少，從而表現出消費需求的伸縮性。這種伸縮性在不同的產品上表現不同。一般來講，生活必需品的需求彈性很小，其需求的伸縮性也小；非生活必需品，尤其是高檔消費品的需求彈性很大，其需求的伸縮性也較大。根據這一特徵，企業可綜合考慮內、外部條件，確定最佳的商品供應量。實踐證明，人們隨著經濟、社會地位的改變，一般都會相應增加或減少對某些商品的需求。

5. 可誘導性

消費者的需求是可以誘導和調節的。由於大多數消費者不具備專門的商品知識，在企業廣告宣傳的誘導下，消費需求會發生轉移，本來打算購買甲產品的可能轉為購買乙產品；潛在需求，經過誘導，可以上升為現實的需求；未來的購買慾望可以轉變為近期的購買行為。針對這種可誘導性，企業應該瞭解消費者的心理，搞好產品的促銷，引導消費需求向健康的方向發展。

6. 關聯性和替代性

關聯性是指一種商品的銷售可能帶來另一些相關產品的銷售。替代性是指一種商品銷售量的增加可能導致另一種商品銷售量的減少，替代性商品具有逆向關聯性。研究消費需求的關聯性和替代性，對企業選擇目標市場及確定行銷戰略十分重要。

二、消費者市場的一般特點

消費者市場又叫消費品市場，是由為滿足個人生活需要而購買商品的所有個人和家庭組成的，是組織市場乃至整個經濟活動為之服務的最終市場。

由於消費需求的多樣性，市場供求狀況的多變性，消費者市場必然是一個複雜而又多變的市場。同其他市場相比，消費品市場具有以下特徵：

（1）分散性和廣泛性。這是指消費品市場上的購買者人數眾多，消費者的分佈地域廣。從城市到鄉村，消費都無處不在，市場廣闊，潛力極大。

（2）小型化。這是指消費品是以個人和家庭作為基本購買單位的，因而每次交易的數量與金額相對較少，多屬零星購買，購買頻率較高。

（3）多變性和流動性。由於消費需求的多樣性和發展性，消費品市場必然呈現多變性，使購買力在不同的商品之間不斷發生轉移。同時，消費品的地區流動性很大，旅遊業越發達，人口流動性越大，消費品市場的流動性就越明顯。

（4）替代性和互補性。這是指消費品的專用性不強，大多數的商品有較強的替代性，有些商品可以互換使用，因而具有互補性。

（5）非專家性。消費品的購買者對所購買的每一種產品大都缺乏專門知識，容易受其他因素的影響，他們通常根據個人的感覺和喜好做出購買決策。

（6）非營利性。消費者是為了滿足自己的需要而購買，而不是為了營利。

三、消費者購買行為的內容

消費者購買行為是為滿足個人或家庭生活需要而購買所需商品或服務的活動及與這種活動有關的決策過程。企業的行銷人員在研究消費者購買行為時，應瞭解消費行為所包含的內容和行為方式，即：

（1）市場由誰（Who）構成，即購買者。購買主體是購買決策的執行者。企業可以根據消費者的年齡、性別、職業、收入等將消費者劃分為不同的類型，瞭解誰是企業某種產品的購買者，分析最有可能購買某種商品的消費者類型。

（2）購買什麼（What），即購買對象。這是指消費者主要購買的商品和商品的類型、品牌、規格、型號、顏色、式樣、包裝、價格等。

（3）為何（Why）購買，即購買目的。這是指消費者購買商品的目的和真正的動機。它是由消費者的需要和對需要的認識引起的。

（4）誰（Who）參與購買，即購買組織或執行購買的人。消費者購買的商品不同，購買的複雜程度就不同，所需解決的問題也不一樣，參與購買行為的人，即購買組織也不盡相同。

（5）怎樣（How）購買，即購買行動或購買方式。這是指購買主體在購買行為中的購買方法與貨幣支付方式。購買方法可分為郵購、函購、自購、托人購買、電話購買、網上購買等；貨幣支付方式可分為現金支付、支付寶、微信、信用卡、支票、延期付款、分期付款等。

（6）何時（When）購買，即購買的時機（間）。企業應該瞭解消費者購買商品有無季節性及消費者喜歡和經常在什麼時間購買商品。

（7）在何地（Where）購買，即購買地點。消費者對購買地點的選擇一般是有規律性的，企業應該分析消費者經常購買商品的地點。

一般來講，行銷企業對於目標市場顧客的購買行為中這七個「W」瞭解得越清楚，就越能掌握市場需求、顧客偏好的變化規律，也越能設計出有效的行銷戰略和行銷組合。從方法上來講，行銷企業必須要瞭解顧客購買行為的規律，通過市場調查或消費者調研來瞭解和掌握目標市場消費者的購買行為。

四、消費者購買行為模式

行為模式是指一般人或大多數人如何行動的典型方式。消費者購買行為模式就是指一

般人或大多數人如何購買商品的典型方式。現代行為科學在分析人類行為時，建立了不少的分析模式，其中最著名的是「刺激—反應」模式。行銷研究人員根據這一模式建立了消費者購買行為模式，如圖5-1所示。

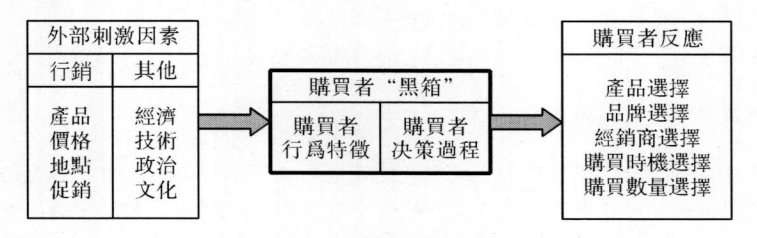

外部刺激因素		購買者"黑箱"		購買者反應
行銷	其他	購買者 行為特徵	購買者 決策過程	產品選擇 品牌選擇 經銷商選擇 購買時機選擇 購買數量選擇
產品 價格 地點 促銷	經濟 技術 政治 文化			

圖5-1　消費者購買行為模式示意圖

消費者的購買行為是在受到某種刺激後做出的一種反應。刺激因素歸為兩種類型：行銷因素，即由產品、價格、地點和促銷組成的4Ps；非行銷因素，即經濟、技術、政治及文化等因素。消費者在購買過程中做出的決策是對產品、品牌、經銷商、購買時間及數量做出的選擇，是對刺激因素的「反應」。現在的問題是，對於同樣的一個刺激因素，消費者做出的反應往往並不一樣。這是因為對於相同的刺激或不同的刺激，不同行為個體的心理反應不同，就會產生行為的差異。由於企業不能對特定個體的心理完全瞭解，在消費者購買行為中，這種現象被稱為購買者「黑箱」。

在瞬息萬變的市場上，行銷人員不可能完全瞭解市場上成千上萬的消費者的「黑箱」，但是通過對行為中帶有規律性的反應的觀察和分析，就能夠基本掌握行為的規律性。這正是建立「消費者購買行為模式」的意義。同時，通過建立這個行為模式，也能得到如何研究消費者購買行為的基本方法：通過分析「購買者黑箱」中的「購買者行為特徵（的影響因素）」和「購買者決策過程」這兩個行為心理過程，來掌握消費者購買行為的形成與變化規律。

消費者對各種外界影響的反應如何是企業研究消費者行為的中心問題。那些真正瞭解消費者對不同產品的特徵、價格、廣告的反應的企業，較之競爭對手有更大的優勢。因此行銷人員和科研人員一般用大量的精力去研究行銷刺激和消費者反應這兩者之間的關係。

消費者購買行為模式是對實際購買行為的抽象和簡化。消費者的實際購買行為是千差萬別的，但其中有許多人的購買行為非常相似，這就構成了這部分人的購買行為模式。在實際生活中，消費者的購買行為模式有以下幾種典型的形式：

（1）理智型。這類消費者頭腦比較冷靜，購買時有主見，不易受外界因素的影響。購買商品前，該類消費者會廣泛收集信息，購買時十分謹慎，反覆挑選。

（2）衝動型。這類消費者感情比較外露，容易受外界因素的影響，而出現隨機購買。該類消費者購買商品前沒有足夠的準備，往往憑一時感覺做出購買決策，易受促銷手段的影響，較易做出快速購買行動。

（3）習慣型。這類消費者根據長期養成的消費習慣，總是按過去購買過的某種品牌、規格等去購買商品或習慣去同一銷售點購買商品，較少受廣告宣傳和時間的影響。

（4）經濟型。這類消費者十分注重商品的價格，購買時追求實惠，常根據價格的高低來判斷商品質量的優劣，認為應該一分錢一分貨。

（5）情感型。這類消費者情感深刻，想像力豐富，審美感強，購買商品時容易受促銷和情感的誘導，對購物現場的環境反應十分敏感，通常購買符合自己感情需要的商品。

（6）不定型。這類消費者對商品的心理尺度尚未穩定，沒有明確的購買目的和要求，缺乏商品常識，沒有固定的偏好，一般是奉命購買和順便購買。

（7）疑慮型。這類消費者害怕上當，對所買商品疑心重重，導致在購買過程中猶豫不決。

認真研究消費者的購買行為模式和特點，能使企業採取有效的措施和行銷策略，提高企業為市場服務的能力，提高企業的效益。

第二節　影響消費者購買行為的主要因素

消費者的購買行為特徵是受許多因素的影響而形成的，消費者購買行為主要受到文化、社會、個人和心理因素的影響，如圖 5-2 所示。

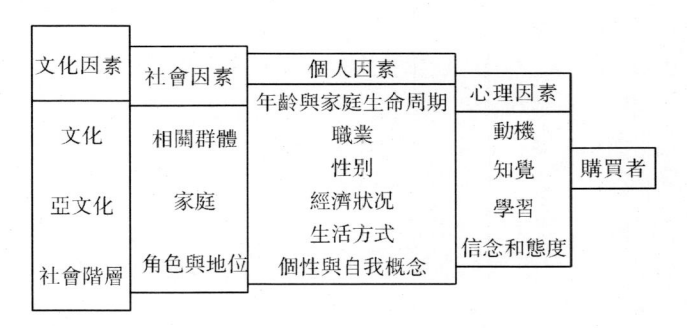

圖 5-2　影響消費者購買行為的主要因素

一、文化因素

文化是決定人類慾望和行為的最基本要素，對消費者的行為具有最廣泛和最深遠的影響。文化因素的影響包括購買者的文化、亞文化和社會階層對購買行為的影響。

（一）文化

文化是在一定的物質、社會、歷史傳統基礎上形成的特定的價值觀念、信仰、思維方式和習俗的綜合體，是人類慾望和行為最基本的決定因素。低級動物的行為主要受本能的控制，而人類的行為大部分是學習來的。人們從小就生活在一定的文化中，學習和接受各

自的文化，在成長中學到基本的價值、知覺、偏好和行為的整體觀念。文化滲透在人們的觀念、行為和思維方式中，進而影響人們的消費觀念、消費內容和消費方式。

（二）亞文化

每一種文化都包含著能為其成員提供更為具體的認同感和社會化的較小的文化群體，即亞文化群體。在同一文化的不同亞文化群體中，人們的價值觀念、風俗習慣及審美觀等表現出不同的特徵。亞文化群體分為以下四種類型：

（1）民族亞文化群體。不同的民族還存在以民族傳統為基礎的亞文化，不同的民族有著不同的興趣、崇尚、生活習慣及不同的消費行為。

（2）宗教亞文化群體。不同宗教的戒律和教規不同，表現出與其特有的文化偏好和禁忌相聯繫的亞文化，在購買行為上也顯現出不同的特徵。

（3）種族亞文化群體。不同的種族有其特有的文化風格、生活態度和生活習慣，其購買行為也各不相同。

（4）地理亞文化群體。不同地理區域的消費者有各自的生活方式和行為特徵，當然也會表現出不同的購買行為。

（三）社會階層

人類社會存在著社會層次。在一個社會中，社會階層是具有相對同質性和持久性的群體。他們是按等級排列的，每一階層的成員具有類似的價值觀、興趣愛好和行為方式。

社會階層有以下幾個特點：

（1）同一社會階層的人的行為要比其他社會階層的人的行為更相似。

（2）人們以自己所處的社會階層來判斷各自在社會中佔有的地位。

（3）社會階層受到職業、財富、收入、教育和價值觀等多種變量的制約。

（4）一個人能夠改變自己所處的社會階層。

在諸如服裝、家具、娛樂、汽車等領域，各社會階層表示出對不同產品和品牌的偏好。一些企業把注意力集中於某一階層，原因就在於此。社會階層是客觀存在的，但在不同的社會形態下其表現形式可能有所不同。

二、社會因素

消費者的購買行為也受到一系列社會因素的影響，主要包括相關群體、家庭、角色與地位。

（一）相關群體（Reference Groups）

一個人的行為受到許多群體的影響。一個人的相關群體是指那些直接或間接影響一個人的態度、看法和行為的群體。凡是直接影響一個人的態度和行為的群體就成為成員群體，這個人直接屬於這個群體，並且各群體成員相互影響、相互作用。成員群體還可以具體分為首要群體和次要群體兩種。首要群體是指對一個人經常發生直接影響和相互影響的

群體，如家庭、朋友、鄰居和同事，但這種影響是非正式的。次要群體是指對一個人的影響不是經常的和頻繁的群體，但是這種影響是比較正式的，如宗教組織、專業協會、啦啦隊等。

除了成員群體，一個人的行為也經常受到非成員群體的影響，包括崇拜性群體和隔離群體。崇拜性群體是指一個人希望從屬和加入的群體，如青少年對明星的崇拜，並希望有朝一日能成為其中的一員。隔離群體是指價值觀和行為方式被一個人拒絕接受的群體。

相關群體對個人行為的影響，促使企業重視目標市場顧客的參考群體是如何對個人行為產生影響的。一般來講相關群體通過三種方式對個人行為產生影響：

（1）相關群體使一個人受到新的行為和生活方式的影響。
（2）相關群體影響一個人的態度和自我概念，因為人們通常希望能迎合某些群體。
（3）相關群體會產生某種趨於一致的壓力，從而影響個人對產品和品牌的選擇。

相關群體對個人行為的影響程度在產品選擇和品牌選擇中並不都是相同的，即對產品和品牌的影響是不一樣的，如相關群體對汽車和彩電的產品和品牌選擇影響都很大；對家具和衣服的品牌選擇有較大的影響；對啤酒和香菸的產品選擇有很大的影響。

相關群體的影響力也會隨產品生命週期的不同而發生變化。在產品導入期，消費者的產品購買決策受相關群體的影響很大，受品牌選擇的影響很小；在產品成長期，相關群體對產品及品牌的選擇的影響力都很大；在產品成熟期，相關群體對品牌選擇的影響很大；在產品衰退期，相關群體對產品選擇和品牌選擇的影響都很小。

一個相關群體的凝聚力越強，群體內的溝通過程就越有效，人們越願意遵循這個群體提倡的行為取向，包括消費行為取向，則這樣的相關群體對群體成員購買行為的影響愈明顯。

（二）家庭

家庭是以血緣或財產繼承關係組成的社會生活的最基本單位。家庭是許多消費品的基本消費單位，對消費者行為有至關重要的影響。在家庭中，夫妻及子女在各種商品的採購中所起的作用不同，並互相產生影響。

家庭可分為兩種類型，即導向性家庭和核心家庭。

1. 導向性家庭

導向性家庭是指由父母與子女組成的家庭。在導向性家庭中，一個人主要是從父母那裡得到許多有關文化、宗教、經濟、愛情、行為習慣和消費方式等方面的影響和指導，從而影響其終身的消費行為。

2. 核心家庭

核心家庭是指由夫妻和子女組成的家庭。核心家庭是社會中最重要的消費單位，因為，社會主要是由這種家庭組成的。在核心家庭中，由於家庭分工或有經濟地位差異會造成支配力不同，從而使不同的家庭對消費品的決策權各不相同，如丈夫支配型、妻子支配

型、協商型和各自做主型。另外，夫妻在產品購買行為和購買決策中所發揮的作用會隨產品的種類不同而各異，如購買一般的生活消費品多是妻子支配型；購買高檔耐用品可能是丈夫支配型或協商型；購買個人生活用品是各自做主型。

(三) 角色與地位

一個人在一生中會加入許多的群體——家庭、俱樂部、各類組織，一個人在各群體中的作用和位置可以用他在某一群體的角色和地位來確定。角色是周圍人對一個人的要求，是指一個人在各種不同的場合中應起的作用。每一種角色都伴隨著一種地位，地位著重反應了社會對一個角色作用的總評價，有高低之分。例如一名女經理與她的父母在一起，她只扮演女兒的角色；與她的丈夫在一起，她只是一位妻子；與她的兒子在一起，她就是一個母親；但在她的企業，她就是女經理。女兒的地位相對要低些，而母親與經理的地位就要高些。

人們在購買商品時，往往結合自己在社會中所處的地位和角色來考慮，因為，許多產品已經成為地位的標誌。人們也常常選擇某些產品向社會表示他們所處的地位。但是，地位標誌會隨著不同社會階層、地理區域和時間的推移而有所變化。

三、個人因素

購買行為也受個人特徵的影響，如購買者的年齡與家庭生命週期、職業、性別、經濟收入、生活方式、個性及自我概念等。

(一) 年齡和家庭生命週期（Family Life Cycle，簡稱 FLC）

人們在一生中隨著年齡的不斷變化所購買的商品也是不斷變化的。對不同商品進行選擇、評價的價值取向也會隨著年齡的改變而發生變化。不同年齡的消費者的慾望、興趣、愛好和需求也是不同的，如幼年、青年、成年、老年對衣食住行均有不同的偏好。

家庭生命週期可以割分成不同的階段。在這些不同的階段，隨著年齡與婚姻狀況的變化，家庭需要的或感興趣的產品與服務將不斷發生變化。家庭生命週期主要分成未婚期、新婚期、滿巢期和鰥寡期。處在不同家庭生命週期階段的家庭，對商品的需求有很大的差異。正是由於存在這種差異，企業應該制訂專門的市場行銷計劃來滿足處於某一或某些階段的消費者的需要。

(二) 職業

一個人的職業也會影響其消費模式。不同的職業對商品的需要和愛好往往有所不同。企業應該識別不同的職業群體，甚至專門為某一特定的職業群體生產其所需的產品。

(三) 性別

不同的性別在購買某些商品時的行為差異是十分明顯的。除了價格因素外，男性一般更注重產品的品牌、質量，女性更注重產品的外觀和感情色彩；男性受廣告等促銷手段的影響較小，而女性則受促銷的影響較大；男性顧客購買商品比較果斷和迅速，而女性顧客

則往往比較挑剔。

（四）經濟狀況

一個人的經濟狀況會嚴重地影響其對產品和品牌的選擇。人們的經濟狀況由他們的消費收入、儲蓄和資產、借款能力及對消費與儲蓄的態度所構成。它決定個人的購買能力，在很大程度上制約個人的購買行為。消費者一般都會在可支配收入的範圍內考慮以最合適的方式來安排支出。

（五）生活方式

一個人的生活方式是指一個人在世界上所表現的活動、興趣和看法的生活模式。

不同的生活方式會使人做出截然不同的消費行為。來自相同的亞文化群、社會階層，甚至來自相同職業的人們，也可能具有不同的生活方式。企業可以按活動、興趣和看法來劃分出各種類型的生活方式，並通過市場行銷向消費者提供實現其各種不同生活方式的產品或服務。

（六）個性和自我概念

個性是指一個人所特有的心理特徵，它會帶來一個人對其所處的生活環境相對一致的持續不斷的反應。

通常在描述人們的個性時，會使用像自信、支配、自主、順從、交際、保守、適應、內向、外向等術語。個性是一種心理特徵並表現出比較固定的行為傾向。如果具有某種個性特徵的顧客在選擇某些商品或品牌時有明顯的相同之處，就可以將個性作為分析消費者購買行為的一個可用變量。實際上，某些個性類型同產品和品牌的選擇之間有密切的關係。也可以將消費者的個性特徵作為設計品牌形象和制定促銷策略的依據。比如，對於顏色的偏愛就與個性有關，這使得行銷人員在設計產品的外觀時，需要考慮目標顧客是以哪種個性為主。

自我概念（Self Concept）或稱自我形象（Self Image）是與個性相關的一個概念，指一個人所持有的關於自身特徵的信念，以及他對於這些特徵的評價。比如，那些認為自己很有才能，能力與眾不同的人，就喜歡選擇那些具有能體現其內心自我評定或符合自我形象的品牌或產品。一些市場行銷者常通過投放特定含有理想化人物形象的廣告來誘發消費者進行社會比較，這一過程將促使消費者試圖將自己的形象與廣告人物形象進行比較，最終可能導致其模仿該人物的消費行為。企業可以通過開發品牌個性來符合目標市場顧客的自我形象。

四、心理因素

消費者的購買行為也受到動機、知覺、學習及信念和態度等心理因素的影響。

（一）動機

研究人的行為，經常需要探討人的行為的動機。購買行為是在一定動機的支配之下產

生的。動機是指一種可以及時引導人們去探求滿足目標需要的一種需要。

人具有許多需要。但是，人們不是針對每一時刻所產生的每種需要都會做出積極的行動，去尋找如何滿足的方法。只有針對其中很少的一些需要時，人們才會積極地行動起來去尋找滿足的方法。而針對另外一些需要，人們並不會一開始就尋求滿足，但隨著該需要的不斷累積，所引起的人的某種心理和生理的不適就會達到促使購買行動的程度。動機也是一種需要，是一種已經昇華到了必須要滿足的需要。這種需要如果不能及時得到滿足的話，就會造成某種緊張和難受。由於動機是一種積極行動的需要，因此也被稱為人的行為的驅使力。

最流行和著名的需要—動機理論有：弗洛伊德的動機理論、馬斯洛的需要動機理論和赫茨伯格的動機理論。

1. 弗洛伊德的動機理論

弗洛伊德認為，形成人們行為的真正心理因素大多是無意識的。在人的成長過程中，會不斷產生大量的需要和慾望，而有些需要和慾望又會受到社會和周圍環境的壓制，因此不能得到滿足。但是這些沒有得到滿足的需要和慾望並不會消失，而是被壓抑在內心中潛伏起來，成為一種心理的「無意識」。這些「無意識」的東西，有一個最好的表現地方，即人的夢中。所以，弗洛伊德發明了通過解析人的夢來推斷一個人的行為動機的理論。除了夢以外，在人的其他行動中，也會「無意識」地表現出其曾經受到壓制的需要和慾望。因此，弗洛伊德認為，一個人的行動是在受到多種因素刺激後產生出的一種「無意識」或是「下意識」的結果。用弗洛伊德的理論來講，消費者的購買行為就是消費者在購買某種產品的時候，可能受到了多種因素的刺激，喚起了「無意識」或「潛意識」的結果。比如，購買電視機的消費者受到了電視機的顏色、聲音，或是某個節目中的事件的刺激，喚起了購買慾望，從而做出購買行為。根據弗洛伊德的理論，行銷人員需要採用多種因素來刺激消費者的購買慾望，特別是需要採取各種帶有情感色彩的因素來刺激消費者做出購買行為。

2. 馬斯洛的需要動機理論

馬斯洛認為，人是有慾望的動物，需要什麼取決於已經得到了什麼，只有尚未被滿足的需要才會影響人的行為，已經被滿足的需要不再是一種激勵因數或動因。人的需要是以層次的形式出現的，可以將其分為五個層次，按其重要程度的大小，由低級向高級逐級發展，依次為生理需要、安全需要、社會需要、尊重的需要和自我實現的需要，即需要有等級之分。只有在較低的需要得到滿足後，較高層次的需要才會出現並要求得到滿足，也就是說，需要的滿足是從低到高按秩序排列的，如圖5-3所示。

根據馬斯洛的需要理論，掌握消費者的購買動機即是瞭解消費者想要滿足什麼樣的需要，從而根據消費者的需要確定恰當的行銷策略。現在，許多行銷企業都非常關注自己的產品能滿足購買者什麼類型的需要，以便為產品確定恰當的市場定位和行銷方向。

```
        自我
      實現的需要
     ─────────
      尊重的需要
     ─────────
      社會需要
     ─────────
      安全需要
     ─────────
      生理需要
```

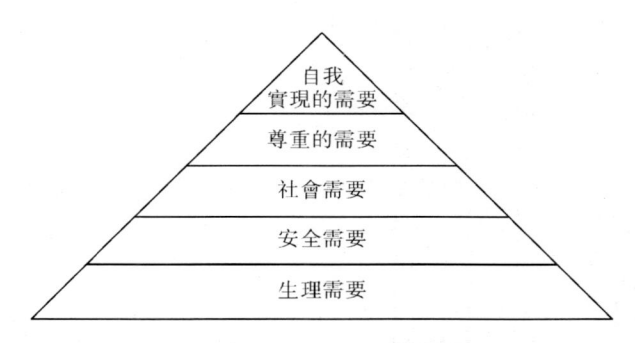

圖 5-3　馬斯洛的需要層次理論示意圖

3. 赫茨伯格的動機理論

　　赫茨伯格的動機理論在現代的管理學科中比較流行。赫茨伯格的需要動機理論認為人的行為受到兩種因素的影響，一種是「保健因素」，另一種是「激勵因素」。因此赫茨伯格的需要動機理論也被稱為「雙因素」論。保健因素是指如果沒有得到滿足就會使人產生「不滿意」情緒的因素。激勵因素是指如果得到了滿足，就會使人產生「滿意」情緒，而沒有得到，只會產生「沒有滿意」情緒的因素。和保健因素不同的是，激勵因素在沒有得到滿足時，不會產生不滿意情緒，即保健因素的對立面是「沒有不滿意」，而「激勵因素」的對立面是「沒有滿意」，如圖5-4 所示。

```
┌─────────────────────────────────┐
│           保健因素              │
│   得到滿足    ←→   沒有得到滿足  │
│   沒有不滿意          不滿意     │
│                                 │
│           激勵因素              │
│   得到滿足    ←→   沒有得到滿足  │
│   滿意                沒有滿意   │
└─────────────────────────────────┘
```

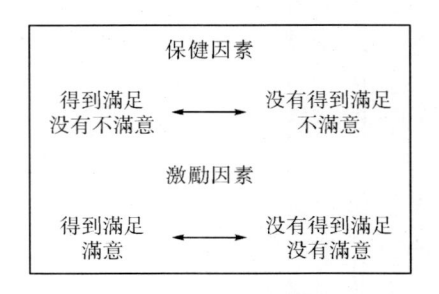

圖 5-4　赫茨伯格的雙因素理論示意圖

　　根據赫茨伯格的雙因素理論，如果一個人的保健因素得不到滿足的話，會產生破壞性的結果；而如果一個人的激勵因素得不到滿足的話，不會產生破壞性的結果。但是，保健因素得到滿足，並不會使人採取更為積極的行動，只有激勵因素得到滿足才會使人更積極地行動。在消費者的購買活動中，某些因素通常被看成是屬於保健因素的。例如，產品的一般性能質量是一個消費者購買產品所起碼要求得到的。因此，如果企業對質量非常負責，提出各種相應的質量保證措施的話，消費者就會放心地購買。但是，一個得到質量保證的產品，不一定會使消費者在當前就積極地做出購買行為，如果企業對這樣的產品再提供更多的附加服務或刺激（促銷）措施的話，比如，免費送貨，給予購買獎勵，價格折

扣等，就會使消費者更願意立即做出購買行為。而如果像質量這類保健因素得不到滿足的評分，消費者會因為不滿意而有可能採取反對企業的行動。沒有激勵因素的話，消費者的行動只是緩慢些，不會對企業造成破壞性的結果。所以，行銷企業需要慎重地對待購買活動中的保健因素，以免對企業及產品的形象造成不好的影響；同時，企業需要靈活地運用購買活動中的保健因素，以爭取使消費者更快做出購買行為，從而在競爭中得到一個有利的地位。

(二) 知覺

一個被激勵的人隨時準備行動，然而他如何行動則受到他對客觀事物知覺程度的影響。兩個處於相同的激勵狀態和相同的目標狀態下的消費者，會因為對客觀事物的知覺各異，而做出大不一樣的行為。知覺過程是由三個階段所組成的，即暴露、注意、解釋。這個過程讓消費者對外界刺激賦予意義。在暴露階段，人通過五種感官——視覺、聽覺、嗅覺、觸覺和味覺對刺激物產生反應。在注意階段，人會在眾多刺激中關注某種刺激並意識到它的存在。解釋階段是對個體感受賦予某種意義的過程。每個人吸取、組織和解釋這些感覺到的信息的方式不盡相同，從而會產生不同的知覺，進而產生不同的購買行為。

通常人們會經歷三種知覺形成過程，從而產生對同一事物的不同知覺，並且出現行為的差異性。

1. 選擇性注意

人們在日常生活中總是處在眾多的刺激物的包圍下，一個人不可能對所有的刺激物都加以注意，而只會更多地注意那些與當前需要有關的刺激物，更多地注意他們期待的刺激物，更多地注意有較大差別的刺激物。

選擇性注意要求行銷人員制定有效的溝通策略，以引起消費者對企業產品的注意。

2. 選擇性曲解

選擇性曲解就是人們將信息加以扭曲，使之符合自己見解的傾向。消費者即使注意到刺激物，也不一定與企業預期的方式相吻合。消費者往往根據自己以往的經驗、見解對信息進行解釋，按照自己的想法、偏見或先入之見來曲解客觀事物。每個人總想使得到的信息適合於自己現有的思想形式。

所以，消費者對於其所信賴的產品或是印象好的企業的信息就表現出信任；反之，對於其不信賴的產品或企業，消費者就會從不利的方面來理解企業的信息和其對產品的介紹。因此，在市場行銷中，企業應努力提高自身的市場形象和地位。當面對的是對其印象不好或對企業的產品有懷疑態度的消費者時，企業就需要首先解決目標消費者的態度和「先入之見」的問題，才能取得消費者的信任。

3. 選擇性記憶

人們會忘記他們所知道的許多信息。他們只會記住那些能夠支持其態度和信念及需要記住且能夠記住的信息。

由於存在選擇性保留，所以，要想消費者能記住一個企業的有關產品的信息，企業除了要具有良好的形象和信譽外，還需要對一些重要的行銷或產品信息，在一定的時期內經常地進行重複，以提醒消費者。

受三種知覺形成過程的影響，人們的知覺表現出明顯的主觀性，使人們對相同的外界刺激，產生不同的行為。

(三) 學習

學習是指由於經驗和知識的累積而引起的個人行為的改變。人類的絕大部分行為是通過驅使力、刺激物、誘因、反應和強化的相互影響而產生的。

驅使力是指促成行動的一種強烈的內在刺激。當驅使力被引向刺激對象時，就會成為一種動機，如某人具有自我實現的驅使力，而當他看見計算機時，就可能產生購買計算機的想法。購買計算機的反應又受其周圍各種誘因的制約。誘因是指那些決定一個人何時、何地及如何做出反應的次要刺激物，如他的親人的鼓勵、計算機廣告、計算機特別售價等。

如果他買了一臺計算機，並選擇了 IBM 的品牌，使用後感到非常滿意，那麼他對計算機的反應也隨之加強。而後，他又想買一臺打字機，他瞭解了一些品牌，其中包括 IBM 的打字機。由於他認為 IBM 能生產最好的計算機，進而推斷 IBM 也能生產最好的打字機，所以，他把對計算機的反應推廣到類似刺激物──打字機上。

推廣的相反傾向是辨別。當他試用佳能公司的打字機時，他發現該機比 IBM 的打字機更好，於是他做出了辨別。辨別意味著他已經學會了在一系列的同類刺激物中認識和尋找差異，並能據此調整自己的反應。

對行銷人員來說，學習理論的實際價值在於，可以通過把學習與強烈的驅使力聯繫起來，運用刺激性暗示和提供積極強化等手段來建立對產品的需求。一家新企業能採用與競爭對手相同的驅使力並提供相似的誘因形式進入市場，這是因為購買者大都容易把對原先產品的忠誠轉向與之相類似的品牌，而不是轉向與之相異的品牌。公司也可以設計具有不同的驅使力的品牌，並提供強烈的暗示誘導來促使購買者轉向其他品牌。

(四) 信念和態度

人們通過學習和累積經驗，能夠獲得自己的信念和態度，這些信念反過來又影響人們的購買行為。

信念是指一個人對某些事物所持有的看法或評價。信念可能是建立在事實基礎上的，也可能是一種偏見，也可能是出於某種感情因素而產生的。信念是對事物的一種描述性的看法，沒有好壞之分，如「雀巢奶粉是嬰兒用的奶粉」。

態度是指一個人對某些事物或某種觀念長期持有的好與壞的認識上的評價、情感上的感受和行動上的傾向。人們幾乎對所有的事物都持有態度。態度導致人們對某一事物產生好感或厭惡感、親近或疏遠的心情。與信念不同的是，態度是人對事物表現出來的價值判

斷，它使人們對於事物表現出拒絕或接受的「頑固性」傾向。態度三相模型認為，態度是由感情（Affect）、行為反應傾向（Behaviour Intention）和認知（Cognition）三種成分所組成的。其中，感情指消費者對態度對象的感覺和情緒；行為包括人們想要對某一態度採取的行動的意向，與實際行為不一定一致；而認知則指消費者對一個態度對象所持有的信念。態度的形成方式一共有三種。在標準學習方式中，消費者是基於認知信息加工所產生的態度。在低介入方式中，消費者是從行為學習過程中產生情感、形成態度。在經驗方式中，消費者是從享樂性的消費中產生認知、形成態度。

態度能使人們對相似的事物產生相當一致的行為。人們沒有必要對每一事物都以新的方式做出解釋和反應。態度是難以改變的，要改變一種態度就需要在其他影響形成態度的方面做重大和長久的努力。

對企業來講，態度直接影響消費者的購買行為。消費者一旦形成對某種商品或品牌的態度，以後就傾向於根據態度做出重複的購買決策，而不再對不同的產品進行分析、比較和判斷。消費者如果對企業的產品持肯定的態度，就會成為其產品的忠實購買者，若持否定的態度，則很難購買該產品，因此種態度很難改變。一般來說，行銷人員不要試圖做改變消費量態度的嘗試，而應改變自己的產品以迎合消費者已有的態度，使企業的產品與目標市場顧客現有的態度保持一致。因為前者需要付出的努力或花費是遠遠小於後者的。當然，如果需要，行銷企業也可以「付出艱苦的努力」來改變目標市場消費者的態度。所耗費的昂貴費用和付出的艱辛努力，在成功地改變了消費者的態度後，是能得到豐厚補償的。不過，在進行這種嘗試時，應該對這個過程的艱苦性和持久性有足夠的認識和準備。

消費者購買行為受到眾多因素的影響。一個人的選擇是文化、社會、個人和心理因素之間複雜影響和作用的結果。其中很多因素是行銷人員無法改變的，但是這些因素在識別那些對產品感興趣的購買者方面是十分有用的。其他因素則受到行銷人員的影響，並提示行銷人員如何開發產品、價格、地點、促銷，以便引起消費者的強烈反應。

第三節　消費者購買決策過程

消費者購買決策過程描述了消費者是如何實際地做出購買決策的，即由誰做出購買決策、購買行為的類型及購買過程的具體步驟。

一、購買角色

就多數商品而言，識別商品的購買者是十分容易的；然而，在購買有些商品時，所涉及的人往往不止一個，而是由多個人組成的一個購買決策單位。為此，有必要區別人們在一項購買決策過程中可能扮演的不同角色。

（1）發起者，是指首先提出或有意購買某一產品或服務的人。

（2）影響者，是指其看法或建議對最終決策者具有一定影響的人。
（3）決策者，是指對是否買、為何買、如何買、在哪裡買等方面做出決定的人。
（4）購買者，是指具體實施購買行為的人。
（5）使用者，是指實際消費或使用產品和服務的人。

企業有必要認識這些角色，因為這些角色對於產品的設計、確定信息和安排促銷預算是有關聯意義的。在生活中，我們經常可以看到這樣的事情：一個消費者（家庭）決定購買一架鋼琴，用以培養孩子的音樂才能。孩子的父母可能是發起者，家庭的其他成員、鄰居、父母親的同事、同學都對購買決策或多或少地產生影響，父母親是最後的決定者，並充當購買者，而使用者只能是孩子。瞭解購買決策過程中的主要參與者和他們所起的作用，有助於行銷人員協調其行銷計劃。

二、購買行為的類型

消費者購買決策隨其購買決策類型的不同而發生變化。在購買不同商品時，消費者決策過程的複雜程度有很大的區別，一些商品的購買過程很簡單，而有些商品的購買過程卻很複雜，如消費者在購買牙膏、網球拍和計算機、汽車時的購買過程就存在很大的不同。複雜的、花錢多的決策往往凝結著消費者的反覆權衡，而且包含更多的購買決策的參與者。根據購買者在購買過程的介入程度和產品品牌間的差異程度，可以把消費者的購買行為分為四種，如圖5-5所示。

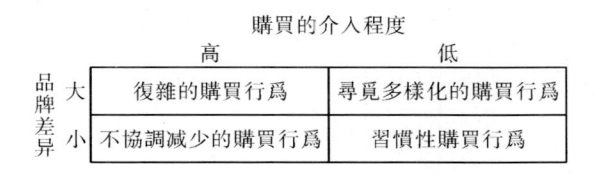

	購買的介入程度	
	高	低
品牌差異 大	復雜的購買行為	尋覓多樣化的購買行為
品牌差異 小	不協調減少的購買行為	習慣性購買行為

圖5-5 四種類型的購買行為示意圖

購買過程的介入程度是根據消費者對購買所持的謹慎程度及在購買過程中所花費的時間和精力的多少來劃分的。品牌差異程度是根據不同品牌的產品的同質性或產品屬性差異來劃分的。品牌差異程度是指商品在花色、品種、式樣、型號這些屬性上的差異。

（一）複雜的購買行為

當消費者面對他們不熟悉的、購買單位價值高和重複購買率低的產品時，購買行為最複雜。消費者在購買昂貴的產品、偶爾購買的產品或風險產品時的購買行為就屬這種類型。一般來說，消費者不知道產品的類型，不瞭解產品的屬性，更不知道產品的特徵和各品牌間的重要差別，並且缺少購買、鑑別和使用這類產品的經驗和知識，因此消費者需要花費大量的時間收集信息，做出認真的比較、鑑別、挑選等諸多的購買努力。

在這種類型的購買行為中，消費者經歷了一個認識和學習的過程，即首先產生對產品

的信念，然後逐步形成態度，對產品產生偏好，最後做出慎重的購買選擇。

在複雜的購買中，消費者具有較大或更多的購買風險，所以需要收集很多的購買信息，花費較長的時間來進行考慮和挑選，才能做出購買決策。例如，購買計算機就比購買電視機要複雜得多。對消費者來說，複雜的購買行為意味著一個新的學習過程。行銷人員需要就如何收集滿足消費者的市場信息，如何抵禦市場風險影響等做出行銷安排。此外，企業還需要投放高度介入的廣告，即利用印刷媒體刊登長文稿的廣告，以使消費者在購買活動中得到盡量多的信息。對於新產品來說，企業還需要安排比較長時間的產品介紹、市場推廣及試銷活動。企業必須瞭解消費者是如何收集信息和對其進行評價的，幫助消費者區別各品牌的特徵，利用較長的敘述廣告來描述產品的優點，加強對零售環節的促銷，以影響購買者最後對品牌的選擇。

（二）不協調減少的購買行為

有時，消費者對於各種看起來沒有什麼差別的產品和品牌的購買也持慎重態度，非常專心地進行選擇。消費者會到處選購商品，並可能對一個合適的價格、購買方便的時間和地點做出主要的反應。以購買家具為例，它是一項高度介入的決策，又是一種需要自我識別的購買行為。購買產品後，消費者有時會產生一種不協調的感覺，感到不滿意，比如產品某個地方不夠稱心，或者聽到別人稱贊其他同類的產品等。於是在使用、消費過程中，消費者會瞭解、學習更多的東西，並尋找種種理由來減輕這種不平衡感，對自己的選擇做出有利評價，努力證明自己的購買決策是正確的。這是消費者在做出購買行為後的一種心理調適過程。針對消費者有這一心理變化過程，行銷企業應通過有效的促銷策略，幫助消費者減少失調感，並注重運用價格策略、分銷策略來影響消費者，使其迅速做出購買決策。

合理的價格、良好的地點、有效的推銷將對產品品牌的選擇產生重要的影響。行銷溝通的主要作用在於增強信念，使購買者在購買之後對自己選擇的品牌有一種滿意的感覺。

（三）習慣性的購買行為

這是一種最簡單的購買行為。許多購買行為是在消費者低度介入、品牌間無多大差別的情況下完成的。消費者在購買大多數價格低廉、經常購買的產品時介入程度很低，不需要做什麼購買決策。消費者熟悉這些產品的類型、特徵、主要品牌，而且知道喜歡其中的哪些品牌。消費者購買某種品牌，並非出於對產品的忠誠，而只是依習慣行事。

在這種購買行為中，消費者並沒有經過正常的信念、態度、學習行為等一系列過程。消費者沒有對產品品牌信息進行廣泛地研究，也沒有對品牌的特點進行評價，對購買什麼產品品牌也不重視；他們只是在看電視或閱讀印刷品廣告時被動地接受信息。重複的廣告，會提高消費者對品牌的熟悉程度，而不是對品牌的信念。消費者不會形成對某一品牌的態度，他所以選擇這一品牌，往往不是因為偏愛而是因為對它熟悉。購買產品後，由於消費者對這類產品無所謂，也不會進行購後評價。因此這種購買行為就是通過被動的學習

而形成品牌信念，隨後產生購買行為，對購買行為有可能做出評價，也可能不做評價。購買日常居家生活用品大都屬於這類購買行為，如肥皂、牙膏、洗衣粉等。

對於這類產品的銷售，運用價格和促銷手段是十分有效的，因為購買者不強調品牌。

在對低度介入產品進行廣告推廣時，要注意：①應強調視覺標誌和形象化構思，以便於消費者記憶，並跟品牌聯繫起來。②應該反覆運用廣告促銷活動，特別是電視廣告，因為電視廣告比印刷品廣告更為有效。電視是一種低度介入的宣傳媒介，適合於被動學習。③廣告計劃要根據傳統的控制理論來制定，因為購買者往往是通過廣告反覆宣傳某一產品的特點而認識產品的。

企業也可以採取行銷措施，提高低度介入產品的介入程度，使之轉變成較高度介入的產品。如可以通過將該產品與相關的問題聯繫起來，如將牙膏同保持健康聯繫起來，或者把產品同某些涉及個人的具體情況相聯繫，或者可以通過廣告活動來吸引顧客，或者在一般產品上增加一種重要的特色，如在飲料中增加維生素等。當然，這些行銷手段只能把消費者從低介入提高到一種適度的介入，而無法將消費者的購買行為推入複雜的購買行為行列。

(四) 尋覓多樣化的購買行為

某些購買情況是以消費者低介入，但產品品牌差異很大為特徵的。在這種情況下，消費者會經常改變品牌選擇。對品牌的選擇產生變化的起因在於產品的多品種，而不是由於消費者對產品不滿意。例如，消費者在中秋節購買多種品牌的月餅，是因為想嘗嘗更多口味的月餅。因此，企業應該盡力增加自己產品的花色品種，以增加自己產品的行銷機會，使消費者在選購中，基本上能夠通過本企業的產品獲得品種效益，增加企業產品的銷售量。

不協調減少的購買行為和尋覓多樣化的購買行為屬於有限問題的解決行為。所謂有限問題是指消費者可能熟悉產品的品種、產品的品牌、產品的屬性、性能和特徵，所以消費者需要解決的問題比較有限。

三、購買決策過程中的各個階段

消費者的購買行為是一個從產生需要到購後行為的長過程，消費者會經歷五個階段：認識需要，收集信息，評價可供選擇的方案，購買決策和購後行為。這一模式強調了購買過程早在實際購買行為前就發生了，並且購買後還會有持續的影響。這個模式強調了企業在行銷活動中應把注意力集中在購買過程中，而不是在購買決策上。圖5-6顯示了購買過程的各個階段。

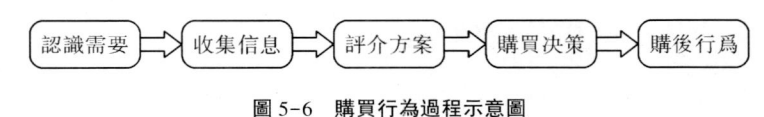

認識需要 ➡ 收集信息 ➡ 評介方案 ➡ 購買決策 ➡ 購後行為

圖5-6　購買行為過程示意圖

這個模式表明消費者的每一次購買都要經歷五個階段。但事實上並非完全如此，低度介入的產品、不同類型的消費者的購買行為都是不一樣的，這種模式主要適用於分析「複雜的購買行為」，對於其他類型的購買行為，消費者會跳過或省略其中的某些階段。這個模式表明，消費者的購買行為發生在實際購買活動之前，並一直延續到使用過程中。

（一）認識需要

購買過程從消費者對某一問題或需要的認識開始。所謂認識需要，就是消費者發現現實的狀況與其所追求的狀況之間存在著差異時，產生了相應的解決問題的要求。來自內在的原因和外在的刺激都可能引起需要，誘發購買動機。

內在的原因可能是由人體內在機能的感受所引發的。一個人的正常需要如饑餓、干渴、寒冷等上升到某一界限，就會成為一種驅使力。人們從以往的經驗中學會了如何對付這種驅使力，從而激勵自己去購買所知道的能滿足這種驅使力的某一種產品。

消費者的某種需要可能是外來的刺激所引起的。例如，路過商店看見新鮮的麵包會激起人的食慾，羨慕他人購買的一輛新車或看見一則去泰國旅遊的電視廣告，都能引起消費者認識某一問題和需要。

在這一階段，企業應瞭解引起消費者產生某種需要和興趣的環境，應該研究需要和問題是如何產生的，消費者是如何認識問題和需要的，特別是對一種特定的產品的需求。找到這些刺激因素，有助於行銷人員制定有效的促銷溝通戰略。

（二）收集信息

產生需要的消費者一般都會收集信息，消費者的信息收集有兩種狀態：被動收集和主動收集，如圖5-7所示。

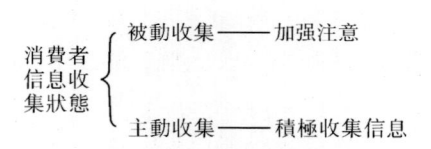

消費者信息收集狀態 ｛ 被動收集──加強注意
主動收集──積極收集信息

圖5-7 消費者信息收集狀態

如果一個被喚起需求的消費者的驅使力不大或不明顯，不急於解決問題，那麼這個消費者就處於適度或被動收集信息的狀態，即加強注意的狀態。如果有相關的信息送來，消費者會注意這些信息，但不會主動收集信息，消費者通常將把這些信息保留在記憶中。

如果消費者的驅使力很強，需求到了需要急迫滿足的程度，消費者就會處於主動收集信息的狀態。在這種狀態下，消費者會主動尋找有關的信息材料，向有關企業諮詢，參加有關的商業促銷活動等。消費者收集信息要達到什麼程度，取決於其驅使力的大小、已知信息的數量、質量和滿意程度及進一步收集信息的難易程度。

行銷人員需要瞭解消費者對於特定產品的信息的主要來源。消費者的信息來源一般有四個方面：

（1）個人來源，即從家庭、朋友、鄰居和熟人那裡收集信息。這是可信度最高，但信息量最少的一個來源。

（2）商業來源，即從廣告、推銷員、經銷商、商品包裝、展覽會等收集信息，這是可信度最低、信息量最大的來源。

（3）公共來源，即從報紙、雜誌等大眾傳播媒體的客觀報導和消費者團體評論收集信息。其可信度高於商業來源，但信息量小於商業來源。

（4）經驗來源，即消費者親自處理、檢查、試驗和使用產品來收集信息。這是有較高可信度，但在複雜購買中總是缺少信息的來源。

這些信息來源相互影響，並隨著產品的類別和消費者的特徵不同而有所變化。一般來說，就某一產品而言，消費者的大多數信息則來源於市場，而大多數有效的信息來源於個人。每一個信息來源對購買決策的影響會起到不同的作用。市場信息一般起到通知的作用，而個人信息等非商業性來源的信息起著驗證和評價的作用。如一個醫生從商業來源知道某種新藥，但卻求助於其他使用過這種新藥的醫生對這種藥的評價信息。所以企業要在調查分析的基礎上，設計和制定適當的信息傳播途徑和溝通方式，以便有效地引導消費者的購買行為。

通過收集信息，消費者對某種產品的品牌和特徵都會有一定的瞭解，會逐步縮小對將要購買的商品品牌選擇的範圍。以購買計算機產品的決策為例（如圖 5-8 所示），如果一個消費者打算購買一臺家用電腦，市場所有的品牌構成全部品牌組，但消費者通過收集信息只知道其中的一部分品牌，即知曉的品牌組。在知曉的品牌中，消費者對那些沒有好感或缺乏瞭解的品牌將不予考慮，剩下的就是可以考慮的品牌組。在可以考慮的品牌組中，消費者在進一步收集信息，徵詢別人的意見後，只將少數品牌列入準備進行購買評價的行列，即選擇的品牌組。最後消費者將做出決策，從要選擇的品牌組中做出最後的購買決定。

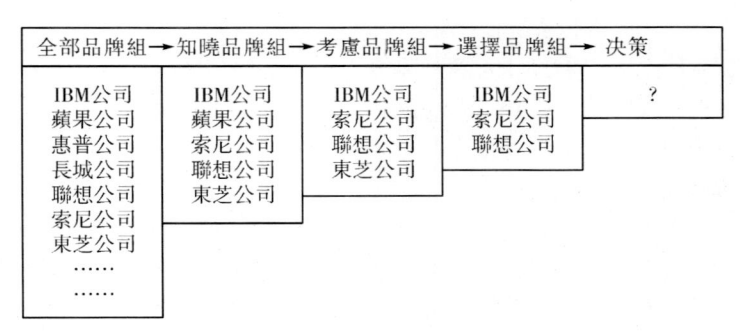

全部品牌組 →	知曉品牌組 →	考慮品牌組 →	選擇品牌組 →	決策
IBM公司 蘋果公司 惠普公司 長城公司 聯想公司 索尼公司 東芝公司 ……	IBM公司 蘋果公司 索尼公司 聯想公司 東芝公司 ……	IBM公司 索尼公司 聯想公司 東芝公司	IBM公司 索尼公司 聯想公司	?

圖 5-8　消費者決策過程示意圖

很顯然，如果企業的品牌沒有處於選擇品牌組，消費者不會購買該企業的產品，因此

該企業沒有行銷機會；如果企業的品牌連知曉品牌組都沒有進入，要得到行銷機會，將完全不可能。消費者信息組合的意義在於揭示了行銷溝通的原理，企業行銷人員在設計行銷組合時，必須要考慮如何正確傳遞消費者所需的各種信息，以使潛在顧客熟悉、考慮其品牌，進而成為消費者選擇的對象組，否則企業將喪失機會。企業還應該瞭解消費者的信息來源和不同來源的重要程度，即消費者是如何知道某個品牌的，接受了哪些信息，他們怎樣看待不同信息的重要程度等，這對有效地溝通目標市場非常重要。

在當下的網絡時代，消費者越來越多地利用線上資源對產品信息進行收集，這種線上信息搜尋方式本身甚至在改變著消費者的購買決策。網絡媒介成了消費者組織信息並且決定點擊何處的一個關鍵點。消費者依賴網絡媒介對線上市場信息進行過濾和整合，以使其能夠更高效地鑑別和評估備選產品。一些專業比價網站的出現讓消費者能夠輕易地對比出售同一產品的不同商家所開出的售價。

（三）可供選擇方案的評價

現在需要解決的問題是消費者如何在可供選擇的品牌或購買方案中做出選擇，即從備選方案中選中某一方案。令人遺憾的是，至今還沒有一種能描述消費者在所有情況下都可以運用的、簡單明確的信息評價過程。但不管怎樣，消費者對產品的評價過程應該是建立在自覺的和理性的基礎之上的，即認識導向的評價模式，也稱「期望—價值模型」。

消費者需要瞭解下面一些基本概念：

1. 產品屬性

產品屬性是指產品能夠滿足消費者某種需要或利益的功能或性能。消費者一般都將產品看成是能提供實際利益的各種產品屬性的組合。消費者對不同的產品感興趣的屬性是不同的，如：

（1）針對筆記本電腦，令消費者感興趣的屬性是其運算能力、質量、便攜性和價格。

（2）數碼照相機，令消費者感興趣的屬性是其品牌、像素、外觀、體積和價格。

（3）口紅，令消費者感興趣的屬性是其顏色、容器、質量、聲譽和香味。

消費者對各種產品的屬性的關心程度和重視程度是不同的。消費者十分注意那些與其想要的產品相關的屬性。企業常常可以根據消費者所重視的產品屬性的不同來細分產品市場。

2. 產品屬性的重要性程度

每種產品由許多屬性組成，從產品滿足需要的角度出發，消費者對不同屬性有一定的偏重，即不會將它們看得同等重要，而消費者感興趣的屬性也不一定是最重要的屬性。也就是說，不同的屬性具有不同的重要性權數。企業應根據消費者對各種產品屬性的重視程度，對各種產品屬性進行加權，賦予不同的重要性權數。

3. 品牌形象

消費者可能會根據產品的屬性，形成不同的信念。消費者對某一品牌所具有的一組信念就被稱為品牌形象。由於受個人經驗和選擇性注意、選擇性曲解、選擇性記憶的影響，消費者對品牌的信念可能與產品的真實屬性並不一致。

4. 效用函數

效用函數是指消費者所期望的產品滿足感是如何隨著產品屬性的不同而發生變化的。消費者購買產品是期望從產品中得到滿足。消費者購買一臺筆記本電腦得到的滿足會隨其運算能力、質量、便攜性的增加而增加，會隨著電腦價格的增加而減少。對消費者來講，最理想的筆記本電腦是質量高而價格又相對很低的產品。這種理想產品在市場上實際上是不存在的，消費者只能考慮購買最接近理想產品的現實產品。

有了上面的幾個基本概念，消費者就可以對可供選擇的方案進行評價，並由此形成態度和偏好。那麼消費者是如何進行評價的？是如何應用評價程序進行決策的？這裡仍然用購買個人電腦的事例來加以說明。假定某個消費者想購買一臺筆記本電腦，選擇的對象有四個品牌，消費者感興趣的產品屬性是其運算能力、質量、便攜性和價格。消費者對每種屬性的信念通過打分來表示，如果一種屬性的滿分為 10 分，此屬性就是最好的。如果一個品牌被評價的所有屬性都得到 10 分，這個品牌就是最理想的品牌。但事實上，這種品牌往往是不存在的。假定有個品牌在其他屬性上都比競爭者的品牌好，那麼，一般而言，其價格將是最貴的。因此，理想品牌是不存在的，僅僅是提供一個評價標準，這就是此種評價方法也被稱為「理想品牌評價法」的原因。評價如表 5-1 所示。在此基礎上，可預測消費者將要購買哪種品牌的電腦。

表 5-1　　　　　　　　　　消費者對電腦品牌的評價表

屬性 評分 計算機品牌	產品屬性				選擇
	運算能力	質量	便攜性	價格	
	0.4	0.3	0.2	0.1	
A	10	8	6	4	8.0
B	8	9	8	3	7.8
C	6	8	10	5	7.3
D	4	3	7	8	4.7

如果某一品牌的各種屬性都優於其他品牌，就能預測消費者會購買這臺電腦。如果消費者最重視產品的某一種屬性，僅僅根據一種屬性來購買產品，這也比較容易預測消費者的購買選擇，如消費者最重視產品的運算能力，他就會購買 A 品牌的電腦；如果消費者最重視產品的價格，就會購買 D 品牌的電腦。實際上，大多數購買者都綜合考慮產品的幾個屬性，並對不同屬性給予不同的重要性權數，為此就可以比較準確地預測消費者的選

擇了。

為了確定對每一種電腦的理解價值，用重要性權數乘以每臺電腦的信念，再相加，便可以得出以下理解價值：

電腦 A：0.4×10+0.3×8+0.2×6+0.1×4＝8.0
電腦 B：0.4×8+0.3×9+0.2×8+0.1×3＝7.8
電腦 C：0.4×6+0.3×8+0.2×10+0.1×5＝7.3
電腦 D：0.4×4+0.3×3+0.2×7+0.1×8＝4.7

經過計算和分析，會得到不同品牌的期望值，根據期望值的大小，可以推測消費者將購買 A 品牌的計算機。所以這種方法也被稱為消費者選擇的期望值模式。

如果消費者根據自己的需要設想出一種理想品牌，每一屬性的理想水準不一定是最高分。假定消費者給這四種產品屬性的理想分是 6 分、10 分、10 分、5 分，然後將四種實際品牌與理想品牌進行對比，同這種理想品牌最接近的實際品牌就是消費者最偏愛的品牌，這種方法就成為消費者選擇的理想品牌模式。

對於其他沒有被選擇的企業來講，如果面對的大多數顧客都是通過上述期望值形成產品偏好，這些企業就可以做大量工作來影響購買者的決策。現在以生產 C 品牌筆記本電腦的企業為例，該企業可以採用的行銷策略有：

（1）改進現有的計算機，即對產品行重新設計，以達到消費者期望的產品屬性特徵，使產品更適應消費者的要求和偏好。這種策略被稱為實際再定位，如品牌 C 可以提高運算能力，降低便攜性。

（2）改變品牌信念，這是指改變品牌在一些重要屬性方面的購買者信念。一般當消費者低估了品牌屬性的時候，就可以採取這種策略。這種策略也被稱為心理再定位策略，如品牌 C 可以告訴消費者其質量被低估了。

（3）改變對競爭對手品牌的信念。企業可以設法改變消費者對競爭對手品牌在不同屬性上的信念，特別是在消費者誤認為競爭者品牌的質量高於實際的質量時，如提供 C 品牌的企業可以告訴消費者 A 品牌的質量實際並沒有那麼高。這種策略被稱為競爭性反定位，常常通過連續的比較廣告來達到這一目的。

（4）改變重要性權數，即說服消費者把他們所重視的屬性更多地放在品牌 C 具有優勢的屬性上，強調這一屬性才是消費者最應注重的品牌屬性。如提供品牌 C 的企業如果能讓消費者將「便攜性」置於比「質量」更重要的地位，則可能使品牌 C 得到比品牌 A 更高的評價期望值。

（5）喚起對被忽視的屬性的注意。設法引導消費者重視某些被忽視的屬性，而這些屬性也正是該品牌具有的優勢。如提供 C 品牌的企業可以告訴消費者筆記本電腦的耗電量、重量都是需要注意的屬性，如果品牌 C 正是在耗電量與重量上具有比其他品牌更多的優勢，則可以提高自己產品的消費者期望值。

（6）改變購買者的理想品牌。企業可以試圖說服消費者改變其對一種或多種屬性的理想標準。如使消費者在購買計算機時，按「便攜性」「質量」「運算能力」這樣排列，將使品牌 C 有最高的評價期望值。

（四）購買決策

經過選擇評價，消費者就形成了購買意圖，並大都會購買最喜歡的品牌。但是在購買意圖和購買決策之間，有兩種因素會相互作用，影響消費者的最終決策，如圖 5-9 所示。

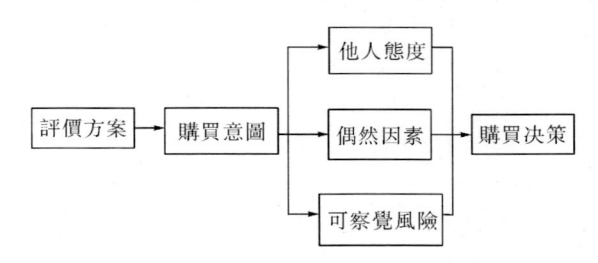

圖 5-9　購買意圖向購買決策轉化過程示意圖

第一個因素是他人的態度。其他人的態度會影響一個人的選擇，其影響程度取決於其他人對購買者所喜歡的品牌持否定態度的強烈程度及購買者願意遵從旁人願望的程度。

第二個因素是未預期到的意外情況，即偶然因素。未預期到的意外情況也許會突然出現，比如接到即將下崗的通知，從而會改變消費者及家庭對收入的預期而改變購買意圖。

另外，消費者的購買決策還受到可察覺風險的影響。可察覺風險的大小隨著購買需支付的貨幣數量、產品屬性不確定性的比例及消費者的自信程度而變化。行銷人員只有通過一定的方法和途徑來減少消費者的這種可察覺風險，才能促使消費者積極採取購買行動。

所以購買意圖還不是完全可以信賴的，不能作為購買行為的可靠預測因素。國外一項研究表明，100 個人開始說在未來 12 個月會購買品牌 A 的某種產品，最後僅有 51 個人購買了這種產品，其中只有 37 個人購買了 A 品牌，14 個人購買了其他品牌。

如果在購買意圖與購買決定之間存在某種規律性的東西，或企業能夠掌握明顯的影響因素，行銷人員就可以預測顧客的購買取向和購買行動可能發生的時間。

消費者一旦決定實現購買意圖必須做出五種子決策：①品牌決策，最終決定購買哪種品牌；②經銷商決策，在哪家商店購買；③數量決策，購買幾個產品；④時機決策，什麼時間購買；⑤付款方式決策，採用什麼方式付款。

（五）購後行為

購後行動包括消費者在產品使用後可能產生的心理活動及購買以後的典型行為。針對這些消費者購買之後的心理活動和行為，行銷人員可採取相應措施來提高消費者的滿意度和未來的銷售量。所以說，企業的行銷工作一直要持續到產品售出以後。

1. 購買感受

消費者在做出購買決策之後產生的心理不舒適狀態被稱為購後失調（Post-purchase Dissonance）。購後失調的消費者往往對購買產生焦慮，懷疑自己的決策是否最佳、在價格等方面是否還有所補充或修改。通常消費者對於價值較高的產品發生購後失調的可能性較大。

消費者購買產品後是否感到滿意，取決於消費者購前的預期績效與產品購後的可見績效之間的差異：如果產品的可見績效達到了預期績效，消費者就會感到滿意；如果可見績效超過了預期績效，消費者將感到非常滿意；如果可見績效沒有達到預期績效，消費者將會感到不滿意。

由於消費者是根據收集到的各種信息，特別是市場信息形成的期望，如果企業誇大了產品的性能，就會使消費者的預期績效過高，從而導致消費者產生不滿的感覺。這兩者的差距越大，消費者的不滿會越大。當然，有些消費者會誇大這種差距，這就表示消費者極度不滿；有些消費者會縮小這種差距，表示消費者有較少的不滿。根據這一理論，企業應當如實宣傳產品，甚至不要隱瞞產品的缺陷和不足之處，使消費者的預期績效與可見績效能保持盡量一致。有的企業在進行廣告宣傳時，採取留有餘地的做法，目的在於讓消費者購買產品後產生可見績效大於預期績效的感受。

2. 購後行動

消費者對產品的滿意或不滿意會影響購買以後的行為。一個滿意的消費者可能會在以後重複購買，並為企業的產品做活廣告，「滿意的顧客是企業最好的廣告」。

不滿意的消費者的反應則截然不同，他可能在做出行動和不做出行動之間進行選擇；如果做出行動，可以做出公開行動或私下行動。公開行動包括向企業要求賠償，採取法律行動索賠，向各種社會群體申述、抱怨等。私下行動包括停止購買該產品，向其他消費者進行反面宣傳，詆毀該產品等。

企業應採取各種措施，盡可能減少消費者購後的不滿意程度，如向顧客徵求改進產品的意見，加強售後服務，提供產品使用諮詢等。

瞭解消費者的需要和購買過程是企業市場行銷成功的關鍵。企業瞭解消費者的購買行為和影響因素，就能為其目標市場制訂有效的市場行銷計劃。

本章小結

在正式制訂市場行銷計劃之前，企業必須瞭解消費者市場和消費者的購買行為。

分析消費者的購買行為，主要依靠採用「刺激─反應」行為分析模式建立的消費者購買行為模式。認識消費者購買特徵和購買決策過程，是掌握消費者購買行為的規律性的關鍵。

影響或形成消費者購買行為特徵的因素主要有文化因素、社會因素、個人因素和心理因素。這些因素可以使企業瞭解目標市場的顧客的購買行為的特徵，有助於企業占領市場和更好地滿足消費者的需要。

　　消費者的購買決策過程表明消費者的購買活動是在實際買賣產品之前很早就開始，並延續到購買後的使用過程中。購買活動分為認識需要、收集信息、評價可供選擇方案、購買決策和購後行為五個階段。

本章復習思考題

1. 請說明消費品市場消費者需求的主要特徵。
2. 影響消費者購買行為的主要因素有哪些？
3. 為什麼說文化對消費者行為有最廣泛、最深刻的影響？
4. 什麼是相關群體？相關群體是如何影響個人的消費行為的？
5. 請說明消費者購買決策包括哪些主要階段。

第六章　競爭分析與競爭戰略

市場行銷，不僅要求企業提供能滿足顧客需要的產品或服務，而且還要求比競爭對手更快更好地滿足顧客需求。如何戰勝競爭對手來實現企業預定的行銷目標，這是行銷管理重要的內容之一。企業的競爭戰略包括三個主要步驟：分析競爭者、選擇競爭者與制定競爭戰略。

第一節　分析競爭者

為了制定一個有效的行銷戰略，一個企業必須研究其競爭者。企業實際的和潛在的競爭者範圍是廣泛的。一個企業最密切的競爭者是那些試圖滿足相同的顧客和需求，並提供相同產品或服務的企業。一個企業同樣應當關注其潛在的競爭者，它們可能會提供新的其他方法來滿足同樣的需求。

一、行業界定與競爭者辨別

從行銷的角度對競爭者進行分析，企業就必須明白自己處於什麼市場位置，與誰進行競爭及與競爭者相較而言，自己的優勢與劣勢。因此，行業界定及其行業特點分析是識別競爭對手的前提與基礎。對於單一業務的企業而言，行業界定比較簡單，競爭對手識別也相對容易。而對於多業務的企業而言，行業界定相對困難，它需要企業對每個業務進行行業界定，進而對每個業務進行競爭者識別。另外，由於現在互聯網技術的推廣，使得現有行業界限模糊，依據行業界定來辨別競爭者也存在問題：如智能手機的競爭者是其他智能手機還是網絡電視、還是平板電腦？它可不可以是相機的競爭者呢？所以行業界定之前，我們需要首先從四個層面來分析競爭水準。

（一）四個層面的競爭：依據產品替代程度

1. 品牌競爭

當其他企業以相似的價格向相同的顧客提供類似產品與服務時，企業將其視為競爭者。例如，長虹公司的主要競爭者是康佳、創維、TCL等彩電製造商。

2. 形式競爭

當企業提供的產品或服務類別相同，但規格、型號、款式不同時，這種層面的競爭就產生了。例如，長虹公司認為其他所有彩電製造商都是其競爭者。自行車中的山地車與一般城市用自行車之間的競爭也是這一層面的競爭。

3. 一般競爭

企業還可進一步地把所有爭取同一消費者的人都視作競爭者。比如麵包車、轎車、摩托車、自行車都是效能工具，都滿足人們代步的需求，但是它們是不同種類的產品。再如，現在的共享單車和公交車、地鐵可能也是滿足人們出行需求的產品或服務。這些產品或服務的提供者之間互為一般競爭。

4. 意願競爭

企業也可更為廣泛地把滿足不同需求的產品，但消費意願存在替代的情況視作為競爭。如當消費者在某個時刻，可支配的消費額度為 1 萬元，他所面臨的選擇有電腦、攝像機、出國旅遊等。此時，購買其中一個產品或服務，則意味著對其他選擇的放棄，那麼電腦、攝像機、出國旅遊之間就形成意願競爭。

上述四類競爭，從上至下其競爭範圍越來越廣，競爭程度（市場集中度）則越來越弱。

(二) 行業界定與分析

行業是一組提供一種或一類相互密切替代產品的公司群，如汽車行業、石油行業、醫藥行業等。行業結構由五種力量決定，即新進入者及進入壁壘、供應者力量、購買者力量、替代者力量、業內競爭者力量。這五種力量的合力共同決定了行業的競爭強度和盈利能力。因此決定行業結構的主要因素有：

1. 銷售商的數量及其差別程度

描述一個行業的出發點就是要確定是否有許多銷售商及產品是否同質或是高度差異的。這一特點產生了四種行業結構類型：完全壟斷、壟斷、壟斷競爭和完全競爭。行業競爭的結構會隨時間的變化而變化。

完全競爭市場和完全壟斷市場的條件非常苛刻，在現實中根本無法全部滿足，因此只是理論上的一個假設。

2. 進入障礙

從理論上說，企業應該可以自由進入具有利潤吸引力的行業。它們的進入會使供給增加，而且最終會使利潤下降到正常報酬率的水準。然而，進入各個行業的難易程度差別很大。進入的主要障礙包括對資本的要求高、規模經濟、專利和許可證條件、缺少場地、原料或分銷商、信譽條件等。其中，一些障礙是某些行業所固有的，而另一些障礙則是企業採取了單獨的或聯合行動所設置的。即使一家企業進入了一個行業之後，當它要進入行業中某些更具吸引力的細分市場時，可能會面臨阻礙其流動的障礙。

3. 退出障礙

從理論上講，企業應該可以自由退出利潤無吸引力的行業，但它們也面臨退出的障礙，包括：①對顧客、債權人或原有職工的法律和道義上的義務；②政府限制和社會壓力集團的影響；③資產的再利用性，即過分專業化或設備技術陳舊引起的資產利用價值低；

111

④可供選擇的機會太少；⑤企業中下層人員的反對；等等。

進入和退出障礙共同決定了企業參與行業市場競爭的「自由度」。

4. 成本結構

每個行業都有驅動其戰略行為的一定的成本組合。企業將把最大的注意力放在其最大成本上，並從戰略上來減少這些成本。

5. 縱向一體化

在某些行業，後向和前向一體化是非常有利的，如石油行業。石油生產企業進行石油勘探、石油鑽井、石油提煉，並把化工生產作為它們經營業務的一部分。縱向一體化可降低成本，還能在它們所經營業務的細分市場中控制價格和成本。而無法進行縱向一體化的企業將處於劣勢地位。

企業對行為的界定不宜「過寬」，也不宜「過窄」。過寬會增加競爭分析的難度，分析結果針對性和適應性也會降低，過窄有可能患上「行銷近視症」。行銷近視症是指企業把主要行銷精力放在產品或技術上，而不是消費需求上，只從生產和技術上去界定行業。這會使得企業忽略一些替代品和潛在競爭者的威脅，因為產品的某種具體形式是滿足消費需求的手段之一，一旦有新的產品形式出現，現有產品形式就會被替代，如手機替代數碼相機，儘管這兩者從生產和技術上來講不屬於同一個行業。

(3) 競爭者識別

結合市場的觀點與行業的特徵，企業可以更準確地確定自己的競爭對手。比如可以先按照行業觀點確定一些競爭者，再根據企業的需要，從消費者角度估測產品間的替代率，把所有與自己爭奪顧客或市場的企業都看作競爭者，最後把那些對自己威脅較大的作為重點的競爭分析對象。

在企業的實際操作中，也有管理者根據實際經驗提出了一些更具有操作性的競爭者辨識方法，如「三近四同模型」等。

[案例分享]

競爭者辨識的「三近四同模型」

企業在辨識競爭者時，只要在下述七項條件的對比中發現某個企業與自己「三近四同」，那麼它就是企業的競爭對手。

第一，生產規模接近。生產規模是企業的一項十分重要的基礎競爭力量。它能幫助企業降低成本，為市場提供價格更低的產品。生產規模越接近，成本構成和市場定位也越相似，越可能在市場競爭中與企業針鋒相對。

第二，產品形式接近。產品形式接近並不是說雙方的產品一模一樣，而是在使用價值、性能、名稱、包裝和生產工藝存在某些共同點。產品形式越接近的企業，越可能成為直接的競爭對手。

第三，零售價格接近。零售價格是市場的終端價格，既反應產品的價值，也反應顧客的接受程度。零售價格的高低直接影響消費者對產品性價比的感知和購買慾望。企業的產品在零售價格上越接近，越可能發生直接的衝突或競爭。

第四，銷售渠道相同。銷售渠道的不同界面（層次），是企業競爭的「戰場」。比如企業把產品交給中間商，中間商就成為企業的銷售界面；中間商把產品交給零售商，零售商就成為中間商的銷售界面。銷售渠道相同的企業，會在銷售的各個界面發生衝突或競爭，也在同一個「戰場」上競爭。

第五，產品定位相同。產品定位在顧客心目中通常是產品檔次的定位，如高檔產品、中檔產品和低檔產品。產品不在同一檔次，競爭就不會太激烈。

第六，目標顧客相同。如果兩個人爭奪同一樣東西，他們就是競爭對手。目標顧客相同，企業爭奪的市場一樣，因此是最直接的競爭對手。

第七，市場開拓的力度相同。企業的市場開拓力度表現在言行和促銷投稿上。一家企業的市場開拓力度與自己相同，說明它採用的行銷戰略與自己一樣。

資料來源：汪韋伯. 誰是你的競爭對手［EB/OL］.（2016-09-13）［2018-09-20］. blog. sina. com. CN/S/blog_ 519618e00102wg67. html.

二、識別競爭者的戰略

企業最直接的競爭者是那些為相同的目標市場推行相同戰略的群體。一個戰略群體就是在一個特定行業中推行相同戰略的一組企業。

通過對戰略群體的識別可以發現以下情況：第一，各戰略群體設置的進入障礙的難度不盡相同。第二，如果企業成功地進入一個戰略群體組別，該組別的成員就成了其主要的競爭對手。如果企業希望取得成功，應在進入時就具有某些戰略優勢。

瞭解戰略群體的目的是瞭解競爭者在特定業務上的競爭目標和戰略、行銷能力以及面對環境變化可能做出的反應，為企業評估其優劣勢和選擇行銷戰略提供依據。競爭者戰略分析的主要內容如圖6-1所示。其中，相關業務指標與本企業對競爭者進行分析時所關注的業務相關。

所以，對競爭者的戰略分析，需要包括企業戰略的三個層次和四個方面。三個層次是公司戰略、相關業務的經營單位戰略和行銷戰略；四個方面是競爭者的公司戰略、競爭者相關業務的競爭戰略、競爭者在公司層面的行銷能力和戰略及競爭者在相關業務上的行銷能力和戰略。

同時，值得注意的是，競爭不僅僅在戰略群體內展開，在群體與群體之間也存在著對抗，因為：①某些戰略群體所吸引的顧客群相互之間可能有所交叉。②顧客不能區分不同群體的供應品的差異。③各個群組可能都想擴大自己的市場細分範圍，特別是在規模和實力相當及在各群組之間流動障礙較小的時候。

競爭者的公司戰略	競爭者在公司層面的行銷能力和戰略
・公司背景：成立時間、地點、註冊資本、雇員數量、組織結構、所有者結構、管理團隊 ・願景與使命：產品、市場、技術領域和價值觀 ・核心能力：組織的學習能力、資源整合能力和創新能力 ・業務組合與構成：單一業務或多業務；相關或不相關多元化；各業務的構成比例、支柱業務 ・競爭者的財務表現與資金實力：銷售額、利潤額、投資收益率、銷售利潤率、銷售增長率、資金結構、籌資能力、現金流量、資信度、財務比率和財務管理能力 ・發展目標：盈利能力、競爭地位、業務發展 競爭者相關業務的競爭戰略 ・相關業務背景：業務成立的時間、發展路徑、註冊資本、雇員數量、組織結構、所有者結構、管理團隊以及母公司主要領導人與此業務的聯繫 ・相關業務在公司業務組合中的地位：該業務在母公司業務組合中銷售佔比、利潤佔比、現有地位、重要性以及與其他業務的關係 ・相關業務的財務表現：銷售額、利潤額、投資收益率、銷售利潤率、銷售增長率和股權收益率 ・相關業務的競爭目標：銷售額目標、利潤額目標、市場佔有率目標、技術領先目標和品牌競爭力目標 ・相關業務的競爭優勢與競爭戰略：成本優勢或特色優勢；成本領先、差異化或聚焦戰略 ・相關業務的價值鏈與獲取競爭優勢的途徑：價值鏈的構成、各環節獲取競爭優勢的能力和獲取競爭優勢的關鍵環節	・產品組合：寬度、深度和關聯性 ・品牌運作能力：品牌數量、暢銷品牌數量、暢銷品牌佔比、品牌定位、品牌強度 ・產品研發與生產能力：產品研發投入、新產品的數量、研發人員的數量和素質、專利數量、生產規模、生產設備的技術先進性與靈活性等 ・市場開拓能力：行銷渠道的覆蓋面、行銷渠道管理與控制能力、銷售隊伍的規模和質量、廣告規模與效率、售後服務能力 ・行銷策劃與管理能力：行銷預算、市場調研的投入與效率、信息傳遞的有效性、對環境變化的適應性與反應速度、行銷管理人員的素質等 競爭者在相關業務上的行銷能力與戰略 ・產品線、產品項目的數量與構成；品牌的數量與構成 ・顧客價值與成本：產品價值、服務價值、人員價值、形象價值、貨幣成本、時間成本、精力成本和體力成本 ・品牌定位和品牌強度：品牌數量、每個品牌的定位與針對的目標市場；每一個品牌在各市場的佔有率、知名度和美譽度 ・產品定價：價格檔次、定價方法和依據、對價格競爭的態度以及經常採用的價格行為 ・行銷渠道：構成、策略、運作效率、控制能力以及與其他企業的合作程度 ・溝通與宣傳：促銷方式整合能力、溝通與宣傳的重點、廣告規模和效率、媒體組合 ・關係運作能力：顧客分佈、顧客滿意度、顧客忠誠度、與重要顧客的關係、與政府的關係、與銀行的關係、與上下游企業關係、企業內部關係、與其他利益相關者的關係

圖 6-1　競爭者戰略分析的主要內容

資料來源：莊貴軍. 行銷管理：行銷機會的識別、界定與利用 [M]. 北京：中國人民大學出版社，2011.

三、確定競爭者的目標

在識別了主要競爭者及其戰略後，企業還必須瞭解競爭者的目標，即每個競爭者在市場上追求什麼？每個競爭者的行為驅動力是什麼？

一般說來，競爭者都將盡量爭取利潤最大化，但利潤存在長期利潤與短期利潤之分。此外，有些企業是以「滿足」為市場目標，即它們會建立目標利潤指標，只要這些目標能夠達到，企業便感到滿足了。

有時候，競爭者追求的不是單一的目標，而是目標組合，只是側重點不同。我們需瞭解競爭者對目前的獲利可能性、市場份額增長、現金流動、技術領先和服務領先等所賦予的相對權數。瞭解了競爭者的加權目標組合，我們便可瞭解競爭者是否對其目前的財務狀

況感到滿意，它對各種類型的競爭性攻擊會做出何種反應等。

四、評估競爭者的優勢與劣勢

競爭者能否實施它們的戰略並實現其目標，這取決於每個競爭者的資源和能力。企業需要識別每個競爭者的優勢與劣勢。首先，企業應當收集每個競爭者近期業務的關鍵數據，特別是銷售量、市場份額、毛利、投資報酬率、現金流量、新投資及設備能力的利用的情況。每種數據的獲得都有助於企業更好地評估每個競爭者的優勢和劣勢，並幫助新競爭者決定向誰發起挑戰。其次，企業通過二手資料、個人經驗或傳聞來瞭解有關競爭者的優勢和劣勢。它們可通過向顧客、供應商和中間商進行第一手行銷調研來增加對競爭者的瞭解。最後，在尋找競爭者的劣勢時，企業應設法識別競爭者為其業務和市場所做的假想有哪些已經不能成立。如果企業知道競爭者已在按照一個嚴重錯誤的設想在經營，就可以設法超過競爭者。

五、評估競爭者的反應模式

單憑競爭者的目標和優勢與劣勢不足以說明其可能採取的行動及對諸如削價、加強促銷或推出新產品等做出的反應。此外，每個競爭者都有其經營哲學、企業內部文化和某些起主導作用的信念。一個企業需要深入瞭解競爭者的思維體系，並預測競爭者可能做出的反應。

下面是幾種常見的反應類型：

（一）從容型競爭者

某些競爭者對某一特定競爭者的行動沒有做出迅速反應或反應不強烈。企業必須弄清競爭者的行為從容不迫的原因。如它們的業務需要收割榨取，它們對其他競爭者的行動反應遲鈍，它們缺乏做出反應所需要的資金。

（二）選擇性競爭者

競爭者可能只對某些類型的攻擊做出反應，而對其他類型的攻擊則無動於衷。瞭解主要競爭者會在哪方面做出反應可為企業提供最為可行的攻擊類型。競爭者可能對削價做出反應以表明對手是枉費心機。但它可能對廣告費用的增加不做任何反應，認為這些並不構成威脅。

（三）凶猛型競爭者

這類企業對向其所擁有的領域發動的任何進攻都會做出迅速而強烈的反應。它意在向其他企業表明最好不要向其發動進攻，因為防衛者將奮戰到底。

（四）隨機型競爭者

有些競爭者並不表露可預知的反應模式。這一類型的競爭者在任何特定情況下，可能會也可能不會做出反應，而且無論根據其經濟、歷史或其他方面的情況，都無法預見其反應。

瞭解競爭者的基本反應模式，有助於企業選擇和確立行動時機。

第二節　選擇競爭者與一般戰略

一、選擇競爭者

企業不僅需要識別和瞭解自己的競爭者，而且還要明確與誰競爭對自己有利，因此，存在一個選擇競爭對手的問題。通過對競爭者進行分類，有助於企業挑選合適的競爭對手。競爭者的分類及挑選方法如下：

（一）強競爭者和弱競爭者

大多數企業一般願意選擇弱者為攻擊對象。攻擊弱競爭者可以在較短時間內提高市場份額，所耗費的資源也較少，但同時在提高自身能力方面，沒有多少幫助。攻擊強競爭者，有助於企業提高自己的生產、管理和經營能力，更大幅度地擴大市場份額和利潤，但需要付出的代價較高。

（二）近競爭者和遠競爭者

多數企業會同那些與其地域相近、行業相同的競爭者競爭。例如，膠卷生產商可能會與其他品牌的膠卷生產商競爭，而對數碼照相機、攝像機的發展反應麻木。然而，企業必須識別當前的競爭者。例如，可口可樂將自來水當作最大的競爭者，而不是百事可樂。

因此，企業一方面要避免「競爭者近視症」；另一方面還要避免陷入「螳螂捕蟬，黃雀在後」的境地。例如，在「消滅」容易對付的競爭者的同時，又招來了更強大的競爭對手。

（三）「良性」競爭者和「惡性」競爭者

每個行業都會有「良性」競爭者和「惡性」競爭者。企業應理智地支持良性競爭者，攻擊惡性競爭者。一般來說，「良性」競爭者遵守行業規則和市場秩序；根據行業增長的潛力，提出切合實際而不是「非分」的設想；依照與成本的關係來合理定價；把自己限制在行業的某一部分或某一細分市場；推動他人降低成本，提高差異化程度；接受為它們的市場份額和利潤規定的大致界限。而「惡性」競爭者則會違反行業規則，破壞市場秩序；企圖靠花錢購買而不是靠努力去擴大市場份額；敢於冒大風險；生產能力過剩仍然繼續投資；打破了行業平衡，給全行業帶來「麻煩」。

二、市場競爭的一般戰略

競爭戰略是企業通過什麼途徑形成相對競爭優勢的打算。成功的企業在市場競爭的整體作戰中，都能尋找出一個獨特的市場定位，並在這種差異化策略中獲取競爭優勢及市場空缺。在市場競爭中，企業的產品或服務僅僅滿足顧客某方面的需要，讓其覺得物有所值，還不足以使企業在市場競爭中勝出。要在市場中獲得競爭優勢，企業必須比競爭對手的產品或服務有更高的利價比（即顧客價值與顧客成本之比）。所以，企業要使其產品或

服務有較大的競爭優勢，可遵循以下兩方面的思路：一是強調顧客價值的提升，即以相同或相似的價格向顧客提供較高的顧客收益；二是強調顧客成本的降低，即以更低的價格向顧客提供相同或相似的顧客收益。在競爭中，前者就是差異化戰略，後者則為低成本戰略。而當企業嘗試在某個細分市場獲得成本優勢或特色優勢時，即為集中化戰略。因此策略大師邁克爾‧波特（Michael Porter）在《競爭戰略》一書中指出，競爭策略有三種基本形式：總成本領先戰略、差異化戰略和目標集中戰略。

(一) 總成本領先戰略

總成本領先戰略是指企業盡可能降低自己的生產和經營成本，在同行業中取得最低的生產成本和行銷成本的做法。降低總成本能加強企業同競爭者的抗衡，因為降低成本，可比競爭者獲取相對利益；可以對付買方行使討價還價的能力；可以為新競爭者的進入設置巨大障礙；有利於對付競爭者的替代品等。

企業要想實現總成本領先，需要相對高的市場佔有率或其他優勢，諸如獲得有利的原材料途徑。

企業要實施這一競爭戰略需要的基本條件是：持續的資本投入和取得資本的途徑，一定的加工工藝技能，嚴格的勞工監督，設計容易製造的產品，建立低成本的分銷系統。

總成本領先戰略需要的基本組織條件是：嚴密的組織結構和責任，嚴格的成本控制，嚴格的控制報告。

總成本領先戰略具有的風險有：①技術上的變化使以往的投資或知識無效；②新的競爭者通過仿效向尖端技術水準的設施進行投資而使成本降低；③由於注意力集中於成本上，無法看到所需產品的變化或市場行銷的變化；④成本的飛漲可能會降低公司維持足夠的價格差異以抵制競爭者品牌形象及其差異化的能力。

2. 差異競爭戰略

差異競爭戰略是指企業提供差別化的產品或服務，以便有可能成為本行業的等級領袖。使產品或服務差異化的途徑很多，如產品款式或品牌形象、產品技術、產品特點、客戶服務、零售網及其他方面等的差異性。

差異競爭戰略是企業對付競爭者強有力的武器，是當前在市場行銷活動中占主流的競爭做法。其競爭特點為：產品差異化可以造成競爭者進入的障礙，能有效地抵禦其他競爭對手的攻擊，能削弱買者討價還價的能力，產品的差異化還有獲取超額利潤的可能。

差異化戰略需要的一般條件為：企業有相應的技能和財力，諸如很強的市場行銷能力；企業擁有很強的基礎研究能力；企業具有高質量及高技術的聲譽；企業有獨特的具有明顯優勢的產品工藝設計和產品加工技術；企業善於吸收其他技能的獨特組合方式；企業具有很強的分銷渠道的合作等。

差異競爭戰略也存在一系列風險：①實行產品差異戰略的企業，其成本高於實行總成本領先戰略的企業，因此，可能導致差異對顧客的吸引力喪失；②當顧客偏好的變化可能

導致差異不能對顧客再有吸引力；③競爭對手的模仿會縮小產品差異。

(三) 目標集中戰略

目標集中戰略是指企業集中力量於某幾個細分市場，而不是將力量均勻投入整個市場。

目標集中競爭戰略的主要特點是：所涉及的細分市場都是特定的或專一的，也就是說，企業是為一個特定目標服務的。採用這種競爭戰略的最後結果是企業在一個較小的細分市場獲得一個較大的市場份額。如美國 AFG 玻璃公司主要集中生產和銷售有色的鋼化玻璃。廠商在為特定目標市場服務時，或採取產品差異，或降低成本，或兩者兼而採用，取得這種針對狹隘市場目標的優勢地位。

目標集中戰略需要的市場條件與組織條件，隨集中的目標不同而不同。

目標集中戰略具有一定的風險：①覆蓋整個市場的那些競爭對手因為規模經濟大幅度降低成本，可能導致採用目標集中戰略的企業成本優勢不再存在；②競爭者從戰略目標中找到了分市場，可能使原來企業的目標集中戰略經營缺少特色；③集中目標指向的特定細分市場的需求可能變得太小，而轉移產品到其他的細分市場相當困難。

三種競爭戰略的區別如圖 6-2 所示。

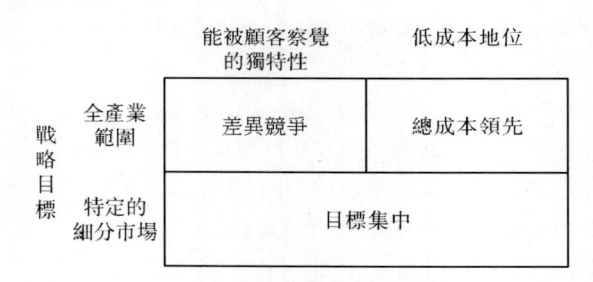

	能被顧客察覺的獨特性	低成本地位
全產業範圍	差異競爭	總成本領先
特定的細分市場	目標集中	

戰略目標

圖 6-2　按行銷組合因素區分的三種競爭戰略示意圖

三、按不同競爭地位劃分的行銷者類型

根據企業在目標市場所處的地位，可以把市場行銷者分為四類：市場領導者、市場挑戰者、市場追隨者和市場補缺者。

(一) 市場領導者

市場領導者是指在相關的產品市場中佔有最大市場份額的企業。絕大多數的行業都有一個被公認的市場領導者，它在價格變化、新產品開發、分銷渠道的寬度和促銷強度上，起著領導作用，並受到同行業的承認。它是競爭者的一個導向點，是其他企業挑戰、模仿或躲避的對象。如美國汽車市場的通用公司、攝影市場的柯達公司、計算機市場的 IBM 公司、消費包裝市場的寶潔公司、軟飲料市場的可口可樂公司、快餐食品市場的麥當勞公司等。這種領導者幾乎各行各業都有，它們的地位是在競爭中形成的，但是是可以變化的。

(二) 市場挑戰者和追隨者

市場挑戰者和市場追隨者是指那些在市場上處於次要地位、在行業中佔有第二、第三和以後位次的企業。這些次要地位的企業可以採取兩種態度中的一種：爭取市場領先地位，向競爭者挑戰，即市場挑戰者；安於次要地位，在「共處」的狀態下求得盡可能多的收益，即市場追隨者。每個處於市場次要地位的企業，都應根據自己的實力和環境提供的機會與風險，來決定自己的競爭戰略是「挑戰」還是「追隨」。

(三) 市場補缺者

市場補缺者是指那些在市場上選擇不大可能引起大企業的興趣的市場的某一部分從事專業化經營的小企業。由於這些企業是對市場的補缺，可使許多大企業集中精力生產主要產品，也使這些小企業獲得很好的生存空間。

第三節　市場領導者戰略

市場領導者如果沒有獲得合法的壟斷地位，必然會面臨競爭者無情的挑戰。因此，企業必須時時保持警惕和採取適當的策略，否則就很可能喪失領先的地位，而降到第二位或第三位。市場領導者想要繼續保持第一位的優勢，就需要在三個方面進行努力：一是擴大市場總需求量；二是保持現有市場份額；三是擴大其市場份額。

一、擴大市場總需求量

當市場總需求量擴大時，處於領先地位的企業得益最大，因為其市場佔有率最高。例如，消費者如果增加對火腿腸的需求量，受益最大的將是春都集團，因為它佔有整個火腿腸市場銷售量的 70% 以上。

一般說來，市場領導者可以從三個方面來擴大市場總需求量。

1. 尋找新用戶

每種產品都有吸引新顧客、增加新使用者的潛力。因為有些顧客不瞭解這種產品，或價格不合理，或產品有缺陷。

領導者企業可以從三個方面來尋找新的使用者：①新市場戰略，即企業針對從未用過該產品的群體用戶，說服他們使用本企業的產品。比如說服男子使用香水。②市場滲透戰略，這是針對現有細分市場中還未使用產品的顧客，或只偶爾使用的顧客，說服他們使用產品。比如說服不用香水的婦女使用香水。③地理擴展戰略，將產品銷售到國外或是其他地區市場去。

2. 開闢產品的新用途

為產品開闢新的用途，也可以擴大需求量，使產品銷路久暢不衰。杜邦公司的尼龍提供了一個新用途擴大市場的典型事例。杜邦公司最初將尼龍用作降落傘的合成纖維；然後

作為婦女絲襪的纖維；再後來，將其作為男女襯衣的主要原料；最後，又將其用於製作汽車輪胎、沙發椅套和地毯。

3. 擴大產品的使用量

增加消費者使用量是擴大市場需求的重要途徑。例如，寶潔公司勸告用戶每次用兩份飄柔洗髮精比使用一份會取得更好的洗頭效果。

二、保持市場份額

處於市場領導地位的企業，必須時刻防備競爭者的挑戰，保衛自己的市場陣地。例如，可口可樂必須防備百事可樂；麥當勞必須提防漢堡王；通用汽車必須提防福特。

市場領導者如何防禦競爭者的進攻呢？最根本一點是領導者不要滿足於現狀，而要不斷創新，並在產品創新、服務水準的提高、分銷渠道的有效性和成本降低等方面，真正處於該行業的領先地位。同時，企業也要抓住對手的弱點，實行進攻。在軍事上有一條原則：進攻是最好的防禦。

市場領導者如果不發動進攻，就必須實行防禦策略，即防備其他競爭者的進入。堵塞漏洞的代價可能很高，但是放棄一個細分市場的代價就更高。市場領導者應當權衡哪些陣地應不惜一切代價防守，哪些陣地可以放棄而不影響大局，並將其資源集中用於關鍵的地方。

市場領導者可以採用以下六種軍事防禦策略，如圖 6-3 所示。

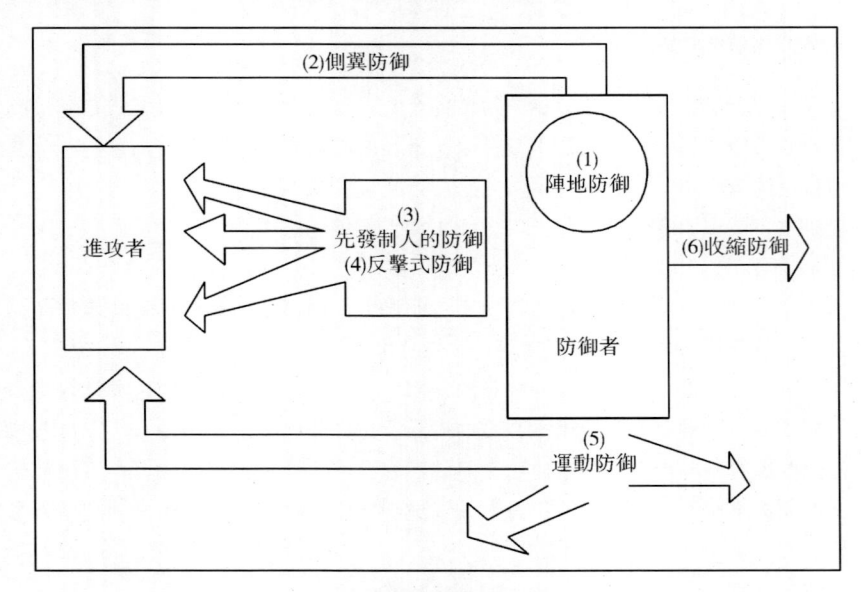

圖 6-3　防禦策略示意圖

1. 陣地防禦

陣地防禦是指在企業的四周建造一個牢固的守衛工事，這是防禦的基本形式，屬於靜態防禦工事。簡單地防守現有地位或產品是一種行銷近視的方式。例如，當年的亨利・福特關於 T 型汽車的近視，使一個有著 10 億美元現金儲備的福特公司從頂峰跌到了崩潰的邊緣。所以，受到攻擊的領導者把他的全部資源用於建立保衛現有產品堡壘的做法是錯誤的。

2. 側翼防禦

這是指市場領導者不僅守衛自己的陣地，還建立一些側翼或前沿陣地，作為防禦陣地，必要時可作反擊的基地。例如，某食品公司為了保持超級市場的領導地位，不斷增加食品零售花色品種的搭配組合，以迎接新的挑戰。

3. 先發制人的防禦

這是指在競爭對手向企業發動進攻前，先向對手發動進攻，這是一種比較積極的防禦策略。

有時候，先發制人的打擊是在心理上展開的，而並不付諸實踐。市場領導者發出市場信號，勸告競爭對手們不要進攻。有些市場領導者享有高的市場資源，能平安地度過某些攻擊，也可以沉著應戰，不輕易發動進攻。

4. 反擊式防禦

這是指當市場領先者受到攻擊時，反攻入侵者的主要市場陣地。這是一種有效的防禦。

5. 運動防禦

這是指領導者不僅防禦目前的陣地，而且還要擴展到新的市場陣地，作為未來防禦和進攻的中心。市場擴展可以通過市場拓寬和市場多樣化兩種方式實行。

6. 收縮防禦

這是指市場領導者為了加強實力，放棄薄弱的市場而增強其市場競爭力，集中企業優勢戰勝競爭者。

三、擴大市場份額

在一定情況下，市場領導者不可以通過進一步增加市場份額來提高其利潤率，以維持其領導者的地位。相關研究表明：盈利率是隨著市場份額線性上升的。市場份額在 10% 以下的企業，其平均投資報酬率在 9% 左右，而市場份額超過 40% 的企業將得到 30% 的平均投資報酬率，是市場份額在 10% 以下企業的三倍。投資報酬率與市場份額的關係如圖 6-4 所示。

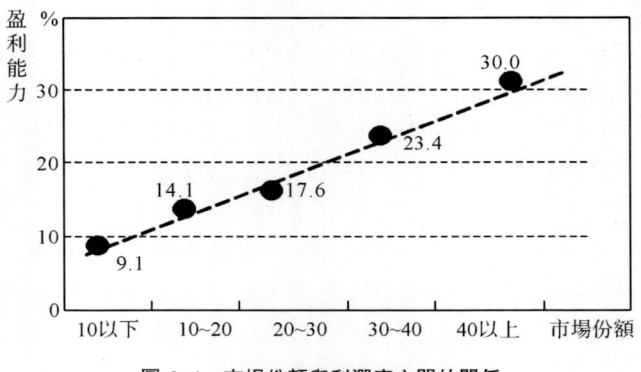

图 6-4　市場份額與利潤率之間的關係

並不是任何企業提高市場佔有率都意味著投資報酬率的增長，還取決於企業為提高市場佔有率而採取的策略。為提高市場佔有率所付出的代價，有時會高於它所獲得的利益。因此，企業提高市場佔有率要考慮以下三個因素：

（1）引起反托拉斯行動的可能性。當企業的市場佔有率超過一定限度時，就有可能受到指控和制裁。

（2）經濟成本。在市場份額達到某個水準以後，還繼續增大投資，企業盈利能力可能反而會下降。有研究表明，最佳市場佔有率是50%，如果繼續提高市場份額，所花費的成本可能超過其價值。

（3）企業在奪取市場份額時所採用的行銷組合策略是否正確。某些行銷組合變量可以增加市場份額，卻不能增加利潤。只有在下面兩個條件下，高市場份額才會帶來高利潤：一是單位成本隨著市場份額的增加而減少；二是產品價格的提高大大超過為提高產品質量所投入的成本。

總之，市場領導者必須善於擴大市場的總需求量，保衛自己現有的市場領域，並有利可圖地增加它們的市場份額，這樣才能持久地占據市場主導地位。

第四節　市場挑戰者的競爭戰略

在市場上居於次要地位的企業，如果要向市場領導者和其他競爭者挑戰，首先必須確定自己的戰略目標和競爭對手，再選擇適當的進攻策略。

一、確定戰略目標和競爭對手

大多數市場挑戰者的戰略目標是增加它們的市場份額，因為這將帶來較高的盈利率。市場挑戰者確定目標時，要明確誰是競爭對手，並採取不同的策略。

1. 攻擊市場領導者

這是一個既有高度風險但又具有潛在的高報酬的戰略。如果市場領導者不是一個「真正的領先者」，而且也沒有很好地滿足市場需求，那麼攻擊將會產生重大意義。因此，挑戰者應仔細調查研究領先企業的弱點和失誤，有哪些未滿足的需求，有哪些使顧客不滿意的地方。發現了實際未被滿足或不滿意的市場，就可以將其作為進攻的目標。此外，還可在整個細分市場上，創新產品，超過領導者，以奪取市場的領導地位。

2. 攻擊與自己實力相當者

這是指挑戰者將一些與自己規模相仿，而目前經營的業務不良、財力拮据的企業作為進攻對象，設法奪取它們的市場陣地。

3. 攻擊地方性小企業

這是指對一些經營不善、財力拮据的本地小企業，進行吞並。

總之，選擇對手和選擇目標的問題是相互影響的。如果進攻的企業是市場領導者，則進攻企業的目標是奪取一定的市場份額。如果進攻的是一個小的本地企業，則進攻企業的目標是把這個小企業搞掉。企業必須遵守一條軍事上的原則：「每一個軍事行動必須直接指向一個明確規定的、決定性的和可達到的目標」。

二、選擇進攻策略

在明確了戰略目標和競爭對手之後，挑戰者還需考慮採取什麼進攻策略。一般來說，企業有五種進攻策略可供選擇，如圖 6-5 所示。

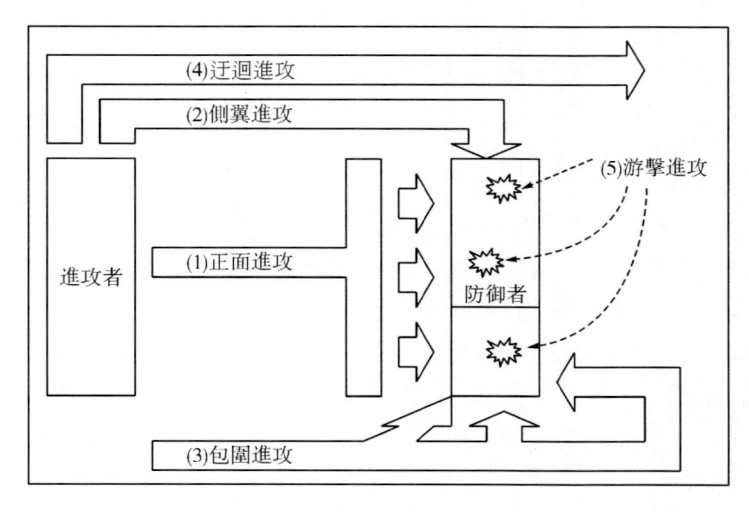

圖 6-5　進攻戰略

1. 正面進攻

這是指進攻者集中全力向對手的主要方面發動進攻，即進攻對手的實力而不是弱點。在這個純粹的正面進攻中，攻擊者必須在產品、廣告、價格等方面超過對手，即進攻者需要有超過競爭者的實力和持久力，才能使正面進攻獲得成功。正面進攻的常用做法就是用減價來同對手競爭。這種進攻可以採用兩種方式：①針對領導者的價格制定較低的售價；②降低生產成本，以價格為基礎攻擊競爭對手。因此，價格進攻是建立持續的正面進攻戰略的有效的基礎之一。

2. 側翼進攻

現代進攻戰的主要原則是：「集中優勢兵力打擊對方弱點」。當市場挑戰者難以採取正面進攻時，就可以考慮採用側翼進攻，即採用避實就虛的戰術來制勝。側翼進攻可分為兩種情況：①地理性進攻，即在本國或世界上選擇績效水準不佳的對手發動進攻。②細分性進攻，即尋找未被市場領導者服務覆蓋的細分市場需要，在這些小市場上迅速填補空缺。

側翼進攻符合現代行銷觀念——發現需要並設法滿足它們。側翼進攻也是一種最有效和最經濟的策略形式，較正面進攻有更高的成功機會。

3. 包圍進攻

如果說單純的側翼進攻是指集中力量填補競爭者在現有市場上無法覆蓋的缺口，那麼包圍進攻則是通過「閃電」戰術，奪取對手大片陣地的一個策略。這種進攻是全面性進攻，即同時從正面、側面和背面向對手同時發動的一個大的進攻。當一個進攻者擁有優於對手的資源，並確信包圍計劃的完成足以擊敗對手時，這種包圍戰略才有意義。精工公司對手錶市場的進攻就是一個包圍戰略的實例。精工公司的流行款式、特徵、使用者偏好及種類繁多等壓倒了其他的競爭者，徵服了消費者。但必須指出，並非所有包圍進攻都能奏效。

4. 迂迴進攻

這是指進攻者避開了所有針對競爭對手現有市場陣地，而是繞過對手攻擊較容易進入的市場，以擴大自己的市場。這是一種最間接的進攻戰略。迂迴進攻可採取三種方法：一是多角化經營，即經營無關產品；二是用現有產品打入新市場，實行多角化經營；三是以技術替代現有產品。此種做法最容易獲得進攻成功。

5. 遊擊進攻

這是指對競爭對手的不同陣地發動小的、斷斷續續的進攻，其目的是騷擾對方，拖垮對手，並鞏固自己所占領的陣地。適應能力較差，缺乏資金的小企業，在向大企業進攻時採用。遊擊進攻可採用減價、密集促銷等方法，而且最好進攻小的、孤立的、防守薄弱的市場。

遊擊進攻不可能徹底地戰勝競爭對手，它必須有較強大的進攻為後盾。所以，市場挑

戰者往往是在準備發動較大的進攻時，先依靠遊擊進攻作為全面進攻的戰略準備。因此，遊擊戰並不一定是低成本的作戰活動。

上述市場挑戰者的進攻策略是多方面的，一個挑戰者不可能同時運用所有的策略，但也很少有只依靠一種策略取得成功的。企業通常需要把幾個戰略組成一個進攻戰略，並隨時間推移而改進，借以改善自己的市場地位。但並不是所有屬於次要地位的企業都可充當挑戰者，如果沒有充分把握，企業不應貿然進攻領先者，最好是追隨而不是挑戰。

第五節　市場追隨者和市場補缺者的競爭戰略

一、市場追隨者戰略

大多數居於第二位的企業喜歡採用追隨戰略而不是向市場領導者發起挑戰。市場追隨者與挑戰者不同，它不是向市場領導者發動進攻，而是跟隨在市場領導者之後，維持和平共處的局面。這種「自覺共處」狀態在資本密集且產品同質的行業，如鋼鐵、化工中是很普遍的現象。在這些產品差異化和服務差異化很小、價格敏感性很高的行業，價格戰隨時都可能爆發，並造成兩敗俱傷。因此，大多數企業不以短期的市場份額為目標，彼此不互相爭奪客戶。它們常常效仿市場領導者，為購買者提供相似的產品，以穩定高的市場份額。

但是，這不等於說市場追隨者沒有戰略。一個市場追隨者必須知道如何保持現有的顧客和如何爭取新顧客；必須設法給自己的目標市場帶來某些特有的優勢，如地點、服務、融資；追隨者是挑戰者攻擊的主要目標，因此，市場追隨者必須保持低成本和高產品質量及服務質量。追隨戰略並非被動追隨，而具有自身的策略，並選擇既跟隨市場領導者，又不會引起競爭性報復的策略。追隨戰略可分為以下三類：

1. 緊密追隨

緊密追隨是追隨者在盡可能多的細分市場和行銷組合方面模仿市場領導者的做法。在這種情況下，市場追隨者很像是一個市場挑戰者，但只要它不從根本上侵犯到主導者的地位，就不會發生直接衝突。有些追隨者甚至寄生於市場領導者的投資下生活。

2. 有距離的追隨

這種策略是追隨者總是和市場領先者保持一定距離的策略，如在產品的質量水準、功能、定價的性能價格比、促銷力度、廣告密度及分銷網點的密度等方面。市場領導者十分歡迎這種追隨者，而且樂意讓它們保持相應的市場份額，並使自己免遭獨占市場的控訴。這種追隨者一般靠兼併更小的企業來獲得增長。

3. 有選擇的追隨

這種策略是追隨者在某些方面緊密地追隨領導者，而在另外一些方面又走自己的路的

做法。也就是說，它不是盲目追隨，而是擇優追隨。這類企業具有創新能力，但是它的整體實力不如市場領導者，需要避免與領導者的直接衝突。這類企業可望在以後成長為市場的挑戰者。

二、市場補缺者的戰略

幾乎每個行業中，都存在一些小企業，或大公司中的小的業務部門專營某些細小的細分市場，它們不與主要的企業競爭，而只是通過專業化的經營來占據市場小角落，為那些可能被大企業忽略或放棄的市場進行有效的服務。並通過出色的補缺戰略來獲取高利潤。

作為市場補缺者，它們常設法去找一個或幾個既安全又有利的補缺市場。一個理想的補缺市場應該有以下特徵：

（1）有足夠的規模和購買力；
（2）有成長潛力；
（3）被大的競爭者所忽視；
（4）企業有市場需要的技能和資源，可有效地為補缺市場服務；
（5）企業能依靠已建立的顧客信譽，保衛自己，對抗大企業的進攻。

補缺戰略的關鍵是專門化，即在市場、顧客、產品或行銷組合方面實行專業化。一般而言，在下列幾方面可以找到專業化的競爭發展方向：

（1）最終使用者專業化，即企業專門為某一類型的最終使用顧客服務。如計算機行業有些小企業專門針對某一類用戶，如銀行進行行銷。

（2）縱向專業化，即企業專門在行銷鏈的某個環節上提供產品或服務，如專業化的清潔公司。

（3）顧客規模專業化，即企業可集中力量專為某類顧客服務。許多補缺者專門為小客戶服務，因為某些小客戶往往被大企業所忽視。

（4）地理區域專業化，即企業把銷售集中在某個地方、地區或世界的某一區域。市場補缺者可把行銷範圍集中在交通不便的地理區域，即大企業所不願經營的地方。

（5）產品或產品線專業化，即企業只生產一種產品線或產品，而所涉及的這些產品，是被大企業所放棄的。這為補缺者留下了發展空間，如家用電器維修安裝業務。

（6）定制專業化，即企業按照客戶的訂貨單定制產品。這是一個很有希望的市場，如在住房裝修、家具等方面提供產品或服務。

（7）服務專業化，即企業專門提供某一種其他企業沒有的服務項目。如銀行進行電話貸款業務，並為客戶送錢上門。

（8）渠道專業化，即企業只為一種分銷渠道服務。例如，某一軟飲料公司只生產超大容量的軟飲料，並只在加油站出售。

市場補缺者有三個任務：創造補缺、擴展補缺和保衛補缺。市場補缺者要承擔的主要

風險是補缺市場可能耗竭企業的資源或使企業遭到攻擊。所以，企業必須連續不斷地創造新的補缺市場，而且要選擇多個補缺市場，以確保企業的生存和發展。總之，只要企業善於經營，小企業也有許多機會在獲利的條件下為顧客服務。

本章小結

要制定一個有效的行銷戰略，企業必須研究它的競爭者。一個企業最接近的競爭者是那些滿足相同的顧客和需求並提供相同產品或服務的企業。企業還應注意潛在的競爭者，它們可能提供新的或其他方法來滿足同樣的需求。企業應該用行業的和以市場為基礎的分析方法來辨認其競爭者。

企業應該收集有關競爭者戰略、目標、優勢和劣勢及反應模式的信息。企業應該知道每個競爭者的戰略，以便能辨別其最接近的競爭者，並採取相應步驟。企業應瞭解競爭者的目標，以預測下一步的舉動和反應。企業瞭解競爭者的優勢和劣勢，改進其戰略，以利用競爭者的局限性。瞭解競爭者的基本反應模式，有助於企業選擇和確定行動時機。

企業面對激烈的市場競爭應當採取有效的競爭戰略。競爭戰略有三種：總成本領先戰略、產品差異戰略和目標集中戰略。

各企業因其經營目標、資源及實力不同，在市場中處於不同的競爭地位，因而採取不同的競爭戰略，即市場領導者戰略、挑戰者戰略、追隨者或補缺者戰略。

一個市場領導者的競爭戰略主要是：擴大市場總需求、保持市場份額和擴展市場份額。為了擴大市場規模，領導者總是在尋找產品的新用戶和新用途，每當市場的銷售額增加時，領導者是主要的受益者。為了保護現有的市場份額，市場領導者可以採用多種防禦方法：陣地防禦、側翼防禦、先發制人的防禦、反擊式防禦、運動防禦和收縮防禦。領導者還應努力擴大市場份額，在能增加盈利率和不會引起反托拉斯行動的話，擴大市場份額是有意義的。

市場挑戰者主要奉行進攻戰略以擴大其市場份額，其中包括正面進攻、側翼進攻、迂迴進攻、包圍進攻和遊擊進攻。

市場追隨者需要保持現有份額並謀求一定發展，其主要戰略有緊密追隨戰略、保持一定距離的追隨戰略和選擇追隨戰略。

市場補缺者是從事專業化經營的小企業，它們選擇不大可能引起大企業興趣的市場作為補缺基點，以獲得生存和發展的機會。

本章復習思考題

1. 市場競爭的一般戰略有哪幾種？
2. 幾種一般戰略的內涵是什麼？
3. 如何辨識競爭者？
4. 不同競爭角色的競爭戰略是什麼？

第七章　市場細分與目標市場行銷戰略

　　市場行銷活動是以消費者或用戶的需要為基礎的，而消費者或用戶對某種產品或服務的期望和要求是不同的。尤其是在買方市場條件下，消費者購買或使用商品或服務，除了考慮商品的功能等效用特徵外，往往追求商品的個性化，從而形成不同消費者群體對同類商品或服務的需求偏好差異。因此，在現代社會中千篇一律、千孔一面的商品必然受到消費者的冷落。行銷活動實踐證明：成功經營的企業，不僅要明確為什麼樣的需要服務，尤其要明確為誰的需要服務。為誰的需要服務是企業的一種經營戰略選擇，這種選擇就是選擇目標市場。正確地選擇目標市場，明確企業特定的服務對象，是企業制定行銷戰略的首要內容和基本出發點。市場細分是企業選擇目標市場的基礎和前提，在現代企業行銷活動中佔有重要的地位。

　　現代企業行銷戰略的核心被稱為「STP行銷」，即細分市場（Segmenting）、選擇目標市場（Targeting）和市場定位（Positioning）。STP行銷，即目標市場行銷能夠幫助企業更好地識別市場機會，從而為每個目標市場提供適銷對路的產品。

　　目標市場行銷分為三個基本步驟（如圖7-1所示）：①市場細分，即根據購買者對產品或行銷組合行為的不同需要，將市場劃分為不同的顧客群體，並勾勒出細分市場的輪廓；②選擇目標市場，即選擇要進入一個或多個細分市場；③產品市場定位，即為產品和行銷組合確定一個富有競爭力的、與眾不同的價值主張和特性。

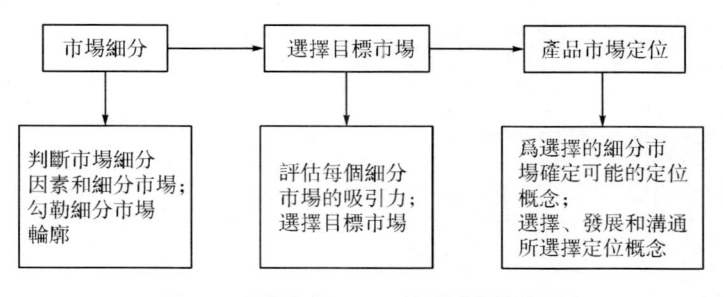

```
┌──────────┐      ┌──────────┐      ┌──────────┐
│ 市場細分 │─────▶│選擇目標市場│─────▶│產品市場定位│
└─────┬────┘      └─────┬────┘      └─────┬────┘
      ▼                 ▼                 ▼
┌──────────┐      ┌──────────┐      ┌──────────────┐
│判斷市場細分│     │評估每個細分│     │為選擇的細分市  │
│因素和細分市│     │市場的吸引力；│   │場確定可能的定位│
│場；勾勒細分│     │選擇目標市場│    │概念；         │
│市場輪廓    │    │           │     │選擇、發展和溝通│
│           │    │           │     │所選擇定位概念  │
└──────────┘      └──────────┘      └──────────────┘
```

圖7-1　目標市場（STP）行銷步驟示意圖

129

第一節　市場細分與細分因素

一、市場細分概念

市場細分（Marketing Segmentation）是指行銷者利用一定需求差異因素（細分因素），把某一產品的整體市場消費者劃分為若干具有不同需求差別的群體的過程或行為。行銷者細分市場的過程亦稱市場細分化。

在細分後的市場上，對於進行細分市場的行銷企業來說，每一個消費者群體就是一個細分市場，亦稱子市場。每一個細分市場都是由具有類似需求傾向或要求、行為等的消費者群體構成的。

分屬不同細分市場的消費者對於同一產品的需要和慾望存在明顯的差別，而屬於同一細分市場的消費者對於同一產品的需要和慾望則較為相似。

市場細分是對需求和慾望各異的消費者進行分類，而不是對產品進行分類。

市場可細分的基礎是對同一產品在需求上存在差異性。由於需求的差異性形成了市場需求的多樣性和消費的個性化，企業通過滿足這種個性化的消費，可以提高對需要的滿足程度。因此，細分市場越細、越精準，消費者的需求滿足程度越高；同時，也會增加企業的行銷費用和行銷難度。

市場細分的目的在於把消費行為，即需求類似的消費者加以分類，以便行銷者瞭解顧客需求的差異，發現有利的行銷機會。市場細分並不總是意味著把整個市場進行分解，實際上細分常是一個聚集與分解共同作用的過程。所謂聚集，就是把最易對某種產品特點做出反應的人們或用戶集合成群。聚集的過程可以依據多種變量連續進行，直到鑑別出其規模是實現企業行銷目標的某一顧客群。分解則意味著在共同的、普遍的或基本的需求中，找到差別化的東西，由此得到更多的行銷機會，提高顧客的滿意程度。

二、市場細分的必要性和重要性

市場細分是目標市場行銷的基礎和前提。在市場行銷活動中，市場細分的必要性和重要性體現在：

1. 能區分市場中消費者或用戶的需要差別，並從中選取目標市場

通過市場細分，行銷者可以詳細地瞭解市場結構、市場規模及本企業在市場上的位置，從而有利於企業更好地利用有限的資源生產目標市場所需的產品和服務。

2. 能發現市場行銷機會

通過市場細分，行銷者可以有效地分析和瞭解各個消費者群的需求的滿足程度和市場競爭狀況；可以發現哪些消費的需求已經得到滿足，哪類需求滿足不夠，哪類需求尚需適

銷的產品去滿足；可以發現哪些細分市場的競爭激烈，哪些競爭較少，哪些細分市場尚待開發。滿足程度低的市場通常存在著極好的市場機會，不僅銷售潛力大，競爭者也較少。企業如果能抓住這樣的市場機會，結合企業的資源狀況，形成並確立適合自身發展的目標市場，並以此為出發點設計出相應的行銷戰略，就可能迅速贏得市場優勢地位，提高市場佔有率。

3. 有助於提高企業的競爭能力和經濟效益

市場細分能夠增加企業的適應能力和應變能力，在較小的細分市場上開展行銷活動可以增強市場調研的針對性。細分市場上的市場信息反饋較快，有利於企業掌握消費需求的特點及變化趨勢，這有利於及時、正確地規劃和調整產品結構、產品價格、銷售渠道和促銷活動，使產品保持適銷對路並迅速到達目標市場，從而達到擴大銷售的目的。建立在市場細分基礎上的企業市場行銷，可以避免在整體市場上分散使用力量。企業有限的財力、人力、物力資源能夠集中使用於一個或幾個細分市場，揚長避短，有的放矢地開展精準行銷，不僅費用低，競爭能力也會因此而得到提高。

4. 它是制定市場行銷組合的基礎

企業的市場行銷活動是依據相應的行銷組合工具，即產品、價格、地點和促銷來進行的。只有能向消費者或用戶提供使之滿意的產品或服務，行銷工具的使用才是有效的。設計這些行銷組合，必須依據細分市場的要求，即消費者或顧客的需求來進行。市場細分有助於企業提高產品開發的科學性和適用性，價格的合理性和渠道選擇的針對性，促銷方式的有效性。在現代市場行銷活動中，沒細分市場，就不可能設計出合適的行銷組合，也不可能有效地開展精準行銷。

5. 有利於增進社會效益，推動社會進步

市場細分有利於滿足不斷變化的、千差萬別的社會需要。眾多的企業奉行市場細分化策略，尚未滿足的消費需求就會逐步成為企業一個又一個的市場機會，即潛在目標市場。這樣，新的產品或服務就會層出不窮，同類產品的花色、品種、服務就會豐富繁多，消費者或用戶也就有可能在市場上購買到稱心如意的商品和服務。

三、市場細分的模式

按顧客對產品兩種主要屬性的重視程度來劃分，就會形成不同偏好的細分市場。以消費者對某類產品的屬性（細分因素 A）及另一屬性（細分因素 B）按這兩個屬性的重視和偏好程度來進行市場細分為例，可以形成三種市場細分模式，如圖 7-2 所示。

131

現代市場行銷學

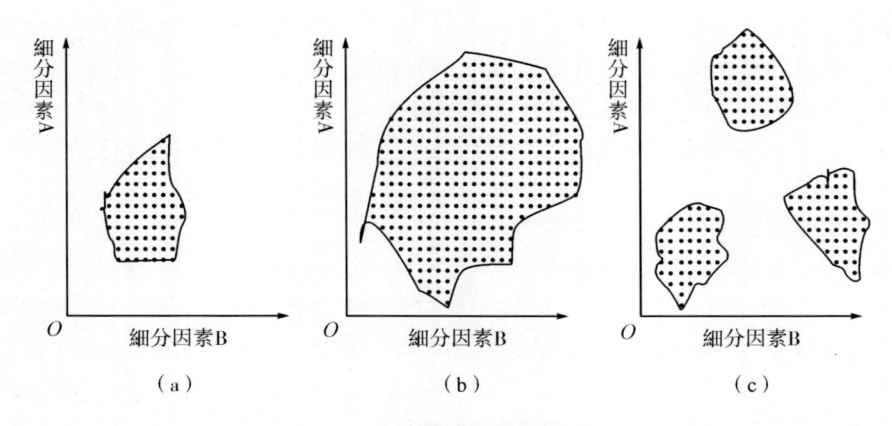

圖7-2　三種市場細分模式示意圖

1. 同質偏好

消費者的偏好非常明顯而且相似。在圖7-2的（a）圖中，市場上的消費者都表現出對該種產品的A類屬性偏好適中，B類屬性偏好適中。這樣，大多數的消費者對該種產品具有大致相同的偏好，不存在自然形成的細分市場。在現實生活中，如食鹽、白糖、米、面等人們的生活必需品，製造業通用原材料比較接近這種模式。在同質偏好的市場上，現有的產品特性基本相似，且集中在偏好的中央。對於這類市場，企業通常採用無差異行銷策略。

2. 擴散偏好

消費者對某種產品的需求偏好非常分散，正所謂「蘿蔔白菜各有所愛」。在圖7-2的（b）圖中，消費者的需求偏好散布整個空間，各自的偏好相差很大。企業無論將產品定位於何處都只能使很少部分的消費者得到很好的滿足，而其他消費者的需求滿足程度極低。進入該市場的第一家品牌很可能定位於偏好的中心，以迎合大多數消費者。定位於中央的品牌可以將消費者的不滿足程度降到最低。第二個進入該市場的競爭者應定位於第一品牌附近，以爭取市場份額，或定位於某個角落，以吸引對中央產品不滿的消費群體。如果市場上同時存在幾個品牌，那麼它們很可能定位於市場上的各個空間，分別突出自己的差異性來滿足消費者的不同偏好。在這類市場上，企業通常採用差別性行銷策略、個性化和定制化行銷策略。

3. 集群偏好

市場上消費者或用戶對某種產品的需求偏好相對集中在某些屬性上，形成具有不同偏好的消費者群體。在圖7-2的（c）圖中，消費者的需求偏好呈現集群式的分佈。在這種類型的市場上，進入市場的第一家公司將面臨三種選擇：①定位於偏好的中心，以迎合所有的消費者，即實行無差異行銷；②定位於最大的細分市場，即實行集中性行銷；③同時

開發幾種品牌，分別定位於不同的細分市場，即實行差異性行銷。

四、市場細分的程序

細分市場的過程分為三個階段：①市場調研階段；②市場分析階段；③市場描述階段。

1. 市場調研階段

在這一階段，通過對一手和二手資料的調查，企業可以搜集到顧客的需求偏好，購買產品的屬性及重要性排列；品牌知名度、品牌聲譽、品牌等級；產品使用方式、使用頻率和使用量；對產品類別的印象和態度；被訪者的人文變量、心理變量和傳媒變量等資料。進入新時代，隨著用戶消費需求的升級，需求偏好分化和變化頻率加快，要精準把握用戶需求偏好變化，除了採用傳統的調研方法外，還需要借助大數據方式才能對消費者或用戶消費需求和行為作「精準畫像」。

2. 市場分析階段

在這一階段，研究人員採用定性分析和定量分析相結合的方法，分析和研究所搜集到的原始資料和二手資料，科學、合理地劃分一些差異明顯的細分市場。

3. 市場描述階段

在這一階段，企業應根據顧客不同的態度、興趣、行為、需求偏好、人文變量、心理特徵、媒體選擇等劃分每個群體，然後對各細分市場進行詳細的說明和清楚的表述，並根據主要的不同特徵為每個細分市場命名。雖然描繪、刻畫的是細分市場中典型消費者的一般形象，但是它有助於行銷人員發現和瞭解產品的潛在使用者，從而有利於企業開發出針對這類客戶的最好行銷組合。

五、細分消費者市場的因素

受年齡、性別、收入、家庭人口、居住地區、生活習慣和生活方式等因素的影響，不同的消費者群有不同的慾望和需要。這些不同的慾望和需要是企業據以進行消費者市場細分的依據，即「細分因素」。這些細分因素能概括一群具有相似、相近需求的消費者，是細分消費者市場的基礎。

細分消費者市場的依據可以概括為四類：地理因素、人口因素、心理因素和行為因素。以上四類因素，要根據消費者需求的差異，綜合運用。需求差異大的產品，應該用較多的細分因素進行區分，反之，則可以運用較少的細分因素。凡是需求差異大、市場競爭激烈的產品，往往要經過多次細分，才能從中篩選出符合本企業條件的細分市場，以此作為企業的目標市場。

（一）地理細分

地理細分是指企業根據消費者所在的地理位置、地形氣候等因素來細分市場，然後選

擇其中一個細分分市場作為目標市場。對於銷路廣闊的消費品，地理細分往往是進行市場細分的第一步。中國幅員遼闊，人口和民族眾多，風俗差異很大，地理細分便是市場細分的第一步。

1. 區域和位置

按照地理位置或經濟區域的不同，消費者的需求會有很大差異。例如，對食品的消費，不同地區有不同的口味，所謂「東甜南辣西酸北咸」；南方以米飯為主食，北方以面粉為主食。

2. 城市或鄉村

工商業與交通業發達與否，人口密度的稠密或稀疏，是區分大中小城市的主要依據。通常可以將地理區域分為大城市、中小城市、鄉鎮和農村四類。大城市與中小城市、城市與農村、城市與鄉鎮等，對於同一產品和服務都有不同的消費需求。

3. 地形與氣候

按地形可以將地理區域分為山區、平原、丘陵；按氣溫可以分為熱帶、溫帶、寒帶；按濕度可以將地理區域分為干旱區、多雨區。不同的地形，對許多消費品都有不同的要求，同一地形地貌對某些產品需求具有相似性。

4. 交通運輸

交通運輸是地理環境的主要內容之一。按運輸方式可以將交通運輸方式分為陸運、水運和空運。陸運又可以分為鐵路運和公路運；水運也可以分為海運、內河線運等。交通工具有先進落後之分，裝卸效率也有高低之別。交通運輸細分，對於有時間性和有保質期要求的產品尤為重要。

從對以上地理因素的典型分類來看，處在不同地理位置的購買者群有不同的需要和慾望。他們對企業所採取的市場行銷戰略，即對企業推出的產品、產品價格、銷售渠道、促銷方式等措施的反應也有所不同，這就是按地理細分的依據。

（二）人文細分

人文細分就是指企業按照人口調查統計的內容和相關的人文因素，如年齡、性別、收入、職業、教育水準、家庭大小、生活階段、宗教信仰等「細分變量」來細分市場。由於消費者的慾望和使用程度與人文因素有因果關係，而且人文因素比其他因素更容易衡量，因此，人文因素一直是細分市場的重要依據。

1. 年齡

根據中國的習慣，可以按年齡將人們大致分為學齡前兒童、小學生、中學生、大學生、少年、青年、中年和老年幾個階段。學齡前兒童通常是指不滿 6 週歲的兒童，小學生一般是指 6~12 歲的人群，中學和大學生是 13~24 歲的人群。至於少年、青年、中年和老年則很難截然劃分。按對消費品的消費來劃分，通常少年為 16 歲以下的未成年兒童，16~35 歲的人群為青年，中年為 35~60 歲的人群，60 歲以上的人群算作老年。經營服裝、

食品、書刊等的企業，往往是以年齡來細分市場的。

2. 性別

雖然按性別來將人們分為男性和女性兩類，但理髮、化妝品和服裝等行業，長期以來一直是按照性別來細分市場的。譬如在化妝品行業，過去一提化妝品，好像就是女用的，近幾年來，已細分出男用化妝品市場。

3. 家庭大小

由於長期實施計劃生育政策，目前在中國，核心家庭一般由三口人組成。同時，受傳統文化的影響，中國社會仍有大量的三世、四世同堂的家庭存在，人口多至 10 多人。一般可以把家庭分成 2 人以下、3~4 人、5~6 人和 6 人以上等。細分任何市場，需要瞭解核心家庭的人口數量，因為這是家庭的主要形式。

4. 生活階段

這是根據人生的各個年齡階段來細分市場的。成人自立後，可以分為未婚、已婚無子女、已婚有學齡前子女、年長、子女獨立、鰥寡單身等。在西方國家，汽車、住房等行業基本上是按生活階段細分市場的。在正常情況下，隨著生活階段的推進，收入、地位都隨之相應提高，這樣，在不同生活階段的需求和偏好差異很大。在中國，房產行業同樣可以按生活階段來細分市場。人們處在單身和新婚階段，住房小一些問題不大。有了子女以後，在學齡前還可以將就，但隨著子女的成長，住房的矛盾就突顯出來，這時就需要大一些或多一些的房間。

5. 收入

按照當前的平均收入水準，可以將人群區分為高收入群、中等收入人群和低收入人群。細分市場時，企業應該通過市場調查或顧客調查，來確定哪種收入水準的人群是適合的細分市場顧客。

6. 生活習慣

對於提供衣、食、住、行、用等產品的所有行業的企業，幾乎都應考慮按消費者的生活習慣來細分市場。

7. 多因素人口細分

在行銷活動中，許多企業是按照兩個或兩個以上的人口因素來細分市場的。例如，細分服裝市場時必然要考慮服裝的穿著者是男是女、多大年齡、收入高低、教育程度、職業類別、社會地位以及穿著場合等。細分市場之後，還要調查研究每個細分市場的平均購買率和競爭程度。綜合分析這些資料，就可以估計每一個細分市場的潛在價值，然後權衡得失，選擇其中一個或幾個自己力所能及的、最有利的細分市場作為企業的目標市場。

(三) 心理細分

心理細分是以社會階層、生活方式及個性等因素為基礎來劃分消費者群體的。一個人口因素相同的群體，可以展示出不同的心理現象。

1. 社會階層

社會階層對於人們在汽車、服裝、家具、閒暇活動、閱讀習慣等方面的偏好有較強的影響。有些企業專為特殊的社會階層設計產品或提供服務，打造足以吸引目標社會階層顧客的某些特色。

2. 生活方式

生活方式是指一個人或群體對消費、工作和娛樂的特定習慣和傾向性的方式。生活方式會影響人們對各種產品的興趣，而他們所消費的產品和服務也能反應出他們的生活方式。各種不同產品和品牌的生產企業是根據消費者的生活方式細分市場的。

3. 個性

企業行銷者使用個性因素來細分市場，他們試圖賦予其產品和服務以適合消費者個性偏好的「品牌個性」，以樹立品牌形象，吸引消費者。

（四）行為細分

行為細分是指以購買者對產品的知識、態度、使用或反應為基礎來劃分消費者群的。不少經營者相信行為因素是創建細分市場的最佳起點。

1. 使用時機

這是指根據購買者對產品產生需要、購買或使用的時機來細分市場。譬如，航空服務與人們出差、度假或探親等時機有關，航空公司可以在這些時機選擇為人們的特定目的服務。

2. 追求利益

這是根據購買者對產品和服務所追求的不同利益所形成的另一種有效的細分市場的方式。例如，同樣是購買牙膏，有的消費者重視保護牙齒、防止齲齒的作用；有的追求保持牙齒的潔白光澤；有的對牙膏的味道很注意；有的則強調經濟實惠。因此，生產牙膏的企業，假如要以追求利益來細分市場，就必須使自己的牙膏突出某種特性，並分別確定各自的品牌，最大限度地吸引某一個或幾個消費者群。

3. 使用者情況

有時，可以按照使用者對產品的情況將市場細分為：非使用者、曾經使用者、潛在使用者、初次使用者和經常使用者。對於不同的使用者，企業在促銷活動中，顯然要採用不同的手段和內容。一般來說，市場佔有率較高的企業，致力於使潛在使用者變為實際使用者；而規模較小的企業則希望使用者從使用競爭者的品牌轉向使用本企業的品牌。

4. 使用程度

這是指按消費者對產品的使用頻率來細分市場，即將市場分為：少量使用市場、中量使用市場和大量使用市場，所以這種方式也被稱為「數量細分」。大量使用者通常占市場總人數的比重不大，但其消費量占消費總量的比重卻很大。

5. 購前階段

在任何時候，消費者總是處在對某種產品的購前階段。有的消費者不知道有這種產品，有的已知道，有的已得到信息，有的感興趣，有的想買，而有的正準備購買。企業按照處於不同購前階段的消費者進行細分，然後運用適當的市場行銷措施。

6. 對產品的態度

企業還可以按消費者對產品的熱情態度來細分市場。通常可以把消費者的態度分成五種：熱情的、肯定的、漠不關心的、否定的和敵對的態度。企業對待不同態度的消費者應當分別採取不同的市場行銷措施。

總之，細分消費者市場是一個以調查研究為基礎的分析過程。上面對消費者市場細分的因素的說明，雖然並不完全，但似乎已經十分繁復。實際對每種產品進行細分時，仍是可行的。因為市場細分可以循序漸進，越分越細，而每一次細分可以只取兩個或幾個因素作為依據。

六、細分產業或組織市場的因素

產業市場或組織市場與消費者市場相比最顯著的特徵是中間消費和組織購買。細分產業市場的因素與細分消費者市場的因素有一部分是相同的。對產業市場的購買者進行細分可以按地區及行為因素來進行，如追求利益、使用者情況、使用程度、對品牌的信賴程度、購前階段、使用者對產品的態度等。

細分產業市場的具體因素包括：

（1）經濟變量，即所屬行業、公司規模、組織類型和地理位置。

（2）經營變量，即技術、使用者情況及使用數量、顧客能力、採購方式、結構組織、現有客戶關係、採購政策、購買標準。

（3）情景變量，即緊急程度、特別用途、訂貨數量等。

（4）個體變量，即購銷雙方的相似點、對待風險的態度、忠誠度等。

細分產業市場較為常見的方法是使用「最終用戶」這個因素。不同的最終用戶往往有不同的利益要求，企業對不同類型的最終用戶要相應地運用不同的市場行銷組合。

七、有效細分市場的標準

細分市場採用的方法非常靈活多變，細分因素也有許多，但無論用哪種方法或採用什麼細分因素，並不一定就能保證細分市場的有效性。譬如，如果將食鹽市場劃分為老年人、中年人或青年人，就看不出年齡與消費食鹽有什麼必然關聯。而且，如果所有的食鹽購買者每月購買相同數量的食鹽，並確信所有的食鹽都一樣，價格也相同，那麼從市場行銷的觀點來看，完全沒有必要按年齡因素對這個市場進行細分。要使市場細分對企業有用，則細分市場必須具有以下特徵：

137

1. 可衡量性

這是指各個細分市場的購買力和規模大小能被衡量（用包括定量的或非定量的標誌值度量）的程度。有些細分因素是很難被衡量的，譬如，年輕人飲料細分市場究竟有多大，就不易衡量。

2. 可進入性

這是指企業有能力進入被細分後的市場的程度，具體指企業的技術、研發能力和資源保障條件等是否有能力開發並拓展所選擇的細分市場。

3. 可盈利性

這是指企業所選定的細分市場的規模和發展潛力達到足以使企業有利可圖的程度。一個細分市場至少應該是適合為之設計獨立的市場行銷組合或行銷計劃的最小單位。

4. 可行動性

這是指企業的有效的市場行銷計劃可以用來系統地說明細分市場的可行性和符合細分市場的程度，具體指企業在產品、價格、渠道、促銷、服務、體驗和互動參與等行銷組合方案與措施在該細分市場實施的可行性。例如，一家小型航空公司，雖然可以區別出七個細分市場，但是該企業的組織規模有限，職工太少，不足以為各個細分市場制訂個別的市場行銷計劃。

八、評價細分市場

企業對不同的細分市場進行評價時，要考慮以下三個因素：細分市場的規模和發展前景、細分市場結構的吸引力、企業的目標和資源。

（一）細分市場的規模和發展前景

評價細分市場時，企業要提出的首要問題是：潛在的細分市場是否具備適度的規模和發展特徵。「適度」規模是個相對的概念。大企業一般比較重視銷售量大的細分市場，而常常忽視或避免進入銷售量小的細分市場。而小企業則避免進入規模較大的細分市場，因為需要太多的資源投入。

細分市場的發展前景通常是一種期望值，因為企業總是希望銷售額和利潤能不斷上升。但要注意，競爭對手會迅速地搶占正在發展的細分市場，從而抑制本企業的盈利水準。

（二）細分市場結構的吸引力

有些細分市場雖然具備了企業所期望的規模和發展前景，但可能缺乏盈利潛力。美國著名管理學者波特指出：行銷者應當識別決定某一市場或細分市場結構和利潤吸引力的五種力量。企業要評價五種群體對長期盈利的影響，即同行競爭者、潛在的競爭加入者、替代產品、購買者和供應商。

（三）企業的目標和資源

即使某個細分市場具有較大的規模、良好的發展前景和富有吸引力的結構，企業仍需要結合自己的目標和資源進行綜合考慮。企業有時會自動放棄一些有吸引力的細分市場，因為它們不符合企業的長遠目標。當細分市場符合企業的目標時，企業還必須考慮自己是否擁有足夠的技能和資源，能否保證在細分市場上取得成功。任何細分市場都有一定的成功條件，如果企業缺少這些必要條件，而且無法創造這些條件，就應放棄這個細分市場。企業即使具備了必要的能力，還需要發展自己的獨特優勢。只有當企業能夠提供具有高價值的產品或服務時，才有可能進入這個細分市場。

第二節 目標市場與行銷策略選擇

一、目標市場及其選擇

（一）目標市場的概念

目標市場（Target Market）是行銷者準備用產品或服務及相應的一套行銷組合為之服務或從事經營活動的特定市場。

簡單地講，目標市場就是企業行銷活動所要滿足的市場，或者說是企業為實現預期經營目標而要進入並從事行銷活動的市場。

對一個整體市場來說，目標市場可能覆蓋了該整體市場的全部，也可能只是其中的一個或幾個細分市場。因此，企業確定目標市場的途徑有兩種：一是先進行市場細分，然後選擇一至數個細分市場，即子市場作為自己的目標市場；二是不進行市場細分，而是以市場消費者對一個特定產品的共同需求部分為目標市場。

隨著社會生產力的提高和科學技術的進步，消費者的需求和慾望得以滿足的程度越來越高，市場需求就表現出多樣性、複雜性和個性化的特徵。尤其是現代社會，行業、產品競爭加劇，一個企業受到其資源和能力的限制，不可能滿足消費者多方面的需求，或為一個市場的所有消費者提供使其滿意的商品或服務。因此，在細分市場的基礎上進行目標市場的選擇，即目標市場行銷成為現代市場經濟條件下企業最普遍的行銷活動方式。

（二）選擇目標市場的意義

依據上述程序評價和確定目標市場的意義在於：

1. 能夠系統、深入地考察每一個細分市場，更好地發掘市場機會

研究各個細分市場容量的大小、需求被滿足的水準、競爭者的活動等情況，可以確定本企業在該細分市場的行銷潛力。這麼做可以發現哪些市場尚未開發，哪些已經飽和，從而幫助企業掌握機會，避開威脅。

2. 有利於企業判斷該細分市場的機會和成本

分析對各細分市場可以採用的市場行銷組合，並據以判斷該細分市場的機會是否足夠收回所費成本，對企業具有重大的意義。要是企業的資源有限，可以集中力量於一個或少數幾個能贏得競爭優勢的細分市場，實行集中市場行銷；反之，企業的資源豐富，擁有廣度和深度較大的產品組合，便可以依據不同細分市場的相對吸引力來分派力量，覆蓋全市場。

3. 有利於企業建立市場行銷目標和分配預算

市場行銷人員可以依據不同市場的需求和吸引力，從下到上，一步一步地建立起可行的市場行銷目標和決定預算分配。相反，如果企業由上至下，硬性地制定市場行銷目標，不分輕重地隨意分派力量到各細分市場，不僅會浪費企業的資源，還會使企業做出錯誤的市場行銷努力，嚴重影響企業的可持續發展。

(三) 目標市場行銷的作用

目標市場行銷主要有以下幾個方面的作用：

1. 目標明確，有利於企業的經營活動

每個企業都有其經營目標。這個戰略目標應該建立在滿足顧客需要與慾望的基礎上，否則，企業很難在市場上立足，也經不起競爭，更不可能提高其經濟效益。影響市場的因素既多又複雜，人口、地理、心理和行為類型很不一樣，需求也各異。一個企業的資源——人力、物力、財力、信息和技術水準總是有限的，如果市場行銷目標不明確，「全線出擊」，勢必分散企業的整體力量，導致自己處於被動的地位。譬如，一個企業片面追求顧客多、銷區廣，市場行銷人員必定陷入窮於應付的境地，而顧客仍會感到服務不周，生產部門也會因品種、規格過於繁多而難以組織生產。目標市場行銷的重要意義在於經過市場細分後，企業能夠充分認識並分清市場的消費需要與慾望，從而使企業有限的資源發揮最大的經濟效益。

2. 發揮優勢，有助於企業參與競爭

一個企業總有其長處和短處，如何揚長避短，便成為一個企業應該經常探討的重要課題。在互聯網時代和對外深度開放的背景下，企業只要善於對國內外市場進行細分，抓住機會，發揮自身的長處，選擇具有潛力的目標市場，就能有效地參與競爭，贏得競爭優勢，做強做大企業。

3. 針對性強，便於適時調整市場行銷組合

生產什麼樣的產品，提供哪些服務，選擇、建立和培植什麼樣的渠道，需要運用何種促銷溝通手段，價格應如何確定和怎樣為顧客營造難忘體驗等，這一系列行銷戰術組合的問題都需要企業不斷進行調查、分析和研究，並做出決策。如果經過市場細分後，目標市場一旦明確，企業便可以有針對性地進行調查研究，制定決策。只有這樣的決策才有可能符合客觀實際或者比較接近實際。

4. 分析細緻，易於發掘市場機會

一個成功的企業必定要善於發掘市場機會，甚至創造市場機會。市場細分實際上就是一個以調查為基礎的分析過程。對市場進行細分，有可能發掘很多市場機會，從而確定目標市場。

二、目標市場範圍與戰略

(一) 目標市場範圍

企業通過市場細分後，根據自己的任務，目標資源和特長等，權衡利弊，決定進入哪個或哪些細分市場或子市場。企業決定進入的細分市場或子市場，就是該企業的目標市場。企業可以在五種目標市場範圍戰略中進行選擇（如圖7-3所示）。

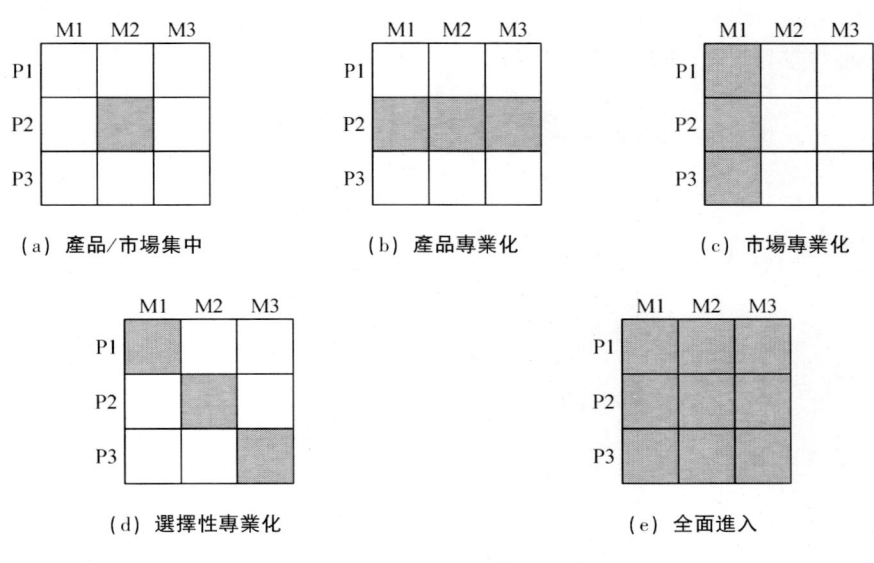

(a) 產品/市場集中　　(b) 產品專業化　　(c) 市場專業化

(d) 選擇性專業化　　(e) 全面進入

圖7-3　種目標市場選擇類型

1. 產品/市場集中

企業的市場行銷管理者決定只生產某一種產品，只供應給某一個細分市場。小微企業或開拓新業務的企業通常選擇這種戰略，如圖7-3中的（a）圖。

2. 產品專業化

企業的市場行銷管理者決定只生產某一種產品，但將此產品供應給各種不同的顧客群，如圖7-3中的（b）圖。

3. 市場專業化

企業的市場行銷管理者決定生產多種產品，但只將這些產品供應給某一個細分市場，如圖7-3中的（c）圖。

141

4. 選擇性專業化

企業的市場行銷管理者決定同時進入若干互不相關的細分市場，因為這些細分市場都能提供有吸引力的市場機會。這種模式往往是一種市場機會增長戰略的產物，如圖7-3中的（d）圖。

5. 全面進入（所有的細分市場）

企業決定生產多種產品，並將這些產品供應給不同購買力和不同個性的細分市場。這是較典型的某些大型企業集團為謀求領導市場而採取的戰略，如圖7-3中的（e）圖。

（二）確定目標市場戰略

企業細分市場的目的是實行目標市場行銷。因為通過市場細分，可以發現一些理想的市場機會，諸如潛在需求和未被滿足的需求，這就為目標市場行銷準備了條件。企業決定選擇哪些細分市場為目標市場，實際上是取決於它能進入哪些目標市場戰略。

可供企業選擇的目標市場戰略有三種（如圖7-4所示）。

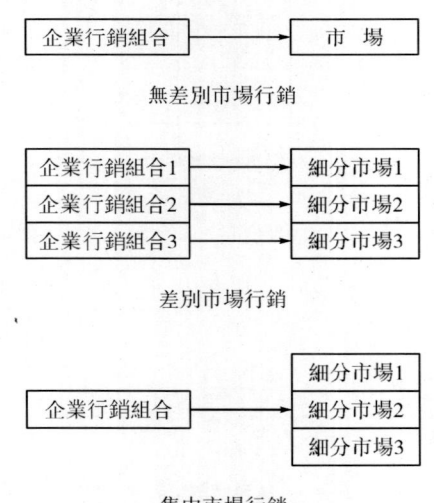

```
企業行銷組合 ────→ 市 場
```
無差別市場行銷

```
企業行銷組合1 ────→ 細分市場1
企業行銷組合2 ────→ 細分市場2
企業行銷組合3 ────→ 細分市場3
```
差別市場行銷

```
                    ┌→ 細分市場1
企業行銷組合 ───────┼→ 細分市場2
                    └→ 細分市場3
```
集中市場行銷

圖7-4　三種不同的目標市場戰略

1. 無差別市場行銷

企業經過市場細分之後，雖然認識到同一類產品有不同的細分市場，但權衡利弊得失，不去考慮細分市場的特性，而注重細分市場的共性，決定只推出單一產品，運用單一的市場行銷組合，力求在一定程度上適合盡可能多的顧客的需求。

採用這種戰略的優點是產品的品種、規格、款式簡單，有利於標準化與大規模生產，提高工效，降低成本，節省儲存、運輸、調研、促銷等費用。而其主要的缺點是單一產品要以同樣的方式進行廣泛銷售並能受到所有的購買者歡迎，這幾乎是不可能的。特別是當

同行業中如果有數家企業都實行無差別市場行銷時，在較大的細分市場中的競爭將會日益激烈，而較小的細分市場上的需求就得不到滿足。

2. 差別市場行銷

企業決定同時為幾個細分市場服務，設計不同的產品，並在渠道、促銷和定價等方面都做出相應的調整，以適應各個細分市場的需求。企業的產品種類如果同時在幾個細分市場都佔有優勢，就會提高消費者對企業的信任感。目前越來越多的企業都採用差別市場行銷。但是，由於產品種類和市場行銷組合的多樣化，這種戰略會使企業的生產成本和市場行銷費用相應增加，如產品翻改費用、生產費用、管理費用、存貨費用以及促銷費用等。

3. 集中市場行銷

某些創新創業的小微企業，受到資源或能力的限制，往往做出第三種戰略選擇，即僅選擇一個或較少的細分市場，爭取在這些細分市場上取得較大的產品或服務的市場佔有率，以替代在較大市場上較小的產品或服務的市場佔有率，這就是集中市場行銷。前面提到的無差別市場行銷和差別市場行銷，都是以整體市場作為目標市場的；而集中市場行銷，卻是集中企業的所有力量，以一個或幾個性質相似的細分市場或子市場作為目標市場的。一方面，採用集中市場行銷戰略的企業比較容易在這一特定市場取得有利地位。因此，細分市場選擇得恰當的話，企業可以獲得較高的投資收益率。但是，另一方面，實行集中市場行銷有較大的風險性，因為這個目標市場的範圍比較狹窄，一旦市場情況突然變壞，如消費者的偏好發生轉移、價格猛跌，或者出現強有力的競爭者等，企業就可能陷入困境。所以，許多企業寧可實行多元化經營，把目標分散到幾個細分市場中去，以減少風險。

三、確定目標市場應考慮的因素

企業在確定採用何種目標市場戰略時應該考慮如下因素：

1. 企業的資源

當企業的人力、物力、財力、技術和信息平臺等資源不足，無力把整體市場作為自己的目標市場時，最好採用集中市場行銷戰略；如果企業的資源雄厚，就可以考慮採用差異市場行銷戰略。

2. 產品的同質性

同質性產品的差異較小，如製造業的原材料、人們日常生活中必需品等，比較適合採用無差別市場行銷戰略；異質性的產品和服務等，則適合採用差別市場行銷戰略或集中市場行銷戰略。

3. 產品所處的生命週期階段

當企業向市場推出新產品時，通常只介紹單一款式，因此適宜採用無差別市場行銷戰略或者集中市場行銷戰略。當產品進入成熟期後，企業應轉向採用差別市場行銷戰略，以

開拓新的市場。

4. 市場的同質性

如果所有購買者的愛好都相似，每一時期的購買數量相近，對市場行銷刺激的反應也相同，就說明市場是同質的或相似的，企業可以採用無差別市場行銷戰略；反之，則宜採用差別市場行銷戰略或集中市場行銷戰略。

5. 競爭對手的目標市場行銷戰略

當競爭對手已進行積極的市場細分，即已經實行差別市場行銷戰略時，企業如果再採用無差別市場行銷戰略來競爭，則無異於自殺。此時企業應當用更為有效的市場細分，尋找新的市場機會，實行差別市場行銷戰略或集中市場行銷戰略。反之，當競爭對手採用無差別市場行銷戰略時，企業應跟蹤追擊，實行差別市場行銷戰略或集中市場行銷戰略。當然，如果競爭對手較弱，企業也可以實行無差別市場行銷戰略。

四、選擇差異化策略

企業一旦選擇了目標市場，就要在目標市場進行市場定位。市場定位的最終目標是提供差異化的產品或服務，使之區別和優越於競爭對手提供的產品或服務。反過來講，在細分市場的基礎上實現產品或服務的差異化是產品定位的前提，沒有差異化就談不上產品的定位。差異化和市場定位是企業全面戰略計劃中的重要組成部分，它關係到企業及其產品是否與眾不同，與競爭者相比是否突出的問題。消費者會對行銷企業向目標市場提供的產品有一個特定看法和印象，這主要決於企業是如何實現產品或服務的差異化和產品市場定位的。

（一）產品差異化方法

產品差異化是指企業設計和突出一系列產品差別，使之區別於競爭對手提供的產品的行銷行為。

1. 產品差異化的途徑

在日趨激烈的買方市場條件下，企業贏得競爭優勢的有效途徑是產品或服務的差異化，即做到「別人不做的我做，別人沒有的我有，別人做不到的地方，我做得到」。產品差異化有助於企業依據為顧客創造附加價值來提高產品的競爭能力。

企業可以通過四種主要途徑來突出產品的差異化，即提供更好、更新、更快、更便宜的產品來創造附加價值。更好是指企業的產品性能、品質和服務優於競爭對手，一般是通過對現有產品做改進來實現；更新是指開發前所未有的產品，它比對產品進行改進要承擔更大的風險，但一旦成功，就可以獲得更高的收入；更快是指更便捷地把產品送到消費者或用戶手中；更便宜是指保證顧客滿意產品和服務質量的前提下，通過降低成本、低於競爭者價格推出產品與服務。

值得指出的是如果企業只能通過降低成本或價格來突出產品的差別，就容易出現經營

錯誤。具體來說，可以表現在以下幾個方面：

（1）產品比競爭對手的低廉，易使消費者感覺「便宜沒好貨」，即使產品的質量確實不錯。

（2）企業為了降低價格會減少服務項目，這會失去部分顧客。

（3）競爭對手可以尋找成本較低的生產基地，提供更便宜的產品，從而使本企業已取得的產品優勢喪失。

因此，如果一個企業只能使其產品價格便宜，而沒有其他方法來突出產品的差異，那麼企業遲早會被競爭對手擊敗。

2. 產品差異化和保持競爭優勢的三種策略

（1）卓越的經營，即以具有競爭力的價格向顧客提供質量優越、可靠、易於購買的產品或服務。

（2）與客戶保持密切的溝通與互動，即做到對顧客非常瞭解，能對顧客的特定和特殊需求迅速做出反應。

（3）領先的產品，即向顧客提供優於競爭對手的創新產品和服務，以提高顧客的滿意度和忠誠度。

3. 產品差異化的方法

企業要突出自己的產品和競爭對手的產品之間的差異性，可以四種基本方法來實現，即產品、服務、人事或形象的差異化。具體來說，企業可以努力實現以下幾個方面的差異化：

（1）產品特徵。產品特徵是指對產品基本功能予以補充的特點。大多數產品都有不同的特徵，企業在產品的基本功能的基礎上，通過增加新的特徵來推出新的產品。產品特徵是企業實現產品差異化的極具競爭力的工具。

（2）工作性能。工作性能是產品首要特徵的運行水準和質量。用戶在購買價格昂貴的產品時通常要比較不同品牌產品之間的工作性能。只要產品的性能好，且價格不高出顧客所預期的範圍，顧客一般都願意接受。

（3）一致性質量。一致性質量是指產品的設計特徵和工作性能與預期的標準相符合的程度，它能反應各件產品是否結構相同，是否符合規格等。反之，一致性質量就很低。一致性質量低的產品許諾的功能無法實現，購買者就會感到失望。

（4）耐用性。耐用性是指產品的預期使用壽命。購買者常常願意為耐用的產品支付高價格，如汽車的耐用性，住宅的使用年限等。但這一點要受到某些限制。價格不要定得太高，而且產品要不受技術落後的干擾，否則顧客就不會支付高價購買太耐用的產品。

（5）可靠性。可靠性是指產品在一定時期內不會發生故障或無法工作的指標。

（6）易修理性。易修理性是指產品失靈或無法工作時，能易於修理。如果汽車由標準件組裝，易換零部件，則該汽車的易修理性就較高。理想的易修理性是指使用者無須成

本或時間，自己可以修理好的產品，購買者只需換下損壞的零件，換上新零件就可以了。

（7）式樣。式樣是指產品給予購買者的視覺效果和感覺。購買者一般願意為具有自己喜歡的式樣和外觀的產品支付高價。例如，時裝、汽車、家具、家電等產品的外形獨特、新穎美觀能贏得傑出的聲譽。在許多情況下，式樣可以創造出其他競爭者無法模仿的產品特徵。

（8）設計。設計是一種整合的力量，產品的性能特徵、質量、耐用性、可靠性、易修理性和式樣等品質特性都是設計的參數。從企業的角度來看，設計完美的產品應能易於製造和銷售；從顧客的角度來看，設計完美的產品應能賞心悅目，易於打開、安裝，操作、修理和處理方便，即智能化、簡約化、顧客參與和價值共創共享。隨著競爭的加劇，設計將成為企業對產品和服務實行差別化及市場定位的強有力的措施。卓越的產品設計能吸引顧客的注意力，提高產品的質量和工作性能，降低生產成本，並能更好地將產品的價值信息傳遞給目標市場。

（二）服務差別化

除了對有形產品實行差別化戰略外，公司還可以對服務實行差別化戰略。尤其在難以突出有形產品的差別時，競爭成功的關鍵常常取決於服務的數量和質量。區分服務水準的主要因素有送貨、安裝、顧客培訓、諮詢服務等。

1. 送貨服務

送貨服務是指公司如何將產品和服務送到顧客手中。它包括送貨的速度、準確性和對產品的保護程度。購買者經常選擇能按時送貨的供應商。這種選擇常常取決於他們對供應商送貨速度和可靠性的預期。所以，許多公司正不斷地對生產過程進行調整，運用即時倉儲管理技術來提高送貨速度。

2. 安裝服務

安裝服務是指將產品安放在計劃的位置上，使之開始運轉。重型設備的買主都希望供應商能提供良好的安裝服務。供應商在安裝服務的質量上是有差別的。

3. 顧客培訓服務

顧客培訓服務是指對購買者進行培訓，讓他們能正確有效地使用供應商的設備。例如，麥當勞公司要求特許店店主到漢堡包大學進修兩個星期，學習合理經營特許店的方法。

4. 諮詢服務

諮詢服務是指銷售商向購買者免費（或收取一定費用）提供資料，建立信息系統，給予指導等。

5. 修理服務

修理服務是指公司向產品購買者提供的修理項目。汽車購買者就對經銷商的修理服務水準十分關心。

6. 其他服務

公司還可以發現許多其他途徑來區分服務項目和服務質量，增加產品的服務體驗價值。公司可以提供比競爭對手更優越的產品保證和服務合同。

(三) 人員差別化

公司可以通過雇用、培訓比競爭對手更優秀的員工來贏得強大的競爭優勢。訓練有素的員工應能體現出下面六個特徵：

(1) 勝任，即員工具備必需的技能和知識。
(2) 禮貌，即員工對顧客的態度友好，充滿敬意，能為顧客著想。
(3) 可信，即員工值得公司的信任。
(4) 可靠，即員工能自始至終準確地為顧客提供服務。
(5) 反應敏捷，即員工能對顧客的需要和有關問題做出迅速的反應。
(6) 善於交流，即員工能盡力去理解顧客，並能準確地與顧客進行溝通。

(四) 形象差別化

即使其他競爭因素都相同，但由於公司或品牌的形象不同，購買者也會做出不同的反應。品牌可以形成不同的「個性」，供消費者識別。

1. 個性與形象

成功的品牌個性不會自然出現，而是公司有意識的個性創造的結果。創造個性的工具有名稱、標誌、標語、標誌、環境、贊助的各種活動項目等。創造個性的過程可以創造出公司所期望的品牌形象。公司要能區別個性和形象這兩個概念。個性是指公司期望向公眾展現的特徵；而形象則是公眾對公司的看法。公司設計個性是為了在公眾心目中塑造形象，但其他因素也會影響公司的形象。公司要在形象設計中追求一定的產品特徵，要通過特有的信息傳播途徑來確定產品的主要優點和市場定位。公司傳播該信息的途徑要與眾不同，以免與競爭對手的類似信息相混淆。形象設計必須具有「情感動力」，能在購買者的心中引起震撼。

設計鮮明的產品形象需要創造力和艱苦的工作。形象不可能一夜之間就在公眾心目中形成，塑造形象也不可能憑藉一種媒體就可以實現。形象需要經過各種可能的溝通渠道進行傳播，並不斷地擴散。

2. 標誌

鮮明的形象應包括一個或多個易於識別的公司或品牌的標誌。為了方便顧客識別，公司應設計出企業和品牌的標誌。

3. 書面與聽覺—視覺媒體

在公司或品牌個性的廣告宣傳中，必須融入已選定的標誌。

廣告要能傳播與眾不同的信息——一條消息、一種情感、一定質量水準。公司的標誌和信息還應在其他的出版物上反覆出現，如年度報告、宣傳手冊和目錄等。公司的信箋和

商業卡也可以傳播公司所宣傳的形象。

4. 環境

生產與運送產品或服務的有形空間和場景正成為另一種有力的形象宣傳工具。星巴克設計的門店外觀、內部氛圍體現了它的獨特形象；賓館要顯得溫馨、態度友好，就應選擇合適的建築設計、內部設計、佈局、色彩、原材料和裝飾用品。

5. 活動項目

公司可以通過贊助的活動項目的類型來塑造個性。

在互聯網時代，企業應充分有效地利用網絡新型媒體塑造獨特形象，有效開展內容行銷，運用VR、AR技術營造使顧客難忘的體驗。

第三節 市場定位策略

一旦選定了目標市場和差異化策略，為了便於目標顧客識別企業的產品和服務，從而與競爭對手區別並形成獨特的形象和個性，企業就要在目標市場上對產品和服務實行市場定位。

一、市場定位的概念及意義

（一）市場定位（Market Positioning）

市場定位是指為了適應消費者心目中的某一特定的看法而設計企業、產品、服務及行銷組合的行為。

市場定位根據定位的對象不同，分為企業（公司）定位、產品定位、服務定位等。市場定位是通過為自己的企業（公司）、產品、服務創立鮮明的特色或個性，從而塑造出獨特的市場形象來實現的。行銷企業必須使自己的公司、產品、品牌、包裝、廣告、服務等在市場中為消費者所識別，必須要給予這些有關的行銷變量專門的特色，使它們和競爭者的行銷組合變量有明顯的區別，並使消費者可以方便地或習慣地認定這些變量。行銷企業必須為這些因素確定一定的標誌值。

（二）產品定位（Product Positioning）

對產品所實行的市場定位行為就是產品定位。

具體來講，產品定位是指根據競爭者現有產品在市場所處的位置，針對消費者或客戶對該種產品某種特徵或屬性的重視程度，強有力地塑造出本企業產品與眾不同的、給人印象鮮明的個性或形象，並把這種形象生動地傳遞給顧客，從而使該產品在市場上確定適當的位置。產品定位是塑造一種產品在市場上的位置，這種位置取決於消費者或用戶怎樣認識這種產品。產品定位是行銷者通過為自己的產品創立鮮明的特色和個性，從而在顧客心目中塑造出獨特的形象和位置來實現的。產品的特色和個性可以從以下幾個方面表現

出來：
(1) 產品實體，如產品的形狀、成分、構造、性能、外觀、造型等。
(2) 消費者心理，如豪華、樸素、時髦、典雅等。
(3) 價格水準。
(4) 質量、檔次、品牌。

企業在進行產品定位時，一方面要瞭解競爭對手的產品具有何種特色，另一方面要研究顧客對該產品各種屬性的重視程度（包括對實物屬性的要求和心理上的要求）。根據對這兩個方面進行分析，企業就可以選定本企業產品的特色和獨特形象。

(三) 產品—市場定位的作用
(1) 賦予產品特定的個性，從而有利於企業為產品樹立特有的形象。
(2) 適應細分市場消費者或顧客的特定要求，以便更好地滿足消費者的需求。
(3) 增強產品的競爭力。

產品—市場定位實質就是在顧客心目中占據的位置。進入大競爭時代，企業的競爭地點已從市場轉移到了顧客心智。企業要在顧客心智中創建一個定位，不斷開發這一定位，把定位做大做強，企業相應就會變得強大。

企業需要改變經營哲學，因為時代、環境變了，選擇權利由工廠、市場轉移到顧客手裡。顧客心智決定一切。

圖7-5為產品—市場定位圖。

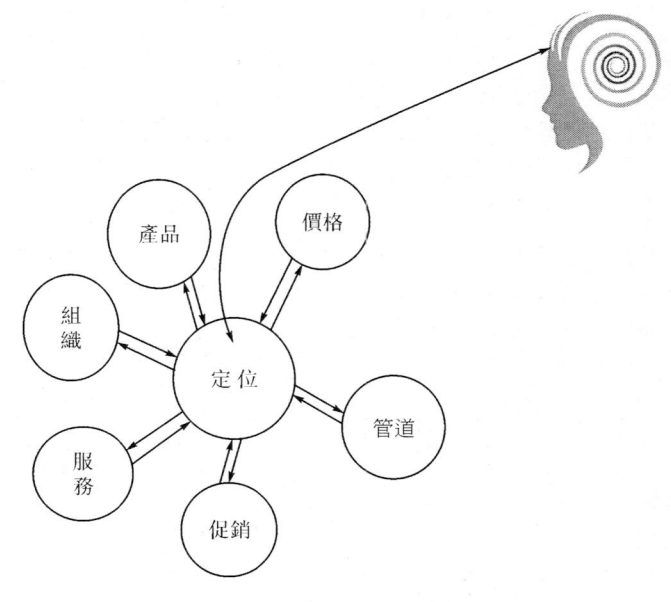

圖 7-5　產品—市場定位圖

二、產品定位策略

一般來講，凡是可以用來細分市場的因素，大都可以作為產品定位的因素，並成為相應的定位策略。

產品市場定位策略可以歸納為以下七種：

(一) 根據屬性和利益定位

產品本身的「屬性」及由此獲得的「利益」能使消費者體會到產品的定位。

(二) 根據價格和質量定位

一件贗品裘皮大衣和一件真正的水貂皮大衣如果定位相同，是沒有人會相信的。同樣，出售廉價商品的小店裡的不銹鋼餐具與鐵弗龍的純銀製品的定位相同，也不會有人相信。「價格」與「質量」兩者分屬不同的地位。一般來說，質量取決於製作產品的原材料（如真正的亞麻臺布或純金的飾物），或者製作工藝（如一塊優質的瑞士表或一件手工編織的毛衣），而價格也往往反應其定位。

(三) 根據使用的用途定位

為老產品找到一種新用途是為該產品創造定位的好方法。例如，烘焙用的小蘇打，曾一度被許多家庭廣泛地用作刷牙劑、除臭劑、烘焙配料等。現在卻有不少新產品取代了小蘇打的上述一些功能。

(四) 根據使用者定位

企業經營者們常常試圖把他們的產品指引給適當的使用者或某個細分市場，以便根據那個細分市場的看法創建起恰當的形象。例如，啤酒可以定位為高階層飲料或者藍領工人的飲料。有一家公司將其產品定位為「瓶裝啤酒中的香檳」以針對較高階層、廣大的婦女細分市場，最後又轉變定位為追求飲用量頗大的勞動者的細分市場。各種品牌的香水是針對各個不同的細分市場的，有些香水定位於雅致的、富有的、時髦的婦女；有些品牌的香水則定位於生活方式活躍的青年人。

(五) 根據產品檔次定位

產品還可以定位為與其相似的另一種類型的產品檔次，以便與之進行對比。例如，有一種冰淇淋，其廣告宣傳為與奶油的味道一樣。或者，產品定位的目的是強調與其同檔次的產品並不相同，特別是當這些產品是新產品或獨特產品時。譬如，不含阿司匹林的某種感冒藥片、不含鉛的某種汽油等，都是新類型的老產品，定位時應強調與其他同檔次產品的差異特點。

(六) 根據競爭定位

產品還可以定位於與競爭直接有關的不同屬性或利益。例如，國外某一出租汽車公司圍繞著「我們是老二，我們要急起直追」的口號，設計了一個整體廣告運動，意在暗示要比居於第一位的某出租汽車公司提供更好的服務。

(七) 各種方法結合定位

企業經營者可以綜合使用上述多種方法來創立其產品定位。例如，美國加利福尼亞梅脯委員會試圖為梅脯創建一個美好的形象，最近以好口味（屬性定位），用於快餐或早餐均相宜（用途定位），吃過的各類顧客中包括玩棒球的兒童、精神飽滿的青少年、成年人及老年人（使用者定位）等來進行促銷。

企業經營者在確定產品定位的方針後，還得細緻地策劃，運用市場行銷組合的各個因素去創建定位。各個因素的設計應有助於形成選定的產品形象。

圖7-6為小米手機創業初期的定位圖。

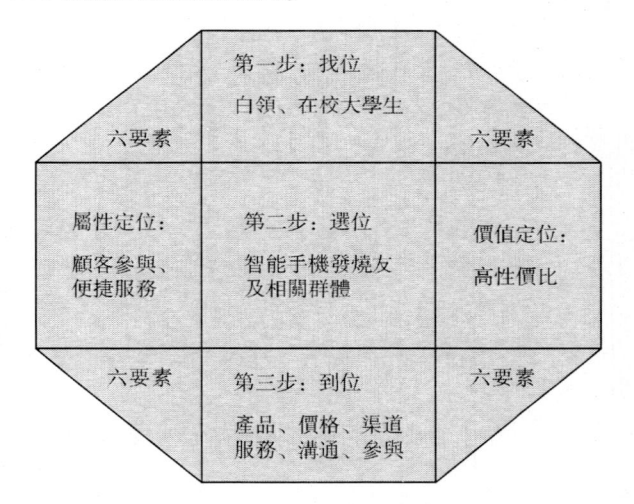

```
                  第一步：找位
                  白領、在校大學生
         六要素                        六要素

         屬性定位：  第二步：選位        價值定位：
         顧客參與、  智能手機發燒友      高性價比
         便捷服務    及相關群體

         六要素      第三步：到位        六要素
                    產品、價格、渠道
                    服務、溝通、參與
```

圖7-6　小米手機創業初期定位圖

三、重新定位應考慮的主要因素

企業的產品在市場上的定位即使很恰當，但在遇到以下情況時，就應考慮重新定位：

（1）競爭者推出的產品定位於本企業產品的附近，侵占了本企業品牌的部分市場，使本企業品牌的市場佔有率有所下降。

（2）消費者的偏好發生變化，從喜愛本企業某品牌轉移到喜愛競爭對手的某品牌。

企業在做出重新定位的決定前，還應考慮以下主要因素：

（1）企業將自己的品牌定位從一個細分市場轉移到另一個細分市場的全部費用。

（2）企業將自己的品牌定位在新的位置上的收入所得有多少。收入多少取決於這個細分市場的購買者和競爭者有多少，其平均購買率有多大，在這個細分市場上的銷售價格能定多高。

企業的市場行銷人員應將上述的支出與收入進行比較，權衡利弊得失，然後決定是否

要重新定位在新的位置上，以免得不償失而造成反覆。

值得指出的是，進入新時代，消費升級速度加快，國內消費者尤其是90後、00後年輕顧客的消費需求和行為呈現個性化、「喜新厭舊」、產品和品牌忠誠度下降的趨勢，由此帶來產品、服務和品牌迭代頻率加快，需要企業的產品、服務和品牌保持「年輕態」。上述變化特徵要求企業根據目標顧客需求偏好及時做好產品、服務、體驗和互動的重新定位，有效應對快速迭代的挑戰。

四、產品定位原則

企業進行產品定位時，必須盡可能地使產品具有十分顯著的特色，以最大限度地滿足顧客的需求。通常，在評價產品差異化特徵時，有以下幾個標準可供選擇：

（1）重要性，即產品差異體現出的需求對顧客來說是極為重要的。換句話說，就是該產品的差異向眾多購買者提供高度價值的利益。

（2）顯著性，即企業產品與眾不同，同競爭對手的產品之間有明顯的差別。

（3）獨占性，即產品差異很難被競爭對手模仿。

（4）優越性，即企業要取得同等利益，該差異比其他方法都要優越。

（5）溝通性，即這種產品差異能夠很容易為顧客認識、理解和認同。

（6）可支付性，即目標顧客認為因產品差異而付出的額外花費是值得的，從而願意並有能力購買這種差異化的產品。

（7）盈利性，即企業能夠通過實行產品差異化而獲得更高、更長遠的利潤。

五、定位步驟

產品定位的步驟分為：

（一）確定細分市場特性

這是指針對選定的細分市場確立一些重要的專門特性，尤其應當考慮影響購買決定的那些因素。每個人在對產品和服務做出購買決定時都採用不同的標準，使用產品或服務的目的也可能影響評價標準，比如人們對財產保險和人身保險的評價標準就是有差異的。使用服務的時間同樣影響決定，比如人們會為工作日午餐和週六晚餐選擇不同的餐館。另外，決策單位與最終的決定也有關係，比如個人使用產品與服務或集團使用產品或服務時決策方式是不同的，如家庭將比個人更重視旅店的友好態度。

顧客基於自身所感受的不同產品和服務之間的差異來做出選擇，有時這種差異並非本行業最重要特性之間的差異。比如，乘飛機的旅客通常都把安全性作為首要選擇標準，但事實上，大多數航空公司提供的飛行安全性相差無幾，旅客的選擇實際上是以舒適性、適時性及隨機提供的顯著特性為基礎的。

要明確目標細分市場要求的顯著特性和專門利益，最重要的是瞭解顧客希望這些相關

的顯著特性可以帶來什麼利益，並設法讓顧客感受到這種利益的存在。借助計算機的幫助，許多分析研究工具，可以用於確認顯著特性，比如因果分析、多元相關和迴歸分析、差分方程分析等。

（二）將特性置於定位圖

在確定最重要的特性之後，應將具備這些特性的企業的相對位置在定位圖上顯示出來。如果存在一系列重要特性，可以通過統計方式將之綜合併簡化為二維的能代表顧客偏好的主要選擇特性。

定位圖表示出競爭企業依據選擇出的特性的市場位置，其中空白之處暗示企業的潛在市場機會。如果企業有多個細分市場，可以根據顧客在不同市場上對服務和利益的不同評價做出多個定位圖。圖 7-7 顯示了通常採用的二維定位圖。

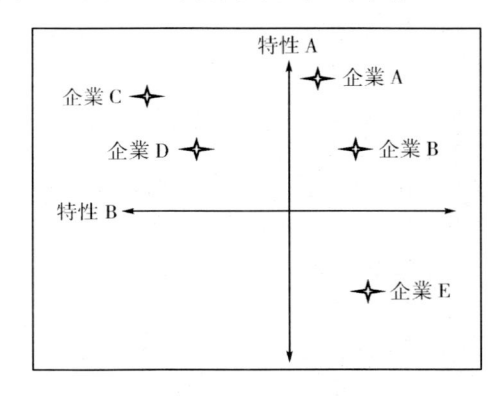

圖 7-7　二維定位圖

定位圖既可基於客觀特性，也可基於主觀特性。

利用定位圖，我們不僅可以確定競爭企業的位置，而且能夠發現核心需求所在，從而沿著滿足核心需求的路徑對自己進行重新定位。

（三）評價定位選項

著名學者利斯和德魯克曾提出三種定位選項：

1. 強化當前位置，避免迎面打擊

例如，一家公司在行業排名第二，為了避免來自第一的打擊，它把第二這個市場位置當作一項資產，宣傳時使用「我們僅是第二，為何不跟我們走？我們會更努力的」。這樣既宣傳了自己，又激發顧客的同情心和信任度，從而強化當前的市場位置。

2. 確定空缺的市場位置，打擊競爭者的弱點

該項戰略要求尋找那些未被競爭者占據的市場空隙。有些大銀行資金雄厚、資歷深久，但資金週轉緩慢，並且在接待顧客時慢慢吞吞。針對這一點，個別小銀行就依靠週轉靈活、服務迅捷與它們展開競爭。

3. 重新定位競爭

紐約附近的長島有一家小銀行叫長島信託公司，面臨著來自紐約的城市銀行、化學銀行等大銀行日益激烈的競爭。市場調查表明長島信託在六家銀行中按分支行數目、服務範圍、服務質量、資本金等指標衡量排名最後。為此，長島信託把自己重新定位為「長島人的長島銀行」，所有指標的排名立即得到大幅度的提高。

(四) 執行定位

企業和服務的定位需要通過所有與顧客的隱性和顯性接觸來傳達出去。也就是說，公司的職員、政策和形象都應當反應類似的形象，並將傳遞期望中的市場定位。

六、成功定位的要求

企業在確立自己的市場位置後，應當努力維持或提升其相對於競爭者的市場利益。成功定位必須具備以下特徵：

(一) 定位應當是有意義的

蘋果公司一直把自己樹立成一個年輕的、具有自由精神的、立志於改變世界的硅谷公司。這種形象在家庭和教育市場上頗受歡迎，但在相對保守的企業市場上則表現平平。可以說，這種定位有華而不實之嫌。最近，蘋果公司開始著力解決顧客所遇到的問題，在市場宣傳中也注意強調這一點，從而使定位具有更實際的意義。

(二) 定位應當是可信的

許多公司聲稱能為所有的人提供所有的服務，顯然這是難以令人信服的。而且往往行業中的領先者，並非那些聲稱無所不能的企業，才是集中於某一專門區域的可信任的企業。

(三) 定位必須是獨一無二的

企業應當在既定的目標市場上，發掘能持續地使自己保持領先地位的市場定位。市場上存在許多不同的差異化途徑能夠使企業成為領先者。

企業在考慮上述定位選擇時，應當首先回答以下問題：

(1) 哪一種定位最能體現企業原差異化優勢？
(2) 哪一種定位為主要競爭對手所占據？
(3) 哪些定位對每一目標細分市場最有價值？
(4) 哪些定位充斥著眾多競爭者？
(5) 哪些定位目前的競爭尚不激烈？
(6) 哪些定位最適合企業的產品和產品線定位戰略？

以上關於定位選項的選擇，是從消費者感知產品和服務的角度來分析的。事實上，考慮定位的視角是多維度的。因為企業及產品在顧客心目中的位置是受到顧客、競爭者和公眾群體的影響的。因此，企業、顧客、競爭者和公眾便構成一個定位感知網絡，這個網絡

對企業實施行銷戰略的方式有深遠的影響。

應當注意到，企業對自身的感知與顧客、競爭者和公眾的看法經常相悖。立足於企業層次的定位必須致力於管理和宣傳自己差異化的位置，以提高企業的知名度和可信度。為此，企業必須不斷與顧客、公眾進行對話，同時精準把握競爭者在顧客、公眾心目中的形象與地位，以支持並提升本企業的市場位置。

定位感知圖如圖 7-8 所示。

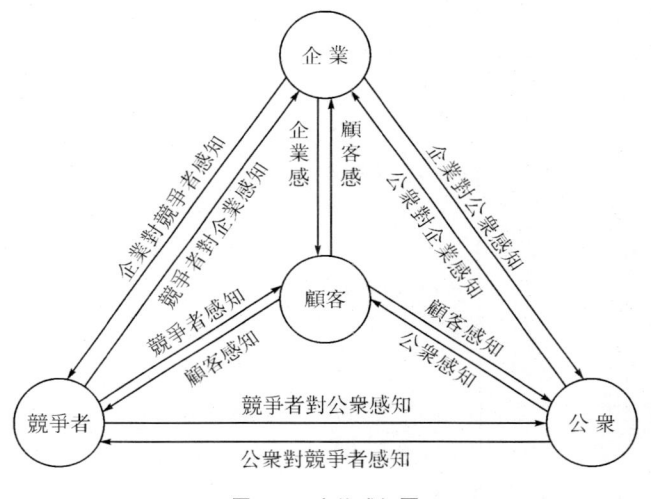

圖 7-8　定位感知圖

本章小結

正確地選擇目標市場，明確企業特定的服務對象，是企業制定行銷戰略的首要內容和基本出發點。市場細分是企業選擇目標市場的基礎和前提。

市場細分是根據顧客需求的明顯差異性把某個產品的整體市場劃分為若干個消費者群體（細分市場或子市場）的過程或行為。市場細分是對需求各異的消費者進行分類，而不是對產品進行分類。

市場細分有助於企業有效地選擇目標市場，發現市場行銷機會，提高產品或服務的競爭能力和經濟效益，增進社會效益，推動社會進步。市場細分是制定市場行銷組合的基礎。

同質偏好、擴散偏好、集群偏好是三種基本市場細分模式。

市場細分的三個階段是：①市場調查階段；②分析研究階段；③細分市場描述、刻畫階段。地理因素、人口因素、心理因素和行為因素是細分消費者市場的四大基本因素。最

終用戶、顧客規模、使用程度、利益追求經常作為細分產業市場的基本因素。可衡量性、可進入性、可盈利性、可行動性是衡量細分市場是否有效的重要標誌。企業對不同的細分市場進行評價時要考慮：細分市場的規模和發展前景，細分市場結構的吸引力，公司的目標和資源。真正的市場細分不是以細分為目的，而是以發掘市場機會為目的的。反細分策略並不反對市場細分，而是將許多過於狹小的細分市場組合起來，以便能有效地實施行銷組合去滿足這一市場的需求。反細分行銷策略可以有效地降低生產成本和行銷成本。

目標市場是企業為實現預期目標而要進入的特定市場。目標市場選擇分為總體市場分析、細分市場分析、市場行銷組合與企業成本分析三個階段。有效地選擇目標市場，能更好地發現市場機會，有針對性地實施行銷組合，設計切實可行的行銷目標體系和預算分配方案。

產品、市場集中化、產品專業化、市場專業化、選擇專業化和全面進入細分市場是目標市場範圍選擇戰略。無差異市場行銷、差別化行銷和集中性市場行銷是目標市場行銷戰略選擇的三種基本模式。企業在選擇目標市場時應考慮：企業資源、產品的同質程度、產品生命週期階段、競爭對手的目標市場行銷戰略等因素。

差異化和市場定位是企業全面戰略計劃中的重要組成部分，它關係到企業及其產品是否與眾不同，是否比競爭者的產品突出的問題。

產品差異化是指企業設計和突出一系列產品差別來區分本企業的產品競爭對手的產品的行為。企業可以通過四種主要途徑來突出和強化產品的差異化，即提供更好、更新、更快、更便宜的產品來創造高附加值。卓越的經營，與客戶密切的聯繫，領先的產品是成功實現產品差異化的三種基本策略。產品差別化、服務差異化、人員差異化和形象差異化是有效實現產品差異化的基本方法。

市場定位是為了適應顧客心目中的某一特定看法而設計企業、產品、服務及其行銷組合的行為。對產品實施的市場定位就是產品定位。企業在進行產品定位時，一方面要瞭解競爭對手的產品具有何種特色及其現有的市場位置，另一方面要研究顧客對該產品各種屬性的重視程度，在對這兩個方面進行分析的基礎上，再選定本企業產品的特色和獨特形象。產品定位的基本原則是：重要性、顯著性、獨立性、優越性、溝通性、可支付性、盈利性。

實施市場定位包括確定定位特性、將定位特顯於定位二維圖、評價定位選項、執行定位四個階段。成功市場定位具有有意義、可信的、獨一無二的等特徵。

產品—市場定位賦予產品個性和特色，有助於塑造企業和產品形象，適應細分市場顧客的特定需求，能更好地滿足這種需求，增強產品競爭能力等方面的作用。產品定位策略有：根據屬性和利益定位、根據產品價格和質量定位、根據產品使用的用途定位、根據使用者身分定位、根據產品檔次定位、根據競爭定位、各種方法組合定位等。

進入新時代，產品、服務和品牌迭代頻率加快，需要企業的產品、服務和品牌保持「年輕態」。當市場定位不準確或環境條件發生變化時，企業應考慮重新定位。

本章復習思考題

1. 什麼是目標市場行銷？
2. 市場細分的本質和意義是什麼？
3. 市場細分的主要變量有哪些？
4. 有效市場細分的主要標誌是什麼？
5. 市場細分和目標市場的關係是什麼？企業應如何選擇目標市場？
6. 企業選擇目標市場的主要戰略有哪些？它們之間的主要差別是什麼？
7. 產品定位和定位的主要策略有哪些？
8. 企業獲得差異化的主要方法有哪些？
9. 請聯繫實際，選擇你感興趣或關注的企業與產品，分析如何成功地進行定位。
10. 數字化時代，消費者需求偏好變化有哪些特點？給企業產品市場定位實踐帶來哪些挑戰？

第八章 產品策略

產品是行銷組合中最基本的因素，是滿足顧客需求的最基本的載體。為了更好地滿足顧客需求，實現經營目標，企業必須向市場提供有價值的產品或服務。產品策略是企業市場行銷組合中最重要的策略，直接影響到其他策略的制定，直接關係到企業行銷活動的成敗。

第一節 產品的概念、層次及分類

一、產品概念

產品是指任何能夠提供給市場供關注、獲得、使用或消費，並可以滿足需要或慾望的任何東西。[1] 企業提供給市場的產品有多種表現形式，包括有形產品、服務、體驗、事件、人物、地點、財產、組織、信息和創意。

現代市場行銷中的產品概念非常廣泛，表現形式也多種多樣，但都具有兩個基本性質：

（1）產品具有使用價值，用來滿足需要和慾望的；
（2）產品是提供給市場，用來進行交換的。

二、產品的層次

企業向市場提供產品時，必須考慮產品的五個層次（見圖8-1）。每個層次都向市場提供了各自的顧客價值，共同構成了顧客價值層級（Customer Value Hierarchy）。

1. 核心利益（Core Benefit）

產品的第一個層次是核心利益，也稱核心產品。所謂核心產品就是指消費者購買某種產品時所追求的基本利益或服務，是顧客真正要購買的東西。核心產品在產品的五個層次中是最基本和最主要的層次，因為它回答了在一次購買活動中「顧客真正要購買什麼」的問題。消費者購買某種產品，不僅是為了獲得產品本身，更根本的是需要獲得產品所具有的能夠滿足他們的某些需求的效用或基本利益。所以，企業在形式上是出售產品，但在

[1] 阿姆斯特朗，科特勒. 市場行銷學：第10版［M］. 趙占波，何志毅，譯. 北京：機械工業出版社，2011.

第八章 產品策略

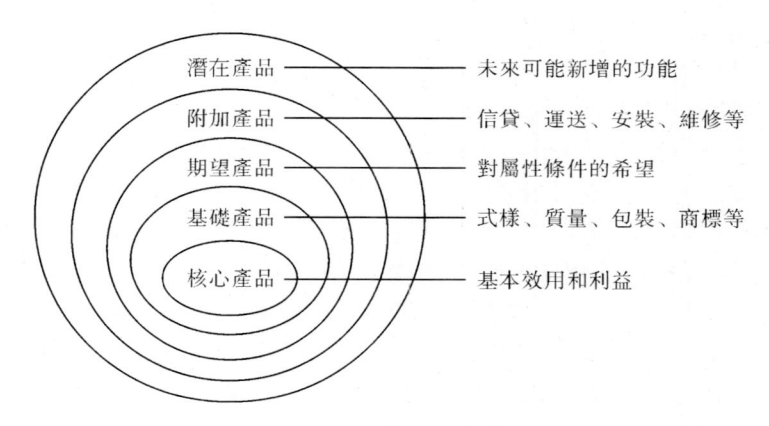

```
潛在產品 ────── 未來可能新增的功能
附加產品 ────── 信貸、運送、安裝、維修等
期望產品 ────── 對屬性條件的希望
基礎產品 ────── 式樣、質量、包裝、商標等
核心產品 ────── 基本效用和利益
```

圖 8-1　產品的五個層次

本質上出售的是顧客所需要的核心利益或服務，通過出售產品，使行銷者成為顧客利益的提供者。核心產品在形式上不能獨立於產品的實體或服務的活動方式存在，因此它是無形的，只有在顧客使用或消費產品時，核心利益才能表現出來。

2. 基礎產品（Basic Product）

產品的第二個層次是基礎產品。所謂基礎產品就是產品的基本表現形式。基礎產品是核心產品的表現形式，即企業向市場提供的實體產品和服務的外在形態，是核心產品的具體化和擴大化。

基礎產品對於有形產品來講，就是實體產品；對於服務產品來講，就是進行這項服務所採用的活動方式。就有形產品來說，基礎產品包括的主要內容有產品式樣、特點、質量、品牌、包裝；就服務產品來說，基礎產品包括服務的設施、服務內容和服務環境與氣氛。

3. 期望產品（Expected Product）

產品的第三個層次是期望產品。期望產品是指購買者購買某種產品通常所希望和默認的一組產品屬性和條件。

一般情況下，顧客在購買某種產品時，往往會根據以往的消費經驗和企業的行銷宣傳，對所欲購買的產品形成一種期望。如住旅店的客人，期望有乾淨的房間、24 小時熱水、免費 WIFI、安靜的環境等。顧客所得到的，是購買產品所應該得到的，也是企業在提供產品時應該提供給顧客的。對於顧客來講，得到這些產品的基本屬性，並不會有太大的滿足感和對產品形成偏好，但是如果顧客沒有得到這些，就會非常地不滿足，因為顧客會覺得沒有得到他應該得到的東西。

4. 附加產品（Augmented Product）

產品的第四個層次是附加產品。附加產品是指企業在提供產品時所包含的各種附加服

159

務和利益，也是顧客在購買產品時所得到的附加服務和附加利益的總和。

通常，對於實體產品來講，這些附加利益和服務，不包含在產品實體中，而是用一種外加方式或活動提供：如對實物產品提供信貸、安裝、免費運送、維修服務、質量保證等；對於服務產品來說，則直接表現為增加其他實物或服務來提高產品的內涵，如在旅館住房中增設電視機、洗髮香波和為住店的客人免費洗衣等。一般情況下，行銷者在出售產品時，如果不增加這些附加利益或服務，顧客還是可以享用到核心產品；但是，當增加這些利益和服務後，就可使顧客更好地享受到核心產品。可見，附加產品主要的意義就在於能使顧客更好地享受到核心產品或增加顧客購買產品時得到的利益。

在今天的行銷活動中，競爭主要發生在產品的附加層次上面。產品的附加內容使得企業必須正視購買者的整體消費系統（Consumption System）。消費者購買某種產品是為了滿足某種需要，他們希望得到滿足該需要的一切事物和方法。附加產品是構成產品差異化的重要基礎，因此在競爭中顯得特別重要。在行銷管理中，需要高度重視產品差異化的決策問題，企業為產品提供附加價值和利益，就可以提高其產品的市場競爭能力。

5. 潛在產品（Potential Product）

產品的第五個層次是潛在產品。所謂潛在產品是指一個產品最終可能實現的全部附加部分和新增加的功能。

許多企業通過對現有產品的附加與擴展，不斷提供潛在產品，所給予顧客的就不僅僅是滿意，還能使顧客在獲得這些新功能的時候，感到喜悅。所以潛在產品指出了產品可能的演變，也使顧客對於產品的期望越來越高。潛在產品要求企業不斷尋求滿足顧客的新方法，不斷將潛在產品變成現實產品，這樣才能使顧客得到更多的意外驚喜，更好地滿足顧客的需要。

三、產品分類

顧客對不同類型產品在市場需求和行銷反應等方面具有不同的特點。為了更高效地開展行銷活動，企業需要對產品進行分類，從而為每一類產品制定適合的行銷戰略或策略。

對產品進行分類，可按不同的分類標準進行。

1. 耐用品、非耐用品和服務

產品可以根據其耐用性和有形性分為三類：

（1）非耐用品。凡是經過一次或幾次或短期使用就喪失其既有使用價值的產品，就是非耐用品。非耐用品屬於有形產品，使用時間較短，消費速度快，重複購買率高。如絕大部分日常生活用品都屬於此類。對非耐用品的基本行銷策略是：定價中毛利率要低，銷售網點要多（市場覆蓋率高），要多做提醒性（低介入度）廣告，以培養消費者的品牌熟悉度。

（2）耐用品。能多次重複使用或較長時期使用的產品就是耐用品。耐用品屬於有形

產品，通常使用時間長，重複購買率低，單位產品毛利和定價高。適合的行銷策略是：應提供較多的附加服務，應有質量保證，行銷者應向顧客提供較多的擔保和售後服務，需要較多的說服性（高介入度）廣告，從而培養顧客的品牌偏好。

（3）服務。服務是為滿足顧客需求而圍繞顧客提供的各種活動。如美容美髮、醫療服務、企業諮詢等。

2. 消費品的分類

消費品是指用於消費者個人或家庭消費使用的產品。根據消費者的購買習慣，產品可以分為方便品、選購品、特殊品和非渴求品四類。

（1）方便品。方便品是指顧客經常需要購買、基本不做購買計劃、也不會為之做購買努力的產品。比如，顧客購買一塊肥皂，就沒有必要去「貨比三家」。

方便品可進一步分為日用品、衝動品和應急品三類。

①日用品是與消費者日常生活有關的、經常需要購買的產品。

日用品都是非耐用品，消費者一般對日用品的價格、品牌、質量和銷售地點等都比較熟悉，在購買時也不會做更多的購買努力，通常是習慣性購買。因此行銷策略的基本考慮應注意兩點：一是盡可能地擴大市場覆蓋率（鋪貨率），從而方便顧客就近購買、增加顧客對產品的可獲得性；二是要經常做提醒式廣告，增加消費者的品牌熟悉度，因為消費者為求購買的方便，往往選擇其所熟悉的品牌。

②衝動品是消費者受外部環境刺激致使自身內在心理上發生情感或情緒衝動而購買的產品，如電商網站開展「雙11」「618」等促銷活動時會有顧客因衝動而大量購物等。

③應急品指消費者為緩解或解決特定場景下的現實壓力或問題而購買產品，如身體突然不適要購買的藥品，在集市上突然遇到下雨要購買的雨傘等。

（2）選購品。選購品是指顧客在購買過程中，要對產品的適用性、質量、特色、樣式、價格等進行比較、挑選後才會購買的產品。耐用消費品一般屬於這一類，如冰箱、家具、服裝等。

選購品還可分為兩種：

一種是同質品，指消費者認為在質量、外觀等方面沒有什麼差別的產品。這類產品對於消費者來說，就是要選擇價格盡可能低的產品。因此，對於同質品，價格是非常有效的促銷工具。

另一種是異質品，即消費者認為在其關心的產品屬性上，不同的產品具有一定的差別，因此，要按照自己的偏好進行挑選。比如購買服裝時，不同的消費者對不同的式樣就有個人偏好。異質品對於顧客來說，產品差異比產品價格更為重要。比如，用同樣的資料製作的服裝，消費者首先挑選的是服裝樣式而不是價格，因此，購買價格昂貴而式樣滿意的服裝產品，在服裝市場上是屢見不鮮的。行銷異質品時，行銷者更應該重視產品質量、花色、品種、特色等產品屬性，盡可能地與顧客的偏好相匹配，並向顧客傳遞這方面的

信息。

　　行銷過程中，對選購品提供的售中售後服務應比方便品更多。選購品對於購買的方便性一般要求不高，因此，少設銷售網點可以節約行銷費用開支。

　　（3）特殊品。特殊品是指具有獨有的特徵和（或）有獨特品牌價值的產品。消費者在購買這類產品時願意做出更多的購買努力。這類產品通常包括特殊品牌和特殊式樣、花色的產品，如小汽車、數碼產品、攝影器材和男士西服等。顧客購買這類產品的時候，最關心的是能否購買到正宗的產品。這類產品不涉及產品比較，經銷商不必考慮銷售地點是否方便，但要讓顧客知道購買的地點。

　　（4）非渴求品。非渴求品是指消費者不知道或者知道也不想購買的產品。如人壽保險、百科全書、剛上市的新產品等。對這類產品，企業必須加強產品的促銷，大力開展廣告宣傳和推銷活動，以刺激消費者產生需要，在瞭解、熟悉產品的基礎上產生消費慾望。

　　3. 產業用品

　　產業用品是指用於機構（企業及非營利組織）進一步加工或用於機構組織營運的產品。產業用品一般分為材料和部件、資本項目、供應品與服務三類。

　　材料和部件是指經機構加工營運後完全進入最終產品的產業用品，通常包括原材料、製成品和部件。在生產中，這類產品的物質實體和價值是一次性轉移到生產的最終產品或其他的中間產品中去的。對於材料和部件，由於其標準化程度一般較高，因此價格和服務是主要的行銷因素，品牌和廣告顯得不那麼重要。

　　資本項目是指在機構的加工營運過程中起輔助作用的產品，在完成加工營運過程後部分進入最終產品的產業用品。這類產品是指在用作工業生產時，其物質實體和價值不是一次而是多次轉移到最終產品或被加工生產的其他中間商品中去的。資本項目包括主要設備如建築物（廠房、辦公室）、固定設備（大型設備、生產流水線、大型計算機系統），附屬設備如手動工具、運輸卡車等，以及辦公設備如辦公家具、計算機等。

　　供應品和服務是完全不進入最終產品的產業用品，屬於產業領域的便利產品。與產品生產過程無直接關係，產品的價值主要是通過「管理費用」項目綜合分攤到最終產品。供應品包括操作供應品如潤滑油、辦公用紙照明燈具等，維修和維護物品如清潔劑、油漆等，以及業務諮詢服務如法律、管理諮詢、廣告等。

　　由產品的分類可以看出，產品的自身特徵和用戶的使用及購買特徵，是決定行銷策略的重要因素之一。

第二節　產品組合決策

　　企業為了更好地滿足顧客的需要，總要在產品上不斷開拓和創新，任何一個企業都不能停留在單一的產品上，因此就產生了產品組合決策的問題。

一、產品組合的有關概念

產品組合是指一個企業行銷的全部產品的結構狀態，是企業行銷的產品在品種和規格上的構成，也是企業提供給市場的一組產品。

一個企業的產品組合包括若干產品線，每條產品線中又包含若干產品項目。表 8-1 是農夫山泉公司的產品組合示意。該企業的產品組合中一共有 5 條產品線，有 43 個產品項目。

表 8-1　　　　　　　　　　　　農夫山泉的產品組合

產品線	品牌/品名/品種	規格（產品項目）
水類	農夫山泉	380ML，550ML，1L，1.5L，4L，5L，19L
	果味水	水葡萄，水柚子，水荔枝，水檸檬
功能類	尖叫	纖維型——檸檬味，多肽型——西柚味，植物型——複合果味
	力量帝維他命水	石榴藍莓味，藍莓樹莓味，柑橘味，熱帶水果味，檸檬味，乳酸菌風味
果汁類	農夫果園	芒果、菠蘿和番石榴，番茄，胡蘿蔔
	水溶 C100	檸檬，西柚，青皮桔
	NFC 果汁	橙汁，蘋果香蕉汁，芒果混合汁
	17.5°	蘋果汁，橙汁
茶類	東方樹葉	紅茶，綠茶，茉莉花茶，烏龍茶
	茶π	西柚茉莉花茶，蜜桃烏龍茶，柚子綠茶，檸檬紅茶，玫瑰荔枝紅茶
	打奶茶	紅茶，抹茶
鮮果類	17.5°橙	

產品線是指密切相關的一組產品。所謂密切相關是指這些產品採用了相同的技術或結構、具有相同使用功能、通過類似的銷售渠道銷售給類似的顧客群、價格在一定幅度變動但規格不同的一組產品。

產品項目是構成產品組合和產品線的最小產品單位。它是指在某些產品屬性上能夠加以區別的最小產品單位。

產品組合可以用產品組合的寬度、產品組合的長度、產品組合的深度和產品組合的關聯性作為測量尺度，進行產品組合的分析判斷。

產品組合的寬度指產品組合中所包含的產品線數。產品組合中包括產品線的數目越多，企業的產品組合就越寬。在表 8-1 的產品組合中，共有 5 條產品線。

產品組合的長度是指產品組合中的產品項目總數。通常，為了在不同的企業之間進行比較，也用產品線的平均長度來表示產品組合的長度。產品線的平均長度等於總的長度除

以產品線的數量。表 8-1 的產品組合中，共有 43 個產品項目、5 條產品線，所以產品組合的長度為 43，產品組合的平均長度為 8.6。

產品組合的深度是指產品線中的每一產品有多少品種。

產品組合的關聯性是指產品組合中的各產品線在最終用途、生產條件、分銷渠道或者其他方面相互關聯的程度。如化妝品生產企業的產品線可能很多，但使用者相同，生產技術條件沒有差異，都可以通過百貨公司和化妝品商店銷售，所以產品組合的關聯性好；而化工產品生產企業，如果既生產產業用化工產品，也生產家用化工產品，最終用戶不同，銷售渠道不同，產品組合的關聯性就差。產品組合的關聯性強，企業的行銷管理難度相對就小，但經營範圍窄，行銷風險要大些；反之，企業產品組合的關聯性差，行銷管理難度大，經營的範圍廣，風險相對要小些。

產品組合的四個測量尺度，為企業制定產品組合決策提供了依據和主要的決策內容：企業可以增加產品組合的寬度，即增加產品組合中的產品線數，以擴大經營範圍或更新舊產品線來增加贏利；企業可以延長其現有的產品組合的長度，即增加產品線中的產品項目，以更多的花色品種來滿足顧客的需求差別，增加產品市場佔有率；企業可以加深產品組合的深度，即增加其中一條或幾條產品線的產品項目，使這些產品線適應多方面的需要；企業也可以通過改變產品組合關聯性，在減少行銷風險或降低管理難度上進行選擇，以適應行銷環境的變化。產品組合方式的不同，反應了企業經營的複雜程度。一般來講，產品組合的寬度和深度越大，其經營的複雜程度就越大，關聯性就越小，反之亦然。

二、產品線決策

企業的產品組合由若干產品線組成，在一條產品線上企業可以開發不同的產品功能、增加產品項目來更好地滿足顧客要求。

（一）產品線分析

產品線的分析主要從兩個方面進行：

一是對現有產品線中的不同產品項目的銷售額和利潤額的分析。一條產品線可能包括多個產品項目，每個產品項目的銷售額和利潤貢獻是有差別的。圖 8-2 表示某企業的某條產品線中有 5 個產品項目：項目 A 的銷售量占整條產品線銷售量的 50%，利潤占該產品線的 30%；項目 B 銷售量和利潤都占 30%。這兩個產品項目就占該產品線總銷售量的 80% 和利潤的 60%。這意味著如果這兩個項目或其中一個項目在市場中出現問題，就會對整個產品線的銷售額和利潤產生很大的影響，所以企業必須對這兩個項目給予足夠的重視，確保其在市場中的地位和獲利水準。項目 C 和項目 D，利潤百分比比銷售量高得多，說明很有潛力，如果設法提高它們的銷售量，就可盡快增加利潤。而對項目 E，銷售量和利潤都只占 5%，可以考慮將其從產品線上除掉。

二是分析各產品線的產品項目與競爭者同類產品的對比狀況。對現有產品項目的銷售

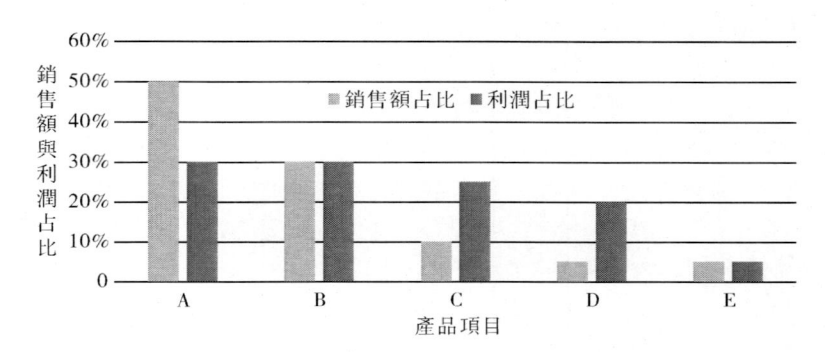

圖 8-2　產品項目銷售量與利潤貢獻分析

額、利潤額的分析，只能說明各產品項目在產品線中的地位、貢獻大小，反應不出各產品項目與競爭者同類產品的競爭狀況。如某個產品項目對整個產品線的銷售額和利潤額貢獻都很大，但在市場中處於劣勢，並且有被競爭者超過的趨勢，那麼對於該產品項目，企業應該仔細分析、揚長避短、慎重選擇行銷決策。

(二) 產品線長度決策

企業行銷管理人員必須決定產品線的最佳長度，它是企業面臨的主要問題之一。通過對產品線中的各產品項目的銷售量和利潤貢獻進行具體分析，保留盈利產品項目，去除虧損和無利產品項目，適當增加一些高盈利的新項目，就可使得一條產品線達到最佳長度。

在現代市場行銷活動中，企業產品線具有不斷延長的趨勢。這是因為：

(1) 在生產能力過剩的情況下會促使產品線經理開發新的產品項目。

(2) 產品的銷售人員和經銷商也希望產品項目更全面，即增加產品的花色品種，以滿足消費者的需要，獲得更多的銷售量和利潤。

(3) 在現有產品線上增加一些花色品種，遠比開發新產品要容易些，這也促使產品經理增加產品線上的項目。

但是，在產品線過度增長的情況下，設計費用、工藝裝備的製造費用、倉儲費用、轉產費用、訂貨處理費用、運輸費用及對新項目的促銷費用等會明顯上升，這就會導致利潤的下降，從而阻止產品線延長的趨勢。此時通過對產品線進行分析，就會發現那些虧損的產品項目，為了提高產品線的盈利能力，就會將這些項目從產品線中除掉。先是產品線的隨意增長，隨後是縮短，這種模式將會出現多次，從而達到產品線長度的最佳狀態。

產品線的長度受到公司經營目標的影響，保持產品線的最佳長度，是行銷管理決策人員的一項重要的、經常性的工作。企業可以採用兩種方法來增加其產品線的長度：一種是產品線的擴展，另一種是產品線的充實。

1. 產品線的擴展

產品線擴展是指企業超出現有的產品線範圍來增加產品線的長度。每一企業的產品都

有特定的市場範圍或市場定位，企業只要超過了原有的市場範圍或改變了產品原有的市場定位的，就是產品線擴展。產品線擴展的具體方法有：

（1）向下擴展，指企業原來生產高檔產品，現決定增加低檔產品，即在現有的產品線中增加低品位的產品項目。如果企業在高檔產品市場上面對需求不足或發展困難；或者企業已經通過經營高檔產品項目樹立了市場聲譽，容易在低檔市場上謀求發展；或者在低檔產品市場存在有明顯的市場空隙，應予填補，都可採取此項策略。

（2）向上擴展指企業原來生產低檔產品，現決定生產高檔產品，即在原有的產品線中增加高品位的產品項目。如果市場對高檔產品的需求增長較快；或者在高檔產品市場存在明顯的產品空隙；或者企業在低檔產品經營中，累積了經驗，能夠提高生產技術水準和產品質量，都可採取此項策略。

（3）雙向擴展。如果同時在以上兩方面存在市場機會，企業又具有行銷優勢，可以採取同時向下和向上兩個方向擴展，擴大企業的市場行銷範圍。

2. 產品線的充實

產品線充實是指在現有產品線的範圍內增加一些產品項目，以此來增加產品線的長度的策略。採取產品線充實策略有以下幾個動機：獲取額外的利潤；滿足因產品線不足而引起的銷售額下降；充分利用企業的剩餘生產能力；爭取成為產品線全面的企業；填補市場空隙，防止競爭者的侵入。

如果企業產品線的充實導致新舊產品之間自相殘殺，或造成消費者認知上的混亂的話，那就說明產品線充實過頭了。企業一定要使產品線上增加的新產品項目與現有產品具有明顯的差異，必須使消費者能在心目中區分企業產品線上的每一個項目，並能識別各品牌之間的差別。

（三）產品線現代化決策

在某些情況下，企業的產品線的長度也許是適宜的，但是企業仍面臨產品線現代化的問題。如企業產品線的設備已經過時了，各產品項目在功能、結構、樣式、技術等方面可能比競爭對手的差，這就會使企業敗在產品線更加現代化的競爭者手中。

產品線是逐漸現代化，還是一步到位？逐漸現代化既可以使企業在改進整個產品線之前，觀察顧客和經銷商是否喜歡新樣式的產品，也可使企業的資金耗費較少。但是，由於更新的速度較慢，可能被競爭對手搶占市場機會。一步到位，需要企業在短時間內籌備較多的資金，但企業卻可獲得搶占有利的市場機會的條件。

（四）產品線的特徵決策

選擇產品線中一個或幾個產品項目，賦予有別於其他產品項目，甚至是市場上所有同類產品沒有的特點和屬性，就是產品線的特徵決策。常見的做法有：

（1）把產品線上的低檔產品作為企業產品線的特徵，使之充當開路先鋒的角色，開拓企業產品的銷路，以此吸引消費者，並對其施加影響，以帶動一般定價產品項目和高檔

產品的銷售。

（2）把產品線上的高檔產品作為企業產品線的特徵，即在產品線中，推出具有最高的、市場上所有產品都沒有的性能，採用極高的標價。但企業不指望這種性能的產品項目能售出多少，只是用來表明企業產品的質量水準，從而提高整個產品線的市場等級和地位，以使購買者對企業一般產品的質量更具有信心，由此帶動普通售價的產品項目的銷售。世界上不少的汽車生產廠家常採用這種決策。

(五) 產品線削減決策

企業的行銷管理人員必須定期檢查企業的產品項目，以保證企業產品線的合理性及產品線的適應性。通常有兩種情況要考慮產品線的削減：

一種情況是產品線中含有會使利潤減少的項目，可以通過銷售額分析和成本分析來發現這些產品項目，並削減這些項目，使利潤增加。

另一種情況是企業缺乏使所有的產品項目都達到預期產量的能力，企業的經理必須檢查各產品項目的獲利能力，集中生產利潤較高的產品，削減那些利潤低或虧損的產品。一般來講，當需求緊迫時，企業通常縮短產品線；而在需求鬆緩時，則延長產品線。

第三節　品牌決策

在制定個別產品的行銷策略時，品牌策略是其重要的組成部分。尤其是在現代市場行銷活動中，制定正確的品牌策略，對企業行銷的成功，具有至關重要的作用。

企業的品牌決策在戰略層面涉及品牌戰略定位、品牌戰略選擇等，戰術層面涉及品牌識別體系設計、品牌使用者決策、品牌名稱決策等。

一、品牌概述

(一) 品牌的含義

品牌是一個名稱、術語、標誌、符號或是一個設計，或是它們的組合，用以辨別一個或若干個行銷者的產品或服務，並使之同競爭對手的產品或服務區別開來。實際上，品牌就是產品標示物的一個總稱，用來使顧客能夠辨識產品的生產者和經銷者是誰。品牌的擁有者，通常稱為品牌主，它可能是一個行銷者，也可能是若干個行銷者。

品牌具有廣泛的含義，是由品牌名稱、品牌標記和商標組成的。

（1）品牌名稱是品牌中的聲音信息部分，如「五糧液」「長虹」等名稱。

（2）品牌標記是品牌中可以識別，但不能用語音表述的部分，如符號、設計、獨具一格的色彩或造型等。

（3）商標。商標是產品文字名稱、圖案記號或兩者相結合的一種設計。企業經向有關部門註冊核准登記後，依法享有其專有權的標誌。

企業把品牌或品牌的一部分按照商標法註冊登記，就成為商標。凡是取得了商標身分的品牌就具有專用權，並受到法律的保護。因此，商標實質上是一種法律名詞，是指已獲得專用權並受法律保護的一個品牌或一個品牌的一部分。所以品牌和商標不是一個相同的概念，既有聯繫又有區別：

①在品牌中，凡不屬於商標的部分，是沒有專用權的，別人也可以使用，在法律上不構成侵權；而只有商標，才是具有專用權的。

②商標可以為企業獨占而不使用；而品牌一定是要使用的，不管它是否為使用者所獨占。

③品牌和商標的區別還在於，品牌是可以按企業的設計創意要求設計和創造的，所以品牌有簡有繁；而商標則要受國家商標登記註冊機關的登記註冊辦法所制約，不允許過於複雜，否則不便於登記註冊。

品牌區別了產品的經營者，在商標法的保護下，享有對品牌使用的專用權；品牌實質上是對購買者的一種承諾，即對產品特徵、利益和服務的承諾。最好的品牌就是對質量的保證。但品牌的意義絕不僅僅局限於此，品牌還具有更為複雜的象徵。

(二) 品牌的內容

一個品牌是一個複雜的組合，它傳遞了六個層次的意義信息。

1. 屬性

一個品牌對於顧客來講，首先使他們想到的是某種或某些產品的屬性。如「奔馳」代表著高檔、製作優良、耐用、乘坐舒適、昂貴和聲譽；「海爾」代表適用、質量和服務等。屬性是顧客判斷品牌接受性的第一個因素。因此，在為品牌定位的時候，行銷者要首先考慮為品牌賦予恰當的屬性，並在廣告宣傳中採用一種或幾種屬性作為重點的宣傳內容。

2. 利益

品牌不只是一組屬性。顧客購買一個品牌時，真正購買的不是它的屬性而是利益。品牌的每種屬性，都需要轉化為功能和情感的利益。如「耐用」這個屬性可轉化為功能性的利益：「幾年內不需要再購買」；「昂貴」這個屬性可以轉化為情感性利益：「感到自己很重要和受人尊敬」；「製作優良」的屬性可以轉化為功能性和情感性的利益：「一旦出事時有安全保障」。品牌要體現利益，即行銷者在確定賦予品牌屬性時，應考慮這種屬性是否能夠提供顧客所需要的利益。

3. 價值

品牌在提供屬性和利益時，也意味著經營者所提供的價值。對於顧客來講，購買一件產品，是希望獲得利益，顧客購買的是他認為有價值的品牌，如「奔馳」牌就意味著高的性能、聲望、安全等價值。行銷者在考慮品牌戰略時，需要明確或預測一個品牌將對哪些顧客表現為是有價值的，或者說企業的行銷人員必須發現對品牌的價值感興趣的購買者

群體。

4. 文化

品牌可能代表一種文化，象徵一種文化或文化中某種令人喜歡或熱衷的東西。最能使品牌得到高度市場認同的是品牌能體現文化中的核心價值觀。「可口可樂」代表美國人崇尚個人自由的文化；「奔馳」代表日耳曼民族的嚴謹、追求質量和效率的文化；「長虹」代表中國文化中的祥和、親善與民族自尊。

5. 個性

品牌也具有一定的個性。品牌的個性表現為它就是「這樣的」，使購買者也能具有相似的認同或歸屬感。品牌塑造個性，通常用一種聯想的方法來實現，即當顧客使用或看到一個品牌時，會使他們想到些什麼？這是品牌能得到目標顧客接受和認同的最好方法。

6. 使用者

品牌通過上述各層次的綜合，形成特定的品牌形象，必然意味著購買或使用產品的消費者類型。品牌具有特定的使用者，這說明成功的行銷者需要使品牌具有像人那樣鮮活的生命。

品牌的六個層次的意義表明了品牌是一個複雜的識別系統。品牌化的挑戰就在於制定一整套的品牌含義。當一個品牌具有以上六個方面意義時，這樣的品牌就是具有內涵和深度的品牌，否則它只是一個膚淺的品牌。所以行銷人員必須深化品牌的意義。應該重視品牌的屬性，更應重視品牌的利益。但這還不夠，品牌最持久的意義是其價值、文化和個性，它們構成了品牌的實質和生命力。

二、品牌化決策

企業的品牌策略就是企業如何合理地利用品牌，發揮品牌的積極作用。在品牌的行銷決策問題上，企業一般將會面臨若干具有挑戰性的決策。企業所面臨的第一個決策是關於使用品牌與不使用品牌的決策。有兩種可能的做法：一是產品使用品牌，叫作品牌化；二是產品不使用品牌，叫作非品牌化。

（一）品牌化及品牌的意義

企業的產品使用品牌，並相應地進行商標註冊登記，是品牌化的做法。顯然，採用品牌化，企業的行銷成本會提高，因為這要花費品牌設計費、包裝費、註冊費和商標維護及品牌推廣等費用；在品牌的市場聲譽或形象變壞時，還會遭受相應的行銷損失。所以品牌化使企業承擔了更大的行銷風險。但是，現代的市場行銷活動，品牌化占了主導地位。這是因為，品牌對於產品行銷者具有重要的作用：

（1）品牌能夠區別同種或類似商品的不同生產者或經營者，使顧客能夠知道生產行銷該產品或該項服務的行銷者是誰。

（2）品牌可以使企業方便地處理各種交易事務。在簽署訂貨單據、訂立交易合同、

進行商業談判、安排產品的儲運活動時有品牌與沒有品牌相比，有品牌要方便得多，而且可以有效地避免在上述活動中出現差錯。

（3）品牌有助於對行銷者的權益提供法律保護。這主要是通過商標的註冊和申請版權而實現的。品牌給商標和版權的申請工作提供了相應的基礎，並便於法律機關接受申請和註冊登記。

（4）品牌化使企業有可能吸引更多的品牌忠誠者。品牌忠誠者使企業在競爭中得到某些保護，並使企業在規劃市場行銷組合時具有較大的控制能力。

（5）品牌可以增加企業資產的價值。品牌是企業的無形資產。品牌價值超過企業有形資產的價值的事例並不鮮見。所以，能將自己的品牌培育成市場名牌，成了許多企業和企業家夢寐以求的事情。

（6）品牌化有助於樹立良好的企業形象和市場細分化，可以加快企業的技術進步。

另外，大多數購買者也需要品牌化，因為這是購買者獲得商品信息的一個重要來源。因此，品牌化可使購買者得到一些利益，如購買者通過品牌可以瞭解產品的質量水準；品牌化也有助於購買者提高購買效率。綜上所述，實行品牌化是現代市場行銷活動中的主流。

（二）非品牌化決策

企業如果不給自己的產品使用品牌並進行無品牌銷售，就是非品牌化。非品牌化具有如下優點：

（1）可以降低行銷費用。因為企業不必對產品進行市場宣傳和品牌促銷，可以省去品牌的設計、包裝、註冊登記等費用。

（2）產品具有價格競爭力。行銷費用降低後，企業可以低價銷售產品，這對於尋求低價格的消費者具有極大的吸引力，但潛在的風險是消費者可能會認為這些無品牌的產品質量較為低劣。

非品牌化通常適用於標準化程度高、同質化強、技術相對簡單的產品。這些產品雖然可以不使用品牌，但企業也要註明生產者，以對消費者負責。

三、建立品牌識別體系

企業實行品牌化，首先必須建立完整的品牌識別體系。品牌識別體系的最基本要素包括品牌名稱、品牌標示和廣告口號。

（一）品牌名稱

品牌名稱是品牌要素的文字部分。好的品牌名稱不僅朗朗上口，通常還富有寓意、引發正面聯想，從而有助於品牌的塑造與傳播。

確定品牌的名稱時，通常要從以下標準來評判：

（1）目標顧客喜歡。

（2）符合市場定位。

（3）簡潔精煉。

（4）容易傳播。

（5）與產品所提供價值有關。

（6）與眾不同，獨特新穎。

（7）能產生正向聯想。

考察市場上的知名品牌，可以發現其品牌基本上都符合上述標準中的大部分內容，如「耐克」與「李寧」「可口可樂」與「農夫山泉」和「娃哈哈」「蘋果」與「華為」等。

（二）品牌標示

品牌標示是品牌要素中的視覺識別部分，品牌標示對於品牌信息傳播、品牌形象塑造具有重要且不可替代的作用。

品牌標示的設計策劃，通常參考下述標準進行：

（1）具有遠見，即能夠預見未來，適應未來社會、市場發展的需要。

（2）具有意義，即能夠反應出品牌所凝練的價值。

（3）表達真實，即反應出品牌的定位及其內在的品質。

（4）獨特新穎，即要與眾不同，便於識別。

（5）具有持續性，即能跟隨市場的發展而保持相對穩定。

（6）保持一致，即在不同的環境下保持一致的使用和表達。

（7）內在的靈活性，即有助於未來可能的品牌延伸。

（8）承諾，即對品牌質量做出承諾。

（9）創造價值。

在市場知名品牌中，像「麥當勞」的黃色拱門、「可口可樂」獨特的花體字、「奔馳」的三叉星、「大眾」的 V 與 W 兩字母組合等，也基本上符合上述標準中的大部分內容。

（三）廣告口號

廣告口號是一種較長時期內反覆使用的特定的商業用語，它的作用就是以最簡短的文字把企業、品牌的理念、價值追求或商品的特性及優點表達出來，並借助於反覆持續的傳播在顧客心目中建立起對品牌價值的認知。

相較於品牌標示，廣告口號更具有傳播性。如海爾的「真誠到永遠」、格力的「讓世界愛上中國貨」、寶馬的「駕馭的快樂」、奧利奧的「扭一扭、舔一舔、泡一泡」等，都在顧客心目中留下了深刻的記憶。

四、品牌使用者決策

在決定使用品牌後，製造商面臨選擇使用製造商的品牌，還是使用經銷商的品牌，或者採用合作品牌。

1. 製造商品牌

製造商品牌也稱全國性品牌（National Brand），一直是市場的主角。大多數生產企業都創立自己的品牌。這是因為，品牌本身是由生產者對自己的產品所做的標記，產品的設計、質量、特色都是由製造商決定的。

製造商使用自己的品牌，可以建立自己產品的長期市場，可以獲得品牌化的各種好處，但也增加了行銷成本和風險。一般來說，在製造商具有良好市場信譽、擁有大市場份額的條件下，多使用製造商的品牌。製造商的品牌成為名牌後，使用製造商的品牌更為有利。相反，在製造商資金能力薄弱，市場行銷能力不足，不瞭解新開闢的市場時，或者市場上製造商的聲譽不如經銷商的聲譽時，都可以使用經銷商的品牌。

2. 經銷商品牌（Private Brand）

傳統上，經銷商都是使用製造商的品牌進行產品行銷。自從商業脫離產業而成為獨立的部門，商業的迅猛發展使不少商業企業獲得了好的聲譽，在顧客中形成了好的形象。由於大多數顧客對所要購買的產品並不都是內行，不具有充分的選購知識，因此顧客在購買商品時，除了以商品生產者的品牌作為購買的根據外，另一個根據就是經銷商的品牌。顧客總是願意購買具有良好商譽的經銷商出售的產品。隨著市場經濟的發育程度的提高，在發達國家的市場上，經銷商使用自己的品牌進行行銷，從20世紀70年代中期開始，經過80年代的擴展，越來越成為市場行銷活動中的潮流。

經銷商使用自己的品牌，是要承擔一些風險的。比如：

（1）經銷商必須就產品的質量對顧客負責，因而需要努力尋找能提供質量保證的製造商；而製造商在不用自己的品牌銷售時，其對質量的負責程度遠不如比用自己的品牌銷售來得好。

（2）經銷商使用自己的品牌經銷，必須進行大批量訂貨，其存貨占壓的資金會大幅度增加。經銷商還得花很多錢進行品牌宣傳和廣告工作。所以在使用自己品牌的時候，經銷商的成本大大增加了。

但是，使用經銷商品牌可以給經銷商帶來以下利益：

（1）經銷商使用自己的品牌，可以找到用較低的成本生產和供貨的生產商，從而大大降低進貨成本。

（2）經銷商直接面對顧客，具有比生產商更好的「地理優勢」。即在接近顧客、信息溝通、市場瞭解方面，往往比生產製造商便利。所以，經銷商在行銷費用的開支，如廣告費、產品的儲運費、市場調查費等方面可更為有效地使用，從而可以降低單位產品的銷售費用。

（3）使用自己品牌的經銷商由於總的經營費用降低，可以獲得超過平均利潤水準的超額利潤，使經銷商品牌顯示出極大的經濟利益。

（4）在獲得超額利潤的同時，使用經銷商品牌的經銷商仍可以較低的市場交易價格

進行產品銷售，因而使其價格競爭力增強。

（5）由於產品在銷售時的「展示面積」，即通常說的貨櫃、貨架、櫥窗、展臺等，掌握在經銷商手中，當經銷商使用自己品牌銷售產品時，會將更多的「展示面積」用於自己品牌的產品。

（6）經銷商在使用自己的品牌銷售產品時，要獨立對顧客提供各種銷售服務，這比依賴生產製造商提供此類服務，要周到、及時和完美得多，因而能使品牌具有更強的市場號召力。

在市場經濟高度發育的國家，經銷商品牌已顯示出比製造商品牌更強的市場競爭力，製造商品牌和經銷商品牌相互之間的競爭被稱為「品牌戰」。有些市場評論家預言：「除了最強的製造商品牌以外，經銷商品牌最終將擊敗所有的製造商品牌。」

3. 合作品牌

合作品牌（Co-Branding）也稱雙重品牌（Dual Branding），是指在一個商品上聯合使用兩個或更多的品牌。通過合作品牌，每個被合作的品牌能強化品牌的偏好或購買意願，能增加對產品的信任感，以保留和吸引新的顧客。

五、品牌名稱決策

使用自己的品牌的製造商面臨著進一步的品牌名稱決策。品牌名稱策略至少有四種：

1. 個別品牌名稱

個別品牌名稱是指企業決定對其各種不同的產品分別使用不同的品牌名稱。這種策略的優點是：適應不同消費者的不同需要，以擴大市場，爭取更多的消費者；可以降低企業承擔的風險，即使有一種品牌產品的聲譽不佳，也不至於影響其他的產品；可以使企業為每一新產品尋找最佳的稱號，一個新的品牌名可以形成新的刺激，建立新的信念。這種策略在管理上的缺點是，管理中困難較多，廣告宣傳、設計費用較高。

2. 統一品牌名稱

統一品牌名稱是指企業對其全部產品使用同一個品牌，即對所有產品使用共同的家族品牌名稱。這種策略的好處是：節省品牌的設計費用；由於不需要大量的廣告，可以降低產品的促銷費用；可以利用已經成功的品牌推出新產品，擴大企業的影響，提高企業聲譽，有利於新產品打開銷路。如美國通用電器公司所有產品都統一使用「GE」的品牌名稱。但是，如果企業的產品質量不同，使用統一品牌策略就會影響企業品牌的信譽，從而損害具有高質量的產品的形象。所以採用這種策略是有條件的：第一，這種品牌在市場上已獲得一定的信譽；第二，各種產品的質量有大致相同的水準。

3. 分類品牌名稱

這種策略是對企業的各類產品分別採用不同的品牌，而對同一類的各種產品採用同一品牌。這種策略適應於產品種類多，各產品種類差別較大，質量截然不同的情況。它兼有

前兩種戰略的優點。一個擁有多條產品線或具有多種類型產品的企業，或雖然是生產同一類型產品，但是企業為了區別不同質量水準的產品，也可以考慮採用這種策略。

4. 企業名稱和個別品牌名稱連用

這是一種將企業名稱與每種產品的個別品牌名稱相聯繫的策略。企業的名稱可以使個別產品享受企業的聲譽，而個別品牌的名稱又可以使產品具有不同的特色，使產品個性化，更具市場競爭力。市場中有很多著名企業採用這種品牌策略。

六、品牌戰略決策

(一) 品牌戰略定位

品牌戰略將根據功能性品牌、形象性品牌或體驗性品牌來選擇不同的定位。

1. 功能性品牌

功能性品牌（Functional Brand）是以滿足顧客所需要的功能而定位的品牌。消費者購買這種品牌是為了滿足功能性的需要，如消除疼痛、美容減肥等。如果消費者認為某種品牌提供了非凡的作用或非凡的價值，顧客就在功能性品牌上得到了最大的滿足。功能性品牌在很大程度上取決於「產品」和「價格」。

2. 形象性品牌

形象性品牌（Image Brand）是為產品和服務設計或塑造一個獨特形象的品牌定位。形象品牌的出現是由於產品和服務的同質性，不同的產品難以區分，質量難以評價，感受難以表達。形象性品牌在很大程度上取決於「創造性的廣告」和「龐大的廣告支出」。形象品牌戰略通常為品牌設計一個明顯的標誌，或者將品牌與社會名流使用者相聯繫，或者創造一個強有力的廣告形象，以區別不同的產品和服務。

3. 體驗性品牌

體驗性品牌（Experiential Brand）是為那些不僅僅希望通過購買獲得商品而且還需要獲得體驗的顧客開發的品牌定位。體驗是消費者親自參與由企業行銷活動為消費者在其購買過程中所提供的一些刺激或個別事件。體驗通常是由於對事件的直接觀察或是參與造成的，包括「人」和「地方」。體驗會涉及顧客的感官、情感、情緒等感性因素，也會包括知識、智力、思考等理性因素，同時也可以是身體的一些活動。體驗能使顧客產生喜歡、贊賞、討厭，或者認為體驗性品牌是可愛的、刺激的等。

(二) 品牌發展戰略

隨著時間的推移，企業可以為品牌開發不同的策略。

1. 產品線擴展

產品線擴展（Line Extensions）是指企業在現有產品類別中增加新的產品項目，並以同樣的品牌名稱推出。如在現有的產品線中增加新的口味、外觀、樣式、包裝規格等。在顧客的需要發生變化和發現新的顧客需要時，進行產品線擴展，可以獲得更多的銷售機

會。另外，產品品種、花色、樣式等的增多，也可以刺激顧客的購買慾望。

產品線的擴展有多種方式，企業可以根據情況，分別採用創新方式、仿製方式和更換包裝的方式。企業的新產品開發大多數屬於產品線擴展。企業進行產品線擴展的原因是：生產能力過剩往往驅使企業推出更多的產品項目；企業想滿足消費者多種多樣的需要；企業發現競爭者成功地實現了產品線擴展；企業進行產品線擴展是為了從中間商那裡佔據更多的貨架空間等。

產品線擴展也面臨種種風險，從而導致「產品線擴展陷阱」。如產品線擴展導致品牌名稱失去其特定的含義；產品線擴展的另一風險是銷售不足，銷售收入不能抵償開發與促銷成本；有時即使銷售收入增加了，但這種增加是以企業其他產品項目銷售下降為代價的。對於企業來講，成功的產品線擴展是在競爭中獲得本企業產品銷售的增長，而不是本企業產品的自相殘殺。

2. 品牌延伸

品牌延伸（Brand Extensions）是指企業利用現有品牌名稱來推出與現有產品類別不同的新產品。運用這一策略的要點，首先是要創牌子，其次還要保牌子。如索尼公司為新推出的電子產品都採用相同的名字，迅速為每個新產品建立了高質量的認知。

品牌延伸的優點是：利用知名品牌，可以使市場很快認識、注意和接受新產品項目；使企業對新產品的促銷變得很容易，因此可降低新產品促銷費用，加快市場推廣速度。

品牌延伸同樣具有風險：如果新產品不能使顧客滿意的話，就可能影響原來已成功產品的銷路；更為嚴重的是，可能使品牌的聲譽受到破壞。

3. 多品牌

多品牌策略是指企業對同一種產品採用兩個或兩個以上的品牌。寶潔公司在其行銷的一種清潔劑上最多使用了八種不同的品牌。

企業採用多品牌戰略的理由是：

（1）企業可以占用更多的貨架，同時也增加了零售商對製造商的依賴性。

（2）很少有顧客始終只購買一種品牌的產品，而不購買其他品牌的產品。

（3）新品牌的產生可以給企業組織機構帶來刺激和效率。

（4）多品牌定位於不同的利益和要求，因此每一品牌可以吸引不同追求者。

（5）每一種品牌的產品承擔的風險相對較小。

（6）通過建立側翼品牌以保護主要品牌。

在決定是否推出新的品牌時，企業應考慮下列問題：

（1）能否為新品牌構想出一個獨特的原因，這一原因能否令人信服？

（2）新品牌能超過多少企業的其他品牌和競爭對手的品牌？

（3）新品牌的銷售額能否補償產品開發和產品促銷的費用？

使用多品牌往往會出現下述情況：品牌之間的競爭發生在企業的同一個產品項目之

間，而不是所期望的那樣發生在競爭者品牌上。所以，企業需要分析，使用多品牌後，單個品牌的銷量減少，總的銷量是否會增加？只有總銷量是增加的，才是值得做的，否則就是得不償失。

4. 新品牌

不論一種品牌在市場上的最初定位如何適宜，由於環境的變化，企業必須重新確定該品牌在市場上的位置，即重新定位。這是因為：競爭者推出新的品牌，與本企業爭奪市場，削減了企業的市場份額；消費者需求的改變，對某種品牌的產品需求下降；品牌設計存在的問題影響銷售；或某種品牌的產品在消費者心目中地位不好等。所有這些情況，都可以考慮品牌的再定位。但在做出品牌再定位的選擇時，企業必須考慮兩個因素：

第一個因素是將品牌轉移到另一細分市場所需的費用，包括產品質量改變的費用、包裝費和廣告費等。一般來講，重新定位離原位置距離越遠，則所需費用越高；改進品牌形象的必要性越大，所需的投資就越多。

第二個因素是定位於新位置的品牌能獲得多少收益。收益的大小取決於：細分市場消費者的數量，消費者的平均購買率，在同一細分市場競爭者的實力，以及在該細分市場為品牌所要付出的代價。

第四節　包裝決策

產品包裝是整體產品的一個組成部分，是實現產品價值與使用價值並提高產品價值的一種重要的手段。包裝的優劣往往影響到企業經營的成敗，因此包裝策略已成為市場策略的一個重要組成部分。

一、包裝的概念

包裝的概念是與包裝化的概念相聯繫的。

包裝化（Packaging）是指為產品設計和生產某種容器或包紮物的一系列活動。這些容器或包紮物就稱為包裝（Package）。所以包裝就是盛放產品的容器或包紮物。

在現代市場行銷活動中，包裝是一個重要的產品因素。有人甚至提出應把包裝看作第五個 P，由此可見包裝對產品決策的重要性。

產品的包裝，可分為三個層次：

（1）首要包裝。首要包裝是指緊貼於產品的那層包裝，是從產品出廠至使用終結，一直與產品緊密結合的包裝。如牙膏皮、酒瓶、照相膠卷的暗盒等。沒有這類包裝，產品就根本無法使用或消費。所以設計首要包裝時，要根據產品的物理、化學性質和用途、衛生等要求，選用適當的材料和方式，並且包裝的質量要與產品的價值相一致。

（2）次要包裝。次要包裝是指方便陳列、攜帶和使用的產品外部包紮物件。次要包

裝起兩個作用：一是保護首要包裝，使之在行銷過程中不會損壞；二是美化產品外觀，或便於品牌化。這種包裝的設計要美觀大方，圖案生動形象，不落俗套，使人耳目一新，而且要突出廠牌、商標、品名、規格和容量。

（3）運輸包裝。運輸包裝是產品在運輸、儲存、交易中所需要的包裝。其特點是包裝物的容積較大，材質結實，具有耐碰撞、防潮、便於搬運作業等特點。

二、包裝的作用

產品之所以需要使用包裝，是因為包裝具有以下重要作用：

（1）保護產品。可以說包裝最初的作用只是保護產品。在現代行銷活動中，雖然包裝有越來越複雜的傾向，但保護產品仍是包裝最基本的也應該起的作用。

（2）方便使用。有些產品的包裝，其本身就是產品使用價值的組成部分，如盛裝飲料的各種容器；有些包裝，雖不是消費產品所必需的，但可以使產品便於消費，如藥品按服用劑量包裝，便於顧客正確使用。

（3）美化產品。設計和製作精美的包裝，可以使產品具有令人賞心悅目的外觀，令消費者喜愛或激起顧客的購買欲。包裝是否好看，在一定意義上也能反應出產品生產製造的工藝水準，而生產製造的工藝水準的高低又會給人以產品內在質量相應的外在印象。

（4）增加產品的價值。好的包裝，能有效地保護產品或延長產品的生命，從而提高產品的價值，因此可用更高的價格銷售相同的產品；而且，好的包裝，能夠激起消費者的更為強烈的購買欲，使之願意支付較高的交易價格。

（5）促銷。包裝使消費者產生對產品的好印象，促使消費者更願意購買，即包裝具有「誘導購買」的作用。包裝上面所印製的品牌名稱、企業名稱，使包裝可起廣告作用。如果包裝能伴隨產品的全部消費過程甚至延伸到使用結束之後，則包裝還能發揮長期廣告促銷的作用。

三、包裝設計

為新產品制定有效的包裝是企業產品決策的重要組成部分。

1. 包裝設計方法

包裝設計要制定一系列決策。

首先，包裝設計的任務是建立包裝概念（Packing Concept）。所謂包裝概念是指對某一特定產品的包裝的基本界定，如規定包裝的基本形態和主要作用。

其次，包裝設計要對包裝物的大小、形狀、材料、色彩、文字說明及品牌標記做出決策。為了保證包裝的各個要素之間要相互協調，應該對這些決策進行檢驗，如對包裝的顏色要仔細地選擇，因為不同的顏色代表了不同的含義，如紅色表示喜慶和熱烈活潑，藍色象徵寧靜和嚴肅，綠色表示生命和健康等，色彩的選擇應符合目標市場產品的定位和顧客

的需求。

最後包裝的設計還要考慮與產品定位、定價、廣告和其他行銷要素相互協調，以及包裝的環境和安全問題。

2. 包裝設計測試

包裝設計必須進行各種測試，主要的測試方法有：

（1）工程測試。工程測試的目的是保證包裝在實際使用時能夠耐用和經得起磨損。

（2）視覺測試。視覺測試的目的是保證包裝能達到理想的視覺效果，如字跡是否清楚，色彩是否協調。

（3）經銷商測試。經銷商測試的目的是讓經銷商檢驗包裝是否具有吸引力，方便處理和區別。

（4）消費者測試。消費者測試主要是測試包裝對消費者的吸引力，以及消費者對包裝的反應。

3. 包裝設計的一般要求

企業在設計包裝時，應符合以下要求：

（1）有效地保護產品。這是包裝設計首先要解決的問題。比如，易腐、易脆、易受潮的產品，包裝應該採用能起相應防護作用的材料製造。另外，對於經常被假冒的產品，包裝上還必須考慮如何採用防止假冒的技術和鑑別手段。

（2）造型美觀、具有強烈的美學效果。如圖案的生動、顏色搭配適當，或者具有獨到的藝術性，使消費者能從包裝中獲得美的享受，並產生購買慾望。

（3）包裝應與產品的價值或質量相適應。包裝不是越昂貴、越高檔越好。企業應根據產品的品位和價值及顧客購買要求來決定包裝適當的檔次。

（4）應尊重民眾的風俗習慣和文化背景。包裝上的文字、圖案、標示等，不能和當地的風俗習慣、宗教信仰、價值觀等發生衝突。

某些產品的包裝，還要按國家的法令法規設計製作。如食品類的包裝，必須印製出廠日期、保存期；藥品類還要印製其中所含的有效成分、服用方法、禁忌等。

四、包裝策略

包裝策略是產品策略的重要組成部分。一個最好的產品需要最好的包裝來配套；而一個最好的包裝不僅依賴於獨特的設計，還要使用正確的策略方法，才能有效地促進銷售。

1. 類似包裝策略

類似包裝策略是指企業生產的各種產品在包裝上採用相同的形狀、色彩和其他共同的特徵。採用這種策略，可以加強消費者對企業產品的認識，加強對產品包裝的印象，使顧客一看到包裝就知道是哪個企業的產品，這樣可以擴大企業的影響力，促進產品的銷售；同時還可以節省包裝設計費用，降低成本。這種策略一般只適應於生產質量水準相同產品

的企業，如生產名牌產品的企業，大都採用這種策略。如果企業產品品種和質量相差較大，不宜採用這一策略。

2. 品種和等級包裝策略

企業對不同檔次、不同質量、不同等級、不同品種的產品可分別採用不同的包裝。採用這種策略的優點是，能顯示產品的特點，使包裝和產品的質量一致，便於消費者購買，不足的是設計費用較高。

3. 組合包裝策略

企業按消費者的消費習慣把各種有關聯的產品放在同一包裝容器中，同時出售，以方便消費者的組合使用。這種包裝便於顧客配套購買產品，可以增加銷售；如果將新產品和老產品包裝在一起，還可以使消費者在不知不覺中接受新產品，減少產品的推廣費用。但不能把不相干的產品搭配在一起，強行銷售。

4. 多用途包裝策略

這種策略是指將原包裝的產品使用完以後，它的包裝還可以重複使用，或者移作他用。這種策略的目的是通過增加消費者的額外利益來擴大企業產品的銷售。這種包裝策略有利於誘發消費者的購買動機，增強商品的吸引力。空包裝還有代替廣告宣傳的作用。如把酒瓶設計得十分精致，消費者可把精致的包裝當作美化家庭的裝飾品等。但這種包裝一般成本都較高。

5. 附贈品包裝策略

企業在商品的包裝上或包裝內附贈有價值的實物，以吸引消費者購買，擴大產品的銷售。這是當前較為流行的一種策略，這種策略極易誘發消費者重複購買的慾望，尤其是在兒童用品市場。

6. 改變包裝策略

企業對落後的舊的包裝進行改進或者重新設計。改變包裝和產品創新一樣，都可以以新促銷，但不能以這種策略來搞變相漲價或推銷偽劣產品。

第五節　產品生命週期

產品市場生命週期理論是關於產品在市場上的生命力的理論。它對於正確制定產品的決策，及時改進現有產品、發展新產品，有計劃地進行產品更新，正確地制定企業各項行銷策略，都具有重大的意義。

一、產品生命週期的概念

任何產品在市場上的銷售量和獲利能力都是隨著時間的推移而不斷變化的。這種變化規律正像生物的生命一樣，從誕生、成長到成熟，最終走向衰亡。企業的產品也必然經歷

一個從投入市場、占領市場到最後被淘汰的生命發展過程。人們在實踐中發現，產品一般都要經過投入、成長、成熟和衰退四個明顯不同的階段，這一過程就是產品生命週期或產品市場生命週期。所以產品生命週期就是一種產品從開始進入市場行銷直到退出市場行銷所經歷的時間過程，反應的是這種產品的銷售歷史過程。產品生命週期是一個極重要的概念，其理論在現代市場學中被廣泛地應用。

一般地講，產品生命週期是按其在市場上的銷售量和所獲得的利潤額來衡量的。典型的產品生命週期包括四個階段，即引入期、成長期、成熟期、衰退期。如圖 8-3 所示。

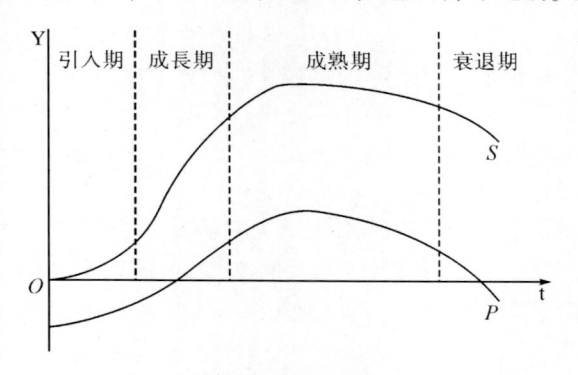

圖 8-3 產品生命週期

產品銷售量曲線與利潤曲線的變化大致相同，但變化時間卻不同。當利潤曲線下降時，銷售量曲線仍在繼續上升，這是由於競爭而壓低售價所造成的。

產品在其生命週期內，銷售量和利潤表現為一個從小到大再到小，即從微弱到旺盛，直到最後衰亡的變化過程。猶如人或有機體的生命一樣，從幼年到成年，最後到老年直至死亡。圖 8-3 中曲線 S 表示產品銷售量變化，曲線 P 表示利潤變化，其形狀為「S型」。

二、產品生命週期理論的行銷意義

研究和應用產品生命週期原理必須明確和注意以下幾個方面：

（1）任何產品的生命都是有限的，其市場行銷時間是有限的，企業為了其生存和發展必須不斷地開發新產品。

（2）產品在這一有限的生命期內，要經歷各不相同的市場變化，這些變化具有一定的規律性。

（3）在產品生命週期的不同階段，產品的銷售量和利潤都會發生高低不同的變化。正因為如此，企業必須為其產品開發不同的行銷組合戰略。

（4）產品的生命週期是產品的市場生命，不能將其與產品的使用壽命相混同，兩者沒有必然的聯繫，市場生命長的產品其使用壽命可能長也可能短；市場生命短的產品其使用壽命仍可能長或可能短。

（5）產品生命週期是一種典型模式，或一般的、長期的趨勢，其作用是幫助企業推斷產品所處的階段，分析該階段的特徵，並據以確定經營措施和決策。它既未指明每一階段的確切時間，也不能表明各種產品生命週期的具體差別和許多例外情況。企業如果機械地套用這一模式，必然導致失誤。

（6）不同的產品其生命週期及各階段的持續時間是不相同的。不同的產品，其市場情況、技術進步速度、用戶需要與變化、產品製造週期和費用等是不同的，從而使不同產品的生命週期千差萬別。就生命週期的每一階段來說，各產品的延續時間也同樣有很大的差別，即使是同類而品牌不同的產品，其生命週期差別也很大。

（7）產品種類、產品形式和產品品牌的生命週期有所不同。這是由於產品定義範圍不同，產品生命週期的表現形式也就不同。

產品種類是指滿足某種需要、具有相同功能及用途的所有產品。產品形式是指同一類產品中，輔助功能、用途或實體有差別的不同產品，如樣式上、質量上、功能上具有差異的同一類產品。產品品牌則是指某個企業生產和銷售的特定產品。一般來講，產品種類的生命週期要比產品形式和產品品牌的生命週期長，有些產品的生命週期在進入成熟期後可能無限延長。產品形式的生命週期是典型的，一般都在生命週期中有規律地經歷四個階段。產品品牌的生命週期是不規則的，一般也是最短的。品牌的生命週期受到市場環境及企業市場行銷策略、品牌知名度等的影響很大。品牌知名度高的、市場行銷成功的品牌，產品生命週期一般較長，反之較短。

（8）產品生命週期的其他形式。並非所有的產品都呈現典型的產品生命週期，有不少的產品生命週期呈現為特殊的形式。這是由於在實際的經濟生活中，受各種主客觀因素的影響，常使產品在市場上不能按產品生命週期的典型規律變化，而呈現其他的形式。如：

①「成長—衰退—成熟」模式。產品進入市場後，銷售量迅速上升，在達到最高點後，銷售量又迅速下降，之後銷售量將穩定在一個市場可接受的水準之上，並保持相當長的一段時期。之所以銷售量可以長期穩定在一個水準上，是因為這種產品的後期購買者才開始購買，而那些早期採用者已在進行第二次購買了。但是，二次購買的規模不如首次購買的規模。像小型辦公用家具、廚房用具等有此種情況，如圖8-4中的（a）圖所示。

②「循環—再循環（Cycle-recycle）」模式。這種產品生命週期具有兩個循環期。如果企業能對進入衰退期的產品進行成功的「市場再行銷」活動，如加大促銷力度、改進產品等，可能使一個要衰亡的產品再次進入一個新的生命週期。從而出現產品生命週期的第二個循環。但再循環的持續時間和銷售量都不如第一個循環，如圖8-4中的（b）圖所示。

③「扇形」模式。該模式由一系列連續不斷的生命週期所組成。在產品進入成熟階段，由於發現新的產品特性、新的用途、新的市場，採用各種措施，使得本已進入成熟或衰退期的產品重新進入快速增長的時期。美國杜邦公司在20世紀40年代開發的「尼龍」，

當時主要為二戰期間軍用降落傘的用料，有極大的銷售量。二戰結束後，尼龍的銷售量明顯回落，杜邦公司又將尼龍用作襯衫、襪子，使尼龍有了更大的市場銷量。由於穿著不舒適，不久，尼龍的市場銷售量就又開始回落。杜邦公司為尼龍又找到了做成汽車輪胎簾布的用途，使尼龍銷量至今仍極其可觀，如圖8-4中的（c）圖所示。

④「三角」模式。產品進入市場後，立即進入成長階段，而在銷售量達到頂點後，陡然下降甚至為零，如節假日用品、紀念章、魔方、飛盤等，如圖8-4中的（d）圖所示。

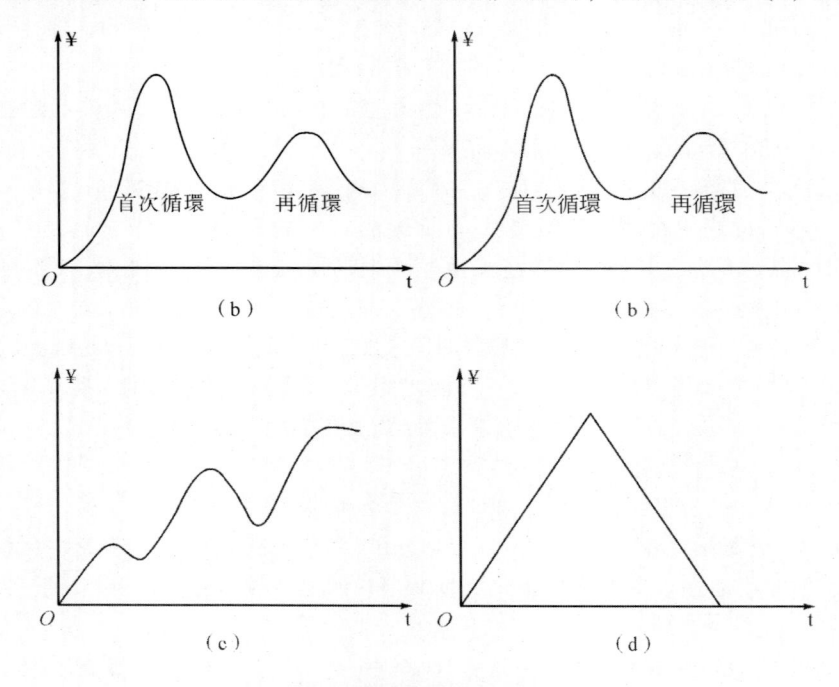

圖 8-4　產品生命週期的不同形態

因為有以上不同產品生命形態，所以運用產品生命週期理論時，應對具體市場情況進行科學的行銷分析。

三、產品生命週期的確定

產品生命週期理論揭示了產品在行銷中，銷售與利潤的變化規律。引起銷售量和利潤變化的原因主要有三個方面：①消費者偏好的變化。產品投入市場後，經過消費者的使用，會對原有的產品提出更高的要求，因而導致消費者不再願意購買現有的產品，轉向追求其他新產品；②技術的進步。新的技術的出現和對現有產品的技術革新，會使原有產品在功能、性能、質量和經濟上顯得落後，從而得不到消費者的喜愛，而失去市場；③競爭。企業為了更好地滿足消費者的需要，都會不斷地推出性能更好、功能更完善的新產

品，競爭使得企業產品更新換代的速度加快，從而加快了原有產品的淘汰速度。

現在的問題是，如何確定企業現在行銷的產品是處於生命週期的哪個階段及各階段的劃分，如何預測各階段的持續時間，以便企業能夠制定正確的行銷戰略和策略。令人遺憾的是行銷理論直到目前為止，還沒有提出一個能夠運用於任何產品的令人滿意的生命週期階段的劃分方法。這主要是由於不同的產品，其市場銷量的變化情況相差很大，並且，起作用的因素，對不同的產品，差異也很大。

1. 經驗類比法

經驗類比法是指根據相類似產品已有的生命週期的變化情況來類比現有產品的生命週期的發展變化情況。如根據黑白電視機的銷售增長率、市場佔有率、利潤等資料來預測彩色電視機的發展趨勢。很顯然，這種類比，其適用的範圍極其有限，一般只適合在相同的行業中並處於相同的市場（消費者的社會文化背景、主要的消費行為特徵相同的市場）環境中的產品。

2. 銷售增長率比值法

產品生命週期理論描述的是產品在市場上銷售量變化的規律，因此，從理論上說，可以利用和觀察銷售增長率的變化來確定產品處於生命週期的哪一階段。不過，因為行業的差異較大，測試的數據不能通用，但原理應該相同。具體做法是以年實際銷售量增加或減少的變動率來衡量。如以 U 表示產品銷售量的增長率，則計算方法為：

$$U = \frac{\Delta S}{S_{t-1}} = \frac{S_t - S_{t-1}}{S_{t-1}}$$

其中，U 為銷售增長率；ΔS 為銷售增長量；S_t 為本期銷售量；S_{t-1} 為上期銷售量。

當 U 小於 10% 時，產品處於引入期；當 U 大於 10% 時，為成長期；當 U 值下降到 10% 以內，並在相當階段沒有明顯變化時為成熟期；當該比值下降到 0 以下時為衰退期。採用這種方法，要注意時間間隔要足夠長，不要把暫時的市場銷售量減少視為衰退期的到來。

3. 產品普及率判斷法

一般來說，普及率小於 5% 時為引入期，普及率為 5%～50% 時為成長期，普及率為 50%～90% 時為成熟期，超過 90% 時為衰退期。這種方法一般適應於耐用品。

四、產品引入期的市場特徵和行銷策略

在行銷管理中，產品生命週期最重要的意義就是為處於生命週期不同階段的產品確定正確的行銷戰略。

1. 產品引入期的市場特徵

產品引入期是新產品剛進入市場的時期。其市場特點主要有：

（1）產品剛進入市場，必然遇到市場上原有消費結構和消費形態的阻力，產品的性

能和優點尚未被顧客所瞭解、信任和接受，購買者較少，產品銷售有限，市場增長緩慢。

（2）購買這種產品的消費者多屬好奇和衝動，大多都是高收入者和年輕人。

（3）產品生產批量小，生產成本高。生產上的技術問題可能還沒有完全解決，設計和生產工藝還沒有完全定型，生產和管理都不完善，不能大批量投產。

（4）新產品剛上市，需要進行大量的促銷活動和支付巨額的促銷費用。

（5）產品在市場上一般沒有同行競爭或競爭很少。

（6）由於生產成本和銷售成本都較高，導致產品的價格高，產品銷售量少，所以利潤很少，甚至虧損。

2. 產品引入期的行銷策略

一般說來，企業在產品引入期要千方百計解決技術問題，提高產品的質量，選擇適當的分銷渠道，降低生產成本和促銷費用，降低產品的價格，同時大力做好宣傳、廣告、促銷工作，以打開新產品的銷路。這一階段在行銷策略上一般要突出一個「短」字，盡可能縮短產品引入期，以便在短期內迅速進入和占領市場，打開局面，為進入成長期打下良好的基礎。

企業在產品引入期採用的策略應注重產品的價格和促銷水準。從價格和促銷兩方面來看，可有四種不同的方式，只要運用得當，就能打開市場，獲得成功。如圖8-5所示。

	促銷高	促銷低
價格高	快速掠取策略	慢速掠取策略
價格低	快速滲透策略	慢速滲透策略

圖8-5 引入期的行銷策略

（1）快速掠取。企業以高價格和高促銷的方式向市場推出新產品。企業採用高價格是為了從產品銷售中獲得盡可能多的利潤；採用高促銷則是希望通過大規模的促銷活動，使顧客盡快地瞭解產品，加速市場滲透，以便迅速占領市場。這一策略的實施，應在一定的市場環境下：如產品具有特色，對顧客有較強的吸引力；顧客不瞭解產品，市場潛力較大；企業面臨潛在競爭者的威脅和想建立品牌偏好；目標顧客求新心理強，對價格不敏感。

（2）慢速掠取。企業以高價格和低促銷方式向市場推出新產品。企業採用高價格是為了盡可能獲得較多的利潤，低促銷是為了降低行銷費用，兩者的結合可以在市場獲得盡可能多的利潤。實施這一策略的市場條件是：產品的市場規模有限，競爭的威脅不大，大多數潛在顧客對產品比較瞭解，且對價格不敏感，願意出高價。

（3）快速滲透。企業以較低價格和高促銷的方式向市場推出某種新產品。低價格可

以使市場的接受速度加快，而高促銷又可加快目標顧客認識和接受產品的速度。所以，採用這種策略的目的在於先發制人，期望以最快的市場滲透，獲得最高的市場佔有率。實施這一策略的市場條件是：市場規模大，目標顧客不瞭解產品，大多數購買者對產品價格十分敏感，產品極易被仿製，潛在的競爭威脅很大，隨著生產規模的擴大和經驗的累積，單位產品的生產成本會下降。

（4）慢速滲透。企業以低價格和低促銷的方式向市場推出某種新產品。低價格可使市場較快接受該產品；而低促銷費用又可降低行銷成本，使企業能實現更多的早期利潤。採取此策略的市場條件是：市場的規模較大，市場上的消費者大都熟悉或知曉該產品，目標市場的絕大多數消費者都是價格敏感型的，需求彈性高，潛在的競爭較為激烈。

一個不斷向市場推出新產品的企業，是市場的開拓者、領先者，它應該謹慎地選擇上述的行銷策略。

五、產品成長期的市場特徵和行銷策略

1. 成長期的市場特徵

產品成長期是指新產品經過促銷努力，產品知名度有了很大的提高，開始為市場所接受，產品銷售量迅速膨脹，利潤直線上升。這一時期的特徵主要有：

（1）顧客對產品已經有所瞭解，購買人數激增。
（2）多數消費者開始追隨領先者，顧客屬於早期使用者。
（3）銷售量迅速增長。
（4）生產工藝和設備已成熟，可以組織大批量生產，產品成本顯著下降。
（5）產品知名度提高，促銷費用減少，銷售成本大幅度降低。
（6）價格不變或略有下降，銷售量大增，企業轉虧為盈，利潤迅速上升。
（7）生產經營者增加，競爭開始加劇。

2. 成長期的行銷策略

這一階段應是企業產品的黃金階段，行銷策略要突出一個「快」字，以便抓住市場機會，擴大生產能力，以取得最大的經濟效益。企業為了盡可能長地維持較高的市場增長，可採取下列策略：

（1）努力提高產品的質量，增加產品的品種、款式和花色，改進產品的包裝，創立自己的品牌，樹立消費者偏好。不斷提高和改進產品的質量，對成長期的產品尤為重要。
（2）對市場進一步細分，發現新的細分市場，不斷改進和完善產品，進入新的目標市場。
（3）增加新的分銷渠道，積極開拓新的市場，擴大產品的銷售。
（4）改變廣告的宣傳方針，建立企業產品的形象，進一步提高企業產品在社會上的聲譽，突出品牌，勸說和誘導消費者接受和購買產品。

（5）應在適當的時候調整產品的價格，從而提高企業的競爭力，擴大企業的市場佔有率。

企業推行這些市場擴展戰略，將會大大增強企業的競爭地位，但是也伴隨著總成本的大量增加。因此企業在成長階段將面臨如何選擇企業的經營目標的問題：是以提高市場佔有率，還是以獲得當前的高額利潤為目標。如果企業把大量的資金用在產品改進、促銷和分銷上，它將獲得更具優勢的市場地位，但要放棄獲得當前最大的利潤。這一利潤虧損可望在下一階段得到補償。

六、產品成熟期的市場特徵和行銷策略

（一）成熟期的市場特徵

產品成熟期是指產品已穩定地占領市場進入暢銷的階段。通常這個階段是產品生命週期中持續時間最長的一個階段。根據成熟期產品銷量的變化情況，可把成熟期分為三個階段：一是成熟中的成長，在這一階段銷售增長率開始下降，儘管有新的顧客進入市場，但銷售渠道已經飽和；二是成熟中的穩定，這時市場已經飽和，大多數潛在顧客已經試用過這種產品，新的購買主要來自人口的增長和重複購買；三是成熟中的衰退，這時銷售量開始下降，消費者轉向購買其他產品或代用品。一般來講，企業大多數產品都處於生命週期的成熟階段，企業大部分的行銷活動都是針對這些成熟產品，所以它是企業必須面對的挑戰。總的來看，成熟期的市場特點是：

（1）產品已被大多數顧客所接受，產品的性質、用途廣為人知，購買果斷，甚至指名購買。

（2）原有的購買者重複購買，新的購買者為一般大眾，多屬經濟型和理智型。

（3）銷售量達到了頂峰，市場趨於飽和，銷售增長放慢，且趨於穩定。

（4）各種品牌的同類產品和仿製產品進入市場，市場競爭十分激烈，競爭的手段也複雜化，競爭引起價格下降，甚至出現激烈的「價格戰」。

（5）生產成本降到最低點，利潤達到最高點，但行銷費用增加，利潤穩定或開始下降。

（二）成熟期的行銷策略

這一階段企業的產品銷售量很大，總利潤也較大，因此，行銷戰略要突出一個「長」字，盡量延長產品的成熟期，保持已取得的市場佔有率和盡量擴大市場份額。行銷戰略的主要內容是改進，相應的策略是：

1. 市場改進

市場改進策略是指企業在不改變產品的情況下努力開拓新的市場，尋找新的顧客，其目的就是努力發掘現有產品和現有市場的潛力。企業可以發現過去沒有發現的市場，發現產品的新用途，發掘和創造新的消費方式，或者通過市場滲透來形成新的市場，增加銷售量。

企業產品的銷售量主要是受兩個因素的影響：一是產品的使用人數，二是產品的使用率。銷售量與使用人數和使用率成正比。因此，凡是可以增加產品使用人數和使用率的方法都可以增加企業產品的銷售量。

（1）轉變未使用人或尋找新的用戶。企業通過各種行銷努力，把沒有使用過本企業產品的人吸引來使用本企業的產品，從而擴大銷售。

（2）進入新的細分市場。企業通過對市場的進一步細分或者是對現有的細分市場需求的新分析，確定產品可以進一步適應的消費對象。如「娃哈哈」口服液，過去是向兒童促銷，後來增加了向老年人促銷的內容，即在「吃了娃哈哈，吃飯就是香」的電視廣告中，增加老年人形象，說明老人服用後「吃飯也香」。

（3）爭取競爭對手的顧客。企業可以通過分析競爭對手的顧客採用競爭者的產品的主要想法，有針對性地告訴顧客本企業的產品是優於競爭者的產品，或者是說明本企業的產品也具有競爭對手產品的特點，使顧客在品牌轉換中，成為本企業產品的購買者。

（4）增加產品的使用次數和每次的使用量。企業可以通過各種途徑向顧客宣傳增加產品的使用次數和（或）每次的使用量才是正確的使用方法，或者才能更大地發揮產品的作用和效能，滿足消費者需要。

（5）發現產品的新用途。企業應努力發現產品的各種新用途，或者努力發現一些顧客未瞭解或不知道的新用途，擴大產品的市場範圍，增加產品的銷售量。

2. 產品改進

處於成熟期的產品，可以通過發展變型或派生產品，適當地提高產品的性能，擴大產品的用途，來適應和滿足各種用戶的不同需要，保持和提高企業的市場份額。具體可採用對產品的質量、特點、式樣進行改進。

（1）質量改進。質量改進主要是提高和改進產品的質量，可以通過增加產品的功能、特性來實現，包括產品的耐用性、可靠性、易操作性、適用性等。企業往往需要向顧客宣傳產品質量改進給顧客所帶來的額外好處。質量改進策略的有效範圍是：質量的確有改進的可能性，並且，改進質量所增加的費用，行銷企業主要不是依靠提高售價而是通過增加銷售量來取得資金補償或使利潤增加。

（2）特點改進。這種策略的重點在於以特性擴大產品的使用功能，增加產品的新特點，如產品大小、重量、材料、附件、添加物等方面，以此提高產品多方面的適用性、安全性、便利性，使產品更好地滿足消費者的需要和使用。

特點改進策略對企業有重要的作用。為產品不斷地增加某些新的特點，往往可使企業的產品保持強大的市場吸引力，給銷售人員和分銷商帶來熱情，給顧客和消費者帶來更多的刺激和消費慾望，贏得細分市場的忠誠。同時特點改進投入少，效果大，有利於樹立企業進步和領先的市場形象。特點改進策略的不利之處，是新特點很容易被競爭者模仿。所以只有那些勇於進取，率先推出新特點的企業，才有可能獲利，否則可能得不償失。

（3）式樣改進。這種策略注重產品的美學效果，通過提高產品在審美上的評價，來增強產品的市場競爭能力，通過不斷改進產品的外觀、款式、包裝和裝潢，來刺激消費者的需要。如企業不斷推出新轎車的類型就是式樣競爭，而不是質量或特點競爭。式樣改進策略有可能使企業的產品具有獨特的市場個性，從而引起顧客的追求或忠誠。但是式樣競爭也會帶來一些問題，如難以預料市場對新式樣的反應；式樣改變通常意味著不生產老樣式，企業又可能失去某些喜愛老樣式的顧客。

（4）附加產品的改進。附加產品是產品整體的重要組成部分，提供新的或更多的附加產品也是產品改進策略的重要內容。附加產品的改進就是增加和改進提供給顧客的附加服務和利益，包括向顧客提供優良的服務，提高服務質量，增加服務項目，改進服務方法，提供更多的優惠、技術諮詢、質量保證、消費指導等。因此附加產品的改進有助於提高企業產品的競爭力，擴大產品的銷售。

3. 行銷組合改進

這種策略是為了適應市場的變化，通過改變企業的市場行銷組合，來延長產品的成熟期。企業的市場行銷組合不是一成不變的，應該根據企業環境的變化做出相應的調整。產品進入成熟期，市場行銷環境發生了明顯的變化，所以就應該對行銷組合進行必要的改進，用以保持企業的銷售量，延長產品的成熟期。行銷組合改進策略是指通過對產品、價格、渠道、促銷四個行銷組合要素進行綜合改變，刺激市場需求，保持和提高企業產品的銷售量。企業在提高產品質量、改進產品性能的同時，還可以從以下幾個方面進行行銷組合的改進：

（1）價格。企業可以通過直接的降價或者間接的降價如特價、折扣、津貼運費、延期付款、提供更多的服務等方法，來刺激消費者，保證企業產品的銷路。

（2）分銷。企業可以通過建立新的分銷渠道，廣設銷售網點，以增大產品的市場覆蓋面。

（3）廣告。企業可以通過對廣告的有效性進行分析，調整廣告媒體的組合，改變廣告的時間、頻率等，改變廣告的方針、主題，以喚起顧客的注意。

（4）促銷。在產品的成熟期，企業應採用更為靈活的促銷方式，來刺激市場的需求。如提高銷售人員的數量和質量，採用新的銷售獎勵辦法，劃分新的銷售區域；有獎銷售、讓價銷售、降價銷售等；加強宣傳和公共關係。

七、產品衰退期的市場特徵和行銷策略

1. 衰退期的市場特徵

衰退期是指產品已經不能適應市場的需要，市場已經出現了更新、性能更完善的新產品。大多數的產品形式和品牌銷售最終會衰退，這種衰退也許是緩慢的，也許是迅速的，銷售有可能下降為零，或者在一個低水準上持續多年。

銷售衰退的原因有很多，包括技術進步，消費需求的改變，國內外競爭的加劇。所有這些都會導致生產力過剩，削價競爭增加，利潤侵蝕。在這種情況下，繼續經營衰退的老產品是非常不合算的。企業應該常常分析各種產品的銷售額、市場佔有率、成本、利潤的發展變化趨勢，及時發現哪種產品處於衰退期，以便採取適當的對策。這一時期的主要特徵表現為：

（1）顧客數量不斷下降，現有的消費者主要是年紀較大、比較保守的後期追隨者。

（2）產品的弱點和不足已經暴露，出現了性能更加完善的新產品。

（3）除少數品牌的產品，大多數產品的銷售量下降，並由緩慢下降轉為急遽下降。

（4）市場競爭突出地表現為價格競爭，產品市場價格不斷下降，利潤減少，甚至無利可圖。

（5）生產經營者減少，競爭減弱。

2. 衰退期的行銷策略

已經進入衰退期的產品，除非特殊的情況可維持外，通常應有計劃、有步驟地主動撤退，把企業的資源轉移到有前途的產品上。所以這個時期的行銷策略要突出一個「轉」字。在衰退期，企業可採用如下決策：

（1）繼續經營。企業寄希望於大批競爭者的退出，這種產品還可維持原有的銷售量，企業還可維持和增加贏利。因此企業繼續沿用過去的行銷決策，相同的目標市場、相同的銷售渠道、價格和促銷方式，直到這種產品完全退出市場。

（2）集中經營。企業把資源和能力集中在最有利的細分市場，以獲取利潤。這樣有利於縮短產品退出市場的時間，同時又能產生一定的利潤。

（3）收縮經營。企業大幅度降低促銷水準，盡量減少行銷費用的支出，以增加當前的利潤水準。這樣有可能導致產品衰退的速度加快。

（4）放棄決策。企業對毫無前途的產品，應當機立斷，放棄經營。當企業決定放棄一個產品時，面臨進一步的決策：可以把產品出售或轉讓給別人或完全地拋棄；也可以決定是迅速地放棄還是緩慢地放棄該產品。

第六節　新產品開發

新產品的開發對企業具有十分重要的意義，企業不斷創新能給企業帶來新的行銷機會，促進企業的不斷發展。創新是一種挑戰，是一種風險，更是一種機遇，關鍵在於企業要根據市場的需要和自身的實力，開發研製滿足消費者需要的新產品。

一、新產品的概念及類型

什麼是新產品？從不同的角度去理解，可以得出不同的概念。市場行銷學中所說的新

產品可以從市場和企業兩個角度來認識。對市場而言，第一次出現的產品就是新產品；對企業而言，第一次生產銷售的產品就是新產品。所以，市場行銷學中的新產品與科技上的新產品是不同的。作為企業的新產品的定義是：企業向市場提供的較原產品在使用價值、性能、特徵等方面具有顯著差別的產品。因此那些在科技發展上已不是新的產品，在市場上已存在多年的產品，對企業來說仍然可能是新產品。企業的新產品可分為四類：

1. 全新產品

全新產品是指應用新原理、新結構、新技術、新材料、新工藝等製造的前所未有的具有全新功能的產品，它是科學技術的發明在生產上的新應用，無論對企業還是對市場來說都是新產品。如電燈、電話、汽車、飛機、電視機、計算機等第一次出現時都屬於全新產品，沒有其他任何產品可以替代。由於開發全新產品的難度很大，需要大量的資金和先進的技術，產品開發的風險十分巨大，所以絕大多數企業都很難問津全新產品。有調查表明，全新產品在新產品中所占的比例為10%左右。

2. 換代產品

換代性新產品是指在原有產品的基礎上，部分採用新技術、新材料、新元件、新工藝研製出來的、性能有顯著提高的新產品。如電視機由黑白電視機發展的彩色電視機、高清晰度電視機和數字電視機。換代產品與原有產品相比，產品的性能有所改進，質量也有提高，有利於滿足消費者日益增長和變化的需要。

3. 改進產品

改進性新產品是指對現有產品在性能、結構、功能、款式、花色、品種、使用材料等方面有所改進的產品，主要包括質量的提高，式樣的更新，花色的增加，用途的增加等。改進性新產品受技術限制較小，開發成本相對較低。

4. 仿製新產品

仿製新產品是指企業仿照市場上已有的某種產品的性能、工藝而生產的有企業自己品牌的同類產品。如引進一種產品的生產線，製造和銷售這種產品。這類產品對市場來說已不是新產品，對企業來講，設備是新的，工藝是新的，生產的產品與原來的不同，應該是企業的新產品。

5. 新市場產品

新市場產品是指對市場重新定位，以進入新的市場或細分市場為目標的現有產品。

6. 低成本新產品

低成本新產品是指由於技術或工藝的改進，以更低的成本向市場提供的同樣性能的新產品。

二、新產品開發的必要性和意義

企業必須大力開發新產品，其必要性包括以下幾個方面：

1. 產品生命週期理論要求企業不斷開發新產品

產品生命週期的理論說明，任何產品都只有有限的生命，企業要維持旺盛的生命力就必須不斷地開發新產品，以保證企業長期穩定的發展。

2. 消費者需求的變化需要企業不斷開發新產品

隨著經濟的發展和人們收入的增加，消費需求將發生很大的變化。無論是消費需求本身，還是消費水準、消費結構及消費的選擇性都將發生深刻的變化。這一方面給企業帶來了威脅，另一方面也給企業提供了機會。企業為了更好地滿足消費者的需要，只有不斷開發新產品，才能適應消費者變化了的需要。

3. 科學技術的日新月異也推動企業不斷開發新產品

科學技術的迅速發展給企業提供了無限創新的機會。新技術、新材料、新工藝等的出現，加快了企業產品更新換代的速度。技術的進步有利於企業開發性能更好、功能更全、質量更高的產品，來滿足消費者的需要。如果一個企業不具備利用新技術進行創新活動的能力，那麼這個企業注定要被市場遺棄。

4. 市場競爭的加劇將促使企業不斷開發新產品

企業要在日益激烈的市場競爭中立於不敗之地，只有不斷提高企業的競爭能力。企業必須不斷創新，努力為市場開發新的產品，更好地滿足消費者的需要，使企業在市場上保持競爭優勢。這是企業在競爭中求生存、求發展的客觀要求。

所以，新產品開發對企業來說有其必要性。同時，新產品開發對企業也有著重要的作用和意義：

（1）新產品開發是企業生存和發展的根本保證。

（2）新產品開發有利於企業充分利用各種資源，調動各方面的積極性。

（3）新產品開發能夠提高企業的聲譽，增強企業的競爭能力，降低經營風險。

（4）新產品開發能使企業更好地滿足消費者的需要。

（5）新產品開發是企業的使命和社會責任的具體體現，是企業對社會的貢獻。

三、新產品開發的方向和方式

1. 新產品開發的方向

隨著時代的發展，消費者的需求也隨著科學技術和經濟的發展而不斷地發展，為了適應這種發展的需要，企業新產品開發必須適應時代的要求。不同的時代，有不同的主旋律，新的世紀為新產品的發展方向提出了更高的標準和要求。從總的趨勢來看，新產品的發展方向主要表現在以下幾個方面：

（1）保健型。產品除了有使用價值和功能外，還要有益於人類的身體健康，即具有保健作用。

（2）功能型。一種產品具有多種功能，能同時給消費者帶來多種使用價值和利益。

一種產品有多種用途，就等於打開了幾個市場。產品除了具有好的使用或實用功能外，還要有保健、娛樂、環保、開發智力、科普、防護、教育等各種功能。

（3）舒心型。產品除了有良好的使用性能外，還應使消費者在使用或消費時感到舒心愉快，即產品具有美感、式樣新穎、結構合理、美觀大方，這是符合當前消費發展趨勢的。

（4）組合型。產品都向組合化發展，包括從原材料組合到結構、造型的組合。組合產品由基本件和組合件構成，特點是節約材料、占地面積小、式樣新穎、用途多樣化。

（5）立體型。產品的結構、造型、裝潢、圖案都向立體化發展，以便有效利用各種資源，使產品造型新穎美觀。

（6）便捷型。產品在保證其功能和性能的前提下，向微型化、輕巧玲瓏方向發展，即產品在滿足使用的前提下，要盡量做到輕、薄、短、小。

（7）仿質感型。這是為了適應消費者迴歸自然的需要，即使用人工化學合成材料製造的產品，外觀和手感都與天然物質一樣，而且使用性能一般還優於天然物質。

（8）資源型。新開發的產品要節約資源。

（9）獨特型。新產品要有一定的特色、與眾不同、具有個性。

（10）標準化和配套化。新開發的產品應是標準的和配套的。

此外，隨著人們生活水準的提高，產品向個性化和高檔化發展的趨勢也越來越明顯。

2. 新產品開發的方式

在市場經濟的條件下，企業的新產品開發並不意味著必須由企業獨立完成新產品的全部開發工作。企業除了依靠自己力量，還可以通過各種方式和途徑開發新產品。

（1）獨立研製開發。企業依靠自己的科研力量開發新產品，一般有三種形式：一是從基礎理論研究開始，經過應用研究和開發研究，最終開發出新產品。二是利用已有的基礎理論，進行應用研究和開發研究，開發出新產品。這種形式投資少些，研製時間也較短，許多大中型企業都在採用。三是利用現有的基礎理論和應用理論的成果進行開發研究，開發出新產品。這種形式需要的人力、財力較少，只要具備一定的科研能力的企業都可以採用，但新產品保持的優勢較少。

（2）技術引進。這種方式指企業通過購買別人的先進技術和研究成果，開發自己的新產品。他們可以從國外引進技術，也可以從國內其他地區引進技術。

（3）研製與技術引進相結合。這種方式指企業在開發新產品時既利用自己的科研力量研製又引進先進的技術，並通過對引進技術的消化吸收與企業的技術相結合，創造出本企業的新產品。

（4）協作研究。協作研究指企業與企業、企業與科研單位、企業與大專院校之間協作開發新產品。這種方式有利於充分利用社會的科研力量，彌補企業開發實力的不足，有利於把科技成果迅速轉化為生產力，使其商品化。

（5）合同式新產品開發。合同式新產品開發指企業雇傭社會上的獨立研究人員或新產品開發機構，為企業開發新產品。

（6）購買專利。該種方式指企業通過向有關研究部門、開發企業或社會上其他機構購買某種新產品的專利權來開發新產品。這種方式在現代市場條件下極為重要，可以大大節約新產品開發的時間。

四、新產品開發的風險

在現代市場條件下，激烈的市場競爭意味著，如果企業不開發新產品，將要冒很大的風險，甚至可能倒閉。由於消費者需求和口味的不斷變化，技術日新月異，產品生命週期日益縮短，競爭日趨激烈，如果企業不開發新產品，企業的產品和企業本身將面臨淘汰。

企業還必須認識到，進行新產品開發同樣也具有很大的風險。國外的研究表明，新產品的開發失敗率是相當高的。較高的失敗率使許多企業止步不前，不敢問津。究其原因主要有：

（1）市場分析失誤。目標市場選擇不準，或者對目標市場的需求估計過高，前期的市場調查和預測不準確，造成信息失真，沒有把握住消費需求的變化趨勢。

（2）產品本身的缺陷。新產品沒有達到設計要求，或者沒有特色，性能和質量不能滿足市場要求。

（3）開發成本太高。新產品開發成本大大超過預算成本，產品投產後不能給企業帶來滿意的利潤。

（4）行銷策略失敗。在新產品投入市場的過程中，行銷組合策略嚴重失誤，造成產品定位偏移，產品價格過高，上市時機不合適，銷售渠道不暢，銷售力量薄弱，促銷不力，等等。

（5）競爭激烈。競爭對手的實力太強，競爭十分激烈，超出企業的預計。企業在競爭中處於劣勢，導致新產品投放市場失敗。

一方面，新產品的開發風險越來越大，對任何企業來說都是一種巨大的挑戰。另一方面，企業為了使新產品開發成功，所需解決的問題和面臨的困難也越來越多：

（1）缺乏新的思想、新的構思和靈感，好的創意越來越少。

（2）市場過於細分，激烈的競爭導致市場更加細分化，企業不得不把新產品對準較小的細分市場，這意味著每種產品只能得到較小的銷售量和較少的利潤。

（3）新產品開發的限制、標準越來越多，如消費者安全、節省資源、加強環保和生態平衡等。

（4）新產品開發的高投入、高成本和高代價，使企業難以提供或籌集真正創新研究所需的資金，以致企業熱衷於產品的改型和仿製，而不願從事真正的創新工作。

（5）產品的成熟期縮短。當一種新產品成功後，競爭者會很快地進行模仿，從而縮

短了新產品的成長階段,使企業不能獲得預期的收益。

對於新產品開發中的風險,企業不能迴避,必須重視,這將有助於新產品開發工作的順利進行,提高新產品開發的成功率。

五、新產品開發的程序

新產品的開發是一項艱鉅而又複雜的工作,它不僅要投入大量的資金,冒很大的風險,而且直接關係到企業的經營成敗。因此,為了減少開發成本,取得良好的經濟效益,必須按照科學的程序來進行新產品開發。開發新產品的程序因企業的性質、產品的複雜程度、技術要求及企業的研究與開發能力的差別而有所不同。一般說來要經過以下程序:

(一) 收集新產品的設想和構思

一切新產品的開發,都必須從設想和構思開始。一個成功的新產品,首先來自一個大膽而有獨創性的構思或設想。沒有好的構思,開發好的新產品是不可能的。所以,企業在開發新產品時,要廣開思路,收集各種新的設想,而且對各種設想和建議切忌橫加指責或評論,因為要否定一個有缺點的設想是輕而易舉的,而要提出有獨創性的構思卻相當困難。企業在收集新產品的構思過程中,要注意構思的來源和收集的方法。

1. 企業新產品構思的主要來源

(1) 企業內部。企業內部是新產品構思的最大源泉。企業職工,包括普通職工或高層管理人員,在長期的行銷實踐中,會不斷產生出許多新產品開發的設想和構思。企業可以從市場行銷、研究和開發、新產品部門獲得大量的構思;也可以從企業的技術人員、工程師、生產部門的職工、銷售和推銷人員中獲得大量的構思。

(2) 顧客。顧客是企業新產品構思產生的第二大源泉。按照行銷觀念,顧客的需求和慾望是尋找新產品構思的出發點,也是企業開發新產品最可靠的基礎。顧客是企業產品的使用者,新產品開發最後能否成功,取決於是否能滿足顧客的需要和慾望。顧客對產品的建議或設想都是新產品構思的來源,雖然其建議或設想往往只涉及產品概念、形式、技術的某一方面,而且很少提出完整的產品概念。

(3) 科學家、工程師、設計人員、科研機構與大專院校。這些人員和機構長期進行科學技術研究工作,對於技術發展方向,產品的發展前景有極為豐富的專業知識與判斷能力,因而是新產品構思的重要源泉。

(4) 競爭對手。競爭對手在新產品開發上已取得的成功、經驗和教訓,都是企業可以借鑑的,可能對企業的新產品開發有重要的啓迪。企業要密切關注競爭對手的產品,瞭解競爭者產品的特點和市場需求,通過分析競爭對手的產品來構思企業的新產品。不過,一個真正成功的企業,從來不會將模仿別人的產品作為開發新產品的主要方法。

(5) 企業產品的經銷商。企業的經銷商經常直接與顧客、競爭對手打交道,最瞭解顧客和競爭對手的情況,對市場熟悉,具備一定的專業知識和信息收集整理能力,是企業

新產品構思的又一重要來源。
（6）其他來源。可作為新產品構思來源的其他渠道還很多，如市場研究公司、廣告公司、諮詢公司、新聞媒體等。
2. 收集新產品構思的主要方法
（1）產品屬性列舉法，即將現有產品的屬性一一列出，然後設想改進每一種屬性的方法，以改進這種產品。
（2）強行關係法，即列舉若干不同的物體，然後考慮每一種物體與其他物體之間的關係，由此產生新產品的創意。
（3）顧客問題分析法，即向顧客調查他們使用某種產品或某類產品所發現的問題。而每一個問題都有可能成為一個新產品創意的來源。
（4）開好主意會法，也稱頭腦風暴法，就是企業挑選若干性格和專長各異的人員一起座談，並就某個問題交換觀點，暢所欲言，以爭取得到大量的創意和設想。

（二）構思篩選

在新產品的構思階段，企業可能會收集到大量的新產品設想，由於企業資源的有限性，並不是每種構思都可以進行開發，需要對構思進行篩選。在這些構思中，有些應該剔除，有些應該保留，有些應該投入開發，這就要通過篩選來解決。篩選的目的就是要淘汰不可行的或可行性差的構思，使企業的有限資源能集中運用於成功機會較大的構思上。企業在篩選過程中應著重考慮兩個因素：一是該構思是否符合企業的經營目標；二是企業的資源是否能得到充分的利用，即企業是否具有開發該新產品所需的各種能力。企業應召集各方面的專家與人員，從多方面對產品的構思做出評價。

在篩選過程中，企業應避免兩種錯誤：一是該選的被篩選掉了；二是不該選的被選上了。不管犯了哪一種錯誤，都會給企業帶來巨大的損失。為了保證該選的都選上，不該選的都被篩選掉，企業的篩選過程具體可以分為兩步，即粗選和精選。

（三）產品概念發展與測試

構思經過了篩選後，需要將其發展成產品概念。因為產品構思僅僅是一種可能的產品設想，企業在產品開發時必須將這種設想發展成為更明確的新產品概念。產品概念是指企業從消費者的角度對這種構思所做的相近描述，即用對消費者有意義的術語表達產品的構思。然後再將產品概念發展成產品形象，即消費者能得到的實際產品或潛在產品的特定形象。

概念發展就是將產品的構思轉化為一種產品概念，即將產品的設想具體化為一種能實現的方法。因為消費者不會買產品構思而是購買產品概念的。一種產品構思可能有多種產品概念，依據對產品的具體定位而發生變化。比如，一家奶製品公司打算開發一種富有營養價值的奶製品，這屬於產品構思。在把這種構思發展成為產品概念的過程中，必須考慮目標消費者（老年、中年、青年、少年、幼年）、產品所帶來的利益（口味、營養、能

量、方便）和使用場合（早、中、晚、睡前）等因素。根據這三方面的因素就可以組合出許多不同的產品概念，如老年人在早餐時飲用的高營養價值的奶製品，少年在睡前飲用的味道鮮美的奶製品等。企業對發展出來的這些產品概念要進行評價，從中選出最好的產品概念，並分析它可能在市場上同哪些現有的產品和潛在的產品競爭，進而制定產品或品牌的市場定位策略，最後形成特定的產品形象。

在確定了產品概念，進行了產品或品牌市場定位以後，企業就應該對產品概念進行測試。概念測試就是用文字、圖畫描述產品概念或者用實物將產品概念向目標消費者展示，以觀察他們的反應。目的在於檢驗產品概念是否符合消費者的要求，或者是否表達了他們的需要和慾望。通過產品概念測試一般要明確這樣一些問題：

（1）產品概念的描述是否清楚明白。
（2）消費者是否能發現該產品的獨特利益。
（3）在同類產品中消費者是否偏愛本產品。
（4）顧客購買這種產品的可能性有多大。
（5）顧客是否願意放棄現有的產品而購買這種新產品。
（6）該產品是否能真正滿足目標顧客的需要。
（7）在產品的性能上，是否還有改進的餘地。
（8）購買該產品的頻率是多少。
（9）誰將購買這種產品。
（10）目標顧客對該產品的價格反應如何。

通過瞭解上述問題，就可以判斷該產品概念對於消費者是否有足夠的吸引力，從而可以更好地選擇和完善產品概念。

（四）制定市場行銷戰略

現在，企業的產品經理或者主持新產品開發的行銷負責人需要提出一個將這個產品投入市場的初步行銷戰略計劃。行銷戰略計劃包括三個組成部分：

（1）描述目標市場的規模、結構和行為，新產品在目標市場的定位，預計前幾年的銷售量、市場佔有率、目標利潤等。
（2）描述產品的計劃價格、分銷策略和第一年的行銷預算。
（3）描述預期的長期銷售量和利潤目標，以及不同時間的市場行銷組合。

（五）營業分析

新產品開發過程的第五個階段是營業分析，分析新產品的預計銷售量、預期利潤和成本復核，以決定開發這個新產品是否能滿足企業的戰略目標和市場目標。如果能夠滿足，就可以進行新產品開發階段。營業分析被否定的產品概念，將會被淘汰，因此，提交進行分析的新產品概念應不止一個。

1. 銷售量估計

新產品的預計銷售量至少應達到企業行銷戰略目標所規定的利潤貢獻目標或是取得一個滿意的投資回報率。估計銷售量涉及對市場需求的預測和可能出現的競爭情況的分析，其難度較大。有效的方法是通過嚴密科學的市場需求調查和預測。企業可以自己組織也可以委託專業市場調查分析機構進行。

2. 測算成本和利潤

測算成本，應從行銷者的角度和顧客的角度兩方面來進行。從行銷者的角度來說，主要涉及生產成本和銷售成本。方法是對成本的各個項目進行分析，分析要得到在一定生產經營規模下，長、短期成本的水準，並與預期的利潤進行比較。從顧客角度分析，主要應瞭解或測定產品的使用成本。對於顧客來說，產品的使用成本過高，不僅會降低首批購買者數量，也會影響重複購買率，從而使產品總的市場銷售量受影響。企業的市場行銷策略和手段，一方面可以促進新產品的銷售，另一方面也會使成本增加。因此合理確定行銷預算，對於降低成本和增加盈利是十分重要的。

(六) 產品開發

產品概念通過了商業分析，研究與開發部門及工程技術部門就可以把這種產品概念發展成實體產品。實體產品沒有出來之前，這個新產品還是一段文字描述一個圖樣或原始模型。產品開發是新產品開發投資的第一個高峰。這一步驟主要是將這些產品概念與構思轉化成技術上可行和商業上可行的一個實體產品（產品原型）。如果失敗，對於企業來講，所耗費的資金將全部付諸東流。

在這一階段，技術方面的可行性論證是由工程技術部門來負責的，一般有外形設計分析、材料與加工分析、價值工程分析三個方面。開發部門將對新產品的原理、結構、生產方式等進行確認或鑒定，並拿出該產品概念對應的實體產品。其中主要包括技術設計、工藝設計、產品原型試製等。就企業的行銷管理部門來說，主要解決包裝設計、品牌設計、產品花色設計，並且在產品特色、樣式、用戶的要求等方面向技術設計部門提出要求，使設計出的新產品能夠最大限度地符合顧客期望。特別是在產品的原型出來以後，應由行銷部門組織消費者調查和消費者測試工作，以使技術部門能夠進行有效的或有針對性的改進設計。

經過產品開發，試製出來的產品如果符合下列要求，就可以認為是基本成功的：①產品具備了產品概念中所列舉的各項主要指標；②在正常條件下，產品可以安全地發揮功能；③產品的成本控制在成本預算的範圍內。

(七) 市場試銷

產品實體開發出來並進行了顧客測試後，如果顧客滿意，就需要為該產品制訂一個預備性的行銷方案，在更為可信的消費者環境中進行測試，這就是市場試銷，目的在於瞭解消費者和經銷商對此產品有何反應，並再次鑒定這個產品的市場有多大，然後再決定是否

大批量生產。不過，並非所有的新產品都必須經過試銷這一階段，是否試銷主要取決於企業對新產品成功率的把握。如果企業已通過各種方式收集了用戶對該產品的反應意見，並已進行了改進，瞭解到產品具有相當大的市場潛力，就可以在市場上直接正式銷售；如果企業對新產品的成功沒有把握，進行試銷是有必要的。

市場試銷的規模取決於兩個方面：一是投資費用和風險大小，二是市場試銷的費用和時間。投資費用和風險較高的產品，試銷的規模應大一些；反之，投資費用和風險較低的新產品，試銷規模可小一些。所需市場試銷費用越多、時間越長的新產品，市場試銷規模應小一些；反之，則可大一些。一般來講，市場試銷費用不宜在新產品開發投資總額中占太大的比例。

試銷範圍的確定，主要根據目標市場的地理位置來決定。在目標市場地理位置不太集中或企業市場範圍過廣時，應選擇最具代表性的市場位置進行市場試銷。

市場試銷的方法因產品類型而異。對經常購買的消費品，就應從試用率和再購買率兩個指標來考察。如果某新產品的試銷市場是高試用率和高再購買率，表明這種新產品可以繼續發展下去；如果市場是高試用率和低再購買率，表明顧客對這種產品不滿意，必須重新設計或放棄這種產品；如果市場是低試用率和高再購買率，表明這種新產品很有前途，但要加強廣告宣傳和促銷工作；如果試用率和再購買率都很低，表明這種產品沒有前途，應當放棄。

(八) 商品化

新產品在市場試銷中成功後，企業可以正式投入批量生產，把新產品全面推向市場。一旦企業決定把新產品正式投入市場，企業就必須再次投入大量的資金，用於建設或租用全面投產所需的設備和投入大量的市場行銷費用。在新產品投放市場階段，企業要對下列重大問題進行決策：

1. 投放時機

企業要確定在什麼時間將新產品投放市場是最適宜的。投放時機的把握，對新產品最初的銷售量影響很大。一般來說，對季節性較強的新產品來說，投放時機應選擇在旺季，以便盡快提高銷售量；如新產品投放市場是為了填補一個需求很強的市場空白，就應盡早投放市場，以便在其他產品進入前形成優勢；換代新產品的投放時機更應注意，一般在老產品處於成熟期的中期時，便應開始開發、投入新產品，這樣一方面可以利用老產品的收益補償新產品投入時期的虧損，另一方面，在老產品進入衰退期時，新產品已進入成長期，可保證企業的整體效益。

2. 投放地區

企業一般要制訂市場投放計劃，特別是中小企業。企業應該選擇最有吸引力的市場首先投放。在選擇投放地區時，要考察市場潛力、企業在該地區的聲譽、投放成本、該地區對其他市場的影響等。通常，企業應集中在某一地區市場上投放新產品，然後再向其他地

區輻射。如果企業資金雄厚，銷售網絡廣闊，對新產品的成功有較大的把握，也可以直接在全國或更大範圍的市場上同時投放。

3. 向誰投放

在新產品投放市場時，企業必須將其分銷和促銷目標對準最有希望的購買群體，利用這些顧客來帶動一般顧客，以最快的速度，最少的費用，擴大新產品的市場佔有率。企業可以根據市場試驗的結果，來發現最有希望的顧客。對新產品來講，最有希望的顧客群體一般具備以下特徵：他們是早期採用者、大量使用者、新觀念倡導者或輿論領袖，接近他們的成本較低。當然，完全符合這些條件的顧客往往很少，但是企業可以根據這些特點去尋找相對最好的目標顧客群體，以使新產品在投入市場的初期，發展得比較順利。

4. 投放方式

企業要制定新產品開始投放市場的市場行銷戰略。企業首先要對各項市場行銷活動分配預算，其次規定各種行銷活動的組合順序，從而有計劃地開展市場行銷管理。

本章小結

產品決策這一章實際上包含了三個方面的問題：一是產品決策的問題，二是產品生命週期理論，三是新產品開發。本章內容較多，也十分重要，要認真學習、領會和掌握。

產品是行銷組合最重要的一個因素，產品決策是行銷決策中最重要的一個決策。所謂產品是指由企業提供給市場，能引起人們的注意、獲得、使用或消費，用於滿足人們某種需要和慾望的一切東西。產品具有五個層次：核心產品是消費者真正要購買的東西，即基本利益或服務；基礎產品則是產品的表現形式；期望產品是顧客購買時要求得到的產品屬性或條件；附加產品是顧客得到的增加的利益與服務；潛在產品是最後可以加入產品的附加部分與功能。企業應從這五個層次來看待產品。按行銷活動的需要，應當對產品進行分類，以便為每一類產品制定適合的行銷戰略或策略。對產品進行分類，可按不同的分類標準進行。產品組合是指一個企業行銷的全部產品的總稱，產品組合由若干產品線構成，每條產品線由若干產品項目構成。產品組合具有一定的寬度、長度、深度和關聯性，這四個測量尺度，為企業制定產品組合決策提供了依據和主要的決策內容。產品線決策包括產品線分析、產品線長度決策、產品線現代化決策、產品線特徵決策和產品線縮減決策。品牌策略是企業如何合理地利用品牌，發揮品牌的積極作用的問題，是產品決策的重要組成部分。品牌是識別不同企業產品的標誌。品牌的意義應從品牌的屬性、利益、價值、文化、個性和使用者六個方面來深入理解。品牌決策是系列化決策，包括品牌化決策和非品牌化決策、品牌使用者決策、品牌名稱決策和品牌策略的決策。產品包裝是整體產品的一個組成部分，是實現產品價值與使用價值並提高產品價值的一種重要手段，包裝的優劣往往影響到企業經營的成敗。包裝策略主要有類似包裝策略、品種和等級包裝策略、組合包裝策

199

略、多用途包裝策略、附贈品包裝策略等。

產品生命週期理論是關於產品在市場上的生命力的理論。產品生命週期就是產品從開始進入市場行銷直到退出市場行銷所經歷的時間過程，一般都要經過投入、成長、成熟和衰退四個明顯不同的階段。產品生命週期理論對企業有廣泛的行銷意義。產品生命週期的每一階段，其市場特徵是不同的，企業必須開發正確的行銷策略。

新產品開發對企業來說是一個巨大的挑戰。新產品可分為全新產品、換代新產品、改進性新產品和仿製新產品。新產品開發有其必要性和重要意義。對不同的企業，選擇新產品的開發方向和方式是不同的，但都應符合時代的標準。新產品開發具有極大的風險，為了避免不必要的損失，新產品開發要按照收集新產品的設想和構思、構思篩選、產品概念發展與測試、制定市場行銷戰略、營業分析、產品開發、市場試銷和商品化的程序進行。

本章復習思考題

1. 產品五個層次的概念及行銷意義是什麼？
2. 產品的基本分類有哪些？
3. 如何進行產品組合決策？
4. 品牌的含義包括哪些方面？
5. 什麼是品牌化決策？
6. 企業如何進行品牌名稱的決策？
7. 企業如何開展包裝設計？
8. 包裝決策的主要內容是什麼？
9. 產品生命週期的概念和行銷意義是什麼？
10. 產品成長期的市場特徵和行銷策略有哪些？
11. 新產品開發的意義和類型有哪些？
12. 新產品開發的主要過程有哪些？

第九章　價格決策

價格，在行銷 4Ps 組合因素中，是唯一的產生收入的因素，其他因素則為成本。但是，在企業行銷活動中，高價並不一定能帶來更高的收入；低價，可能帶來破壞性的價格戰，並且可能導致消費者感知到的品牌價值的降低。市場需求的複雜性決定了定價不僅直接影響收入，也會對企業整個行銷戰略的實現產生重要影響。因此，企業的行銷經理人員需要小心對價格做出決策。

在行銷管理中，價格決策涉及五個方面的問題：一是如何定價，這主要是針對企業新產品行銷；二是新產品定價的主要策略；三是企業如何制定不同價格使產品組合的盈利最大化；四是在制定了標準價格的基礎上，如何針對不同市場情況與行銷目的，對價格進行調整，產生一個可執行的價格；五是變動價格，即當環境因素、行銷條件、行銷目標變化時，對價格進行調整，包括降價或提價。

第一節　制定價格

制定價格，就是對第一次向市場銷售的產品，或是首次進入某個全新的細分市場進行銷售的產品或服務確定價格。

從歷史上看，買主與賣主進行交易時，是通過一對一的談判進行的。進入工業經濟社會以後，機器大生產的社會生產方式一經確立，這種一對一的價格談判進行交易，因交換效率很低而逐漸被廢棄。在現代市場經濟中，除了一些特殊行業的產品和服務，還在採用一對一價格談判來確定產品售價外，一般的產品，在送往市場前，行銷者已經為其確定了統一的銷售價格。

在決定行銷組合的 4Ps 因素中，價格的確定看起來是最容易的，以致許多企業的經理人員將價格決策認為是可以隨意進行「試驗」的。「如果賣不掉，降價就行了」。這正是在價格決策和管理方面經常出現的錯誤。

Thomas T. Nagle 和 Reed K. Holden 認為：美國許多大公司都犯該定價上的錯誤，這些公司的領導能夠創造巨大的顧客價值和市場需求，但是卻不能持久獲得可觀的利潤。因此，為了形成較強且持久的獲利性，公司必須把定價作為整個經營戰略的一個組成部分。就是說，公司在行銷組合策略的考慮中，應摒棄原來的戰術定價方法而改用戰略定價。戰略定價不僅要求觀念上的變化，還要求定價時間、定價方法以及定價決策者等方面的變

化。戰略定價還要求管理當局制定出一整套與公司戰略目標協調一致的定價政策和程序。①

制定價格時，首先需要解決價格的定位問題。就顧客的購買行為來講，是通過將企業提供的產品或服務的價值與價格比較，並與競爭對手的產品與價值比較後，來判斷與一個企業進行交易是否理性。因此，定價時，基本定價策略的選擇，可通過如圖9-1所表示的定價戰略組合矩陣來選取。

		價格		
		高	中	低
產品質量	高	溢價戰略	高價值戰略	超值戰略
	中	高價戰略	普通戰略	優良戰略
	低	一次性戰略	虛假經濟戰略	經濟戰略

圖9-1　9種價格/質量戰略

定價戰略組合矩陣實際上分為三個部分，從左上角到右下角為一種戰略類型，這類價格戰略是：質量＝價格，屬於常規「高質高價；低質低價」的戰略；對角線右上部，則是質量＞價格，屬於低價或市場滲透戰略，即低價格銷售高質量的產品；而在對角線左下部，則是：質量＜價格，屬於高價或撇脂戰略，即用高價格銷售低質量的產品。

如何選取適宜的定價戰略，企業應該仔細分析自己提供的產品所具有的顧客價值和顧客可能的接受程度；同時，需要考慮競爭對手提供的產品價值與顧客對競爭者產品或服務的認同後，考慮選擇適合的價格定位。因此，定價時，需要按照確定價格的步驟進行。

企業確定價格時，有六個步驟，如圖9-2所示。

選擇定價目標 → 確定需求 → 測算成本 → 分析競爭者的成本、產品和價格 → 選擇定價方法 → 選擇最終價格

圖9-2　定價步驟

一、選定定價目標

企業為產品或服務確定價格，首先表現為企業想實現的目標是什麼，主要定價目標有五個（如圖9-3所示）。

1. 生存目標

生存目標是指當企業遇到嚴重的經營問題或劇烈的競爭時，如市場需求發生非預料的下降，競爭對手突然發動市場攻擊，這時企業首先需要考慮的是生存，即能夠維持企業當

---

① NAGLE T T, HOLDEN R K. The Strategy and Tactics of pricing [M]. Englewood: Prentice Hall, 1995.

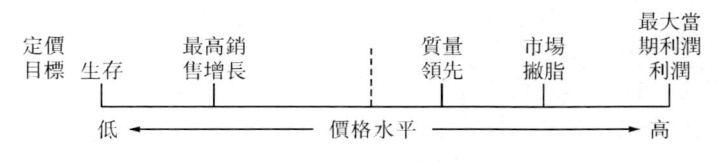

```
定價   生存  最高銷    質量  市場   最大當
目標        售增長    領先  撇脂   期利潤
                                  利潤
   低 ──────── 價格水平 ──────── 高
```

圖 9-3　定價目標與價格水準

前繼續開工，或能夠使大量的庫存產品盡快脫手。生存比起利潤來說，總是重要得多。當企業採用這一定價目標時，就要制定一個盡量低的銷售價格，所謂「盡量低」，是指價格僅僅可以彌補可變成本或抵償小部分固定成本。最極端的情況是連固定成本的抵償都無法考慮，只要能抵補變動成本就行。在圖 9-3 的定價水準圖上，生存目標是最低定價。

2. 當期利潤最大化

當期利潤最大化指企業置長遠的財務績效與行銷影響於不顧，主要考慮能在現在產生最大利潤。當期利潤最大化，並不是指將價格定得極高，因為價格與市場需求是反比關係。因此，能使利潤最大化的價格從經濟學原理來說，是指邊際收入與邊際成本相等的價格。在定價操作上，當期利潤最大化指盡量增大現期的現金流量，如降低產品的品質、減少服務或者使用廉價的代用材料等。由於不考慮這樣做會對企業長期行銷效果和財務帶來什麼不利影響，因此，「利潤最大化」就只能對當期收入來說成立，但不能保證在這種定價目標下，能維持長期利潤。在圖 9-3 的定價水準圖中，表現為處於價格水準的最高端，但仍應符合「邊際收入等於邊際成本」的經濟學定理。很顯然，這需要經理人員對於企業的需求函數、收入函數、成本函數都能精確瞭解才行。實際上，許多企業因為面臨環境因素的不斷變化與競爭對手對於價格反應的不同，往往很難做到。

3. 最高銷售增長

最高銷售增長實際是一種追求最大市場份額的定價。這樣的定價目標是想通過最大份額的謀取，獲得長期利潤。這一目標包含這樣的判斷：市場上的顧客對價格特別敏感，他們寧肯為少支付價格做出足夠的努力，而不太在乎產品質量方面指標。質量只要能夠接受就行。這種定價目標一般是偏低定價。

如果企業的行銷戰略目標是增強市場競爭實力；或者為了能得到市場控制權；或者為了在一個競爭激烈的市場中鞏固自己的行銷地位，並且有「比較陡削的經驗曲線」，那麼，企業可以考慮採用這種定價目標，使自己產品的市場份額盡量超過其他競爭對手。這時，企業將制定一個盡量偏低的價格。所謂「盡量偏低」，是指企業的產品價格比絕大多數的競爭對手的產品價格低。在圖 9-3 中，這種定價表示的價格水準是靠近低端的。

4. 市場撇脂

所謂「撇脂」，是指制定盡可能高的價格，以「撇取」到市場上最高支付能力可以出得起的價格，使單位產品的獲利最大。計算機行業中的 Intel 公司，對於新研製出來的

CPU，就採用這樣的定價方法。市場撇脂首先對於市場可能接受的最高的價格水準進行估計，然後按照這樣的估計來制定價格。因此，主要特點是單位產品的價格很高，或者單位產品的毛利很高，但總的銷售收入是否最高，需要依市場實際能達到的購買量來定。撇脂定價有一個明顯的特點，就是價格的不穩定性，它總是在撇完一層後，再次降低價格，以對下面的消費層中再進行撇脂。因此，撇脂定價要冒顧客對公司產生「詐欺」的反感的風險。消除撇脂定價負面影響的方法是將其「透明化」：公司或者將價格的下調計劃或步驟告訴顧客，這對於那些等不及的顧客，其在高價階段購買了也但不會認為受到欺騙——國外許多汽車公司對自己的產品就採用這樣的方法；或者形成一種市場慣例化做法，就是在公司有新產品推出時，將老產品降價，但公司將不斷地通過公眾信息傳播渠道公布新產品開發進度和預計上市時間，使顧客能夠判斷現有產品降價期限——Intel 公司就是採用這樣的方法。

5. 質量領先目標

企業如果主要考慮實現最好的行銷形象和有最好的產品形象，或者市場上存在數量較多的關心產品質量勝於關心價格的顧客，可考慮採用質量領先定價目標。在這種情況下，企業提供超過平均質量水準的產品，採用超過平均定價水準的定價。在圖 9-3 的定價水準圖中，表現為是一個偏高的定價，即企業產品價格高於市場上絕大多數競爭對手產品的價格。質量領先的定價目標的實行，公司必須與塑造品牌形象聯合起來使用，必須抵制市場份額對當期利潤的影響誘惑。因為公司一旦放棄對質量的定位，公司將很難再次回到這樣的位置上。我們所熟悉的星巴克咖啡、瑞士鐘表、寶馬汽車等產品系列都將自己定位為本行業的產品領先者，集高價、質量、奢華為一體。其中瑞士鐘表在中國市場，一直沒有放棄過其高檔定位。因此，它沒有佔有大份額，但 10 多年來，卻以佔有中國市場不到 30% 的銷售量獲取過半鐘表市場的利潤。

二、確定需求

行銷企業在決定或制定價格的時候，首先需要考慮需求水準。因為無論選定哪種定價目標，特別在高價目標的時候，價格要有意義，必須要求在此價格下有一定的需求。而需求與價格呈反比關係，即價格越高，需求水準越低，所以我們說，需求是對價格最高可以達到水準的「鉗位」因素。

1. 需求曲線

需求曲線的理論是微觀經濟學的基本理論，也是企業制定價格的基本理論之一。普通的需求曲線如圖 9-4 所示，在圖中，縱坐標代表價格 P；橫坐標代表需求量 Q，需求曲線 d 在這樣的直角坐標系下，表現為是一條向右下方傾斜的曲線，說明價格與需求量具有反比關係，當價格在 P^0 時，需求量對應在 Q^0；當價格降到 P^1 時，需求量增加到 Q^1。

在經濟學中，也有需求量與價格呈正比關係的特殊商品存在，在這種情況下，需求曲

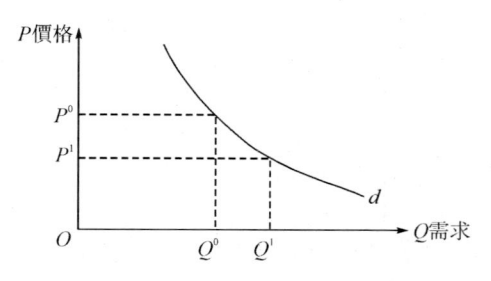

圖 9-4　普通的需求曲線

線在以價格 P 為縱坐標、以需求量 Q 為橫坐標的直角坐標系下，將是向右上方上升的一條曲線。如圖 9-5 所示。在這樣的需求曲線下，當價格在 P^0 時，需求量在 Q^0；當價格上升到 P^1 時，需求量也上升到 Q^1。具有這種需求曲線形態的產品，理論經濟學中稱之為「吉芬商品」，是由英國經濟學家吉芬所發現，在理論經濟學中，「吉芬商品」的含義是「劣質品」；但行銷理論研究卻認為，具有這種需求曲線的產品與「吉芬商品」的含義完全不同，是一種「威望產品」。比較典型的如化妝品，當價格很低時，即被看成是「劣質品」時，顧客不願購買；相反，如果為化妝品定較高甚至很高的價格，顧客反而願意購買；某些顧客關心質量勝於價格的產品，也具有這種情況，當價格降低時，顧客因為對產品質量有懷疑或失去信心，反而不願意購買。

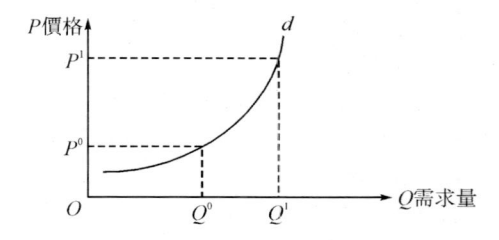

圖 9-5　吉芬商品或威望商品需求曲線

2. 影響價格敏感性的主要因素

很顯然，上述兩種需求曲線，實際將市場的顧客劃分成兩種：普通需求曲線，表明顧客受價格影響大，價格是主導其購買的因素，這稱為價格敏感型顧客；威望需求曲線表示顧客受質量因素的影響大，質量是影響購買的主要因素，這稱為質量敏感型顧客。

顧客是否是價格敏感性型，受下列因素影響：

（1）獨特價值的影響。即產品越具有獨特的、受顧客歡迎的特點，則顧客的價格敏感性越差，同質化產品則價格敏感性越高。

（2）替代品的價格與知名度。替代品與特定的產品價格越接近或替代品的知名度越高，顧客的價格敏感性越高。

（3）難以比較的影響。如果顧客對於替代品的質量和價值越難同特定的產品進行比較，則顧客對價格越不敏感。

（4）支出比重。如果購買一個產品，需要的支出占顧客總消費支出的比重越小，顧客對於價格越不敏感。

（5）最終利益的影響。如果顧客購買使用產品的費用中，購買的費用所占比例越低，則顧客的價格敏感性越低。

（6）分攤成本的影響。如果購買一個產品的成本可由另外的人或組織分攤，則顧客價格敏感性越低。如顧客通常在保險公司支付修車費用的時候，購買最好的零件；而如果沒有保險公司為其支付時，可能購買的是能用的零件；享受公費用車的人就喜歡購買盡可能高檔的汽車。

（7）累積購買的影響。如顧客購買的產品是需要與以前購買的產品聯合起來使用，則價格敏感性低。如顧客對汽車裝飾件的價格敏感型低於汽車購買的價格敏感性。

（8）質量影響。如果顧客認為產品的質量好，有聲望或是屬於更高的檔次，則價格的敏感性就差。

（9）存貨的影響。顧客如果自己無法存儲產品，他們對價格的敏感性就差。

3. 對需求量影響的非價格因素

通常在談論價格對需求影響時，其實都需要假定其他對需求發生影響的因素沒有變動。但是，這些因素卻是時刻在影響著需求的變動。因此，應該對於非價格因素對需求的影響進行分析，這樣才能知道在需求變化時，價格的變化引起的影響，其真正作用的程度有多大。影響需求變化的非價格因素主要有：

（1）消費者當前的偏好。消費者對某種產品當前的偏好高時，即便價格沒有變動，對該產品的需求量也會上升，反之反是。

（2）收入。當消費者的收入增加時，即便產品的價格沒有降低，需求量也會上升，反之反是。

（3）替代品價格的變化。某一產品如果有替代品的話，如果替代品的價格下降，將導致該產品的需求下降，反之反是。

上述三個非價格因素對需求量的影響，表現為使需求曲線以原有的斜率平行地（矢量相同）升高和降低。圖9-6中，如果原來的需求曲線為 d，當非價格因素發生變動並產生影響時，可使需求曲線按同樣的矢量方向下降低到 d_1 位置，或者上升到 d_2；這時，即便價格沒有變化，都是 P^0，需求量也會降低（移動到 d_1 時）或增加（移動到 d_2 時）。因此，就給定的一條需求曲線，說價格變動會引起需求量改變時，必須假定這三項因素不發生變化或忽略這三項因素的變化。

4. 需求的價格彈性

價格的變動，對市場需求量會發生影響。但是，在同樣的價格變動量的情況下，需求

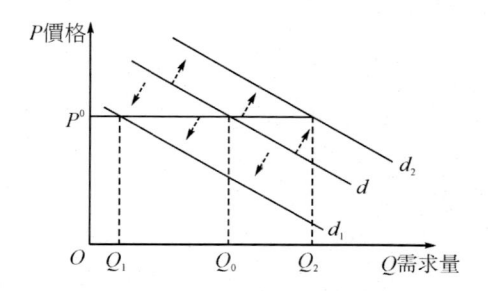

圖 9-6 非價格因素對需求量的影響

發生變動的大小或稱為反應的敏感度是不同的。那麼，一定量的價格變動，到底會引起需求量有多大變動呢？這就要用理論經濟學中需求價格彈性理論來進行分析。

所謂需求的價格彈性是指價格變化的百分比與需求量變化的百分比的比值。用公式表示就是：

$$E = \frac{\Delta Q/Q}{\Delta P/P}$$

式中，E＝需求價格彈性；ΔQ＝需求變動量；Q＝原有（變動前的）需求量；ΔP＝價格變動量；P＝原有（變動前的）價格。

為使用方便，可將上式整理為：

$$E = \frac{\Delta Q}{\Delta P} \cdot \frac{P}{Q}$$

需注意，由於需求量與價格的變化呈反比關係，所以，價格彈性 E 都有一個負值，但在一般情況下，有否負值，並不對計算結果發生影響，所以通常將其負號捨掉了。但在某些情況下，還需要使用到負值。

【例】如果一個企業將其產品的價格從 10 元/件降到 5 元/件，銷售量就從 120 個單位上升到 150 個單位，那麼，其產品的需求的價格彈性為：

$\Delta P = 10 - 5 = 5$

$\Delta Q = 150 - 120 = 30$

則需求的價格彈性為：$\frac{20}{5} \times \frac{10}{120} = 0.5$

需求的價格彈性，在理論經濟學中指出有五種不同類型，對企業定價來講，起影響作用的有兩種：即 $E > 1$ 時，就是需求富有彈性，在需求富有彈性時，價格有很小的改變，就會引起需求量很大的改變（如圖 9-7（a）所示）；$E < 1$，就是需求缺乏彈性，在缺乏彈性時，價格有很大的改變，才能引起需求量很小的改變（如圖 9-7（b）所示）。

現代市場行銷學

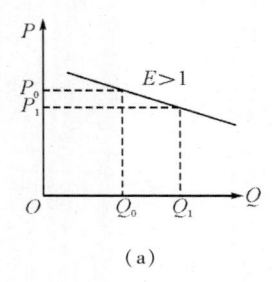

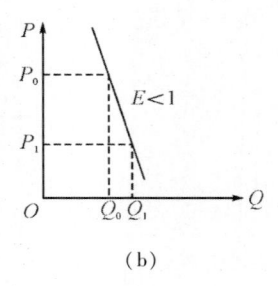

(a)　(b)

圖9-7　2種需求價格彈性比較

由此，可得到兩個重要的定價結論：

（1）當一個產品的需求富有彈性，定低價比高價更為有利；而變動價格時，降價比提價更為有利。因為降低價格失去的收入會因為銷售量的大幅度提高得到補償並有餘。

（2）當一個產品的需求缺乏彈性時，定高價比低價有利；變動價格時，提價比降價更為有利。因為高價或提價引起的銷售量減少，會因為單位產品毛利的提高而得到補償並有餘。

就一個給定的產品的需求曲線來講，其上的彈性並不是處處相等的。當處於高價區時，需求富有彈性；當處於低價區時，需求缺乏彈性；而在曲線的中點，需求彈性等於1，如圖9-8所示。因為就一條需求曲線來講，所謂的彈性，不是指曲線的斜率，而是斜線上的點彈性。與斜率不同的是，斜線的點彈性並不是處處相等。即在圖9-8中，如果我們在表示需求曲線的線段中間取一點，為 e，令線段的下部為 e_1，上部為 e_2，則彈性等於線段的下半部與上半部的比值，即 $E = \dfrac{e_1}{e_2}$。對於這個關係的證明方法，可參見經濟學書籍[1]。這就是說，對於許多產品來說，當定價處於高價位時，降低價格，對增加銷售量效果很明顯；而當產品已經處於低價位後，再通過降價來提高銷售量，一般不會有明顯的效果。也就是說，企圖用價格方法來獲取市場份額或增加銷售量，不可能永遠有效。

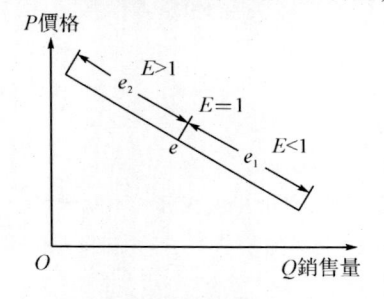

圖9-8　在一條需求曲線上彈性是不同的

---

[1] D. S. 沃森，M. A. 霍爾曼. 價格理論及其應用 [M]. 閔慶全，範家驤，戴侃，等譯. 北京：中國財政經濟出版社，1983：53-55.

需求的價格彈性大小，主要由下列因素決定：

（1）產品用途。用途越多，需求越有彈性；反之反是。因為用途多的產品，當其價格便宜時，消費者可以將其使用在相對不太重要的用途上；一旦價格上升，又可以削減那些不太重要的用途。最典型的產品是電，因其用途很多，故電的價格彈性很大。

（2）替代品的數目及替代的相近程度。一種產品，其替代品越多，替代的相近程度越高，則該產品需求價格彈性越大，反之反是。因為在替代品多的時候，如果該產品漲價，則消費者可以轉而去追求其他產品。大多數水果是富有彈性的產品，因為各種不同的水果常被消費者認為是可以相互替代消費的。

（3）消費者在一種商品上的消費支出占其總消費支出的比重。如果這一比重越大，則該產品就越有彈性，反之反是。因為，在占消費支出比重大的時候，如果該產品價格提高，則削減消費節省下來的支出，還能做其他消費項目的安排。反之，則節約下來的支出，在消費上不會有多少意義。

（4）消費者改變購買和消費習慣的難易程度。越容易，則產品的價格彈性會越大，反之反是。比如對於酒類產品，大多數消費者有口味偏好，就比較難以改變。

（5）文化價值的取向或偏向。越符合或越接近消費者核心價值觀的產品，消費者越願意消費，價格彈性越小。如用於婚、喪、嫁、娶方面的消費與宗教方面的消費。

三、估計成本

需求是價格的最高「鉗位」因素，成本則是價格的最低「鉗位」因素。企業行銷的產品，如果不能彌補其生產與行銷成本並獲得盈餘，企業就無法生存與發展。因此，企業在制定價格的時候，需要對成本水準及成本的相應的變動進行估計和分析。

1. 固定成本與變動成本

以靜態的方法觀察和分析成本，成本首先可以分為固定成本與變動成本。

固定成本是指成本總量不隨企業產品產量變化的成本費用（如圖9-9所示）。

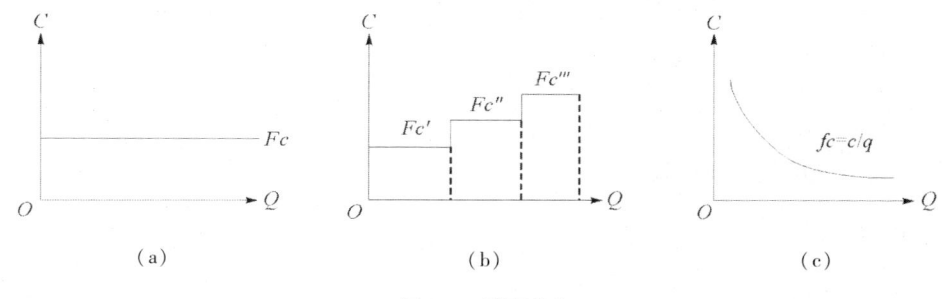

圖9-9　固定成本

圖9-9（a）中，（a）表示一定生產規模下的固定成本 Fc，它不隨著產量變化而發生

變化；(b) 表示如果生產規模增加，固定成本將隨投資量（廠房、設備）增加，呈「跳躍式」階梯狀變化；(c) 表示在一定的生產規模下，單位產品中固定成本是下降的，因為更多的產出量將攤薄單位產品中的固定成本。固定成本項目通常包含有資產折舊、計時性工資、企業管理費用等。

變動成本是指隨企業的產品產量變化而會相應變化的成本。圖9-10中，(a) 表示總變動成本曲線，它是隨產量增加而不斷增加的；(b) 表示單位產品中的變動成本，是固定值。變動成本主要涉及的成本項目有原材料、計件工資、各種直接消耗的生產作業物資等。

需指出：變動成本在圖9-10的表示中，斜率不變，即在單位產品中是固定不變的（指生產技術條件不發生變化）。當企業採用新的技術，新的生產方式，如將單位產品中原材料消耗降低時，變動成本也會表現為在成本曲線上斜率的改變和在單位產品成本曲線上平行下移。取一般的以會計資料進行成本分析時，是不會反應出這種變化，故將這種成本分析稱為「靜態成本分析」。

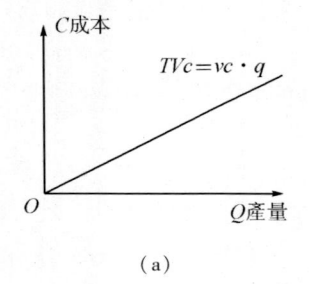

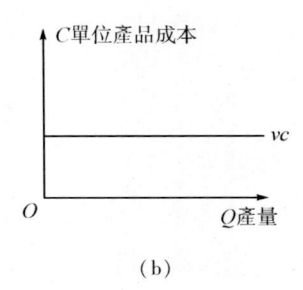

圖9-10 變動成本

從靜態成本分析來看，企業的定價，應該至少要能抵償變動成本並有一定的剩餘，才可能抵償固定成本。只有當固定成本被抵償完後，企業才有可能獲得盈利。所以，變動成本被認為是定價的最低界限。

2. 短期成本與長期成本

分析短期成本與長期成本，屬於動態成本的分析方法。因為這種分析，可以知道在不同的生產技術組織條件下，企業的成本水準會發生哪些變化。

(1) 短期成本。短期成本是指在一定的生產技術條件下，並且這種生產技術條件不發生改變時企業的生產成本。在以成本為縱坐標，以產量為橫坐標的直角坐標系下，短期成本是一條「U」型曲線，如圖9-11所示。Q_0為給定規模下的成本最低點，也是最佳經濟產出量。短期成本的特點是，隨著產量的增加，成本開始表現為不斷下降，達到一個最低點後，成本就開始上升。這是因為，隨著產量增加，工人的技術熟練程度提高；管理人員管理經驗不斷累積，方法不斷改善；原材料使用更合理；機器設備能更好地發揮出應有

的效率等，都能使成本不斷下降；但是，過了一個最低點後，由於更多的作業生產要求會超過現有機器的產出能力，工人為等待設備而排隊等導致工時損失；機器負荷過重導致故障增加，使生產效率下降從而成本增高。因此，如果企業需要向市場提供更多的產品，就只能通過增加設備和勞動力，即擴大生產規模來達到。

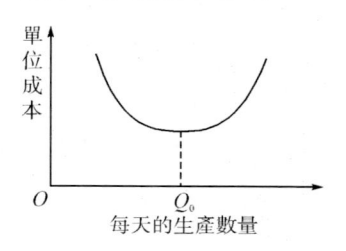

圖9-11　短期平均成本

（2）長期成本。如果企業生產規模要超過現有最佳經濟產量規模 Q_0，那麼就需要建立具有更大生產能力的工廠，即增加機器設備、廠房、工人和管理人員。由於增加設備的同時，企業可能找到技術更領先或效率更高的設備，並且可能找到更好的原材料供應商，工藝流程可以不斷改進，這都將使生產規模擴大或是生產能力提高，因此可以得到更有效率的生產。這時，大規模的工廠成本總體平均水準應低於原來較小規模的工廠。即在圖9-12中，Q_1 的成本水準低於 Q_0；最低的成本點也低於 Q_0；同理，如果還需再提供更多的產品，則繼續新建 Q_2，而 Q_2 是優於 Q_1 的；同理，若還需再提供更多產品給市場，規模擴大到 Q_3，但這時就不能再獲得更低的成本了。因為隨著企業生產規模的進一步擴大，管理的難度越來越大，需要增設更多的管理層次，指揮的文書需要更長的路徑與時間才能到達被指揮層手中；就近能夠購買或質優的原材料使用完畢，將在更遠距離採購或使用質量更差的原材料……這樣，規模不經濟性隨著企業規模進一步擴大就會表現出來，成本開始上升。於是，隨著規模再擴大，Q_3 的成本將大於 Q_2。與各種規模下的短期成本的最低點相切畫出一條包絡線，就得到了長期成本曲線，如圖9-12所示。長期成本曲線也是「U」型曲線。

隨著企業規模的擴展，掌握成本變化的規律性，需要對短期成本與長期成本進行分析。這對於行銷經理人員估計成本的動態變化，並制定合適的產品銷售價格具有指導意義。

（3）經驗曲線（Experience-curve）。經驗曲線也稱為「學習曲線」，表示隨著產量的累積，企業的成本水準降低的情況。在圖9-13中，當企業產量在10萬件時，成本很高，因為這時工人沒有經驗，管理人員也缺乏管理經驗與技巧；但隨著產量的增加，累積起來的生產與管理經驗開始起作用，達到產量40萬件時，單位成本開始下降到每件產品3元的水準，企業可以獲得行業平均利潤（經驗曲線 a）R；當產量進一步累積到60萬件的時

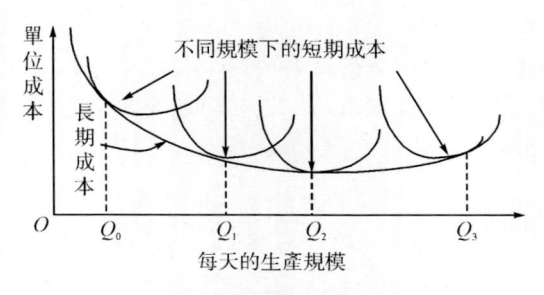

图 9-12 長期成本曲線

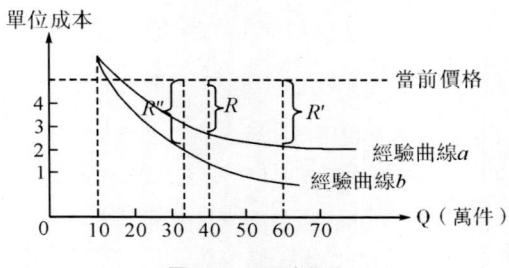

图 9-13 經驗曲線

候，成本達到每件 2.5 元，企業不僅能獲得平均利潤，並且還得到了超額利潤，即 R' 大於 R 的部分。這種隨經驗累積而來的成本下降就是經驗曲線，也經常稱為學習曲線（Leaning-curve）。比較圖中的經驗曲線 a 與 b，因為曲線 b 比曲線 a 更陡削，即曲線 b 的成本下降速度更快。因此，如果企業擁有 b 這樣的一條經驗曲線，要達到每件 3 元水準，產量僅僅需要達到 25 萬件。因此，在曲線 b 上，當產量累積達 33 萬件，企業已經可以獲得超額利潤（$R''-R$）。

根據經驗曲線的分析，有如下重要的結論：

（1）對於擁有較陡削的經驗曲線的企業，在開始定價時，可以考慮採用低價的方法，雖然這樣定價開始不能從市場賺取到利潤，如果低價有利於市場擴展或滲透，則隨著產量增加，成本將更快降到能夠得到較多利潤的水準。

（2）如果企業擁有的經驗曲線比較平緩的話，採用低價獲得較大市場份額再來牟取利潤將沒有更大的效果，因為成本不會隨著產量的累積有明顯的降低。

依據經驗曲線定價的公司可能對於擴大規模有很大的熱情，但是，如果競爭者在生產技術上有了發明的革新，將使這種在舊技術上熱衷擴大規模公司因為投資過大，沉入成本過高，而使競爭變得非常不利。同時，持續的降價也可能使顧客產生產品質量不佳的印象或有持續的降價期望。

四、分析競爭者的成本、價格和產品

確定需求,可得到制定價格時對最高價位的界限;而分析成本,可得到制定價格所應確定的最低界限。但是,企業並不是可以在成本與需求給定的空間「自由」確定產品價格的。因為在市場上,競爭者提供產品與制定的價格,對企業定價也有直接「鉗制」作用。很顯然,當競爭者提供與企業產品相當的或更好的產品,而企業制定的價格高於競爭對手制定的價格,意味著在市場上企業很難銷售出一件產品。這時,企業就需要通過分析或瞭解顧客對企業與競爭者產品的看法和價格感覺,來確定自己的產品的價格。這樣,就有了定價的 3C 模式,即由生產者成本(Cost of Manufacture)、顧客需求(Customers』Demand)和競爭者價格(Competitors』Price)共同決定企業定價的合理範圍,如圖 9-14 所示。

```
低價格      企業成本   競爭者的    顧客評估的   高價格
成本                  價格與代    產品的獨特   需求
                     用品的價    特點
                     格
```

圖 9-14　定價的 3C 模式

3C 模式表明,企業制定價格,如果高於需求,將沒有任何意義;如果低於成本,企業將無法生存;而適當的價格水準,需要通過與競爭對手提供的產品與價格進行比較,如果企業提供的產品具有獨特特點並能為顧客察覺和喜歡,那麼,可以在高於競爭對手與有需求的區間進行選擇;如果企業提供的產品與競爭對手比較,沒有更多的受顧客喜愛的特點或更高的價值感覺,就只能在成本與競爭對手定價範圍進行選擇。所應遵循的原則是企業制定的產品價格與競爭對手的產品價格,應該有相同的價值價格比,用公式表達就是:

$$V = V_{競} = \frac{P}{Q}$$

式中 P 表示市場價格,V 表示定價企業價值價格比,也稱「相對價格」;$V_{競}$ 表示競爭對手的產品的價值價格比;Q 代表顧客評價的產品質量與價值;P 代表價格。因為 V 與 P 成正比與 Q 成反比,因此,如果競爭對手的產品的質量與行銷優勢越強,當其價格給定後,要保持上式的平衡,企業就只能制定比競爭對手更低的價格才能使 $V=V_{競}$,即相對價格要與競爭對手相同。

對於上式中 Q 的理解,應注意的是,它不僅是指產品的質量,也包含行銷優勢。比如,當競爭者產品的質量與本企業差不多或者低些,但如果競爭者是知名度高的企業,那麼,該競爭者的產品對於消費者來講,也可能有更高的價值感覺,因此,它可能將與其比較起來是「劣質」的產品以更高的價格出售。這時,企業要想按更高價格出售產品,除

非有能有效提高顧客價值感的行銷措施才行。

五、選擇定價方法

有了需求、成本及分析和瞭解的競爭對手的價格和產品以後，企業得到的是一個合理的定價區間。但企業還需要選用相應的定價方法，以為產品制定一個標準價格。主要的定價方法有：

1. 成本加成定價法（Cost-plus Pricing）

成本加成定價法有兩種方法：

一是比較常用的，不考慮需求的價格彈性的方法。其定價公式是：

$$P = AC \cdot (1 + U)$$

式中，P 為價格；AC 為平均價格；U 為加成比率，其計算公式為：

$$U = \frac{P - AC}{AC}\%$$

不過，一般加成比率在不同的行業中有事先約定或規定。

【例】企業產品的平均產品成本為 5 元/件，如果加成比率為 20％，則價格為：

$$5 \times (1+20\%) = 6 （元/件）$$

注意，在許多情況下，賣方經常告訴顧客的加成比率比上述成本加成的比率更低。如在上例中，賣方可以告訴買方其加成比率為 16.7％。這個加成比率，如果賣方不是有意欺騙的話，那麼他使用的是「價格加成率」，賣方告訴顧客價格加成率而不是成本加成率的主要理由就是想使顧客感到價格更為公平的。價格加成率的計算為：

$$U_P = \frac{P - AC}{P}$$

式中，U_P 即為價格加成率。

與成本加成率比較，價格加成率是以售價取代成本來計算加成比率，因而加成比率值減少了。如按上例，在 6 元的價格下，售價加成率為：

$$\frac{6 - 5}{6} \times 100\% = 16.7\%$$

另一種成本加成是利用需求的價格彈性 E 進行加成。計算公式是[①]：

$$P = \frac{AC \cdot E}{E - 1}$$

式中，P 為價格，AC 為平均成本，E 為價格彈性。

【例】假定某企業產品平均成本 AC 為 5 元/件。現在分別假設：如果產品的價格彈性

---

① D·S·沃森，M·A·霍爾曼. 價格理論及其應用 [M]. 北京：中國財政經濟出版社，1983：395-397.

E 為 2，代入上式後：

$$\frac{5 \times 2}{2 - 1} = 10(元／件)$$

如果產品的價格彈性為 4，代入上式：

$$\frac{5 \times 4}{4 - 1} = 6.67(元／件)$$

由此可見，當需求的價格彈性大時，制定的價格要低；相反，當產品缺乏需求彈性時，制定的價格就可以高些。

通過使用需求的價格彈性進行成本加成，能考慮到價格高低對需求的影響。但是，如果不知道所行銷的產品價格的彈性，或者，當價格彈性小於 1 時，此加成方法無法使用。

成本加成定價法是古老的定價方法。在機器大工業時代之前，就已開始使用，目前仍為許多小企業和零售行業採用，其主要優點是：①方法簡單；②對補償企業的成本有直接的效果；③如果同行業企業普遍採用，可以有效減少價格競爭或發生價格戰；④從形式上說，認為是對買賣雙方都比較公平的定價。其主要缺點是：①是賣方導向定價，因而無視需求的變化。即企業以自己的成本為定價的主要依據，「用了多少錢，就要得到多少利潤」。②不能對競爭做出靈敏的反應。即企業不會有積極降低自己生產成本的主動性，當在市場上遇到競爭對手用低價進攻時，往往措手不及。

2. 盈虧平衡定價法（Break-even Pricing）

盈虧平衡法可用於對企業經營情況涉及的（產）量、（成）本、利（潤）進行平衡分析。在定價上，可以在產量和成本既定的情況下，按照預期的利潤要求，確定價格。因此，該方法也稱目標利潤定價法（Target-return Pricing）。

盈虧平衡分析的基本原理如圖 9-15 所示。該圖為盈虧平衡法的一般分析模型。圖中，Fc 為固定成本；Vc 為變動成本；Q 為產量或銷售量；TC 為總成本；TR 為總收入；BEP（Break-Even Point）為盈虧平衡點，當產量或銷售量達到此點時，TR（總收入）= TC（總成本）。銷售量小於此點，成本>收入，故為「虧損區」；銷售量大於此點，收入>成本，為盈利區。在 BEP 處，有 $TR = TC$，即 $PQ = Vc \cdot Q + Fc$。因此，如果價格確定為 P_0，企業按此價格出售 Q_0 單位的產品，將不盈不虧。盈虧平衡時的定價公式為：

$$P = \frac{VcQ + Fc}{Q}$$

但按上式確定價格並出售產品，企業只能不盈不虧。如果要想獲得利潤 R，在圖 9-15 中，可以看到，這時的總收入 $PQ_1 = VcQ_1 + Fc + R$，因此，能得到利潤 R 的定價公式是：

$$P = \frac{VcQ + Fc + R}{Q}$$

在此式中，利潤 R 是企業事先預定的，因此稱為預期利潤或目標利潤，則該式就是目標利潤定價法一般公式。

現代市場行銷學

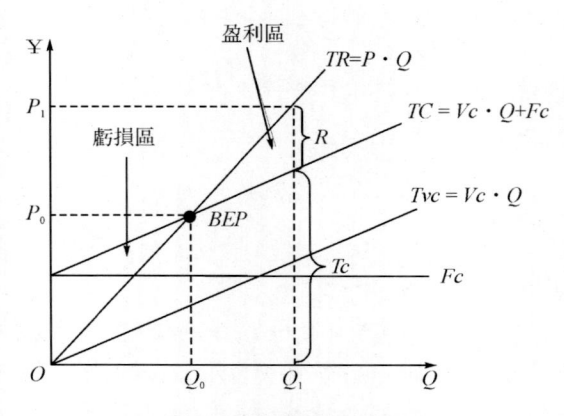

圖9-15　盈虧平衡法訂價

【例】某企業生產一種產品，每件產品的變動成本為 8 元/件，企業的年固定成本為 500 萬元，當年的計劃產量 100 萬件，目標利潤要求達到 1,000 萬元。問應如何定價？

解：$Vc=8$；$Fc=500$ 萬元；$R=1,000$ 萬元；$Q=100$ 萬件，代入目標利潤定價公式有：

$$\frac{8 \times 100 + 500 + 1,000}{100} = 23(元／件)$$

盈虧平衡定價法，在本質上與成本加成定價法是一致的，也是一種賣方導向定價。其主要優點是：①將企業生產中產量、成本和利潤結合起來考慮，而不是孤立地考慮單一因素；②在確定了價格的情況下，企業將在生產經營中做出足夠的努力來控制成本。因為一旦成本高於確定價格時的水準，將使企業的目標利潤無法實現。

盈虧平衡定價也存在缺點：①在本質上仍然是一種賣方導向觀念的產物，因為沒有顧客觀念就不會注重市場需求的變化；②是以企業既定成本水準為主要的定價依據，也缺乏競爭觀念；③在確定目標利潤時，因為沒有科學客觀依據，存在隨意性，定的價格可能偏高或偏低。

3. 認知價值定價法（Perceived-value Pricing）

所謂認知價值是指通過行銷者的行銷努力，在消費者的心目中形成的對一個產品或品牌的價值感覺。在理解上，認知價值可看作是消費者的「心理價格」。比如，同樣的運動鞋產品，由中國某廠家生產的，在國際市場上只能按每雙 20 美元不到的價格銷售，而貼上「Adidas」的品牌標示後，就可以按每雙 80 美元的價格銷售。也就是說，在消費者的心目中，「Adidas」這個品牌的價值感覺更高些，即消費者的「心理價格」高，因而雖然產品是同樣的，消費者寧願支付更高的價格購買有更高認知價值的產品。

認知價值定價，就是按照消費者對產品價值的理解和可接受的程度進行定價。與成本導向定價不同的是，這是一種顧客或消費者導向定價法。

認知價值定價法的基本做法是，首先通過市場調查或向消費者詢問，瞭解消費者對企

業產品理解價值的高低，在此基礎上確定產品價格。

以一種汽車產品的定價為例，採用認知價值定價，如表 9-1 所示。

表 9-1　　　　　　　　　　　　認知價值定價方法

定價項目	競爭對手的定價（元）	本企業的定價（元）	說明
同類產品	150,000	150,000	可以接受
耗油性		+2,000	好於，可增加
耐用性		+3,000	好於，可增加
服務方便性		+2,000	好於，可增加
關鍵部件		+1,000	更長，可增加
一次性支付全款		-4,000	提供價格折扣
合計		154,000	

認知價值定價法主要優點是：①以顧客為導向，能充分掌握顧客的購買和需求心理，因此確定出來的價格容易被市場接受；②對市場競爭的反應靈敏。其缺點是：①定價工作量大，因為需要組織較大規模的市場或消費者調查；②如果對顧客的認知價值掌握不準，則確定的價格將產生較大的偏差。

4. 價值定價法（Value Pricing）

價值定價就是提供超過市場平均質量的產品，而定價低於平均定價水準的定價方法。很顯然，用這種方法確定價格，目的在於進行市場滲透，力圖使消費者有「物超所值」的感覺和認同。

價值定價方法，不是指的定低價，更不是用降低產品質量的方法來降低價格，而是指提供的產品價值高於價格的定價。因此，要求企業要擁有能用較低成本生產高價值產品的技術和工藝；同時，要能使顧客相信產品價值是很高的。一般來講，這種定價方法適合於那種市場顧客對於產品所涉及的技術問題比較精通，有豐富的購買和使用經驗，能鑑別質量價值。如目前在計算機產品 DIt（Do it Yourself）市場上，臺灣的計算機零配件生產廠家大都採用這種定價方法，取得了較大成功。

美國沃爾瑪公司奉行的「天天低價」的定價方法（Everyday Low Pricing，簡稱 EDLP），已被菲利普·科特勒認定為是價值定價法的典範。它摒棄了過去不斷進行打折以吸引顧客的做法，使不確定性的價格變得確定起來，也使顧客只需要關注自己想買的產品而不用再去擔心價格是否合適。沃爾瑪的經理對 EDLP 的說明是：「這不是短期戰略，你必須承擔義務，你必須保持比天天低價還要低的費用率」[1]。

---

[1] 菲利普·科特勒. 行銷管理 [M]. 梅清豪，譯. 12 版. 上海：上海人民出版社，2006.

5. 隨行就市定價法（Going-rate Pricing）

隨行就市定價採取按主要的或最大的競爭對手的定價來確定企業產品的價格，而很少注意企業自己的成本與需求。該定價法的思路是：既然最大的競爭對手（往往是市場領先者）的定價能在市場上被接受，那麼，本企業按此確定價格，就應該是可以被接受的。因此，「跟隨領導者」成為許多中小企業的定價選擇。定價時，如果企業自己產品質量或行銷優勢高於競爭對手的話，可能制定比競爭對手高點的價格；反之，就制定較低價格。

此定價法的主要優點是：①定價簡單，無須對成本和需求做詳細瞭解，對測算成本與對市場調查困難企業非常適用；②比較能適應競爭的需要，防止同行之間發生價格戰。缺點是：①適用性有限，主要是不適用於大型企業或是市場領先者；②在一個行業中，如果企業普遍採取這種方法，很容易被視為壟斷行為，即可能與反壟斷立法衝突；③當市場領先者率先發動價格變動或降價，很難應付。

6. 密封投標定價法（Sealed-bid Pricing）

該定價法主要是用於多個賣主爭取得到一筆交易合同時使用。當企業面對的是政府的採購招標，面對爭取大中型工程合同的招標，往往需要參加投標競爭，就要利用這種定價方法。

在參加投標時，企業往往面對一種頗為矛盾的選擇：如果報價低，容易得到合同，但所得的利潤就少；如果報價高，預期利潤高，但得到合同的概率又很小。因此，需要用利潤期望值計算方法確定投標時的報價。

具體做法如表 9-2 所示。表中，假設了一個企業對一個招標工程給予不同報價、在不同報價下可望得到的預期利潤和不同報價的中標概率。通過計算期望值，報價為 1 億元，可得到 216 萬元的最大期望利潤，因此為最佳選擇。不同報價的中標概率，需要事先測定。

表 9-2　　　　　　　　　密封投標定價的示例表

企業報價（萬元）	可能利潤（萬元）	中標概率（假定的）	期望利潤（萬元）
9,500	100	0.81	81
10,000	600	0.36	216
10,500	1,100	0.09	99
11,000	1,600	0.01	16

六、選定最終價格

上述的定價方法，主要解決了企業從一個比較大的定價範圍中選定一個合理的價格範圍，但並不是最終的價格。企業在確定最終價格時，還要考慮另外一些因素：

1. 心理因素

考慮價格的心理因素，是指企業在確定價格時，應考慮目標顧客對價格的主要心理認定趨勢或取向，即顧客是希望價格便宜還是希望價格體現出購買檔次。因此，有兩種心理定價方法：

（1）價格線索。價格線索包括帶零頭定價（Odd Pricing）和整數定價（Even Pricing）。帶零頭定價（Odd Pricing）是指如果一種產品，用某種定價方法確定為100元，則將最後的價格定為99.95元抑或是95.20元，如此等等。這樣，就可以給顧客一個價格相對比較便宜的感覺。價格在99.95元與100元比較，對於顧客來講，是一個價格檔次的差別，而對企業來講，就沒有太大的差別了。整數定價（Even Pricing）是一種威望定價。即如果顧客購買產品要求具有相應檔次的話，那麼，本來產品價格是95元，可以將其定為100元。據一些行銷學者研究，化妝品的定價中，絕大部分顧客是寧願購買高價的化妝品而不購買低價化妝品，因此經常會將10元一瓶的香水定價為100元一瓶。

（2）參考價格（Reference Price）定價。顧客在購買產品時，確定一個價格能否接受或是否合理，很多情況下沒有固定標準，但卻採用很多「參考標準」，或利用不同的「參考標準」：如過去購買的同類產品的價格，現有其他品牌的價格，或者相同品牌產品的相互比較的價格等。因此，企業在定價時，可以提供這種參考價格給顧客，如提供不同等級的價目表，將高價與普通定價的產品放在一起，使顧客對於普通定價產生低價的感覺。同一瓶不知名香水擺放在高檔百貨商店的知名香水旁銷售，同擺放到雜貨店銷售給消費者的感覺將截然不同。

（3）價格—質量關係。消費者常將價格作為衡量產品質量好壞的一個標準。例如，同一瓶香水，標價500元同標價20元相比，消費者感知到的標價500元的香水質量將遠高於標價20元的香水。

2. 影響企業定價的其他因素

（1）分銷商對價格的看法。如果分銷商認為價格確定低了，可能將會影響到其經銷的積極性；高了，可能要求更多地分享利潤。

（2）企業推銷人員對價格的看法。他們可能抱怨價格太高難以進行推銷，降低推銷的積極性；也可能認為價格太低，會影響企業產品的市場聲譽。

（3）供應商的看法。企業的產品的價格高時，如果供應商又具有供應的壟斷地位的話，就可能提高其原材料或其他供應物品的價格。

（4）政府。政府有可能對企業所確定的價格進行干預。

⑤競爭對手。需要考慮競爭對手會做出什麼反應，是否會對企業執行所制定的價格產生影響。

第二節　新產品定價

新產品一般指企業剛上市銷售的產品，或者將一種產品引入完全不同的細分市場。新產品的定價更具有挑戰性，企業有兩種不同的定價方法：

1. 市場撇脂定價（Marketing-skimming Pricing）

企業估計一下市場可以接受的最高價格，將產品的價格定在這個水準。這種定價法，一般瞄準的是市場上較高支付能力的消費階層，將現有市場可獲取到的高額利潤拿到手。如蘋果公司在推出新一代手機版本時，往往制定較高的價格。

市場撇脂定價僅僅在特定的條件下才有效，需要具備以下四個條件：

（1）市場具有一批立即需要此產品的、數量可觀的購買者。這樣，需求就比較缺乏彈性。

（2）採用較小的批量進行生產，其成本不至於過高。因為在高定價時，需求者數量有限，生產批量不可能很大。

（3）高價不會吸引太多的競爭者。一般在企業擁有專利或技術訣竅的情況下就比較有效。

（4）高價應與優質產品的形象相適應。即產品上市前應該首先培育出較高的產品形象。

撇脂定價的反面作用是：如果在一個行業中，幾乎所有的企業都採用這種方法，那麼，將使顧客在很長的時期進行等待，一直等到其認為價格合理以後才會進行購買。這樣，不但為企業帶來開拓市場的困難，同時，顧客對公司的信任度也會降低。一旦進入競爭激烈的階段，或在二次購買時，這樣的公司將難以得到原來顧客的惠顧。

2. 市場滲透定價（Market-penetration Pricing）

企業將產品的價格定得接近市場上最大的顧客群可以接受的水準，即價格較低，以求能吸引絕大多數消費者購買，或者爭取有較大的早期市場接受率，或能加快產品的市場推廣速度。採用市場滲透法，需要具備的市場條件是：

（1）市場對價格敏感，需求的價格彈性高。

（2）具有較陡峭的行業經驗曲線，這樣產量增大，成本能夠很快地降下來。

（3）市場的潛在競爭激烈，低價能夠有效阻止或延緩競爭對手過早加入競爭。

採用滲透定價，在行銷管理上，需要公司行銷管理人員注意的問題是，如果市場銷路能夠很快打開，但公司沒有足夠的產能向市場供應所需數量的產品，那麼不僅競爭對手可能利用市場的「饑渴」攫取機會，更重要的是將被顧客認為這是一家不太誠實的公司，以後即使對市場供貨充足時，也可能導致顧客的離開。

第三節　產品組合定價

在某種產品成為產品組合中的一部分時，企業在定價時就不能孤立地考慮該產品，必須與產品組合聯繫起來考慮。如果在產品線中，低檔產品的價格過低，將使高檔產品的價格顯得過高，儘管這時高檔產品的盈利率可能已經比較低了；當一個產品的價格要受其關聯產品價格影響時，也需要將本產品與關聯產品的價格結合起來考慮。管理者追求的目標，應該是能使整個產品組合獲利最大而不是單一產品獲利最大。

1. 產品線定價（Product-line Pricing）

對產品線定價，需要考慮捨棄產品線中不同產品項目的細小差別而將不同產品項目的檔次突出出來，進行階梯定價。如果採取對不同產品項目的細小差別進行定價，可能使價格混亂且極為複雜。在產品線定價時，先選取一個基本的產品項目作為定價點，其他產品項目與此項目進行比較定價。一般將產品線中的不同產品項目區別為不同的等級的產品項目，只要區分出來的等級差異中包含的成本的差異小於等級定價的差異，就可使企業的總體盈利水準提高而不是個別產品項目的盈利提高。如對於電視機產品，可以對32英吋以下的產品定較低的價位，單位產品項目獲利低於平均盈利水準；將32～52英吋的產品定在能獲取平均利潤的水準的價格；將52英吋以上的產品項目定在能獲取較高盈利水準的價位。這樣，低檔產品通過增加銷售量的方法可以得到利潤，中檔產品將獲取正常利潤，而高檔產品則通過「撇脂」獲取超額利潤，同時，還可以保持企業產品的價格競爭力。

2. 附屬產品定價（Captive-product Pricing）

附屬產品指顧客在購買一種產品後需要再購買與之有一定關聯的產品。常見的附屬產品有打印機的墨盒、剃須刀的刀片等。

附屬產品定價，有兩種策略可以考慮：一是將主產品的價格定得較低，而將互補產品的價格定高。這種策略是一種通過互補產品獲取高利的方法。當互補產品需要經常購買且用量很大時，或主產品在市場前期需要打開市場銷路時，可以採取這種策略。例如，打印機製造商往往將打印機本身的價格定得很低，而將與打印機配套使用的墨盒價格定得很高，迫使消費者在低價購買了打印機後又不斷以高價購買墨盒。採用這種策略，消費者可能出現被誘導消費的感知，導致對品牌產生不滿。同時這種定價也有可能帶來競爭。如吉列公司在採用此種定價方式後，競爭對手Dollar Shave Club則以非常便宜的價格提供刀片，並在其廣告中宣傳：「你是否真的希望只是為了品牌剃須刀而每個月花費20美元?」二是主產品價格定高，互補產品價格定低。如果因為互補產品高價策略吸引來了更多仿冒者，企業則降低互補產品價格，可以有效阻止仿冒者的侵入。

3. 可選產品定價（Captive-product Pricing）

可選產品定價是指與主體產品配套的可選產品或者關聯產品定價。比如購買汽車的人

可能需要訂購高端娛樂系統或者行車記錄儀配套，計算機製造商需要考慮應該將哪些基礎軟件包括在銷售產品中，如字處理軟件、多媒體系統等。很好地設計可選產品的定價對企業來說非常重要。同時，企業還需要考慮，哪些項目應該包含在基本價格內，而哪些產品是可選產品。

4. 副產品定價（By-product Pricing）

在生產一種產品的時候，能得到另外一種產品，這種產品就是副產品。如石油化工業、肉食加工業等都有副產品。這些副產品如果不能銷售出去，企業須為此支出額外的費用進行處理，但是，這類副產品也可能有特定的買主，此時往往以買主願意支付的價格為基礎考慮，能夠補償企業為銷售這類副產品而需要花費的成本就行了。

5. 捆綁產品定價（Product Bundle Pricing）

捆綁產品定價指企業將兩種或多種產品捆綁在一起制定一個價格進行銷售。如麥當勞的全家桶，將雞腿、雞翅、可樂等放在一起，制定一個組合價格來銷售。中國電信往往將寬帶費、電話費等捆綁在一起銷售。捆綁定價可促進消費者的購買，但是，捆綁價格需要低到一定程度才會促進消費者購買。

第四節　價格調整策略

企業在行銷活動中，對一個產品，不能只制定一個單一的價格，對不同的情況，如產品線中的不同品牌或產品項目，在不同時間、不同的地區、不同的細分市場，以及進行不同的促銷等，都需要有不同的價格。因此，在制定了標準價格的基礎上，還要針對不同市場情況與行銷目的，對價格進行調整，產生一個可執行的價格。

一、地理定價和對銷貿易

（一）地理定價

因為產品從製造商除生產出來後，需要運往不同的地理區域的市場上，運輸過程將有許多費用發生，這對於行銷者來講是成本支出，因此，地理定價法主要解決企業將貨物送達某地理區域，在運輸、倉儲、保險、稅收、報關、驗貨、搬運及貨物損失等方面發生的費用如何分攤到價格中去的問題。

1. 原地交貨定價法（Original Place Pricing）

原地交貨定價指將產品放在企業所在地（產品出產地）某一運載體上的價格。這時，貨物一旦到達了確定的運載體後，所有權、責任等就完全移交到顧客（買主）手中，這之後所要發生的一切費用，包括運輸、保險、裝卸、倉儲等費用，全部將由買主承擔。

原地交貨定價法，使企業能有一個統一的出廠價格，對於上門採購的買主，報價方便。對所有的顧客來說，公平地分攤了產品的運輸費用。但企業將沒有統一的訂單價格，

對於外地詢價的買主，須根據其距離的遠近給以不同報價。因此，對於距離較遠的買主，就將實行高價位，不利於與顧客距離較近的競爭對手進行競爭。在現代大生產條件下，企業一般都遠離其產品主要消費地，所以，這種定價方法在現代行銷活動中採用的並不多。

2. 統一運費定價法（Uniform Delivered Pricing）

企業對所有的買主，無論其要求的交貨地點離企業遠近，均實行統一的價格，即產品出廠價加上運價。採用這種定價方法的企業，價格中包含的運費是平均運費。

這種定價，比較有利於企業維持一個統一的全國廣告價格和對所有的銷售人員和經銷商進行價格管理。但是，對於距離較遠的買主來說，得到了一個運費補貼；而對於距離較近的買主來說，則額外支付了較多的運費，因此，對爭取離企業較近的顧客不利。

3. 區域性定價法（Zone Pricing）

企業設立兩個或兩個以上的定價區域，在一個區域內，實行統一的價格，在不同的區域之間，實行不同的價格。

區域定價法在顧客分擔運費的合理性，介於上述兩種方法之間。可以部分解決以上兩種方法產生的一些矛盾。但是，對於處於兩個區域邊緣而落在高價區域的顧客來說，仍會產生價格不合理的感覺。

4. 基點定價法（Basing Point Pricing）

企業以某一城市為定價基點（企業本身可以在這個城市，也可以不在這個城市），無論貨物實際是從哪裡運到該基點的，在基點，對所有的買主實行統一的價格。但由基點到顧客要求的交貨地方，將視距離的遠近，收取不同的費用。

基點定價法中，企業一般選取的定價基點是中心城市或是主要的商品集散地。企業產品的主要購買者，應該絕大部分離基點較近或者是願意在基點接受貨物。因此，對於絕大部分顧客來說，在運費等的負擔上，不會產生太大的矛盾。

但是基點定價法，可能造成對企業所在地顧客支付價格高的矛盾，不利於爭取企業附近的顧客。同時，如果某一城市被更多的同行企業選為定價基點的話，易與反壟斷立法發生衝突，即這種定價在企業普遍採用時，容易被視為有價格同盟的嫌疑。

5. 承擔運費（免運費）定價法（Freight-absorption Pricing）

無論顧客距離遠近，均由企業自己承擔運費。這樣，企業就能對所有的購買者實行相同的價格。企業只能希望通過擴大交易量的方法來提高產出量，從而得到低於平均成本的企業行銷成本來抵償運費。

承擔運費定價法，對企業應付激烈的市場競爭，爭取擴大市場佔有率有利。但競爭對手往往視這種定價法為發起價格挑戰的信號或行動。

（二）對銷貿易

現代市場經濟的交換，採用的是以貨幣為媒介的交換。這與過去的物物交換相比，交換的效率提高了。但是，因為貨幣的不統一性，會存在如下問題：如果交換的雙方中，購

買方持有的貨幣賣方不願意接受時，他們的交易該如何進行呢？如果仍然採用貨幣交易，那麼持有貨幣的一方可以將其貨幣換成賣方願意接受的貨幣。但是，如果因為購買方沒有能力實現貨幣的轉換（這種情況經常發生，因為被一個賣方拒絕的貨幣一般將被更多的人拒絕），就可能回到物物交換的方式上來。現在國際貿易中，這種方式還非常普遍，並發展出特定的貿易形式——對銷貿易。

對銷貿易既能滿足在買方的貨幣無法被賣方接受時交換的需要，也可滿足買方因缺少全額或部分貨幣支付能力時，或買賣雙方都想尋求貿易平衡時的交換。目前對銷貿易在國際貿易中所占比例並不低，仍達到15%~25%。在中國開始進行改革開放時，在技術引進方面，就大量採用對銷貿易的方式，以滿足引進技術的需要，現在，隨著中國企業生產的產品大量走向世界市場，也更多地要使用這種方式。對銷貿易的主要形式有：

（1）以物易物（或物物交換，Barter）。即貿易雙方用產品或服務，按照雙方商定的物與物之間的交換比例，進行不用貨幣的直接貿易和交換。

（2）補償貿易（Compensation Deal）。買方用一部分貨幣，一部分實物進行交易。通常是買賣雙方事先商定，交換商品用某種貨幣計價，並採用哪種貨幣交易。買方購買時，支付一部分，但不是購買額要求的全部貨幣，其餘未用貨幣支付的貨價，則用賣方同意的實物支付。

（3）產品反購（或產品返銷，Buyback Arrangement）。這種形式一般使用在技術引進中。買方購買賣方的工廠、設備、技術或品牌使用權及其他知識產權，但賣方要接受買方用這些引進的技術和資源生產出來的產品作為一部分購買貨款，買方也要支付一定的貨幣。通常，要支付貨款的比例占交易額的比例要由雙方事先商定，可以較小也可以較大。

（4）反向購買（回購，Offset）。買方用賣方同意的貨幣支付購買商品的全部貨款，但是賣方也要在事先經商定的時間內，用同樣多的同幣種的貨款購買買方的別的商品。這樣便於雙方能夠達到貿易平衡。

在對銷貿易中，參加交易的可能不止兩方，採用的方式在各方之間也可能不同，情況將變得更為複雜。比如中國企業向日本某汽車企業購買汽車生產技術和設備，既支付部分美元作為購買價款，也用一部分引進的技術生產的汽車作為貨款支付；而日本企業可能將中國生產的這部分作為購買貨款用的汽車銷往中東某產油國家，要求這個產油國用石油進行支付。在經濟全球化過程中，通過這些複雜的對銷貿易形式，既可能突破使用某種貨幣購買時購買力不足的限制，也能夠保持相應的貿易平衡，並且還能獲得需要的交易物（如技術等）。這就要求企業要有能夠處理這種複雜的對銷貿易的國際行銷人員，甚至需要專門的對銷貿易部門。

二、價格折扣

企業為了實現某些交易目的或者為了使行銷活動能適合某些細分市場的要求，可依據

價格歧視的經濟學原理，進行價格折扣和折讓。

常用的價格折扣方法有：

1. 現金折扣

現金折扣是對能在規定的時間內提前或按時付清帳款的購買者實行的一種價格折扣。採用現金折扣一般要考慮三個方面：第一，折扣率；第二，給予折扣的時間限制；第三，付清全部貨款的期限。一般先規定購買後付清帳款的時間期限，依此為據，規定如果提前多少天付清，可以得到相應價格優惠。例如規定 30 天內需要付清全款，如果 10 天就付清了，給予 2%折扣，即 10 天付清的購買者可以只付 98%的貨款。還可以規定購買時付清，給予 10%折扣，即當顧客購買時就付清全部款項，只需支付標準價款的 90%。

這是許多企業喜歡採用的一種價格折扣，好處是可以加速現金流傳，減少壞帳和呆帳的損失。

2. 數量折扣

數量折扣是賣方因為買方購買數量大而給予的一種價格折扣，可以分為一次性和累計性（多次）的。一次性只計算一次購買的數量，顧客的購買數量達到這個數量就給予優惠性折扣。如規定每單位的貨物按 100 元出售，如果購買量在 100 個單位以上，可以打 9 折，即給予 10%的折扣。累計性折扣，即規定累計購買達到某個數量，給予多少折扣。如累計購買達 100 個單位後，顧客就可以享受 9 折優惠。這樣可以穩定企業產品的老顧客，促使其再次購買。

數量折扣，目的是增加顧客購買的數量，鼓勵顧客多購買產品。因為銷售數量增加，可減少企業行銷費用，如儲運費用、廣告費用，並減少成品資金的占用，並且也便於企業培養忠實顧客。

3. 功能折扣（貿易折扣）

功能折扣也稱貿易折扣，主要是製造商向渠道成員提供的一種價格折扣，以促使渠道成員積極地承擔和完成某些渠道功能。如規定零售商如果在當地做了產品的廣告，廣告的質量符合某種主要規定，如廣告覆蓋面達到多少人次，就對其進貨價格給予多少折扣。再如，如果經銷商承擔了顧客服務，可以在進貨價格上給予一定的折扣。製造商可以就多種渠道功能和其他的行銷功能提供這種價格折扣。如顧客培訓、商品再包裝，提供購買者信貸等，都可以實行功能折扣。特別是有些行銷功能由製造商完成比較困難的時候，常常鼓勵渠道成員來完成。如售後服務，由製造商提供可能往往不及時，導致顧客抱怨增加，而由經銷商擔任，服務回應在時間上就可能更符合顧客的要求。

4. 季節折扣

這是賣方向購買非時令或當季消費商品的顧客提供的價格折扣。這樣可以使企業對季節性消費的產品能常年維持生產，或均衡淡、旺季的生產和供應；也可以在非消費季節將過多的存貨盡快銷售出去。如航空公司在非旅遊季節提供的優惠機票。

5. 折讓

折讓是指行銷企業根據價目表，在顧客滿足某種條件的情況下給予的價格折扣。如常用的舊貨折讓，當顧客交回一件舊產品，按一定打折的價格購買新產品，達到促使顧客及早進行產品的更新購買；廣告折讓，讓顧客在微信朋友圈中分享企業的某則廣告，分享後即可按一定折扣購買產品；促銷折讓，在促銷活動期間購買產品的顧客可以享受到價格優惠。

折扣在現代行銷中，是企業經常使用的一種價格策略。但是，折扣也是被經常濫用的一種制定價格的方法。進行折扣時，公司必須首先明確通過折扣要達到什麼行銷目標，並在實施中，應經常檢驗是否能夠達到預期的目標，否則應該對折扣方法進行分析，及時地將那些明顯錯誤的折扣方法去掉。

三、促銷定價

促銷定價法的特點是利用顧客尋求低價的要求，將價格定低，以對顧客產生一種吸引力或機會，促使顧客能盡早或更多購買產品。

1. 犧牲品定價法

企業將某一銷售點（商場）中的某些產品項目的價格定得很低，作為「犧牲品」（低價使得成本無法得到抵償），以此吸引顧客前來光顧商店。顧客在購買這些低價商品時，可能附帶購買正常標價的商品。比如淘寶商家，往往將其中一種產品價格定得很低，以提高流量，吸引顧客點擊進店購買，而顧客進入該店鋪後，可能購買其他正常定價的產品。

2. 特殊事件定價法

在某些突發性的、臨時性的社會活動或變動中，將某些與之有一定聯繫的商品的價格定高或定低，以此達到大量促銷或獲取超額利潤的目的。如在奧運會期間，將有關的紀念品價格定高，獲取超額利潤；或者，將某些T恤衫印上紀念文字圖案等，大量銷售。節假日的優惠，也是比較常用的手法，如聖誕節、春節中各商店實行的購物優惠。

3. 限時優惠定價

公司為了在一段時間內使銷售量達到一個較高水準，或者對那些猶豫不決的顧客「最後推一把」，可以在一定時間內進行低價銷售，低價的標準是低於公布和或掛牌的價格。限時優惠要求公司一定在宣布的時候要兌現承諾，將優惠價格取消，否則失信的公司將難以再次使用這樣的方法。

4. 現金回扣

製造商對於從自己經銷商那裡購買產品的顧客，直接將一定數量的現金返回給顧客。這樣，製造商可以在不調整經銷商價格的基礎上，將產品的價格降低，以加速產品銷售。這在銷售困難的時候是比較常用的一項措施。

5. 心理折扣

賣主在張貼出來的價目表上人為地標定一個高價，然後，再標明一個實際的銷售價格。如我們常見的「原價 500 元，現件 180 元」。但在反不正當競爭立法越來越嚴格的時候，這種定價法往往被視為是一種欺騙或誤導顧客的行為。

6. 低息貸款或較長的付款條件

某些汽車製造商經常採用給予顧客無息或者低息貸款的優惠來刺激購買，或者延長貸款時間以減少每月的付款金額來進行促銷。

四、差別定價

企業以兩種或兩種以上的、但不反應成本差別的價格銷售一種產品項目，或提供一種服務的定價法，稱為「差別定價」。主要形式有：

1. 顧客細分定價

同一種商品，對不同顧客，要求其支付價格不同。如電影院對於普通觀眾收取正常的票價；對於學生，收取較低的學生票價；一些大中城市的公共遊樂場所，對大、中、小學生收取半價。這樣可為企業爭取到一個較大、但支付力較差的顧客群，使產品能進入一個新的或特殊的細分市場，有時也起到公關宣傳作用。

2. 產品式樣差別

對同種產品，在上邊增加某些改動，變化外觀樣式、增加某些功能等，收取不同的價格，但這種價格差別不反應形成不同樣式耗用的成本差異。如在電視機上加上「自動亮度控制」功能，也許需要花費 50 元的成本，但是比沒有此功能的電視機定出高於 100 元以上的銷售價格。電熨斗增加溫度顯示燈，多花費 5 元成本，定價也許高出了 10 元。

3. 形象定價

將一種產品，通過賦予不同形象，如給予不同的包裝，不同的品牌，不同的廣告定位，甚至放在不同的商店銷售等，給予不同的銷售價格。

4. 地點差別

飛機、輪船等，對不同的艙位收取不同的價格；飯店、酒店等，對不同的座位、房間等，也常採取不同的價格收費。主要利用的是顧客對於地點的不同偏好，如酒店可以看到海的客房，是許多顧客想要的，因而收取高於其他住房的價格。

5. 時間差別

不同的時間和不同的地點購買和使用同一產品或服務，收取不同的價格。如在旅遊旺季，遊客大量增加時訂房的價格和機票的價格都會增加。相反，在旅遊淡季，遊客減少，租房的需求減少，訂房價格就要降低。這樣可以調節供求的不平衡狀況。

差別定價的經濟學原理就是價格歧視，但是在市場行銷中，必須考慮被經濟忽略的顧客感受和願意接受的問題，如果其使用不當，一旦引起顧客反感，將造成更大的行銷問

題。比如，成都市有一家飲食店，在店招上公開寫上「政府機關人員實行 8 折優惠」，曾引起顧客反感，反感的顧客不僅訴諸輿論進行指責，且對這種歧視進行訴訟。因此，定價差別需要具備一定的條件①：

（1）市場要能夠細分，並且細分的市場的確有不同的需求存在。如乘坐飛機，雖然達到的時間相同，乘坐的時間也不長，但是對於有些顧客來說，需要顯示自己的身分，因此，設立頭等艙，可以收取到較高的可獲取超額利潤的價格，又不影響基本的顧客群。

（2）能享受到低價供應產品的顧客不可能將產品高價轉讓給不能享受的顧客。如電影院供應的學生票，是採用學生專場形式，可以將那些不是學生的人區別出來。

（3）競爭者不可能在高價市場上以更低的價格出售這類產品。如對有自動亮度控制的電視機，只有在競爭對手沒有掌握這項技術的時候才能實行高價政策。

（4）細分與控制市場的費用不應超過差別定價所帶來的額外收入。如要求不同細分市場的經銷商在各自的市場範圍內實行不同的價格的時候，就必須為防止經銷商相互竄貨進行市場監督和核查。如果需要費用很高，則不如實行統一定價更有利。

（5）差別定價不應造成顧客的反感或敵意。

（6）差別定價的特定形式不應是非法的。如不能以誤導或欺騙的手段來蒙騙顧客。

不是單一產品獲利最大。

第五節　價格變動與對價格變動的反應

由於各種行銷環境因素不斷變化，企業需要對已有的產品價格進行必要的調整和改變，即通常說的「提價」和「降價」。在行銷管理中，需要對價格變動的時機、條件、競爭者可能對價格變動做出的反應等進行分析，才能保證價格變動達到預定的行銷目標。

一、提高價格

（一）提價動因

通常情況下，提價能夠增加收入，因此能夠增加利潤。但也存在一些非利潤追求的提價因素，提價主要原因有：

（1）成本提高。導致成本提高的原因很多，如通貨膨脹、原材料短缺、生產技術改變、法律（如環保立法）改變等。一般而言，單個企業的成本提高，將不會構成可以支撐提價的理由，但是，行業性的成本提高，行銷企業提價的可能性就存在了。

（2）供不應求。在這種情況下，企業有足夠的理由和市場基礎可以提價。通過提價可得到兩個明顯的好處：一是可以減輕市場對供給的壓力；二是可以使企業迅速得到更多

---

① 菲利普·科特勒，凱文·萊因·凱勒. 行銷管理［M］. 梅清豪，譯. 12 版. 上海：上海人民出版社，2006：510.

的回流資金和利潤，以擴大供給能力。

（3）通貨膨脹。通貨膨脹會造成企業成本增高，還由於貨幣貶值會使企業的收入減少，企業通過提價來保持真實價值的實現。因此，在通貨膨脹期間，企業往往採取提高價格的辦法來對付這種不正常的經營環境。

（4）市場領先者發動提價。當市場領先者不論什麼原因發動了提價，對於許多實行市場跟進策略的中小企業來說，就會跟隨提價。當然，在這種情況下，企業提價也是為了不改變與領先者所保持的競爭距離。

（二）提價策略

企業提價是具有風險的，如果提價導致更多的目標顧客拒買產品，則提價的目的將很難實現。因此應根據不同的顧客情況和競爭對手情況，採用適當的提價策略：

1. 單步提價策略

單步提價策略是指企業一次就把產品價格提高到企業欲漲價的價位水準。從操作上講，這最簡單。具體做法有：

（1）推遲報價定價（Delayed Quoting Pricing）。企業對於現在訂貨的買主，暫不確定交貨時的價格，只以參考價或意向價格的形式寫在訂貨合同相關條款中。在產品完工或到了交貨期時，才最後看行情來定價。這適合生產週期較長，顧客習慣於依據當時的行情定價（因為買主在這樣的訂貨合同中也可指望有降價的機會）的情況。

（2）自動調整條款定價（Escalator Clause Pricing）。企業在交貨合同上，對使用的價格做出附加規定：交貨時，買賣雙方同意按某一物品（通常是生產產品需要使用的主要原材料或零部件）的市場價格上升指數、成本上升指數、通貨膨脹指數等調整接貨價格。

（3）掛牌提價。掛牌提價即企業通過直接更換價格標籤的形式，將價格一次提高。商業企業大都採用這種做法。

單步提價策略的主要優點是：

（1）迅速抵消不利的環境對企業造成的影響（如通貨膨脹期間，原材料的供應價格已經大幅度提高，企業的生產成本將大幅度上升，提價後，就可以保持原有的生產規模，保持原有的利潤水準）。

（2）有利於企業保護自己現有的銷售渠道和維持原有銷售措施。如果企業面對的是供不應求的局面，有些中間投機商就可能利用企業定價與能夠出手的實際市場價格之差，進行加價銷售、倒賣倒買，這將破壞企業的聲譽。

（3）有一定的促銷作用。指對於那些先行提價的企業，可能會受到顧客關注，同時在「買漲不買跌」心理的驅使下，顧客可能會及時購買。

單步提價的主要缺點有：

（1）在一定時期可能削弱企業產品的市場競爭力。

（2）如果導致企業利潤分享者（如某些政府部門、股東、供應商等）提出多分享利

潤的要求，提價的預期好處將不會理想，嚴重時，甚至得不償失。

（3）容易成為政府價格管制的制裁對象，尤其對銷售的是顧客價格敏感產品的企業，更是這樣。

2. 分步提價策略

分步提價策略是指企業在一段時間內，分幾次漲價，將企業的產品價格從原來的價格提高到企業所希望提到的價格水準。

分步提價策略的主要優點是：

（1）企業如果根據行業內其他企業的價格變動情況，逐步上調價格，同時始終保持比別的企業提價滯後，這不易引起顧客反感，反而會被認為是迫不得已事，可減少提價後來自顧客的阻力。

（2）一定程度上可保持價格變動的主動性。即別的企業提價遇到市場反應不好時，企業可相機停止提價，以免陷入被動。

（3）避免企業利潤的直接分享者提出增加分享利潤的要求。

（4）保持與目標顧客關係的靈活性。

分步提價策略的主要缺點是：

（1）企業需要比較強的市場預測能力。如果該能力差，企業面對的又是行銷環境異常劇烈的變化，即企業每一輪調價剛實行，市場價格又普遍上升，將很難立刻再次實行調價；若不動價格，又將面臨較大的利益損失。

（2）難以統籌不同行銷環節的價格變動量，易為渠道中的投機商「鑽空子」。

（3）由於不能對長期的市場收益做出估計，企業難以制定長期行銷策略。

實行分步提價策略，企業需要考慮的主要策略要點有：

（1）等額等時提價還是相機進行提價？前種方法缺乏相應的提價靈活性，但較宜安排市場行銷活動；後者則正好相反。

（2）各銷售環節是同步同時進行還是異步進行？

（3）提價到位（目標）的時間多長？時間越短，越接近單步提價策略，會帶有單步提價策略的缺點；分步太多，時間太長，意味著企業可能要在較長的時間內容忍成本升高對利潤的侵蝕。

3. 保持名義價格不變策略

保持名義價格不變的提價策略是一種隱性（隱蔽）提價策略。如果有以下這些情況存在時，都可以考慮採用這種提價策略：①當目標市場的消費者對價格敏感會反對漲價時；②由於政府價格行為干涉頻繁且缺少清楚的管理條文規定；③因為要與主要競爭對手保持相應的競爭對比關係，而對手還沒有提價跡象時。

該種提價主要方法是：企業不改變產品名義（即現有的市場銷售）價格，但通過取消某些不收費服務項目或附加產品；減少價格折扣數量；適當降低產品質量；減少產品的

特色或附加服務；降低包裝檔次，或減少一個包裝物內產品數量。

保持名義價格不變策略的優點有：

(1) 只要做得適當，即能使顧客對產品的認知價值不發生較大變化，容易為顧客所接受，就不會對產品的市場競爭力有太大的不利影響。

(2) 企業可以在一定時期，減少對市場產品的有效供給又能做到避免失去過多的用戶。

(3) 企業原有的促銷效果或效應可以繼續發揮作用，如廣告價格可以保持不變。

(4) 可迴避企業利潤分享者對直接提價將提高的分享利潤的要求。

保持名義價格的提價策略的主要缺點有：

(1) 對於價格非常敏感的顧客，隱蔽性的提價，會被視為是一種「詐欺」行為，因此將使企業將面臨丟失信譽的市場風險。

(2) 當市場漲價壓力過大或者漲價頻繁時，這種策略在漲價跟進上比較被動。比如剛改小的包裝就不能立即再改小。

採用這種策略，企業需要對所冒市場風險做充分估計，對於市場信譽要求特別高的產品或服務，不應採用這種策略。

二、降低價格

1. 降價動因

由於下列原因，會使企業考慮降低已有的產品價格：

(1) 價格戰的需要。當競爭對手發起了價格戰，企業在許多情況下將不得不應戰；另一種可能就是估計競爭對手將會發起價格戰，為了阻止競爭對手，企業先發制人，先於競爭對手主動降低價格。

(2) 生產能力過剩。當企業的產成品庫存過多，或者目前開工不足時，需要通過降價來擴大銷售量，或是使存貨能盡快地脫手，則需要採用降價措施。

(3) 為阻止市場佔有額下降或為爭取到一個更大的市場份額。如美國的汽車行業，為了阻止日本汽車向美國和世界市場進攻，連續10年，採用不斷降低美國汽車價格的辦法；中國的長虹機器廠，在1996年率先發動彩電降價，引起中國整個彩電行業震動。

(4) 行業性的衰退或產品進入了衰退期。特別是衰退的速度很快，企業已經準備轉向別的行業或退出現在所在行業。

2. 降價策略

降價對企業來說，很可能冒價格戰的風險，尤其是在市場上競爭力量比較均衡（勢力相當）時。價格戰的結果，往往導致兩敗俱傷，因此，需要對引起價格戰的後果作慎重考慮。一般在技術的更新和發展比較快的行業，降價是較常採用的做法，以便使已經屬於落後的技術所生產的產品盡快脫手。20世紀90年代以後，像通信、計算機等行業，因

為技術進步極快，產品降價是比較常見的現象；而在技術比較成熟又沒有較大技術突破的行業，一般極少採用降價的措施。企業在決定降價時，還要注意防止使消費者的價值感覺降低，如影響品牌在消費者心中的形象，消費者對產品質量的信心等。因為在消費者價值感覺降低時，企業就可能難以達到降價目的。主要的降價策略主要有：

（1）讓利降價。即企業通過削減自己的預期利潤來調低產品價格。通常，許多企業採用通告的形式，公布讓利幅度，意在通知競爭者，這種做法並沒有什麼甜頭，同時使顧客也能知道，企業向市場提供的產品在質量和功能等方面沒有任何改變，防止消費者的認知價值降低。

（2）加大折扣比例或放寬折扣條件。如原來購買 100 件產品給予 5% 的折扣，現在給予 10% 的折扣；或者，原來需要購買 100 件才能享受折扣，現在可以購買 50 件起就享受折扣。

（3）心理性降價。企業對於新推出的產品，先用很高的價格上市，但並沒有寄希望於在這個價位上能夠賣出多少產品，經過一段時間，待消費者對產品或價格習慣後，降低到市場可以接受的價格水準，使產品能很快打開銷路。多年來，計算機行業的許多產品均採用了這種方法。

（4）增加價值的變相降價。不少企業經理人員喜歡將這種方法稱為「加量不加價」。就是說，企業採用增加產品服務提供內容，如汽車增加更多的配置，包裝物中增加產品數量，延長服務時間，但價格保持不變。這種方式，能夠起到安撫已購買產品的顧客和避免刺激競爭對手的作用。

（5）增加延期支付的時間。如原規定 10 天內付清全部貨款，現在可以規定 30 天內付清。對於那些資金週轉比較困難的顧客，此法有較大的吸引力。

（6）按變動成本定價。這意味著企業連邊際利潤也不索取，是最低定價，目的是能快速處理存貨或者擺脫經營困境。

三、分析價格變動的反應

1. 顧客對價格變動的反應

顧客對於企業產品價格的反應，無疑會直接影響價格變動的目的能否實現。通常，顧客對於價格變動的反應，可以通過顧客對購買該產品數量的增減預測出來。在企業變動價格之前，需要確定價格在顧客決定購買這種產品時所起的作用有多大。如果顧客對於價格很敏感，行銷這樣的產品，一般提價的阻力大而降價時的預期效果很容易達到。相反，如果價格敏感度低，降價時，必須防止顧客價值感覺降低，才能達到降價的目的。因此，預測或弄清價格變動對顧客價值感覺的影響，是考察顧客對價格變動會如何反應的最好方法。

2. 競爭者對價格變動的反應

當企業準備進行價格變動的時候，還必須認真考慮競爭者可能會有什麼反應。因為，競爭者通過改變它的價格和其他行銷方法，不僅會造成對企業價格變動效果的影響，甚至對於整個競爭局勢也發生重要影響。

一般來講，競爭者對於企業價格的變動的反應可以歸結以下三類：

（1）跟進。競爭者的跟進，指它也出抬同樣的價格變動的措施。當企業發動降價可能對競爭者的市場份額造成威脅時，或者企業提價，競爭者能看到有明顯的市場回應或好處時，都可能跟進；

（2）不變。競爭者在下列一些情況下，可能在企業變動價格的時保持現有價格：當降價企業所占市場份額很小，聲譽較低時，降價對於競爭者來說，就不會感到有多少威脅；競爭者擁有比較穩定的忠誠顧客群；競爭者想避免打「價格戰」；競爭者認為整個市場增長潛力太小，變動價格沒有什麼意義。

（3）戰鬥。戰鬥的意思就是競爭者將針鋒相對的進行價格調整或價值變化，不惜與發動價格變動的企業打「價格戰」。在下列情況下競爭者可能做出這樣的反應：競爭者認為企業價格變動本身是針對它發起的，並且變動價格的企業對自己的市場地位會產生威脅；競爭者是市場中的領先企業，不願意放棄自己的領導地位；競爭者相當看好當前的市場，將通過包括價格競爭在內的方法排擠掉對手圖謀長遠利益時。戰鬥的具體形式很多，可以直接降價，可以增加廉價的產品項目，可以推出更大的折扣優惠，可以採用戰鬥品牌等。

無論競爭者會做出什麼反應，企業應該事先估計競爭對手可能的反應，並且能夠估計競爭者的這種反應對於企業的行銷活動有哪些不利的影響，如果有不利影響，應該考慮制定相應的應對措施。

3. 企業對價格變動的反應

如果改變價格的不是企業而是競爭者的話，那麼企業應怎樣應對呢？

一般說來，在競爭對手改變價格的時候，企業有以下一些應對方法：

（1）在同質產品市場上，如果競爭對手降價，企業一般應該跟進。因為如果企業不跟進的話，顧客一定會購買價格便宜的產品，因而會造成企業產品完全滯銷。

（2）在非同質產品市場上，競爭對手提價時，這時企業應該認真分析一下，競爭對手提價，是否與它的產品具有很高的顧客評價價值或受歡迎的特點而本企業不具備這些特點；如果情況相反，那種有較高顧客評價特點的競爭對手發動降價，企業除非能夠改進自己的產品來維持原價，否則應該考慮降價。

（3）如果企業的份額已受到較大威脅時，以不打價格戰死守自己價格，則可能置企業於最危險境地。

在做出反應前，企業應該考慮的問題有：

（1）為什麼競爭者會變動價格？其主要目的是什麼？
（2）競爭者計劃做出這個價格變動是臨時的還是長期的措施？
（3）如果企業對此不做出反應，對企業的市場份額和利潤會有什麼影響？
（4）企業對付價格變動的措施，將會使競爭者再出現什麼反應？

對價格變動做出反應，對企業來說，主要的困難來自時間，即競爭者如果是主動地變動價格，可能已經為之做了很長時間的籌劃和準備。而當其價格政策出抬後，企業卻需要很快地做出反應才行。因此，最好的解決方法是企業能夠建立一種程序性的價格反應機制，依賴經常性市場信息收集，企業的市場信息系統應能經常就當前競爭者的價格情況進行監控和分析。圖 9-16 是降價反應機制的示例。

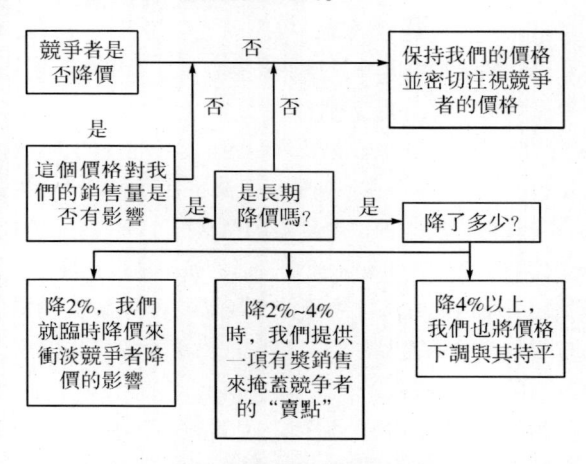

圖 9-16 應付競爭者降價的反應機制

本章小結

行銷管理中的價格決策，需要解決以下五個問題：

第一個問題是制定價格，其中影響價格的主要因素是需求、成本和競爭的產品與價格，即定價的 3C 模型；一定的定價方法，產生出一定的標準價格，因此還需要用心理因素和其他影響因素進行修訂。

第二個問題是新產品定價問題。行銷的價格決策是一個動態的管理過程。企業的定價策略往往會根據產品所處的生命週期而變化，在為新產品制定價格時，企業常採用兩種定價方法，即市場撇脂定價和市場滲透定價。

第三個問題是產品組合定價問題。產品組合定價是將一個產品定價問題放在整體產品組合進行考慮，達到不是一個產品贏利而是整組產品贏利的效果，因為不同產品項目的價

格與銷售是相互影響的。企業有以下五種常見的組合定價方式：產品線定價、附屬產品定價、可選產品定價、副產品定價和捆綁產品定價。

價格決策的第四個問題是在制定了標準價格基礎上，要針對不同市場情況與行銷目的，對價格進行調整，產生一個可執行的價格。企業會根據消費群體和經營環境的變化來對產品價格進行調整。地理定價解決如何分攤運費；對銷貿易解決了無貨幣、少貨幣或尋求貿易平衡的交易；價格折扣表現出企業為實現一定行銷目的和平衡產銷的要求；差別定價適應不同細分市場的要求。

價格決策中的第五個問題是如何進行提價和降價。提價有單步提價、分步提價、保持名義價格不變策略；降價有讓利降價、加大折扣比例、心理性降價、增加價值的變相降價、增加延期支付時間、按變動成本定價和拍賣等方法。無論企業發動價格變動還是應對競爭者的價格變動，都需要考慮對顧客的價值影響和競爭者的反應。

本章復習思考題

1. 簡要談談定價的基本步驟。
2. 什麼是定價的 3C 模型？
3. 新產品定價的主要方式有哪些？使用時應具備什麼條件？
4. 常見的價格折扣有哪些？
5. 常見的促銷定價方法有哪些？
6. 差別定價的形式是什麼？
7. 如何進行產品組合定價？
8. 價格變動的原因和方法是什麼？企業如何應對價格變動？
9. 現在市場競爭十分激烈，經常發生所謂的價格戰，對此應該怎樣理解？

第十章　行銷渠道的選擇與管理

在市場經濟條件下，大部分企業生產的產品都不是生產者和消費者面對面地進行交易，而是依靠一定的渠道，經過流通領域，才能最後進入消費領域，滿足消費者的需要，實現企業的行銷目標。因此在生產者和最終用戶之間有大量執行不同功能和具有不同名稱的行銷仲介機構，包括中間商、代理商和一些輔助機構。市場經濟客觀上要求在產品從生產領域向消費領域轉移的過程中盡可能地節省資源，因此正確選擇一條時間短、速度快、費用省、效益高的分銷渠道，就成為企業拓展市場行銷的重要策略。行銷渠道的決策是企業面臨的最重要的決策之一，它將直接影響企業的其他行銷決策，從而影響企業的最終經營效果。

第一節　行銷渠道的概念、分類與功能

一、行銷渠道的概念

斯特恩等認為，行銷渠道是使產品或服務順利地被使用或消費而相互配合起來的一系列獨立組織。① 安妮·T·科蘭等認為，行銷渠道由相互依賴的機構組成，它們致力於促使一項產品或服務能夠被使用或消費這一過程。② 科特勒認為，行銷渠道是促使產品或服務順利地被使用或消費的一整套相互依存的組織。

綜合上述說法，行銷渠道的定義為：

行銷渠道又稱分銷渠道、銷售渠道或貿易渠道，是產品或服務從生產領域轉移到消費領域的過程中所經過的通道。在這個轉移過程中，要由一套組織機構來完成一系列的活動或功能。

這裡的組織機構涉及製造商、代理商、批發商、零售商等。

行銷渠道中多個獨立組織的並存，決定了行銷渠道的效率。但行銷渠道的效率並不決定於渠道中某一個組織或機構，而是依賴於所有成員的相互配合。

---

① 斯特恩，安瑟理，庫格倫. 市場行銷渠道 [M]. 趙平，廖建軍，孫海燕，譯. 北京：清華大學出版社，2001.
② 安妮·T. 科蘭，艾琳·安德森，路易斯·斯特恩，等. 行銷渠道 [M]. 蔣青雲，孫一民，等譯. 北京：電子工業出版社，2003.

二、渠道的級數（Marketing Levels）

行銷渠道由一系列獨立組織構成，獨立組織的多少以層次來劃分，層次的多少以級數來表示。圖 10-1 表示了不同形式的渠道。

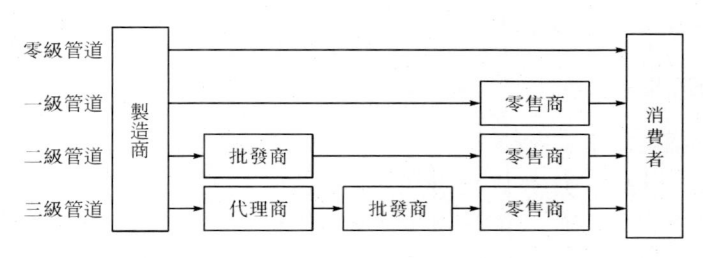

（a）消費者市場行銷渠道

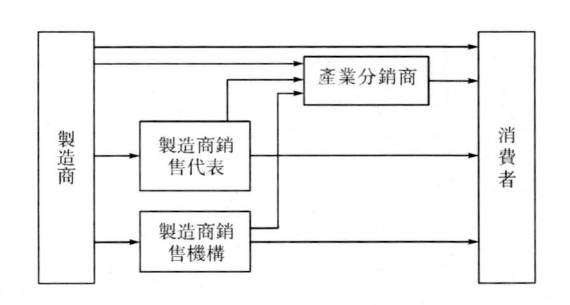

（b）產業市場行銷渠道

圖 10-1　渠道級數示意圖

1. 零級渠道

所謂零級行銷渠道是指直接銷售渠道，指生產製造企業直接將產品銷售給最終購買者，沒有其他第三者機構參與。直接銷售的主要方式有：上門推銷、郵購、電話市場行銷、電視直銷和製造商自辦商店等。

2. 一級渠道

所謂「一級」渠道是指在生產製造企業與目標顧客之間只有一個中間商這樣的仲介機構的渠道。在消費市場中，這個中間商通常是零售商；在產業市場中，通常是指銷售代理商。

3. 二級渠道

所謂「二級」渠道是指包含兩個中間商的渠道。在消費市場上，其中一個是批發商，另一個是零售商；在產業市場上，則可能是代理商和分銷商。

4. 三級渠道

所謂「三級」行銷渠道是指包含三個中間商的渠道。例如在肉類或食品罐頭業，中

轉商、專業批發商或小批發商是介於大批發商與零售商的一類批發商（Jobber）。中轉商從批發商處進貨，然後將產品轉售給不能從批發商處取得貨品的零售商。

更多級數的行銷渠道也存在，在國內市場的行銷中，比較少，而在國際貿易中，則存在地區或國際的國際批發商，就是級數更多的渠道。但就生產者的立場而言，當渠道級數過多時，對渠道的控制將愈困難。

三、渠道功能與流程

由於渠道需要執行的功能不是單一的，由不同機構組成的行銷渠道，須通過各種不同的功能流程完成這些功能，形成不同的渠道流程。

斯特恩認為：「一個流程就是由渠道的成員們順利地執行的一系列職能。因此，『流程』是對商品流動的描述。」

圖 10-2 表示的是重型卡車的五種渠道流程。

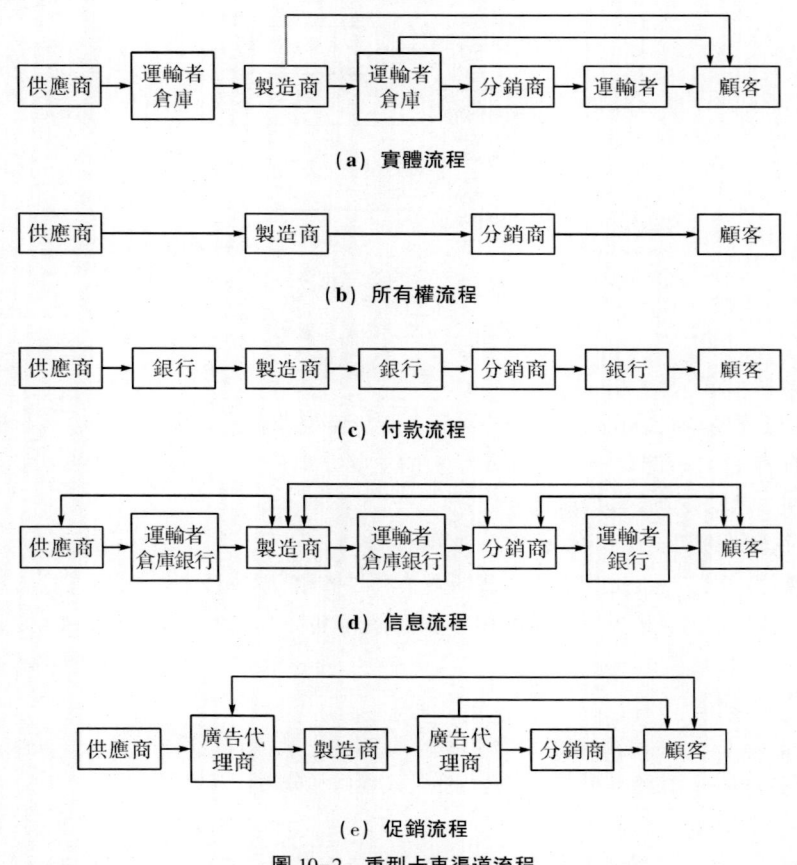

供應商 → 運輸者倉庫 → 製造商 → 運輸者倉庫 → 分銷商 → 運輸者 → 顧客

(a) 實體流程

供應商 → 製造商 → 分銷商 → 顧客

(b) 所有權流程

供應商 → 銀行 → 製造商 → 銀行 → 分銷商 → 銀行 → 顧客

(c) 付款流程

供應商 → 運輸者倉庫銀行 → 製造商 → 運輸者倉庫銀行 → 分銷商 → 運輸者銀行 → 顧客

(d) 信息流程

供應商 → 廣告代理商 → 製造商 → 廣告代理商 → 分銷商 → 顧客

(e) 促銷流程

圖 10-2　重型卡車渠道流程

1. 實體流程

實體流程是指實體原料及產品實體從製造商移動到最終顧客的過程。

2. 所有權流程

所有權流程是指商品所有權從一個行銷機構到另一個行銷機構間流動移轉的情況。

3. 付款流程

付款流程是指貨幣在各仲介機構間完成款項支付的流動情況。

4. 信息流程

信息流程是指在行銷渠道中，各機構相互傳送市場信息和交易信息的流程。

5. 促銷流程

促銷流程是指廣告、人員推銷、公共關係、銷售促進等活動，由一個渠道機構向另一個渠道機構施加實現本機構行銷目標的影響或刺激的功能。

四、行銷渠道的功能

中間商能提供一些製造商不能取代的功能。中間商提供的功能可分為三類：交易功能、運籌功能和促進功能（見表 10-1）。

表 10-1　　　　　　　　　　　　　　中間商的功能

1. 交易功能 （1）採購：購買產品用以轉售 （2）銷售：促銷產品給顧客並獲得訂單 （3）風險：接受企業風險（購買產品有風險存在，如損毀、過期）
2. 運籌功能 （1）產品集合：把不同地方的產品集中在一處 （2）儲藏：維持適量的存貨和保存產品以滿足顧客的需求 （3）分類：大量採購並分裝產品 ①集中：把不同來源的產品集合在一起 ②分裝：把產品分裝成可能銷售的包裝 ③組合：把不同來源的產品組合成一條產品線以服務顧客 ④整理：把異質性的產品分裝成獨立同質性的存貨 （4）運輸：從製造商移運產品至採購者的手上
3. 促進功能 （1）財務：提供資金或貸款以促成交易 （2）分級：檢驗產品和依產品品質分等級 （3）行銷研究：收集市場情報、銷售預測、消費者趨勢、競爭分析和以上諮詢的報告 （4）促銷：發展和傳播有關為吸引消費者而設計的產品和服務的信息

圖 10-3 顯示使用中間商的經濟效果。甲部分顯示 3 個製造商對 3 個顧客從事直接行銷的情形，它需要 9 次相互接觸，才能圓滿達成交易。乙部分顯示，這 3 個製造商共同使用 1 個中間商，將產品分銷給 3 個顧客的情形。在這種情況下，只需要 6 次接觸就可完成交易。可見，中間商的介入，減少了總交易接洽次數，節省了時間、人力及交易成本。

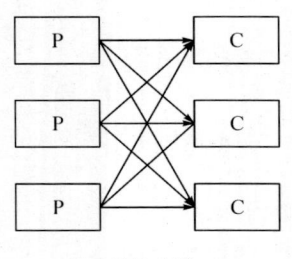

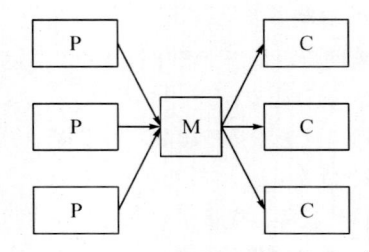

甲：接洽次數　9　　　　　　　　　　　乙：接洽次數　6

圖 10-3　行銷渠道的交易功能

中間商的交易功能可以提供兩大利益。第一，因為中間商訂貨量較大和作業標準化，因此可以降低成本。第二，中間商向製造商購買產品再轉售於消費者，中間商分擔製造商一部分風險，如損毀、過期、退貨等行銷風險。

中間商的運籌功能包括移運產品和分裝等。

中間商的促進功能包含財務支援、產品分級、收集市場情報和促銷。這些功能的提供給予製造商重要支持。

第二節　行銷渠道的演化

一、垂直行銷系統的發展

垂直行銷系統是近年來渠道領域頗具意義的發展之一。為了充分瞭解這個系統，我們必須先界定傳統行銷渠道系統。

傳統行銷渠道是由獨立的生產者、批發商和零售商組成的。它們之間的關係鬆弛，彼此對銷售條件討價還價，毫不退讓，各為其利。若條件不合，就將各自獨立行動，為自己的利益不惜減少整個渠道的利益。傳統行銷渠道是渠道系統的主要模式。

垂直行銷系統由製造商、批發商、零售商組成一個統一體，其中的一個成員可能擁有其他成員的所有權，也有可能擁有對其他成員的管理權，垂直行銷系統是一個集權式銷售網絡。垂直行銷系統可能由製造商、也可能由批發商或零售商控制。這種系統能有效地控制渠道行為，消除各渠道成員為追求各自利益而造成的衝突。各渠道成員通過規模經濟、討價還價的能力和減少重複服務獲得效益。垂直行銷系統可分為三個類型。

（一）所有權式的垂直行銷系統

所有權式的垂直行銷系統是在單一所有權體系下，組成一系列的生產及分銷機構。

（二）管理式的垂直行銷系統

管理式垂直行銷系統，並不由共同的「所有權」鑄成渠道中前後生產與行銷機構間

的一致行動，而是由某一規模大、實力強的成員，把不在同一所有權下的生產和分銷企業聯合起來的市場行銷系統。

(三) 契約式的垂直行銷系統

契約式垂直行銷系統是指不同的生產和行銷機構，在合約的基礎上進行聯合，期望能產生比單獨經營時更大的效益。

由此可見，前述一體化的垂直行銷系統是以同一所有權（公司）為整合行動的基礎，一體化的管理式垂直行銷系統則以經濟上的力量為基礎，而契約式垂直行銷系統則以系統內各成員間存在的契約關係為依據。契約式垂直行銷系統在近年發展神速，已構成今日經濟社會中一項重大的發展。契約式垂直行銷系統的主要形式有：

1. 批發商支持的自願連鎖系統

這是批發商為保護其零售商，以對抗其他較大的競爭者所發起的連鎖組織。其方式為由批發商先擬定一套方案，然後勸說獨立零售商加入該體系，除使用標準化的名稱及追求貨品採購上的經濟性外，尚可聯合起來以抗禦其他連鎖組織侵入其地盤。

2. 零售商合作組織

它可以由某個零售商發起組織的一個新的企業實體來開展批發業務和可能的生產活動。各組織成員由這個組織實行集體採購進貨，而這個組織所獲得的利潤，則按成員的進貨量返還給各成員零售商。非成員也可以從這個組織進貨，但不能分享利潤。

3. 特許經營組織

此即「生產—分銷」連續過程中的各機構，在共同契約下連成一體，各成員則為擁有特許專營權的單位。

特許經營活動是近年來零售業中最引人注目同時也是成長最快的類型。它可區分為三種形態，即製造商支持的零售特許，製造商支持的批發特許及服務機構支持的零售特許。

第一種形態是製造商支持的零售特許系統，一般在汽車工業中最為盛行。

第二種形態是製造商支持的批發特許系統，最常見於軟、冷凍飲料行業中。

第三種形態是服務機構支持的零售特許組織，即由一個服務性（非製造性）公司組成一個完整的系統，對顧客提供有效的服務。

二、水準行銷系統的發展

水準行銷系統是指由兩個或兩個以上的公司，形成自願性的短期或長期聯合關係，共同開拓新出現的行銷機會。水準行銷系統產生的理由很多，如由於任何一個公司都無力單獨積聚巨大的生產資金、技術、生產及行銷設施，以從事經營；或由於風險太大不願單獨冒險；或由於市場的變動、競爭的激烈、工藝技術迅速改變的威脅；或由於需要他人所擁有的技術或行銷資源；或由於預期聯營所能帶來的綜合效果更大等。這種聯營企業可以是短期性，也可以是永久性的結合；也可以由兩個母公司共同創立第三個公司。這種水準式

行銷系統，也被稱為「共生行銷」。

三、平臺行銷系統的發展

近年來，在互聯網背景和數字化時代成長的消費者日益成為消費主體的背景下，平臺經濟迅猛發展，驅動了行銷渠道系統的變革。

(一) 平臺經濟的特點

平臺經濟是指互聯網時代以信息技術為基礎，基於平臺向多邊主體提供服務，整合多主體資源和關係，從而創造增值價值，使多主體利益最大化的一種新型經濟。以阿里巴巴、滴滴出行、美團外賣、攜程旅遊、騰訊、百度等平臺型企業為代表所打造的電商平臺、出行平臺、外賣平臺、旅遊平臺、社交平臺、搜索平臺等均屬於平臺經濟範疇。其具有如下特點：

1. 開放性

開放是新商業文明創新的靈魂，在提供基礎服務的基礎上，平臺開放自身資源，讓更多的第三方主體參與到平臺的生態系統中來，提供豐富多彩的應用或者服務，互聯網平臺也走出了以往大企業封閉式、集中控制的道路，踏上了為其他企業和個人服務，並以激活生產力為目的的「賦能」新徵程的新時代。

2. 協作共贏性

平臺經濟的一大特色是平臺主體之間進行專業化分工，實現合作共贏。互聯網的出現，使得全世界範圍內的跨時空合作變為現實，平臺更是架起了價值鏈的專業化分工和協作的橋樑，極大地促進了多方共贏，提升了社會福利，為企業或個人提供了廣泛的、極低成本的信息撮合機制。

3. 普惠分享性

互聯網平臺顯著降低了各方溝通成本、直接支撐了大規模協作的形成，向全社會共享能力，從而激發微經濟活力。平臺為全社會提供無處不在、隨需隨取、極其豐富、極低成本的商業服務。

4. 生態性

互聯網平臺是新商業生態不斷形成和發展的沃土，平臺上多方之間互動頻繁，企業間競爭充分，創新層出不窮。

5. 聚集性

平臺具有較強的聚集性，不僅聚集了多種主體，如交易平臺的買家、賣家、服務商等，還匯集了海量的信息，如交易平臺匯集了各種產品信息、價格信息和商業動態信息，社交平臺匯集了個人信息、交友信息、朋友圈動態信息等；此外，平臺還匯聚了主體的各種關係和社會資源，如合作夥伴關係、競爭關係、好友關係等。

（二）平臺經濟下渠道變革的實踐

平臺經濟背景下的渠道系統和傳統渠道系統的最終目的，都是成功實現價值交付，渠道的最終目的始終不會改變，但渠道的形式卻會隨著內外部環境的變化而不斷變革。平臺經濟的出現，使渠道設計及渠道成員管理兩方面內容都將迎來一輪變革。

1. 渠道設計邏輯的變革實踐

傳統的渠道設計更多地關注渠道長度、寬度、密度的設計，更加注重渠道結構、分銷形式等。而平臺經濟背景下，渠道設計更加關注以消費者為中心的渠道價值網絡的設計，設計邏輯的轉變帶來渠道形式、結構、策略、成員管理等方面的變革。

2. 渠道成員管理的變革實踐

渠道成員管理的目的一直以來都是使渠道成員間保持良好的合作關係，共同提高渠道績效。渠道治理、渠道衝突、渠道合作等問題也一直是渠道成員管理的重要問題。但渠道成員管理卻會隨著內外部環境的變化而面臨更多的挑戰，平臺經濟背景下渠道設計邏輯的變革也必將導致渠道成員管理的變革，如信息化背景下的渠道成員行為管控及治理問題，渠道權利分化背景下的渠道關係問題等。

（三）平臺經濟下渠道系統的模式

平臺經濟背景下形成了以顧客為價值網絡中心，以互聯網為紐帶，以平臺為支撐，治理手段多元化的渠道系統模式。

（四）平臺經濟下渠道系統的特點

平臺經濟背景下，產業不斷創新，新興經濟不斷增長，消費者的工作生活方式不斷變革，同樣，連接供需兩端的渠道也在平臺經濟的驅動下進行了變革，具有如下特點：

1. 渠道結構更加扁平化

傳統的銷售渠道結構呈金字塔式，平臺經濟背景下的渠道則更加扁平，層級較少，如京東作為電商平臺，直接從廠家訂貨面向消費者，去除批發商、中間商等渠道層級。

2. 渠道形式更加多樣化

傳統的銷售渠道終端多為實體門店，平臺經濟背景下的互聯網平臺則進一步豐富了渠道終端形式，如傳統互聯網渠道、移動互聯網渠道等渠道形式應運而生，為多渠道乃至全渠道發展奠定了基礎。

3. 渠道功能更加專業化

傳統的銷售渠道都兼具實體流、支付流、所有權流、促銷流等功能，平臺經濟背景下的渠道功能開始裂變，各渠道功能分工更加細緻，相互依賴，如線上渠道與線下渠道間的功能差異。

4. 渠道成員關係聯盟

傳統渠道成員間因為顧客、功能等重疊，經常因利益爭奪而發生衝突事件，各成員間各自為戰，而平臺經濟背景下各渠道間相互依賴，協同作戰，重視渠道關係建設，更易形

成渠道成員關係聯盟。

5. 渠道權利的轉移

平臺企業在產品流通環節中扮演越來越重要的角色，製造商對平臺企業的依賴越來越大，相應地增加了平臺企業的渠道權利。如京東對於各品牌製造商的價格打壓。

6. 消費者的渠道選擇變革

平臺經濟背景下，消費者零售終端選擇發生了有規律的分離和互補現象，平臺企業受到消費者青睞，並從單一渠道購買演變為跨渠道購買。

7. 渠道運作信息化

平臺經濟是在互聯網大背景下快速發展起來的，平臺經濟驅動下的渠道變革少不了互聯網的滲入，將導致渠道自身信息化（電子化）和渠道管理信息化。

第三節　渠道設計決策及任務分配

行銷渠道設置的決策是依據企業的行銷戰略目標和目標市場等特性進行的。一個良好的行銷渠道必須能進入目標市場內活動，所以，行銷渠道策略必須與其他行銷策略相配合。

一、確定行銷渠道的限制因素

渠道設計的問題是如何發掘輸送產品到目標市場的最好途徑。所謂「最好」可以解釋為確定到達目標市場的結構上與功能上使公司能在同一的成本下，獲取最大收入；或獲得一定收入，能使渠道成本最低。企業的渠道目標受所處環境的一些特定因素所影響，每一個行銷企業必須從顧客、產品、中間商、競爭者、公司政策等主要環境因素限制下設計和建立，首先需要確定渠道目標。

（一）顧客性質

渠道設計將受到顧客人數、地理分佈、購買頻率、平均購買數量、購買習慣等的影響。

（二）產品性質

產品本身的特點對行銷渠道的決策起著決定性作用，主要的產品因素有：

1. 產品的體積和重量

不同體積和重量的產品，對運輸方式、倉儲條件和流通費用有直接影響。體積大而重的產品，如礦石、建築材料、機器設備等，應盡量縮短行銷渠道，以使搬運次數最少，移動距離最短。小而輕的產品，則有條件選擇較長的行銷渠道。

2. 產品的易腐性和易毀性

對於那些易腐的、有效期短的產品（如食品），要求從生產出來後以最快的時間送達

消費者，應採用盡可能短的渠道銷售。對於易毀的產品，如字畫、雕塑品、裝飾品等，也不宜採用過多的中間環節轉手，以減少搬運過程、臨時停放等可能產生的毀損。

3. 產品的技術性和服務的要求

有的產品具有很高的技術性（如精密儀器、成套設備），需要安裝、調試和經常性的技術服務與維修。對這樣的產品，最好是產需直接見面，或只經過專業性很強的中間商經銷。

4. 新產品

新產品問世之初，顧客往往缺乏瞭解，需要大力推銷和較多的銷售費用，中間商一般不願承擔銷售工作。所以，新產品的銷售一般多由製造商自己完成。

(三) 產品價格

一般來說，單位產品價格越高，就越應該減少渠道級數，即使用最短的渠道最有利。如銷售人員直接銷售，或只經過很少的中間環節，以避免因級數增多導致最終售價提高而影響銷路。反之，單位價格較低的產品（如日常用品），它們的利潤也低，就需要大批量銷售，只有廣泛採用中間商才能擴大銷路，占據有利的市場地位。

(四) 中間商性質

渠道設計同時也應考慮到不同類型中間商在處理各種工作時的優點及缺點。一般而言，中間商在執行運輸、廣告、儲存、接洽顧客的能力，信用條件、退貨權力、訓練人員和送貨頻數等方面的優劣是不同的。除這些差異外，中間商的數目、地點、規模大小和產品分類等的不同也會影響渠道設計。

(五) 公司性質

公司自身的性質在決定渠道的長短、控制渠道的能力等方面有重要影響。

1. 信譽與資金

企業信譽好，財務能力強大，就有可能將一些重要的銷售職能集中在自己手中，以控制銷售業務，加強與消費者的聯繫；反之，則只能依賴中間商銷售產品。

2. 企業的銷售能力

企業銷售機構和銷售人員的配備，銷售業務的熟悉程度和經驗，以及儲存、運輸能力也制約著行銷渠道的選擇。銷售能力弱的企業，只能過多地依賴中間商，銷售能力強的企業，則可少用或不用中間商。

3. 經濟效益大小

是採用直接銷售還是間接銷售，是採用較多的中間環節還是較少的中間環節，都要比較哪種選擇經濟效益最好，經濟效益的高低是企業選擇行銷渠道的重要標準。

(六) 環境性質

渠道設計更進一步受到經濟狀況與法律等環境因素的影響。當經濟蕭條時，生產者常希望用最低廉的方法將產品送到最終顧客，這通常意味著要使用較短的渠道，免除導致產

品最後價格增加的不必要服務。法律規定與限制同時也會影響渠道設計。

二、確定行銷渠道目標

行銷渠道目標是渠道設計的基礎。渠道目標設定時應考慮下列三點：行銷渠道效率、行銷渠道控制程度、財務開支等。

（1）行銷渠道效率包括：銷售量、市場佔有率、目標利潤率等；

（2）行銷渠道控制程度取決於廠商在渠道協調中扮演的角色和對渠道控制的慾望；

（3）財務開支則依據廠商願意支付多少財務資源來建立和控制渠道而定。

三、行銷渠道的設計

（一）行銷渠道的長度

渠道的長度涉及從生產者到最終用戶所經歷的中間環節的多少。愈短的渠道，生產者承擔的銷售任務就愈多，信息傳遞快，銷售及時，能有力控制渠道；愈長的渠道，批發商、零售商要完成大部分銷售職能，信息傳遞緩慢，流通時間較長，製造商對渠道的控制就弱。在確定渠道長度時，應綜合分析製造商的特點、產品的特點、中間商的特點及競爭者的特點加以確定。表 10-2 列出了確定渠道長短時應考慮的因素。

表 10-2　　　　　　　　　　　　渠道長度決策因素

長渠道	短渠道
1. 產品單位價格低	1. 產品單位價格高
2. 產品單位利潤低	2. 產品單位利潤高
3. 顧客數量大	3. 顧客數量小
4. 顧客採購金額與數量小	4. 顧客採購金額與數量大
5. 不需要服務	5. 需要服務

（二）行銷渠道的覆蓋面

所謂渠道的覆蓋面（渠道的寬度），是指行銷渠道中的每一級中所使用的中間商的數目。這主要取決於企業希望產品在目標市場上擴散範圍的大小，即占據多少市場供應點及什麼樣的供應點的問題，是希望顧客在任何供應點（零售店）都能買到產品還是只希望顧客在有限的供應點買到產品，企業必須做出選擇。有三種可供選擇的渠道寬度策略：

1. 密集分銷

密集分銷就是盡可能多地利用銷售商店和經銷商銷售產品，盡可能多地設立市場供應點，以使產品有充分展露的機會。

這種策略的優點是產品與顧客接觸的機會多，廣告的效果大。但製造商基本上無法控制渠道，與中間商的關係也較鬆散。

2. 獨家分銷

在一個特定的市場區域內僅選用一家經驗豐富、信譽卓著的零售商或一家工業品批發商推銷本企業產品。

企業與經銷商雙方一般都簽訂渠道合同，規定雙方的銷售權限、利潤分配比例、銷售費用和廣告宣傳費用分擔比例。這種策略主要適用於顧客選購水準很高，十分重視品牌商標的產品。工業品中的專用機器設備，由於用戶與生產廠在技術和服務上的特殊關係，也常採用這種策略。這種策略的優點是製造商與中間商關係非常密切，獨家經銷的中間商工作努力，積極性高，有利於提高產品的信譽，製造商能有效地控制行銷渠道。但是這種策略靈活性小，不利於消費者的選擇購買。

3. 選擇性分銷

選擇性分銷即選擇一家以上，但又不是讓所有願意經銷的仲介機構都來經營某種特定產品。

採用這種策略，企業所選擇的只是那些有支付能力、有經營經驗、有產品知識及推銷知識的中間商在特定區域推銷本企業產品。

它適用於顧客購買時，需要在價格、質量、花色、款式等方面精心比較和選擇後才決定購買的產品。工業用品中專用性強、用戶對品牌商標比較重視的產品也多採用這種策略。

這種策略的優點是減少了各級渠道仲介機構即中間商的數目，每個中間商就可獲得較大的銷售量，生產製造企業也只與少量的中間商打交道，有利於培植工商企業之間的合作關係，提高渠道運轉效率；還有利於保持產品在用戶中的聲譽，製造商對渠道的控制力度能夠加強。一般來說，其優缺點介於前面兩策略。

四、渠道成員的條件與責任

製造商必須對渠道成員規定條件與責任，促使其熱心、有效地執行渠道功能。這種「交易關係」的組合中的主要因素為價格政策、銷售條件、地區劃分權、每一個成員所應提供的特別服務。

1. 價格政策

在交易關係組合中，價格政策是一項重要因素。製造商通常制定一定價表，再按不同類型的中間商與各種不同的訂購數量，給以相應的價格折扣。製造商為中間商制定合理的價格目錄表和折扣表是至關重要的。

2. 銷售條件

銷售條件是交易關係組合的第二項重要因素。其中最重要的條件為「付款條件」與「生產者保證」。有很多製造商對於提前付現的經銷商給予「現金折扣」，例如「10 天內付款 2% 折扣，30 天內付款則無折扣」。這種特殊條件對生產者的成本與激勵經銷商扮演

重要角色或完成應擔負的功能起保證作用。製造商也可給經銷商有關瑕疵品或跌價的特定保證。這種保證可能導致經銷商在無後顧之憂的狀況下大量購買。

3. 地區劃分權

地區劃分權是交易關係組合中的第三個因素。一個經銷商希望知道製造商將何地的特許權授予其他經銷商。他同時也希望製造商承認其領地內的全部銷售實績，而不計算這些實績是否由他自己的努力而得。

4. 相互服務及責任

相互服務及責任是交易關係組合的第四個因素。在選擇性分銷與獨家分銷時，這個因素非常易於瞭解，同時也說明得很詳盡，因製造商與經銷商間的關係密切。相反，若製造商採用密集分銷，他可能只偶爾供給經銷商一些推廣資料與一些技術上的服務。自然地，經銷商就不太願意提供其經營資料、顧客購買行為的差異分析，或在推廣資料分發上合作。

五、評估不同的渠道方案

因中間商的排列組合，市場展露的可能程度，渠道成員間行銷工作的可能分派，以及不同的交易關係組合，企業可能面臨多種渠道方案的選擇。每一渠道方案均可能是製造商到達最後顧客的路線，企業總是在這些渠道方案中，選擇最能滿足其長期目標的方案。

每一可能渠道方案必須就整個企業的特性及影響加以評估。其評估至少包括三個標準：經濟性、控制性、適應性。

1. 經濟性

在三者中，經濟標準最重要，因為公司的目的並非追求渠道控制或適應性，而是追求利潤或達到預定的銷售目標時能盡可能地降低銷售成本。因此渠道的評價必須從所含的售價、成本及利潤的估計開始。

每一行銷渠道的評估，將從銷售收入估計開始分析，因為某些成本是隨銷售水準而變的。我們首先要考慮，採用企業銷售還是採用中間商銷售，哪個得到的銷售量多？一般來講，大多數行銷經理的回答是「自己的推銷人員將會銷售得更多」。導致這種概念的理由很多。第一，公司自己的推銷人員僅集中注意力於該公司的產品；第二，他們對推銷本公司產品有較良好的訓練，他們必須十分積極，因他們的未來依賴於公司的未來，利害一致；第三，他們對顧客的接觸會較成功，因為一般顧客都較喜歡直接與公司人員交易。

事實上，利用銷售代理商，可能比利用企業自己的推銷人員幹得更好：第一，銷售代理商推銷人員多，如果其推銷人員素質上更優的話，會使代理商有更多銷售量；第二，在代表公司產品方面，代理商的推銷人員可能與公司自己推銷人員一樣積極，這完全視提供給他們的激勵力量有多高而定，而企業可巧妙運用其條件來影響代理商及推銷人員的熱心程度；第三，只要產品與條件有一定標準，顧客並不在乎與誰交易，而且，顧客可能更願

與貨色齊備的代理商交易，而不願與僅有一類甚至一種產品的企業推銷員交易；第四，銷售代理商多年來已建立起廣泛的社會接觸關係和行銷經驗，這是公司銷售人員所不可比擬的。

一旦銷售收入估計出來後，第二步就應估計不同渠道體系下的成本。渠道的設置需要大量的財務資源，消耗高昂的成本（見表 10-3）。此處只考慮那些只隨銷售水準而變動的成本。

表 10-3　　　　　　　　　　　　　行銷渠道成本

渠道功能/目標	成本
1. 訂單處理、顧客服務 2. 存貨管理 3. 倉庫 4. 行銷溝通 5. 渠道成員的獲利率 6. 機會成本	1. 處理客戶下訂單和提供各項服務 2. 為需要而維持適量的存貨水準 3. 把產品存放接近銷售點以應付需要 4. 把產品信息提供給中間商和最終消費者 5. 每一成員均需維持合理的投資報酬率 6. 如中間商服務不滿意時造成顧客不滿及銷售損失

圖 10-4 顯示了雇傭銷售代理商或使用自己的銷售隊伍的情況。此公司採用銷售代理商方案的固定成本顯然低於採用公司自己銷售分支部門的固定成本。相反的，當銷售增加時代理商方案的成本增加速率比公司分支機構方案快，其理由是代理商收取的佣金比公司的推銷員高。觀察該圖，有一銷售水準 S 可使得兩種渠道方案下的行銷成本相等。從該圖可以直接地看出，即銷售在 S 以下時，代理商方案較佳，但銷售在 S 以上時，公司設立自己銷售分支機構的方案較佳。銷售代理商趨向於被小公司所使用，或被較小地區中的大公司所使用，因為在此兩種情況下，產品銷售量較少，若投資於設立自己的分支機構則不划算。

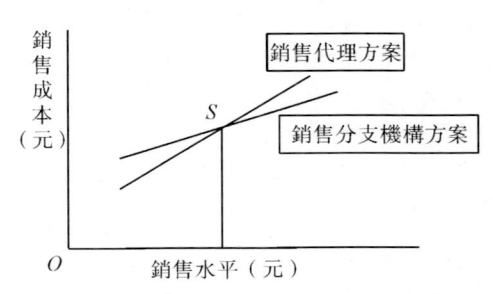

圖 10-4　銷售代理商或公司銷售分支機構的損益平衡成本圖

實際分析時，如果得到上述兩種方案的銷售的固定成本與變動成本，通過求得方案分歧點的銷售量 S，再根據要求實現的目標銷售量即可決定採用自銷還是使用中間商銷售。

如果不能確定兩種渠道方案會產生相同的銷售水準時，則最好直接對投資報酬作簡單的估計。一種可能的衡量方法為：

$$R_i = \frac{S_i - C_i}{C_i}$$

式中，R_i =行銷渠道 i 的投資報酬；S_i =使用渠道 i 的估計銷售收入額；C_i =使用渠道 i 的估計成本。

R_i 是使用渠道 i 所期望的投資報酬估計，假設其他的條件都相同時，則以能獲得較高 R_i 的渠道為較佳的選擇對象。

2. 控制性

經濟性評估可對於某一渠道方案是否優於其他渠道方案提供一個成本方面的指導，更進一步，這種評估必須再予以擴大，從這兩種可行渠道方案的激勵性、控制性與衝突性等方面加以考慮。

使用代理商會產生一些控制性問題，因為銷售代理商是一個獨立商人，他主要追求的是獲得最大經銷利潤。銷售代理商有時會更關心其本身的銷售量，而不只是製造商產品的銷售量。他通常也不與鄰近地區同屬於製造商的其他銷售代理商作有利於製造商的合作。銷售代理商也常無意專心學習有關製造商的產品技術細節，也不會有效利用製造商所提供的促銷宣傳資料，或達到製造商所希望的顧客服務水準。總之，使用代理商會產生一些控制方面的問題。生產者所能控制代理商的程度會影響經濟結果，所以應該在評估各可行渠道的經濟性後，要考慮控制問題。

3. 適應性

假如一個特定渠道方案從經濟觀點來看，十分優越，同時又無特別控制問題時，則須考慮另外一個準則，即製造商適應環境改變的自由。一個渠道方案若承諾太長時間，就會失去彈性。如在採用獨家分銷制度時，就常涉及長期義務承諾。一個家庭用具公司若給予零售代理商特許專銷權，使其在某地區能獨家經營其產品，但當行銷商品的方法正在快速改變時，也只能慢慢地從代理商手中收回專銷權。這種束縛是因為經銷商在將其資本投入這種行業時，就會要求較久的契約保證。總而言之，當未來顯得很不確定時，涉及長期承諾的渠道方案就必須特別小心。

六、選擇渠道成員

當上述問題決定以後，就應該根據行銷的需要，選擇理想的中間商作為渠道成員，並說服中間商經銷自己的產品。如何選擇中間商，涉及能否實現渠道目標和效率問題，因而應慎重考慮。由於渠道的長度與寬度不同，企業選擇的標準也應有所差異。但一般來說，較理想的中間商應具備以下條件：

（1）與製造商的目標顧客有較密切的關係。

（2）經營場所的地理位置較理想。

（3）市場滲透能力較強。

（4）有較強的經營實力。包括有足夠的支付能力，有訓練有素的銷售隊伍，有必要的流通設施。

（5）在用戶中聲譽較好。

應當指出，渠道的決策和建立不是一件容易的事。行銷渠道與社會再生產過程有緊密聯繫，一個製造商有時無法獨自做出全部決策。你可以選擇批發商和零售商，而零售商和批發商也可以自由選擇進貨渠道。所以，渠道決策往往是由所有渠道成員共同做出的，是一個決策、協商、修正、再決策的過程。行銷渠道一經建立，有必要維持穩定和加強管理。

第四節　行銷渠道的管理

行銷渠道管理，其中心任務就是要解決渠道中可能存在的衝突，提高渠道成員的滿意度和行銷積極性，促進渠道的協調性和提高效率。

一、行銷渠道衝突及原因

行銷渠道是一系列獨立的經濟組織的結合體，是一個高度複雜的社會行銷系統。在這個系統中，既有製造商，又有中間商，構成了一個複雜的行動體。這些經濟組織由於所有權的差別，在社會再生產過程中所處的地位不同，因此，他們的目標、任務往往存在矛盾。當渠道成員對計劃、任務、目標、交易條件等出現分歧時，就必然出現衝突。成員之間的衝突是利益關係的反應，每個渠道成員都是獨立的經濟組織，獲取盡可能大的經濟利益，是渠道成員所追求的基本的也是重要的目標。然而，利益在成員之間又是一種分配關係，具有此大彼小的特點，都希望多分得利益，少承擔任務和風險，這就會造成衝突。即衝突具有必然性，所不同的只是衝突的大小、表現方式而已。渠道衝突主要有三種類型，即垂直、水準和多渠道衝突。

垂直渠道衝突是同一行銷渠道內處於不同渠道級間仲介機構與仲介機構，仲介機構與製造商的衝突。例如，零售商抱怨製造商產品品質不良，或者批發商不遵守製造商制定的價格政策，不提供要求的顧客服務項目和服務質量差等。

水準渠道衝突是同一行銷渠道內同級中各公司之間的衝突。例如，某家製造商的一些批發商可能抱怨同一地區的另一些批發商隨意降低價格，減少或增加了顧客服務項目，擾亂了市場和渠道次序。

多渠道衝突是指一個製造商建立了兩條或兩條以上的渠道，在向同一市場出售產品時引發的衝突。例如，服裝製造商自己開設商店會招致其他經銷商的不滿；電視機製造商決定通過大型綜合商店出售其產品會招致獨立的專業經銷商的不滿等。

任何行銷渠道都會程度不同地存在著衝突，但是，合作仍然是行銷渠道的主旨，是大

家能夠結合在一起的基礎。合作意味著相輔相成去獲取比單獨經營時更高的經濟效益。只有促進合作，才能使渠道的整體活動效率最高。促進合作，也是解決衝突的基本方法。

二、渠道成員的類型

渠道成員是很複雜的。根據渠道成員對經營產品的熱情和興趣，以及在渠道中的地位，渠道成員大體可分為四種類型：

1. 主導成員

這是渠道中實力最雄厚，對渠道具有較大控制能力的企業。可能是製造商，也可能是中間商。有的渠道只有一個主導成員，有的則可能有數個主導成員，各自控制一定的業務。對主導成員來說，渠道運行的效果，對它們影響最大。

2. 堅定成員

它們的經營實力較強，對渠道依賴性高，有強烈的維持渠道的願望。它們在渠道中享有較優越的地位。

3. 一般成員

它們在渠道中只具有一般地位，對渠道的運轉沒有特別的重要性。但只要能保證自己的利益，也是願意盡量配合主導成員的。

4. 動搖成員

他們並不忠於現有渠道，不願為渠道做出過多努力。稍遇困難，或有更好的利益機會，就可能退出現有渠道，加入有利可圖的新渠道。成員的複雜性，也就增加了衝突的複雜性。

三、渠道中的權力結構

行銷渠道是一個沒有正式領導人的社會行銷系統。在這個系統中，渠道成員各自發揮自己的功能和作用，彼此相互依存，各盡所能，各得其益。但在一條渠道中，權力結構總是存在的。權力就是控制渠道的能力和地位。每個渠道成員都十分重視自己在渠道中的權力，它是實現企業目標的重要保證。決定渠道成員權力大小的因素有四個：

1. 企業的實力

一般來說，規模大、資金雄厚、技術實力強的企業，通常擁有較大權力。例如，日本松下電器公司就統率著由許多外來機構組成的整個銷售系統；美國的西爾斯百貨公司銷售網點遍布於世界各地，擁有大量顧客和製造商不易瞭解和掌握的信息，在渠道中處於統治地位。

2. 購銷業務量大小

此即在一條渠道中，產品銷售量占製造商和中間商總銷售量的比重。例如，一種產品的銷售量占製造商總銷售量的50%，而僅占一個特定中間商的1%，顯然，產品銷售對製

造商關係重大，而對中間商無足輕重，中間商權力就大。

　　3. 競爭狀況

　　對製造商來說，如果具有獨特的技術（技術壟斷）、獨特的資源（資源壟斷）、獨家供應（產品壟斷），在渠道中必然擁有很大權力；反之，如果是供應者很多且競爭激烈的產品，製造商在渠道中的權力就小。對中間商來說，如果在一個地區享有很高的聲譽，控制了製造商無法瞭解的市場供求信息，或擁有特許經營權，那麼，它在渠道中的權力就大；反之，這一地區中間商很多，競爭激烈，則它的權力就小。

　　4. 信譽與形象

　　如果製造商已經通過廣告和行銷努力，建立起了顧客對產品的偏愛和信任，需求量就大，中間商也都樂意經銷，它就必然處於優越的地位。作為中間商，特別是大型中間商，如果已建立起良好的商譽，擁有廣泛的顧客，也可以擁有渠道中較大的權力。

四、減少或消除衝突的方法

　　要及時發現和分析衝突產生的原因，才能找到解決衝突的有效方法。特別是渠道的主導成員，需要經常設法關注渠道中存在的衝突，發現已經暴露出來的問題和潛在問題。如成員之間的相互抱怨、延遲付款、不按計劃完成自己的任務、顧客服務質量差等。要經常瞭解渠道成員的滿意程度，收集改進意見，然後制定出解決衝突的方法。常用的解決衝突的方法有以下五種：

　　1. 激勵

　　對工作不負責任和較懶散的成員，可採用提高他們的利潤、補貼、展示宣傳津貼、組織銷售競賽，以及獎勵成績顯著的成員等方法，以激勵他們努力工作。

　　2. 說服與協商

　　成員之間相互將問題擺出來，共同研究協商，溝通意見，以便尋求一個大家都能接受的方案來消除分歧。

　　3. 懲罰

　　這往往是在激勵、說服協商不起作用的情況下使用的消極方法。可利用團體規範，通過警告、減少服務、降低經營上的援助，甚至取消合作關係等方法實施。

　　4. 分享管理權

　　這是一種行之有效的方法。一種方式是建立契約性的縱向銷售組織，即將自主活動的製造商、批發商和零售商，以契約的形式聯合起來，實行有計劃的專業化管理，合作確定銷售目標、存貨水準、商品陳列、銷售訓練要求、廣告與銷售促進計劃，以減少成員內部的衝突。另一種形式是成立渠道管理委員會，由主導成員定期召集其他成員的代表，共同商議並決定管理事項。這也是減少衝突，增進相互理解支持的有效方法。

5. 加強製造商與中間商的合作

中間商一般都是代表用戶需要向製造商採購商品，往往以用戶的採購人自居。因此，他們最關心的是用戶的需要，而且，它們一般都經營許多製造商的產品，對某一個製造商的特定的需要（如各種產品銷售情況的記錄、市場信息的收集與反饋等）是不太重視的。所以在渠道合作關係中，製造商起著主導的作用。製造商要爭取中間商的配合，必須把中間商作為用戶來對待。製造商可採用以下方法來支持中間商，以提高他們的滿意度，密切雙方的合作關係：

（1）提供適銷對路的產品。適銷對路，是指在產品數量、質量、品種、規格、價格及交貨期等方面能滿足消費者的需要。能提供顧客喜愛的產品，就給中間商創造了良好的銷售條件，這是良好合作關係的基礎。

（2）加強廣告宣傳。這是中間商十分歡迎的。廣告宣傳的結果，可使每個經銷者得到好處，減少了中間商的銷售阻力。

（3）援助中間商的促銷活動。例如，協助搞好產品陳列，幫助訓練推銷人員，提供產品目錄，產品說明書和其他宣傳品等。

（4）協助中間商進行市場調查。

（5）給中間商以財務支持，如延長付款期限等。

（6）協助中間商搞好經營管理。

當然，中間商也要認真搞好市場調查與預測，採取有效的促銷方式，積極推銷產品，及時將市場信息反饋給製造商，才能減少衝突，促進合作。

五、行銷渠道成員的評價

渠道的管理者還須定期評價渠道成員的績效。當發現某一成員的績效低於既定標準時，要找出主要原因及補救的方法。實在不能令人滿意的成員，還可考慮剔除或更換。評價的標準因渠道的性質、特點和經營要求不同而有差異。但一般來說，主要標準有：①銷售指標的完成情況；②行銷的熱情及態度；③對用戶的服務水準；④平均存貨水準及按時交貨情況；⑤促銷活動情況；⑥與其他成員的配合程度；⑦滿意度的高低。

六、渠道的改進

雖然渠道的決策和建立是長期的，但環境是不斷變化的。企業為了應付較大變化的行銷環境，有時需要對渠道加以改進，使行銷渠道更為理想。改進的策略有三種：

1. 增減渠道中的個別中間商

對效率低下、經營不善，對渠道整體運行有嚴重影響的中間商，可考慮予以剔除。有必要的話，還可考慮另選合格的中間商加入渠道。有時因競爭者的渠道寬度擴大，使自己的銷售量減少，也應增加每級中的中間商數量。

2. 增減某一行銷渠道

企業有時會發現隨市場的變化，自己的行銷渠道過多，有的渠道作用不大。從提高行銷效率與集中有限力量等方面考慮，可以適當縮減一些行銷渠道；相反，當發現現有渠道過少，不能使產品有效抵達目標市場，完成目標銷售量時，則可增加新的行銷渠道。

3. 改進整個行銷渠道

這意味著原有行銷渠道的解體。或因原有渠道衝突無法解決，造成了極大混亂；或因企業戰略目標和行銷組合實行了重大調整，都可能對行銷渠道進行重新設計和建立。例如，製造商產品由自銷改為由經銷商經銷，或由經銷商經銷改為自銷，就屬這類情況。在改進整個行銷渠道前，企業必須認真進行調查研究，權衡利弊，做出決策。

第五節　零售商、批發商的類型與行銷決策

零售商與批發商是組成行銷渠道的主要機構，也是渠道中擔任產品所有權轉移的機構，零售商與批發商應該瞭解如何搞好自己的市場行銷活動，從而完成由分工確定的行銷職能。

一、零售商的類型與行銷決策

（一）零售商的性質

零售是將貨物和服務直接出售給最終消費者的所有活動。

任何從事這種銷售的組織，無論是生產者、批發商和零售商，都有可能開展零售業務。但是，零售商是主要從事零售業務的組織或個人。所謂「主要」，是指零售商的收入或利益主要來自零售業務。零售商是距離消費者或用戶最近的市場行銷仲介機構，是商業流通的最終環節。

零售商的主要任務是為最終消費者服務，他們不僅將購入的產品拆零出售，還為顧客提供多種服務，創造行銷活動需要提供的品種、時間、數量、地點和所有權效益。零售商數量龐大，分佈廣泛，商店類型繁多。零售業相對來說難以集中和壟斷，因此零售行業向來是競爭比較激烈的行業。

（二）零售商的類型

零售商形式繁多，並不斷有新的形式出現，劃分的標準也不統一。在這裡，我們將其分為商店零售、無店鋪零售和零售組織三類。

1. 商店零售商

商店零售商可以分為專業商店、百貨商店、超級市場、聯合商店、超級商店、特級市場、方便商店、折扣商店、倉庫商店、目錄銷售陳列室等主要類型。

（1）專業商店。這類商店專門經營某一類產品或其部分品種。例如服裝商店、家具

商店、書店等，它們經營單一種類的產品；男子服裝店、婦女服裝店等，它們只經營一類產品中的部分產品線；而男子定制襯衣商店、運動員鞋店（專售運動鞋）等，則專業化程度更高，西方稱為超專業商店。專業商店能有效滿足特定目標市場的需要。

(2) 百貨商店。百貨商店經營的產品種類很多，商店按產品類別佈局和管理，一般都設在城市的鬧市區，規模較大，裝修考究，能為顧客提供完善的服務，能滿足顧客在同一地點選購多種商品的需要。百貨商店的組織形式有三種：一是獨立的百貨商店，即一家百貨商店獨立經營，別無分店；二是連鎖百貨商店，即一家百貨公司在各地開設若干百貨商店，它們是這家總公司的分號或聯號，屬總公司所有，由總公司集中管理；三是百貨商店所有權集團，即原來若干獨立的百貨商店聯合組成百貨商店集團，實行統一管理。

(3) 超級市場。超級市場主要經營便於攜帶的食品和一些家庭日常用品。其特點是：顧客自我服務；奉行低價格、低成本和大量銷售的原則；經營場地較大，（一般為1,980平方米左右），陳列和輔助設施齊全；花色品種齊全，為顧客的多品目購買提供方便。有資料表明，在美國有3/4的食品是通過超級市場出售的。

超級市場面臨大量的創新者的挑戰，如方便食品店、折扣食品店和超級商店等。超級市場目前已向多方向發展，以增強競爭力。商店規模越來越大，經營的品種和數量越來越多。

(4) 超級商店、聯合商店和特級市場。這些是與超級市場類似，但規模更大的商店。超級商店營業面積為3,000平方米左右，經營產品廣泛，能滿足消費者包括食品在內的一切日常用品的需要，而且還經營諸如洗衣、修鞋、廉價午餐櫃等服務項目，能使顧客一次買齊日常所需的一切消費品和服務。聯合商店是20世紀70年代出現於美國的一種新興聯合企業。它實際上是一個超級市場和一個非食品零售商店（通常是藥店）在一個核算組織內的結合。聯合商店營業面積為2,700~5,000平方米，非食品銷售額約占25%，比一般的超級市場更具戰略優勢。巨型超級商店也叫特級市場，它規模更大，營業面積在7,400~20,000平方米。它採取超級市場、廉價商店和倉庫售貨的經營原則，廉價出售品種繁多的食品和非食品，其中包括家具、重輕型器具、各類服裝和其他物品。

(5) 方便商店（又叫便利店）。方便商店與超級市場經營的商品類似，也是以經營食品為主，但經營種類有限，商店較小，價格比超級市場高。購買時迅速、方便及營業時間長是它們的主要特點。

(6) 折扣商店。折扣商店不是指那些有時削價出售商品的商店，也不是指那些低價出售劣質品的商店。折扣商店的主要特徵是：①價格一般比銷售同類商品的商店低；②著重經營名牌產品，因而低價並不意味著質量差；③實行自我服務，盡量減少雇員；④設備簡陋而實用；⑤商店一般設在低租金地段。

折扣商店以低成本保證了低價格，以低價格贏得了較大的銷售量和較快的資金週轉。正因如此，使其成了二次大戰後零售業中的一個創新。

（7）倉庫商店。它是類似倉庫的零售商店。這種商店裝飾布置簡陋，設在低租金區，場地也多是由倉庫改建而成，經營品種較多，規模較大，是一種典型的薄利多銷的零售方式。

（8）目錄銷售陳列室。它將商店目錄和折扣原則應用於大量可選擇的毛利高、週轉快的有品牌商品的銷售。其中包括珠寶飾物、攝影器材、皮箱、電動工具等。這些商店是20世紀60年代後期出現的，現已成為西方零售業極其走紅的零售方式。樣品目錄陳列室與傳統的商品目錄銷售有所不同，後者主要供消費者在家購物，沒有折扣，而顧客要過幾天甚至更長的時間才能收到商品。樣品目錄陳列室每年要發行長達幾百頁的彩色商品目錄（圖冊），每個品種都註有「目錄價格」和「折扣價格」，顧客可用電話訂購商品，並支付運費，或開車去陳列室看樣選購。

2. 無店鋪零售

無店鋪零售主要包括：直接銷售、直接市場行銷、自動售貨、郵購和電話訂購、上門零售等。

（1）直接銷售。這是利用推銷員或推銷代表（或視為公司雇用的外圍推銷員）挨門挨戶推銷，或上辦公室等其他場合推銷的零售方式。

直接銷售的變種是多層傳銷，如安利公司徵召獨立的商人作為該公司的分銷商，這些分銷商又去徵召下線分銷商並向他們銷售，下線分銷商再去徵召別人銷售其產品。分銷商的報酬中包括由他徵召的分銷商總銷售額的一定百分比及直接向零售顧客銷售的利潤。這種體系也被稱作「金字塔式銷售」。

直接銷售成本高昂，銷售人員的佣金為銷售額的20%～50%，而且還需支付雇用、訓練、管理和激勵銷售人員的費用。

（2）直接市場行銷。直接市場行銷起源於郵購銷售，但今天已經發展到電話行銷、電視直銷、商品目錄行銷、電子購物等。本書第十一章有對直接市場行銷詳細的描述。

（3）自動售貨。自動售貨即通過自動售貨機向顧客出售商品的零售方式。這種方式在美國、日本等經濟發達國家運用較為普遍。在這些國家，自動銷售已經被用在相當多的商品上，包括具有高度方便價值的衝動購買品（如香菸、軟飲料、糖果、報紙和熱飲料等）和其他產品（襪子、化妝品、點心、熱湯和食品、平裝書、唱片、膠卷、T恤、保險、鞋油甚至還有供作魚餌用的蟲子）。同時，自動售貨也是一條相當昂貴的渠道，售貨機銷售商品的價格往往要高15%～20%。銷售成本高的原因是要經常給非常分散的機器補充存貨，而且機器常遭破壞，在某些地區失竊率高。對顧客來說，最使人憤怒的是機器損壞、庫存告罄及無法退貨等現實問題。

3. 零售組織

儘管許多零售商店擁有獨立的所有權，但是越來越多的商店正在採用某種團體零售形式。團體銷售有五種主要類型：公司連鎖商店、自願連鎖商店和零售店合作社、消費者合

作社、特許經營組織和銷售聯合大企業。

（1）公司連鎖商店。連鎖店包括兩個或者更多的共同所有和共同管理的商店，它們實行集中採購和銷售相似產品線的產品。公司連鎖店出現在各種零售類型裡，食品店、藥店、鞋店等。但在百貨商店中力量最為強大。

公司連鎖店比起獨立商店有很多優勢。由於規模較大，因此可大量進貨，以便充分利用數量折扣和運輸費用低這個優勢。連鎖店能夠雇用優秀管理人員，在銷售額預測、存貨控制、定價和促銷等方面制定科學的管理程序。連鎖店可以綜合批發和零售的功能，而獨立的零售商卻必須與許多批發商打交道。連鎖店所做的廣告可使各個分店都能受益，而且其費用可由分店分攤，從而做到促銷方面的經濟節約。有些連鎖店允許各分店享有某種程度的自由，以適應消費者不同的偏好和當地市場的競爭。

（2）自願連鎖商店和零售商合作社。連鎖店帶來的競爭使得獨立商店開始組成兩種聯盟：一種是自願連鎖店，是由批發商牽頭組成的獨立零售商店集團，它們從事大量採購和共同銷售業務；另一種是零售商合作社，這是由一群獨立的零售商店組成的一個集中採購組織，採取聯合促銷行動。這些組織在銷售商品方面可達到一定的經濟節約要求，而且能夠有效地迎接公司連鎖店的價格挑戰。

（3）消費者合作社。消費者合作社是一種由消費者自身擁有的零售公司。社區的居民覺得當地的零售商店服務欠佳，或者是價格太高，或是提供的產品質量低劣，於是他們便自發組織起消費者合作社。這些居民出資開設自己的商店，採用投票方式進行決策，並推選出一些人對合作社進行管理。這些店可以定價較低，也可以正常價格銷售，根據每個人的購貨多寡給予惠顧紅利。

（4）特許經營組織。特許經營組織是在特許人（生產商、批發商或服務機構）和被特許人（購買特許經營系統中一個或若干個品種的所有權和經營權的獨立商人）之間的契約式聯合。特許經營組織的基礎一般是獨特的產品、服務或者是做生意的獨特方式、商標名、專利或者是特許人已經樹立的良好聲譽。在西方國家，快餐、音像商店、保健中心、理髮、汽車租賃、汽車旅館、旅行社、不動產等幾十個產品和服務業主要使用特許經營這一方式。

特許人通過下列要素得到補償：首期使用費、按總銷售額計算的特許權使用費、對其提供的設備裝置核收的租金、利潤分成，有時還收定期特許執照費。

（三）零售商市場行銷決策

1. 目標市場決策

選擇目標市場是零售商最重要的決策。許多零售商沒有明確的目標市場，或者想要滿足的市場太多，結果無一得到滿足。必須明確以下問題：①將哪些群體作為目標顧客？②商店應面向高檔、中檔還是低檔購物者？③目標顧客的需要是品種的多樣化、品種搭配的深度還是便利？只有明確限定出目標市場後，零售商才能對商店地點、貨色搭配、商店

裝飾、廣告詞和廣告媒體、價格水準等做出一致的決策。

零售商應定期進行行銷研究，以確保能夠接近並滿足目標顧客。近些年來，中國的消費者發生了深刻的變化，消費呈現明顯多樣化，對商店的檔次、要求提供的服務內容差別越來越多樣。在一個城市，人們去什麼商店購物，已經形成一定的習慣，「各進各的店」的傾向已十分明顯；有的人關心售貨員是否有禮貌並樂於助人、乾淨整潔的店面、品種多、貨色新奇、收款迅速、店堂寬敞、空氣清新和裝修新穎；有的人則關心價格的低廉及產品的實用性。商店設在什麼位置，是為大眾市場服務，還是為高收入階層服務，甚至為某部分特殊顧客服務；將自己設計為什麼樣的形象，使之能成功地接近目標市場，這些都是零售店應解決的問題。

2. 貨色搭配決策

貨色搭配已經成為在相似零售商之間進行競爭的關鍵因素。零售商的貨色搭配應與目標市場的購物期望相匹配。必須決定貨色搭配的寬度（寬或窄）和深度（淺或深）。貨色搭配的另一尺度是產品質量，顧客不僅對選擇的範圍感興趣，而且對產品質量也很重視。

零售商店在相似的搭配和質量之間始終存在著競爭。制定一種產品差異化策略是有效對抗競爭的重要方法。零售商可採取以下產品差異化策略：

（1）以競爭的零售商所沒有的獨特的全國性品牌為特色。

（2）以私人品牌商品為特色。

（3）以獨具特色的大型銷售活動為特色。

（4）以新奇的或不斷變化的商品為特色。

（5）以首先推出最近或最新的商品為特色。

（6）提供定做商品服務。

（7）提供高度目標化的搭配。如零售店可專為高個子的男子或女子提供商品。

3. 服務與商店氣氛決策

零售商還必須確定向顧客提供的服務組合。百貨商店應向人們提供盡可能多的、各式各樣的服務，而超級市場幾乎把這些服務完全取消了。服務組合是競爭零售店之間實現差異化的主要手段。表 10-4 列舉了完全服務的零售商提供的某些主要服務項目。

表 10-4   典型的零售服務

售前服務	售後服務	附加服務
1. 接受電話訂購	1. 送貨	1. 支票付現
2. 接受郵購	2. 常規包裝	2. 普通服務
3. 廣告	3. 禮品包裝	3. 免費停車
4. 櫥窗展示	4. 調貨	4. 餐廳
5. 店內展示	5. 退貨	5. 修理

表10-4(續)

售前服務	售後服務	附加服務
6. 試衣間	6. 換貨	6. 內部裝修
7. 節省購物時間	7. 裁剪	7. 信貸
8. 時裝表演	8. 安裝	8. 休息室
9. 折價券	9. 雕刻	9. 幼兒看護服務

商店氣氛是進行競爭的另一個要素。商店的店堂佈局、店容、格調、音樂、氣味等，組成了商店特有的風格和個性，即商店的氣氛。有一些善於經營的百貨公司特別注重商店的氣氛，可以根據目標顧客的心理特點設計出與之適應的氛圍。他們知道如何綜合視覺、聽覺、嗅覺和觸覺等各種刺激因素，產生預期的效果。

4. 價格決策

零售商的價格是一個關鍵的定位因素，必須根據目標市場、產品服務搭配組合和競爭情況來加以確定。所有的零售商都希望以高價銷售，並能擴大銷售量，但是往往難以兩全其美。大部分零售商可分為高加成、低銷量（如高級專用品商店）和低加成、高銷量（如大型綜合商場的折扣商店）兩大類。在這兩類中還可以進一步細分。

零售商還必須重視定價策略。大部分零售商對某些產品定價較低，以此作為吸引顧客流量的招徠商品，有時它們還要舉行全部商品的大甩賣活動。它們對週轉較慢的商品採取減價出售的方法。

零售商也必須做出是否使用促銷定價的決策。傳統上，大多數零售商採用促銷定價的辦法，即先制定目錄價格，然後定期減價。根據這種辦法，大多數顧客會付全價，而對價格敏感的顧客則願意等到降價的時候再買。

5. 促銷決策

零售商使用的促銷方法須能支持並加強其形象定位。高級商店會在有相當影響的雜誌或報紙上刊登文雅的廣告；大眾化商店則多在廣播電臺、電視臺、報紙上大做廣告，宣傳其商品價格低廉，富有特色。在使用銷售人員、銷售促進上它們也各具特色，總是採用各式各樣的銷售促進方法，以招徠顧客。

6. 地點決策

地點是零售商成功的關鍵因素，它關係到零售商能否成功地吸引顧客，因為顧客一般都選擇就近的零售店購物。不同國家、不同地區的消費者購物習慣有很大的差異，選擇地點時應充分考慮。百貨公司連鎖店、超級市場、加油站、快餐店等在選擇地點時尤應小心謹慎。

此外，大型零售商還必須解決一個問題，即是在許多地點設立若干小店，還是在較少地區設立較大的商店。一般來說，零售店應在每個城市設立足夠多的商店，以獲得促銷和分銷的規模經濟。商店的規模越大，其銷售的範圍就越大。

零售商經常面臨顧客流量大和租金高之間存在著的矛盾，零售商必須為自己的商店選

擇最有利的地點。它們可使用各種不同的方法對設店地點進行評估，如統計交通流量；調查顧客購物習慣；分析有競爭能力的地點；等等。

二、批發商的類型與行銷決策

（一）批發的性質和作用

批發是將商品或服務銷售給為了再售或生產其他產品或服務的使用而購買的人或組織所發生的一切活動。

與零售相比，批發的性質有所不同：

（1）批發商服務的對象都是非最終消費者的組織或個人。

（2）批發商的業務特點是成批購進和成批售出，業務量比較大。而零售商則是將購進的商品分零出售，以適應個人或家庭的需要。

（3）由於批發商在商品流通中地位不同，服務對象不同，一般都集中在工業、商業、金融業、交通運輸業較發達的大城市，以及地方性的經濟中心（中小城市），其數量比零售商少，其分佈也遠不及零售商那樣廣。

（4）批發業務往往比零售業務量大，覆蓋的地區一般比零售商廣。

（5）政府對批發商和零售商分別採取不同的法律和稅收政策。

（二）批發商的類型

批發商可以劃分為三大類：商人批發商、代理商及經紀商、製造商自設的批發機構。

1. 商人批發商

它們是獨立的企業，對經營的商品擁有所有權，也就是自己購進並銷售產品的批發機構。獨立批發商無論是在數量還是銷售額上，在批發業中均居重要的地位。獨立批發商可分為兩類：完全服務批發商和有限服務批發商。

（1）完全服務批發商

完全服務批發商向顧客提供全方位的服務。其主要包括：保持存貨、雇用固定的銷售人員、提供信貸、送貨、協助管理。完全服務批發商又分為批發商人和產業分銷商兩類。

①批發商人。批發商人主要向零售商銷售，並提供廣泛的服務。他們還可分為綜合批發商、單一種類或整類商品批發商及專業批發商三類。

一是綜合批發商。他們經營的商品種類很多，包括食品雜貨、服裝、家具等特別是小型零售商需經常購進的商品。有人稱它們是從事批發業的「百貨商店」。

二是單一種類或整類商品批發商。他們從事批發某一特定種類的商品，且在品種、規格、品牌等方面具有相當的完善性。同時還經營一些與這類商品密切關聯的商品。

三是專業批發商。他們只經營一個產品類別中的部分品種，專業化程度較高。他們精通產品的專業知識，能在較狹窄的產品範圍內為顧客提供較深的選擇和專門的技術知識和服務。他們服務的對象主要是大型零售商、專業商店和產業用戶。

②產業分銷商。產業分銷商指向製造商而不是零售商銷售的獨立批發商。他們為製造商提供全面服務，經營的商品類別有多有少，但每類商品的品種、規格、品牌都很齊全，便於買主一次就可買到所需的各種商品。

(2) 有限服務批發商

有限服務批發商向其供應商和顧客提供的服務較少。其主要有以下類型：

①貨架批發商。他們在超級市場和其他雜貨商店設置自己的貨架，商品賣出後，零售商才付給貨款。這是零售商所歡迎的寄售方式，但也是一種費用較大的批發業務。

②現款交易批發商。顧客購貨時，當場支付貨款，並當場提走貨物。這種批發商既不賒銷也不送貨，也沒有推銷活動。服務對象主要是食品雜貨業中的小型零售商。

③郵購批發商。他們是通過郵寄接受訂貨，然後將商品以郵寄、寄運等方式送貨的批發商。他們的主要顧客是邊遠地區的小零售商等。

④卡車批發商。他們主要執行銷售和送貨職能，經營品種主要是易腐，需週轉很快的食品、飲料、水果等。卡車既是送貨的工具，又是活動的倉庫。

⑤承銷批發商。他們主要經營的是大宗產品，如煤和木材等。他們既不儲存也不送貨，而是得到訂單後，產品直接從製造商運到買主所在地，因此經營費用很低，銷售對象主要是工業用戶和其他中間商。

2. 代理商及經紀商

(1) 代理商

代理商是指為委託人（通常是供應者）服務的批發機構。它們不擁有產品所有權，只代表賣方與買方進行磋商，主要功能是促進成交。產品銷售後，按銷售量由委託單位付給一定的佣金。代理商主要有以下類型：

①製造商代理商。它們受製造商委託，在一定區域內出售製造商的產品。通常，製造商在特定區域可以同時利用幾個這類代理商銷售產品，而代理商也常常代銷若干個製造商的產品，但經營的產品應是互補的而不是相互競爭的。代理商分別和每個製造商簽訂有關定價政策、銷售區域、訂單處理程序、送貨服務、各種保證及佣金比例等方面的合同。大多數製造商代理商是小企業，雇用的銷售人員少，但極為干練。許多無力組織銷售隊伍的小公司常雇用這種代理商。有些大公司在開拓新市場或者在難以雇用專職銷售人員的地區也常用其充當代表。製造商代理商主要從事推銷職能，起著補充製造商推銷人員的作用。

②銷售代理商。它們是受製造商委託，負責銷售製造商的某些特定產品或全部產品的代理商，這類代理商不受地區限制，並對定價、銷售條件、廣告、產品設計等有決定性的發言權。銷售代理商通常與兩個以上的委託人簽訂合同，但一個製造商只能對全部產品或一個產品類別使用一個代理商。這種代理商在紡織、木材、某些金屬產品、某些食品、服裝行業中使用較多。這種代理商事實上取代了製造商的全部銷售職能，而不像製造商的代理商那樣只起補充的作用。銷售代理商主要適用於那些沒有力量推銷自己產品的小製

造商。

③佣金商。佣金商是指對商品實體具有控制力，並處理商品銷售的代理商。它們與委託人一般沒有長期關係。在西方，大多數佣金商從事農產品的代銷業務，它們用卡車將農產品運送到中心市場，以最好的價格出售，然後扣去佣金和各項開支，將餘款匯給生產者。

④拍賣行。拍賣行是指為買賣雙方提供交易場所和各種服務項目，以公開拍賣形式決定價格，組織買賣成交的代理商。

⑤進出口代理商。進出口代理商是指在主要口岸設有辦事處，專門替委託人從國外尋找供應來源和向國外推銷產品的代理商。

（2）經紀人

經紀人與代理商有些類似，他們不擁有產品所有權，不控制產品實物、價格及銷售條件。經紀人的主要作用是為買賣雙方牽線搭橋，協助談判，促成交易。交易完成後，由委託方付給佣金。他們與買賣雙方沒有固定關係。最常見的有食品經紀人、不動產經紀人、保險經紀人和證券經紀人等。

3. 製造商自設批發機構

他們的所有權和經營權都屬製造商。製造商自設批發機構包括設置在各地的分銷機構和銷售辦事處，分銷機構承攬著徵集訂單、儲存和送貨等多種業務；銷售辦事處則主要是徵集和傳遞訂單。此外，製造商還可在展銷會和批發市場上長年租賃展臺、場地、設立批發窗口。

(三) 批發商市場行銷決策

1. 目標市場決策

批發商也是需要明確目標市場的，而不應謀求為一切人服務。他們可根據顧客規模標準、顧客類型、服務需求或其他標準選擇一個由零售商組成的目標顧客群。在顧客群內，他們可找出有利可圖的那些零售商，為他們提供更好的商品，或與之建立良好的行銷關係。

2. 貨色搭配和服務決策

批發商常面臨很大的壓力，不得不經銷完整的產品線，保持充足的庫存，以應付迅速交貨。但是，這樣會使利潤受損。批發商應重新研究以經營多少條生產線為宜，可以利用 ABC 分類法組織其產品，A 代表有最高利潤的產品或品種，B 代表有平均利潤的產品或品種，C 代表利潤最低的產品或品種。這樣，批發商可根據各種產品利潤水準的差異和對顧客的重要性決定產品的庫存水準。批發商還應考慮哪些服務項目對於建立良好的顧客關係是最重要的因素，哪些服務項目應該放棄或者收費，其關鍵是要發現顧客所重視的特殊服務組合。

3. 定價決策

批發商一般採用傳統的成本上加成定價方法，即在商品經營成本上加成（如20%），以彌補其全部費用。批發商的利潤率是比較低的。批發商應探索新的定價方法。為了爭取新的重要客戶，可以削減某些產品線的利潤。他們也會要求供應商給予特別減價的優惠供應，因為這樣可擴大製造商的銷售量。

4. 促銷決策

批發商主要依靠推銷員來達到促銷目標。至於非人員促銷，批發商則可採用某些零售商樹立形象的技術。他們需要制定整體促銷策略，並且充分利用掌握的貨源、品種和（或）資金等方面的供應優勢促銷產品。

5. 地點決策

批發商一般在租金低、稅收低的地區設店營業，在設施和辦公室方面投資很少。因此，其物資處理系統和訂單處理系統往往落後於現有技術水準。先進的批發商已在研究物資處理過程中時間和行動的關係。此項研究的最終成果是倉庫自動化：訂單輸入電腦，各種產品由機械設備提取，再由傳送帶送到發貨平臺，然後集中裝運出去。批發商使用電腦處理會計、付帳、存貨控制和預測等工作也正在普及。

本章小結

行銷渠道策略是企業市場行銷組合中的重要組成部分。一旦選擇了某條渠道，公司必須長期依靠這條渠道。同時，渠道也將與其他行銷組合要素產生極大的相互影響作用。

作為決策者，必須對銷售渠道有全面的認識，包括行銷渠道的性質、行銷渠道的級數及特點、渠道的流程等。中間商作為行銷渠道的重要組成部分，正確理解中間商的功能與作用是渠道決策的基礎。

渠道的演化是引人注目的。除傳統渠道外，還出現了垂直行銷系統和水準行銷系統的發展，使單個企業之間的競爭演化為渠道系統之間的競爭，即競爭的一體化。

渠道決策是一件十分複雜的事，它受著許多內外因素的限制，企業必須在多種限制條件下做出選擇。在詳細分析這些影響因素的基礎上，企業要做一系列的渠道方面的決策：確定目標；決定渠道的長度和寬度；各種渠道及按照一定的標準或要求來選擇中間商（渠道成員）。

批發和零售在渠道中扮演著重要的角色，批發商和零售商各自有著自身的組織形式和業務特點，並隨著市場經濟發展的需要而不斷更新。

行銷渠道的管理關係到建立起來的渠道能否高效率運行的問題。渠道的管理具有特殊性和複雜性。渠道成員都是相互獨立又相互依存的經濟組織，各自有著各不相同的目標、任務、特點和經濟利益。因而，行銷渠道中的衝突是不可避免的，成員之間的關係是複雜

的。正確認識渠道中存在的衝突和渠道成員之間的關係，是實施有效管理的前提。行銷渠道管理的內容主要包括解決渠道中的矛盾或衝突；促進生產企業與中間商的合作；評價渠道成員的績效；根據實際情況的變化，適時修正和改進行銷渠道。

本章復習思考題

1. 什麼是行銷渠道的級數？
2. 行銷渠道的主要流程是什麼？
3. 企業設計行銷渠道要考慮的主要因素有哪些？
4. 決策行銷渠道的寬度有幾種選擇？
5. 企業如何選擇渠道成員？
6. 什麼是行銷渠道的衝突？如何解決？
7. 零售商市場行銷決策的主要方面有哪些？
8. 批發商的主要類型有哪些？

第十一章　行銷溝通與傳播

買賣雙方溝通信息是交換能夠進行的必要條件。在現代市場經濟中，生產集中造成生產與消費的隔離，導致買賣雙方聯繫困難。為與目標顧客進行有效的信息溝通與聯繫，並刺激目標顧客產生購買意願，企業需要尋求有效的溝通方法。為實現企業的行銷目標，企業經理人員要掌握在行銷活動中如何有效開展促銷活動的原理與說服藝術，也要選取恰當的行銷傳播計劃與溝通方法。

第一節　行銷溝通原理與基本的行銷傳播工具

一、行銷信息傳播原理和條件

通常，在企業的行銷組合中所指的 Promotion，含有溝通、促進、激勵的意思。行銷傳播的基本含義為：行銷者將其準備提供的產品與服務的信息，向預期的目標顧客傳送，並激勵顧客購買產品或服務的溝通和激勵活動。行銷傳播的最終目的是激發目標顧客做出選擇本企業所銷售的產品與服務的反應。

根據上述定義，行銷傳播有兩個基本任務：
（1）行銷者將產品或服務信息與目標顧客進行溝通；
（2）說服目標顧客選擇本企業的產品和服務，並刺激其盡快購買。

傳統上，將行銷傳播稱為企業的促銷活動。但在現代市場行銷中，促銷的含義已不適用，因為在整個溝通與說服/激勵的過程中，企業將不再著眼於一次交易，它需要通過有效的、整合的行銷傳播建立長期的市場影響。行銷傳播的本質是信息傳送和交流。因此，對行銷傳播有效性的分析，需要從信息有效傳播的要素與條件入手。信息的有效傳播需要符合下列結構和要求（如圖 11-1 所示）。

（1）發信者（信息源）：即信息發出者，信息的出現和進入傳播過程由發信者準備和開始。

（2）編碼：信息編碼具有兩個功能，其一是將要傳播的信息用能夠觸及人們感覺器官的方式（如聽、看、聞、摸）表達出來；其二是信息是不能自己運動的，它的運動要由能夠傳送信息的媒體來完成。

（3）媒體：使信息能得以傳播的物體就是傳播媒體，如電磁波、計算機網絡、空氣、

第十一章 行銷溝通與傳播

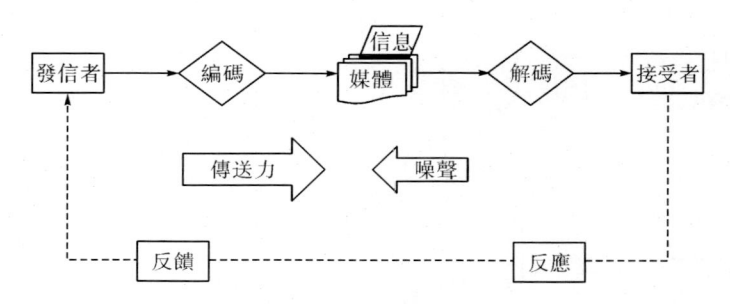

圖 11-1 信息傳播要素與流程圖

報紙（紙張）、路牌、人（如推銷人員）。

（4）解碼：將接收的信息與媒體剝離（解調）並進行理解（閱讀）的過程。

（5）接收者：即接收信息的人，是發信者的目標。

（6）反饋：瞭解接收者對信息的反應和信息傳遞的效果。

（7）噪音：從信息傳播的角度講，媒體運動是將信息從發信者處運動到接收者處的力的作用；任何導致信息運動偏離接收者方向的運動力就是噪音或干擾。

要實現信息的有效傳播，必須具備下列條件：

條件一：編譯碼匹配。編譯碼如果不能匹配，信息就不能有效送達接收者。

條件二：傳送力大於干擾力。信息的無吸引力也是一種干擾，當企業的電視廣告表現形式平淡時，由「遙控器決定論」可知，目標接收者將轉換去看別的電視節目，該廣告就難以引起消費者的注意。

條件三：媒體可接觸性。若接收者沒有接觸相關媒體，就無法實現信息的有效傳送。

由上述信息有效傳播的充要條件可知，除了確定傳播內容外，還要考慮選用什麼樣的媒體、用什麼樣的方法、以什麼表現形式來傳播行銷信息。

二、行銷傳播工具

行銷傳播工具分為五種，每一種都有許多不同的具體應用形式（見表 11-1）。任何一種行銷傳播工具都不能適應所有場合，而不同行銷傳播工具的特點不同。因此，應對行銷傳播工具進行組合使用。

1. 廣告

廣告是指由明確的主辦者以付費的方式進行的創意、商品和服務的非人員展示和促銷活動。

2. 公共關係

公共關係是指設計並實施執行的各種計劃方案，為促進和（或）保護公司形象或個別產品。公共關係旨在建立公眾對企業組織的良好印象，在協調公眾與企業利益方面具有

特殊效果。

3. 人員推銷

人員推銷指與一個或多個潛在購買者面對面接觸的推銷，以介紹產品、回答問題並達成交易等為目的。

表 11-1　　　　　　　　　　五種促銷工具

廣告	公共關係	人員促銷	銷售促進	直復和數字行銷
印刷廣告 外包裝廣告 包裝中插入物 電影畫面 宣傳小冊子 招貼和傳單 工商名錄 陳列廣告牌 銷售點陳列 視聽材料 標記和標示語	演講 討論會 年度報告 慈善捐款 捐贈 出版物 關係 確認媒體 公司雜誌 事件	推銷展示陳說 銷售會議 獎勵節目 樣品 交易會 展覽會	競賽、游戲 兌獎、彩票 贈品 樣品 展銷會 展覽會 示範表演 贈券 回扣 低息融資 招待會 折讓交易 交易印花 商品搭配	目錄銷售 郵購服務 電話行銷 電視購買 售貨亭銷售 傳真郵購 網絡銷售 社交媒體銷售 移動銷售

4. 銷售促進

銷售促進通常也簡稱為促銷，對應的英文詞為 Sales Promotion。為和行銷組合中的「促銷」（Promotion）相區別，通常將銷售促進用 SP 表示。銷售促進指促使潛在顧客試用或購買產品的各種方法或措施。

5. 直復和數字行銷

早期的直復行銷是指企業以郵寄、電話、傳真、E-mail 和其他以非人員接觸工具與目標顧客進行溝通並爭取完成交易的各種方式。隨著數字技術和新行銷媒體的發展，直復與數字行銷（Direct and Digital Marketing）已經成為增長最快的行銷形式。直復與數字行銷是指直接與單個消費者或顧客社群溝通、互動，根據單個消費者的需求或細分市場的特點提供個性化的產品或促銷內容，以期獲得顧客的即時回應、建立並維護品牌社群、建立持久的顧企關係等。

表 11-1 列出的是上述五種行銷溝通傳播工具常見的具體應用形式或方式。

第二節　行銷傳播過程與組織

行銷傳播與溝通受到四個基本因素的影響，其一是信息有效傳播條件；其二是知覺形成理論；其三是傳播工具固有的特點；其四是傳播工具組合的特點。行銷傳播和溝通的最終目的是促使消費者產生購買反應，但很難通過一次性傳播或促銷就能說服目標顧客，必

須根據顧客的購買反應過程循序引導（Step by Step）。整個行銷傳播和溝通需要按照下面的七個步驟組織進行，如圖 11-2 所示。

確定目標受眾 → 確定傳播目標 → 設計傳播信息 → 選擇傳播管道 → 編制傳播預算 → 確定傳播組合 → 評測促銷效果

圖 11-2　行銷傳播的七個步驟

一、確定目標受眾

行銷信息的傳播首先要確定目標受眾，目標受眾可以包括：潛在購買者、目前使用者、決策者或影響者。目標受眾決定了在整個行銷傳播中，對誰說的問題。而這一問題，又決定了說什麼，如何說，什麼時候說和在什麼地方說的問題。

企業進行市場細分和產品定位時就可以大致確定目標受眾。行銷傳播的關鍵在於企業要確定通過行銷傳播要解決的問題。因此，就需要對目標進行印象（Image）分析，比較受眾對本企業產品和競爭者產品的印象，以增強傳播的針對性和目的性。印象是一個人對某一具體事物擁有的信念、觀念和感想的綜合，而人們對待事物的信念和態度與印象密切相關。企業可以採取熟悉量表測定目標受眾對該產品的認知程度：

從未聽說過	僅聽說過	知道一點點	知道相當多	熟知

很顯然，在上述測量中，目標受眾中的大部分受試者的印象集中在前面的量值處，企業行銷傳播面臨的問題將是企業自身、品牌或產品的知曉問題；如果目標受眾中大部分受試者的印象集中於後面的量值處，則需要進一步調查受試者對產品的喜愛程度，可用下列「偏好量表」評測：

很不喜歡	不怎麼喜歡	不確定	比較喜歡	很喜歡

如果大多數受試者的回答集中於前面的量值處，顯然，行銷傳播的任務就是解決否定印象問題。

這兩種量表結合起來，就可以給出目標受眾的「熟悉—喜愛程度分析矩陣圖」（見圖 11-3）。受眾處於不同象限，企業面臨的行銷傳播任務和目標就相應變化：

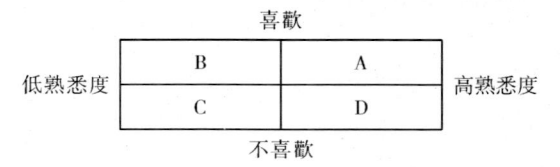

　　　　　　　喜歡
低熟悉度　| B | A |　高熟悉度
　　　　　| C | D |
　　　　　　　不喜歡

圖 11-3　熟悉—喜愛程度分析

269

如果處於象限 A，企業要不斷維持受眾對企業和產品的良好印象。

如果處於象限 B，企業主要解決企業產品知名度問題。

如果處於象限 C，知名度低，且對產品/服務的印象也不好。因此，在解決知名度的同時，還需要轉變受眾對產品/服務的印象。

如果處於象限 D，則其不好的名聲為大多數人知道，必須重新塑造形象聲譽。由於印象具有很強的黏著性，一旦形成就很難扭轉，因此，要改變業已形成的「壞」印象，必須向目標受眾提供強有力的證明來轉變受眾印象。

二、確定傳播目標

行銷是刺激潛在顧客並得到預期反應的過程，但幾乎沒有任何一種傳播方法和工具能夠通過一次性傳播就得到期望的反應。因此，行銷傳播活動需要多次、循序開展。行銷傳播過程，就是將目標顧客從某一購買認知階段推向更高認知階段的過程。目標顧客的購買認知階段就是其購買反應層次。圖 11-4 列示了四種最著名的反應層次模型（Response Hierarchy Models）。

階段	AIDA模式	層次效果模式	創新採用模式	溝通模式
認識階段	注意	知曉 ↓ 認識	知曉	接觸 ↓ 接受 ↓ 認知反應
感知階段	興趣 ↓ 欲望	喜愛 ↓ 好 ↓ 信任	興趣 ↓ 評估	態度 ↓ 意圖
行為階段	行動	購買	試用 ↓ 採用	行動

圖 11-4　反應層次模式

以上四種模式都假設購買者依次經過認知、情感和行為等三個基本階段。企業行銷經理人員可以選取恰當的模型並據此確定傳播目標。表 11-2 對傳播目標進行了概括和分類。

表 11-2　　　　　　　　　　　　　　傳播的目標

階段	目標
認知階段	認清顧客需要
	提升客戶對品牌的意識
	提高客戶對產品的瞭解程度
感知階段	改善品牌形象
	改善公司形象
	提高品牌受偏愛的程度
行為階段	激勵尋找行為
	增加試用行為
	提高再購買率
	增加口頭推薦行為

三、設計傳播信息

確定了行銷傳播的目標受眾和傳播目標以後，就需要按照傳播目標的要求，對傳播信息進行開發和設計。由信息有效傳播原理可知，信息的編碼必須與譯碼匹配，使目標受眾願意並能夠注意到傳播的信息，才可能得到期望的反應。

1. 信息內容設計

設計信息內容首先要確定訴求方式。採用不同的訴求方式，其信息內容也會有所區別。一般來說，可以將訴求方式分為以下三種：

（1）理性訴求。這種訴求採用比較客觀和平鋪直敘的方法，將受眾關心的產品性能、質量、價格比較、服務質量等信息告訴受眾。

（2）情感訴求。這是指激發或喚起受眾的某種情感，以促使其對產品產生好感甚至購買欲。這裡的關鍵是行銷傳播者要找到能引起大部分受眾情感共鳴的訴求點。

（3）道義訴求。道義訴求是指以喚起是非判斷或正義感的方式說出使用產品的原因或理由。以汽車產品為例，「我們只有一個地球，地球的自然資源非常有限。任何污染環境的行為就是對人類犯罪，浪費寶貴資源的行為無異於殘害我們的子孫——XX汽車超低排放、低油耗，使你能為人類的現在和將來做出實際貢獻！」該廣告傳達的信息是汽車產品的低油耗和低排放，並以道義感召暗示應該抵制那些高污染和高油耗的汽車產品。

2. 信息結構

信息傳播到人們的感覺器官是一個過程。語言或聲音的傳達與時間相關，即先說什麼，再說什麼，最後說什麼；圖像信息的傳達與空間變量聯繫緊密，包括構圖、視點中心、顏色搭配等。信息結構主要解決以下問題：

（1）結論是否需要說出來。在過去的廣告中，結論往往由行銷者告訴受眾。但現代研究認為，將問題用舉事實的方式給出並由受眾得出結論的方式較好。尤其是當受眾對傳播者的印象較差時，由傳播者給出結論的方式可能不利於信息的傳播和產品的推廣。

（2）單面信息還是雙面信息。在傳統的行銷傳播中，行銷者通常只傳播單面信息，即產品/服務的優點和好處，一般不傳播缺點和不足。但在現代行銷中，適當傳播負面信息可能有利於增強傳播信息的可信度和可靠性。

（3）信息展示秩序。常用的有三種展示秩序：

①將結論放在前面並隨後給出論據或理由的方式是漸降式結構（如圖11-5（a）所示）。一般來講，若需要在較短時間傳遞內容的，宜採用這種結構形式。

②先說明理由和論據再將結論或強調的觀點放在最後的方式是漸升式結構（如圖11-5（b)所示）。如果受眾對產品已經有了負面印象，或者受眾對一些新的結論難以接受甚至出現抵觸情緒時，宜採用這種結構形式。

③結論或強調的觀點穿插於整個信息傳播過程的方式是平行式結構（如圖11-5（c）所示）。如果需要給出多個結論和詳盡信息，且受眾又能在傳播過程中處於高度注意狀態時，可採用這種形式。

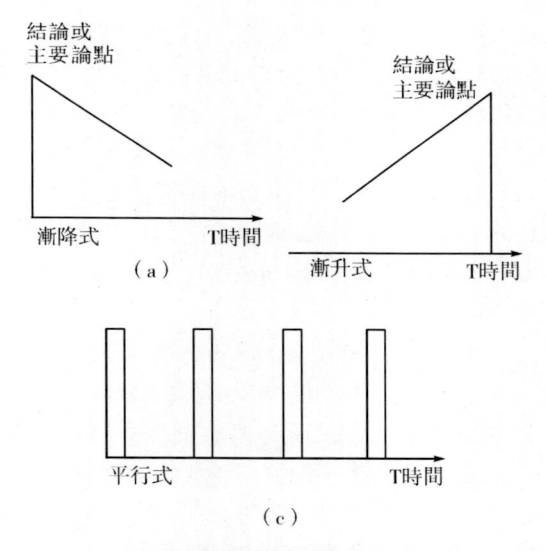

圖11-5　行銷傳播信息的三種展示秩序

3. 信息形式

根據知覺理論，若信息不能引起受眾的注意，則無論傳播多少次都不能達到傳播的目的。信息形式涉及信息吸引力（爭取注意力）問題，信息形式包括標題、顏色、敘述方式、插圖、影視表演、特技、音樂、燈光造型等能夠吸引目標受眾注意力的多種因素。

吸引受眾注意需要採用多種藝術性創造手法。在行銷傳播過程中，信息形式的創造和設計都是以有效傳達行銷信息為目的。廣告等行銷傳播工具和手段需要藝術創新，藝術創新手法和形式也可以用於廣告，但不能將廣告只當成藝術。

4. 信息源

這裡的信息源是指在行銷溝通中，由誰代表公司向目標受眾傳達信息。這裡的信息源通常被稱為公司形象、產品形象或品牌代言人。它可以由某個人擔任，也可以由某個專門創立的特定形象擔任，如卡通人物或動物形象。

選取信息源時，需要考慮其對目標受眾的吸引力。因此，許多公司聘請名人做其產品代言人。但若名人本身的形象與要傳達的公司、品牌與產品形象不能很好地匹配時，則可能產生負面作用。信息源的可信性由三個因素決定：

（1）專長。如果信息源對傳播信息中的論點和結論擁有相應的專門知識，甚至是相關領域的權威專家時，信息源的可信度就會非常高。如醫生對藥品的介紹；著名運動員對於體育用品、保健品的代言；等等。

（2）可靠性。可靠性往往由信息源的客觀性、無利益性、關聯性和誠實性決定。受眾據以判斷傳播信息可信性的標準應與傳播者無利益相關。

（3）喜愛程度。當品牌、產品形象代言人得到受眾喜愛時，其被接受和信任的程度就會較高。代言人是否得到受眾喜愛由其個人特點決定，如長相、氣質、談吐、幽默、品德、教育背景等。企業要選取合適的代言人，使品牌、產品的特點與代言人的特點一致。

四、選擇傳播渠道

信息是依靠媒體的運動得以傳播的。傳播信息的媒體被稱為傳播渠道。行銷者必須選取能夠將其信息有效送達受眾的傳播渠道。信息傳播渠道分為兩大類：人員渠道和非人員渠道。

1. 人員傳播渠道

人員傳播渠道是指兩個以上的人相互之間直接進行的信息溝通和傳播。傳播可以是面對面的，也可以採用非面對面的方法（如電話、互聯網）。人員傳播渠道主要適用於產品價格昂貴、顧客感知風險較大或購買不頻繁的情況。

人員傳播渠道還可分為以下幾種子渠道：

（1）提倡者渠道（Advocate Channel）。該渠道由公司的銷售人員與目標受眾接觸所形成。通常，公司的銷售人員不僅完成溝通和傳播任務，還爭取與之達成交易意向甚至完成交易。

（2）專家渠道（Expert Channel）。該渠道指由具有專門知識的獨立個人對產品進行評價或介紹。如醫生對藥品的評價和介紹；電腦專家對電腦產品的介紹；汽車專家對汽車的評價；等等。

(3) 社會渠道（Social Channel）。該渠道由鄰居、朋友、家庭成員與目標購買者交談、推薦和評價所構成，可能會直接影響目標顧客的購買意願。

後兩種人員渠道傳播，在現代行銷中被稱為「口碑」傳播。特別是社會渠道傳送的行銷信息，其影響往往非常廣泛、直接和有力。企業行銷經理人員通常需要發展出良好的口碑傳播效果。下面是一些普遍適用的影響「口碑」的技巧：

(1) 已經購買產品的顧客是「口碑」傳播源。源正而水清。因此，對於購買者反應的問題，公司應給予滿意的答復。與其他顧客相比，這些遇到問題但得到滿意答復的顧客對公司的產品和服務有更深刻的印象，他們可能更願意向別人推薦該公司的產品。

(2) 回訪。對已經購買本公司產品的用戶進行回訪不僅可以瞭解其意見，以便進行必要的改進。更重要的是，得到回訪的顧客對於公司售後服務的信心會大大增加，因此，他們會更願意向別人推薦放心的產品。

(3) 延長保修期。一般來說，許多公司對產品的責任保證有一定期限。過了期限，即便產品出現同樣問題，將由顧客自己承擔責任和維修費用。如果公司適當延長保修期，或對已過保修期的產品提供一定優惠措施，將大大增加顧客對公司產品和服務的好感，此時顧客的滿意度可能會超過在保修期內解決問題時顧客的滿意度。

(4) 樣品贈送。公司推廣新產品時往往採取該措施。顧客在獲取「免費產品」時，容易感受到產品的更多優點，因而可能成為公司產品的「義務宣傳者」。

(5) 召回。產品出現重大問題，甚至被新聞媒體曝光時，公司應該採取「召回」措施。此舉旨在向公眾表明，本公司是一個對用戶負責的公司。已有很多實例證明，召回產品使許多曾經出現產品質量問題的公司順利地渡過了難關。

(6) 論壇。開闢互聯網（電子）論壇也是一種有效的口碑傳播方式。雖然不能保證論壇上的所有言論都是關於公司產品的正面評價，但其信息可信度較高且影響廣泛。一般來說，會有相當數量的顧客對公司產品給予正面評價。

2. 非人員傳播渠道

與人員傳播相對應，非人員傳播渠道是指信息傳播者與接收者不直接接觸而進行的信息傳播，包括媒體、氣氛和事件。

(1) 媒體（Media）由印刷媒體、廣播媒體、展示媒體和網絡媒體組成，其特點為隨處隨時可得。一般來說，影響力與傳播範圍越廣泛的媒體，其使用費用越昂貴。

(2) 氣氛（Atmosphere）是「被包裝的環境」，這些環境會促使消費者產生或增強購買意願。「包裝的環境」是指將傳達產品/服務信息的場所（如公司所在地、銷售場地等）通過物品布置、色彩搭配、聲音運用、燈光設置、實物展示等，促使目標受眾產生接受產品的情緒、情感或意向的一套傳播方法。如與銷售普通產品的商場比較，銷售高檔產品的商場需要更多的「奢侈性」布置等。

(3) 事件（Event）是通過策劃活動對目標受眾傳播信息。如公關部門安排新聞發布

會、開業慶典和各種贊助活動等。

與人員渠道相比，非人員渠道具有廣泛性與經常性的優點，但是其可信度低於人員傳播。在行銷傳播中可使用兩步法：當受眾對產品/服務的印象一般或使受眾獲得初期信息時，可以讓非人員渠道發揮主要作用；在建立認知、好感或激勵購買時，增加人員渠道的使用。此外，可以利用顧客數據庫技術定向制定針對性的行銷傳播方式，如根據顧客的消費經歷，向顧客提供其他相關產品的信息。

五、編製促銷預算

組織行銷傳播活動需要對資金進行分配使用。長期以來，有兩個問題一直困擾著企業的行銷經理人員；一是行銷傳播效果受眾多因素影響，確定恰當的資金預算缺少可靠依據；二是行銷信息大量充斥甚至泛濫，行銷傳播資金的效率遞減。常用的確定促銷預算的方法有：

（1）量入為出法。該種方法以公司能夠負擔的水準為標準制定預算。該種方法傾向於在所有支出中最後考慮促銷資金，導致企業的行銷管理沒有穩定可靠的資金保證，從而難以制訂行銷傳播和促銷計劃。

（2）銷售百分比法。該種方法以當前或預期的銷售額的特定比例提取用於行銷傳播和促銷的總資金，再在不同的促銷任務中進行分配。如某公司在上年實現銷售收入2,000萬元，如果規定用於行銷傳播與促銷的資金占銷售收入的1％，則該公司的行銷管理部門可得到20萬元促銷費用。

在銷售業績較好的公司裡，銷售百分比法能給予行銷部門充足的資金支持。如果行業內所有的競爭者都使用銷售百分比法，可能會避免促銷戰的發生。但企業進行行銷傳播的目的是提高產品銷量。因此，當銷量較小時，需加大促銷力度；當銷量已達到一定程度時，可以適當減小促銷力度。所以，這種方法在邏輯上是「反因為果」。從適用性講，該方法適用於不依賴當前促銷，而試圖保持長期市場影響力的公司。

（3）競爭平衡法。企業根據競爭對手的促銷開支水準安排自己的促銷預算。

有三種觀點支持該方法：一是進行促銷和行銷傳播的目的是形成市場影響，只要公司的市場份額不低於競爭對手，就無須增加開支；二是競爭對手的促銷費用水準代表了本行業行銷傳播與促銷的實際需要；三是如果加大傳播和促銷力度，可能引發促銷戰，保持與競爭對手相當的行銷傳播和促銷力度可避免促銷戰發生。

但上述三個理由並不充分：首先，行銷傳播和溝通的目的不是與競爭者博弈，而是買賣雙方溝通信息；二是不同公司的產品定位、細分市場、聲譽等不盡相同，每個公司都有自己的促銷需求；三是沒有充足的證據表明與競爭對手保持相當的促銷預算就可以避免促銷戰的發生。

（4）目標任務法。公司將行銷傳播和促銷目標分解成具體任務，據此分配促銷預算。

該方法要求正確計算每項任務所需資金，否則該方法很難被真正使用。

如某公司要求本年度實現產品市場佔有率20%，如果行業預計總銷售量為1,000萬件，則公司需要完成的銷售量為200萬件。要實現該目標，需投入廣告開支100萬元，公共宣傳與公關活動150萬元，銷售促進與樣品贈送資金30萬元，拜訪客戶開支15萬元，則該公司所需總促銷預算為295萬元。

六、行銷傳播組合決策

沒有任何工具是萬能的，它們各有其特點。因此，要完成企業的行銷傳播和促銷任務，就需要在不同傳播和促銷階段，將這些工具組合起來使用。一般來說，企業的行銷管理人員會根據以下因素組合使用不同的行銷傳播工具：

1. 產品的市場類型

產品的市場類型不同，消費者的行為方式、購買決策因素等也不同。一般而言，消費品市場和產業用品市場的購買者對不同促銷工具的反應不同：在消費品市場，廣告比人員推銷更重要；在產業用品市場，人員推銷比廣告更有效；銷售促進對兩者的作用基本相等，雖然其影響比前兩種工具小些；公共宣傳則又較銷售促進差一些，但對消費市場及工業市場的作用也基本相同（見圖11-6）。

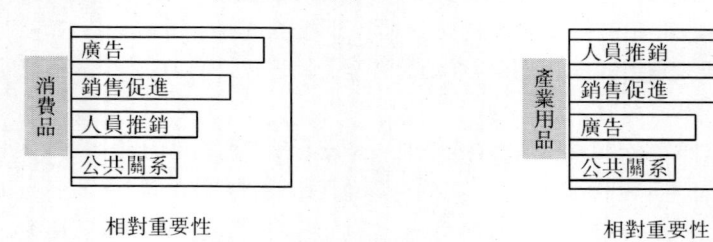

圖11-6 促銷組合在消費品與產業用品中的排序

上述說明並不能一概而論，在消費品和產業用品中，對於那些參與度低的產品，廣告作用通常大於人員推銷；相反，在高參與度的情況下，即便是消費品，也可能更依靠人員推銷。如住房和汽車，人員推銷是最終能否完成交易的關鍵。

2. 推（Push）與拉（Pull）的戰略

公司對行銷傳播組合的選取也與其對「推」或「拉」戰略的選擇有關。如果公司偏好「推」的戰略，就會更多採用人員推銷和銷售促銷的方法；反之則將更多採用廣告和促銷的方法（如圖11-7所示）。如美國化妝品雷夫龍（Revlon）公司就認為廣告（「拉」的策略）的效果更好；而雅芳（Avon）公司側重聘用家庭婦女作為推銷員（「推」的戰略）來銷售。雖然兩者採取的戰略不同，但都同樣獲得了成功。

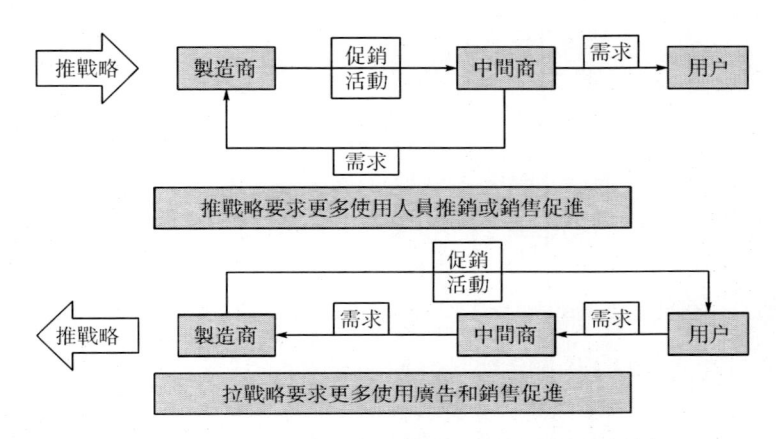

[圖：推戰略與拉戰略示意圖]

推戰略 → 製造商 →(促銷活動)→ 中間商 →(需求)→ 用戶
中間商 →(需求)→ 製造商

推戰略要求更多使用人員推銷或銷售促進

拉戰略 ← 製造商 ←(需求)← 中間商 ←(需求)← 用戶
促銷活動：製造商 → 用戶

拉戰略要求更多使用廣告和銷售促進

圖 11-7　在不同的購買準備階段各種促銷工具的成本效應

3. 消費者所處的購買準備階段

消費者的購買過程可分為四個階段：知曉、瞭解、確信及訂購。在不同階段，促銷工具的成本效果不同，圖 11-8 顯示了這些變化。廣告及公共宣傳在購買初期（知名和瞭解階段）的成本效應最優；而人員推銷和銷售促進在後期（確信和訂購，以及再訂購階段）的成本效應更好。

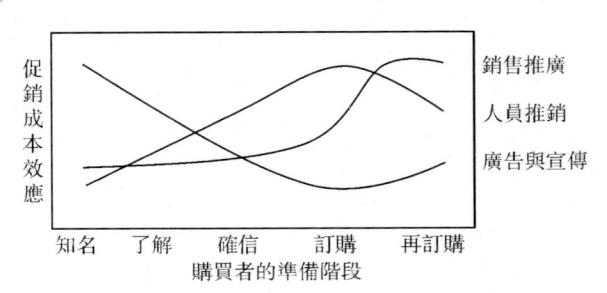

[圖：促銷成本效應曲線圖，縱軸為促銷成本效應，橫軸為購買者的準備階段（知名、了解、確信、訂購、再訂購），三條曲線分別代表銷售推廣、人員推銷、廣告與宣傳]

圖 11-8　在不同的購買準備階段各種促銷工具的成本效應

4. 產品生命週期

在產品生命週期的不同階段，促銷工具成本效應也是不同的。圖 11-9 對此進行了描述。

在引入期，須借助各種促銷手段使消費者知曉並對產品產生興趣。此時，廣告的成本效應最優，其次是產品試用和人員推銷活動。

在成長期，口頭傳播較為重要，並且隨著需求的增長，各種促銷工具的成本都呈下降趨勢。

在成熟期，競爭者增加，為了對抗競爭並保持市場佔有率，必須增加促銷支出。在此階段，贈品式銷售促進比純廣告活動更有效。

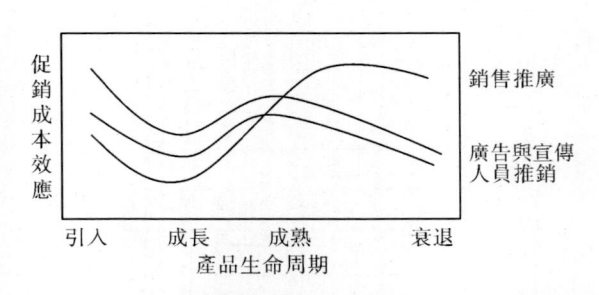

圖 11-9　在產品生命週期的不同階段，各種促銷工具的成本效應

在衰退階段，公司常把促銷活動降至最低以保持足夠利潤。此時只需用少量廣告活動來維持顧客記憶，人員推銷減至最低水準，企業主要依靠銷售促進活動來維持銷售量。

七、衡量傳播與促銷效果

在行銷傳播和促銷中，很難一次就能說服目標顧客產生購買意願。傳播與促銷活動往往是分次進行的，因此，需要對每次傳播或促銷的效果進行測量和分析，以確定下次傳播促銷時應解決的問題。

在圖 11-10 中，假設有兩個品牌進行了行銷信息傳播和促銷。其中，A 品牌的知曉率已達 80%，試用過的消費者達 60%，但試用者中有 80% 的人對產品失望；B 品牌情況相反，有 60% 消費者不知道該產品，知曉者中僅 30% 的人試用過，但 80% 的試用者都比較滿意或願意購買此產品。

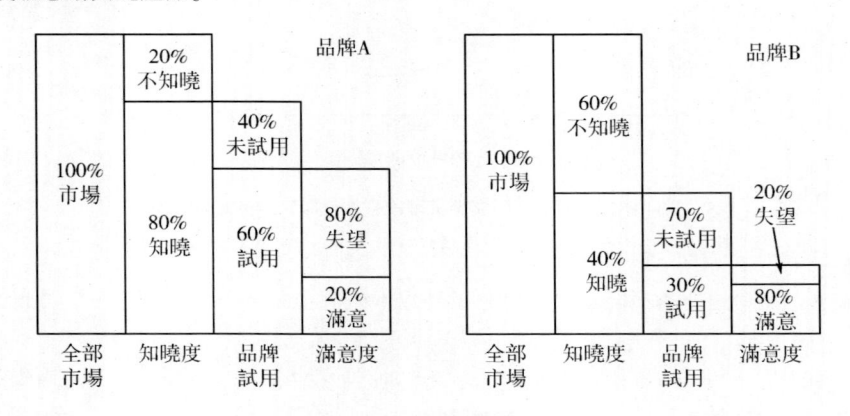

圖 11-10　A、B 品牌的促銷效果測評

從傳播效果來說，A 品牌的知曉率較高，很難再通過傳播和促銷來提高產品購買率。因此，A 品牌應注重對產品的性能、質量或服務等項目的改進；B 品牌產品本身不存在問題，但其知曉率很低，因此，B 品牌應改進傳播和促銷方法。

第三節　整合行銷傳播（IMC）

一、整合行銷傳播的產生和概念

傳統行銷傳播理論對傳播與促銷方式進行了長期與短期的效應區分，也對傳播和促銷工具的特點進行了介紹。

（1）產品、品牌和公司形象與聲譽的培育方法是各不相同的。

（2）完成產品銷售是當前任務，而樹立品牌和公司形象是長期任務，應由不同部門分別負責。

（3）不同的行銷傳播與促銷工具能夠完成不同的傳播和促銷任務，因此，要結合行銷傳播與促銷任務選取恰當的促銷工具。

但是，經過長期的市場觀察，行銷研究人員迄今仍沒有發現支持上述看法的有效證據。事實上，如果顧客認為不信任某公司，也就不會選擇該公司產品。也就是說，對顧客而言，產品、品牌和公司形象是統一的。從 20 世紀 90 年代中期開始，整合行銷傳播作為對傳統行銷傳播和促銷理論的改進應運而生。

美國廣告協會（American Association of Advertising Agencies，簡稱 4As）對整合行銷傳播（Integrated Marketing Communications，簡稱 IMC）給出的定義是：「……一種行銷傳播計劃，通過確認並評估各種傳播方法的戰略作用及價值，對不同的傳播方法進行組合。通過整合分散信息，產生明確的、連續一致的和最大的傳播影響。」[1] 實際上，整合行銷傳播是將公司的行銷傳播活動作為整體進行統一管理，管理內容包括目標統一、內容統一和過程統一。

二、整合行銷傳播的主要思想

與傳統的行銷傳播和促銷相比，整合行銷傳播強調了以下觀念：

（1）傳播目標的統一。由於促銷工具和傳播要求的不同，若僅著眼於當前任務，則通過一系列的傳播活動最終使顧客形成的總體印象可能不盡如人意。整合行銷傳播則要求企業首先明確傳播的最終目標，不同促銷工具的使用必須有助於最終目標的實現。也就是說，不同傳播工具的目標指向一致。

（2）傳播的公司形象、產品形象和品牌形象的統一。傳統的行銷理論認為，公司形象、產品形象和品牌形象是不同屬性的，必須分開對待。事實上，顧客往往是將公司形象、品牌形象與產品形象聯繫起來綜合考慮並做出選擇。因此，應將三者統一起來進行行

---

[1] 菲利普・科特勒、凱文・萊恩・凱勒. 行銷管理 [M]. 梅清豪, 譯. 12 版. 上海：上海人民出版社, 2006：626.

銷溝通與傳播。

（3）傳播過程的統一。要將傳播目標的實現看成連續的過程，在傳播的不同階段，靈活使用不同的促銷工具，但同時也要做到「多種聲音，一個主題」。

整合行銷傳播的出現與互聯網等新型傳播工具的出現沒有必然聯繫，但互聯網等信息傳播溝通工具為整合行銷傳播提供了更好的傳播平臺和工具。在新型信息傳播工具出現之前，少數媒體就可以「壟斷」全國的信息渠道，昂貴的費用使受眾只能採用單一或少量媒體作為信息來源。互聯網的出現打破了這種局面。受眾進入了信息渠道多樣化、廉價化和方便化的時代。因此，整合行銷傳播本身並不是互聯網的產物，但互聯網的出現，使整合行銷傳播成為信息時代的必然要求。

三、整合行銷傳播的操作

公司進行整合行銷傳播，可以採取以下兩種方式：

（1）將行銷傳播業務進行外包，由行銷傳播公司承擔全部的行銷傳播業務。公司應根據產品定位、品牌定位和公司形象戰略的要求，與傳播公司一起制定相應的傳播目標和整體計劃，並由外包公司制訂具體實施計劃。公司應給予傳播公司適當的配合，並對實施效果進行監督。

（2）公司也可以自行組織行銷傳播活動，成立專門的整合行銷傳播機構，由其全權負責組織、計劃和實施整合行銷傳播。

第四節　廣告

一、廣告的定義與作用

1. 廣告的定義

生產的社會化使生產者在時間和空間上與消費者分離。因此，企業需要與其目標顧客進行聯繫與溝通。傳統的聯繫方法———在交換場所進行一對一的接觸，已不能適應生產社會化的需要，廣告就應運而生了。尤其在消費品市場，廣告成為最主要的行銷溝通與傳播方式。

科特勒將廣告定義為：廣告是由明確的主辦人發起並付費的，通過非人員介紹的方式展示和推廣其創意、產品和服務的行為。廣告是一種經濟有效的信息傳播方法，它能夠樹立品牌偏好或者起到教育人民的作用[1]。

---

[1] 菲利普·科特勒，凱文·萊恩·凱勒. 行銷管理 [M]. 梅清豪，譯. 12 版. 上海：上海人民出版社，2006：637.

2. 廣告的作用

商業活動的激烈競爭導致現代社會的廣告泛濫，對企業來說，良好的廣告能在以下方面發揮較好作用：

（1）溝通。由於生產者與消費者的隔離，對生產者來說，必須主動尋找目標顧客並與之溝通。溝通是廣告最基本的作用，其他作用都是在此基礎上派生而來的。

（2）促進購買。廣告的作用不僅在於使產品和服務引起顧客的注意，更要通過信息刺激促使顧客購買產品。在行銷中會將不能產生這種作用的廣告視為無效廣告。任何行銷者都不會長期使用無效廣告，不論其藝術價值有多高。

（3）誘導。要實現行銷傳播的目的，廣告往往要採用許多說服性方法，用突出優點或者利益引導的方式誘導目標顧客接受本廣告傳播的產品或服務。除首次傳播產品信息的廣告外，其他廣告都是以達到最大誘導效果為目的的。

3. 廣告分類

按照不同標準可以將廣告分為多種不同類型。比如，按廣告的受眾群體特徵可分為消費者廣告、工業用戶廣告、批發商、零售商廣告等；按廣告使用的傳媒可分為報紙廣告、雜誌廣告、廣播廣告、電視廣告、招貼廣告、路牌廣告等；按廣告表現方式可分為理性述說廣告、情感性廣告或道義性廣告等。根據受眾對廣告傳達信息的接受程度並是否產生預期行為，可以將廣告分為以下三種：

（1）通知性廣告。通知性廣告具有向受眾傳達產品基本信息的作用。如產品名稱、品牌名稱、供應時間等。通常用於傳達簡單的產品信息或行銷信息（如開始供貨），目的在於使目標顧客知道「有這個產品」或「知道某件事情」。

（2）說服性廣告。在競爭激烈的情況下，需要宣傳產品的特殊優點（賣點）；或者需要向顧客詳細介紹產品的功能、成分或技術時，需要採用這種廣告。說服性廣告往往要用對比、長篇說理或有感染力的表現方式才能達到目的。

（3）提醒性廣告。當顧客對於所傳達的產品信息已經較為熟悉，但為了使之能夠時時想起，需要不斷提及使顧客保持記憶。這類廣告的時間較短，表現形式也比較簡單。如報紙上的「報花」、電子媒體中的一句話廣告、網絡頁面上的 Banner、Flash 廣告等。

二、開發與管理廣告

廣告不具有包打天下的作用，那種幻想僅僅依靠廣告進行行銷的企業從來沒有成功的先例。這也是為什麼 CCTV 的天價標王迄今少有國外企業參與的原因。因此，應按照行銷學基本原理對廣告進行有效開發與管理，並恰當組合多種行銷工具。

開發與管理廣告的程序如圖 11-11 所示。廣告的目的與任務（Mission）、需要的資金（Money）、傳達的信息（Message）、使用的傳媒體（Media）、廣告效果的衡量（Measurement）等就是現代行銷中廣告的 5Ms 決策內容。

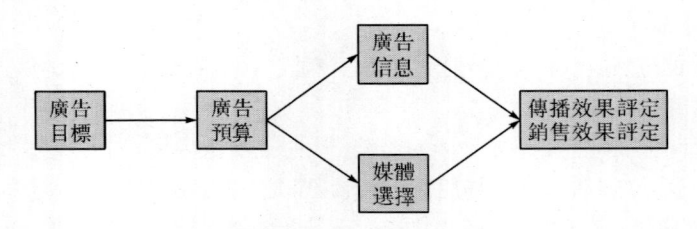

圖 11-11 開發與管理廣告的程序

(一) 建立廣告目標

廣告的目標由企業行銷戰略目標、目標市場特點、市場定位和行銷組合決策決定。根據信息傳播與接收原理，不可能通過一次廣告就能實現預定的行銷目標，因此，每次或每則廣告均需要設定獨立明確的目標。大多數傳媒並不願意零星出售廣告資源，因此，廣告目標往往是階段性的。在分析廣告已經造成的影響的基礎上，確定對哪些顧客、在什麼程度、讓其產生什麼印象、信念與態度等，據此設定下一階段的廣告目標。

(二) 廣告預算

制定廣告預算時需要考慮以下五個因素：

(1) 產生生命週期。推廣新產品或顧客不熟悉的產品時，需要投入較多的廣告預算才能建立較好的顧客印象並促使顧客試用。如果已經獲取了一定的知名度或顧客試用達到了預期的比率，就可以適當減少廣告預算。

(2) 市場份額。一般來說，佔有較高市場份額的企業，若沒有必要繼續擴大市場份額，則可用較少的廣告預算來保持市場份額；反之，則需要增加廣告預算以維持廣告信息的影響力，並提高市場份額。

(3) 競爭程度。在競爭激烈的市場中，若希望產品和產品信息對目標顧客有更大的影響力和吸引力，則需要制定更高的廣告預算。即使不能完全蓋過競爭者的聲音，也可以對競爭對手的產品信息產生足夠的干擾，這就是所謂的「聲音份額」的爭奪，而廣告戰需要消耗大量資金。

(4) 廣告頻率。廣告頻率的確定需要考慮顧客在一定時間收到多少次廣告信息才能收到預期影響。很顯然，那種在一定時間內需要更多重複的廣告信息（高廣告頻率）的企業，需要更多的廣告預算；反之則需要較少預算。

(5) 獨特信息。同類產品中品牌眾多時，為有效傳達關於品牌特色的信息（如產品特色、服務特色等），一般需要大量廣告支持。高露潔的「沒有蛀牙」就是由大量廣告支撐起來的。

(三) 設計廣告信息

由知覺形成過程中的「選擇性注意」理論可知，吸引力是廣告製作時的首要考慮因素。缺乏吸引力的廣告，即便做了上千次，也抵不上能夠深度吸引注意力的廣告僅僅傳播

一次的效果。因此，要對廣告創意進行精心設計。廣告創意的設計需要考慮較多因素。囿於篇幅，本書僅對廣告設計的原則進行簡要介紹，感興趣的讀者可以閱讀相關書籍。

如何設計好廣告信息，有三條原則必須遵守：

（1）廣告的目的是有效傳播信息並說服顧客接受和選擇產品與服務。廣告的藝術性也是為此服務的，不能本末倒置。

（2）廣告要與其他行銷工具配合使用，不能僅依賴廣告進行行銷傳播。此外，行銷者要慎重考慮並選擇恰當的行銷工具組合。

（3）節約使用廣告費用。比如，當名人不能帶來較好的廣告效應時，沒有必要花費巨額資金邀請名人代言。

（四）媒體選擇

廣告媒體是指廣告主與廣告對象之間聯繫的工具，或者說，廣告媒體就是廣告信息的傳播工具。廣告媒體的選擇以將行銷信息有效傳遞給目標受眾為標準。在廣告的整體活動中，媒體刊播費用占廣告支出的絕大部分。若媒體選擇失誤或選擇策略不當，會造成巨大損失。在信息技術不斷發展，廣告媒體越來越多的情形下，行銷者必須瞭解媒體的主要類型與特點。

1. 主要廣告媒體的特點

（1）報紙：報紙是經常採用的一種廣告媒體。

報紙具有的主要優點有：①傳播範圍廣，覆蓋率高；②讀者穩定；③傳播及時；④能詳細說明，傳播信息量大；⑤讀者看廣告的時間不受限制，廣告刊出的時間選擇自由度大；⑥費用較低。

報紙的不足之處是：①時效短；②注目率低；③印刷品質不好，難有較強表現力。

（2）雜誌：雜誌也是經常使用的一種印刷媒體。

雜誌的主要優點有：①讀者穩定，容易辨認；②可利用專業刊物在讀者中的聲望加強廣告效果；③傳播時期長，可以保存；④能傳播大量信息；⑤印刷質量高，表現力強；⑥收藏時間長，傳播效果比報紙持久。

雜誌的局限性是：①發行週期長，及時性的信息傳播受限制；②注目率較低；③傳播範圍較小；④製作時間較長，靈活性較差。

（3）廣播：這是較早出現的電子傳播媒體，但屬於單（聽）媒體形式。

廣播的主要優點是：①聽眾廣泛；②迅速及時；③廣告內容變更容易；④可多次播出；⑤製作簡便，費用低廉。

廣播的局限性是：①傳遞的信息量有限；②只能刺激聽覺，受眾的印象不深，遺忘率高；③難以把握收聽率。

（4）電視：電視是一種多媒體傳播形式，也是現代使用最廣泛的電子傳播媒體之一。傳統電視傳播缺少互動性，隨著電視數字化技術的進步，電視的互動性也不斷提高。

電視的主要優點是：①形聲合一，形象生動；②能綜合利用各種藝術形式，表現力強，吸引力大；③覆蓋面廣；④注目率高；⑤對受眾的受教育程度的要求較低。

電視最大的局限性是費用昂貴，時效短，介入程度低。並且，隨著電視媒體的激烈競爭，在不同電視臺播放的廣告的影響力差異增大。

（5）戶外廣告。凡是在露天或針對戶外行動的人傳播廣告信息的載體，均為戶外廣告媒體。如銷售現場廣告（POP）、櫥窗、路牌、霓虹燈、普通燈箱等。

戶外廣告媒體的主要優點有：①長期固定在一定場所，反覆訴求效果好；②可根據地區消費者的特點和風俗習慣設置；③可較好地利用消費者在行動中的空白心理；④有很大的開發利用餘地；⑤媒體費用彈性較大。

戶外廣告的主要缺點有：①宣傳區域狹小，為了擴大影響，需要多處布置，費用增多；②不同城市對戶外廣告的管理規定不同，在管理較為鬆散的地區，戶外廣告的正規性較低，導致其可信度也較低。

（7）新媒體。新媒體是指採用網絡技術、數字技術、移動通信技術進行信息傳遞與接收的信息交流平臺，包括固定終端和移動終端。新媒體有狹義和廣義之分，狹義新媒體僅指區別於傳統媒體的新型媒體，主要包括統稱為網絡媒體的互聯網和移動網絡；廣義新媒體既包括網絡媒體，也包括傳統媒體運用新技術及新媒體融合而產生或發展出來的新媒體形式。目前比較常見的新媒體行銷主要有微信行銷、微博行銷、網絡游戲行銷、視頻行銷等。

新媒體的主要優點有：①信息傳達具有及時性，打破時間和空間限制，可隨時隨地傳播信息；②打破了從傳播者到受眾的單向傳播模式，信息傳播的雙向互動性增強，受眾的地位提升，由單一的被動接受者轉變為多元的主動參與者；③為用戶提供內容豐富、形式多樣的海量信息；④可以為用戶提供個性化服務，用戶可以選擇感興趣的內容並生成自己的個性化頁面，這也為企業的產品開發和精準行銷提供了便利；⑤行銷信息傳播的經濟成本和時間成本較低。

新媒體廣告的主要缺點有：①行銷信息的傳播受相關行政部門的監管力度較弱，難以保證信息的可靠性和可信度；②信息傳播具有不可控性，用戶可以任意處理各種行銷信息，甚至自行製作針鋒相對的信息並利用新媒體平臺進行廣泛傳播；③企業利用新媒體進行精準行銷有時會受到侵犯消費者隱私的質疑，甚至會引起消費者的反感和排斥；④新媒體時代用戶可以接觸到海量信息，新媒體廣告可能會被其他信息淹沒，獲取用戶關注的難度加大。

2. 如何選擇廣告媒體

選擇廣告媒體時應考慮以下因素：

（1）目標受眾的媒體使用習慣或偏好。比如，有較高教育程度且居住在城市的人，喜歡使用互聯網；普通文化程度且缺少使用互聯網條件的受眾，看電視較多。瞭解目標受

眾的媒體使用習慣與使用環境並選擇恰當的媒體傳播，才能保證廣告信息順利送達目標受眾。

（2）產品。不同產品的特性不同，要選取合適的媒體進行推廣。書籍和新穎的電子產品等，需要對其內容進行詳細介紹，報紙為很好的載體；化妝類產品，需要將其外形、色彩、使用效果等表現出來，雜誌能較好地滿足其要求；服裝類產品，不僅要展示其款式和色彩，還要將穿著效果的動態表現出來，電視、互聯網及新媒體等較為合適。

（3）信息特徵。對傳播速度要求較高的信息，如在規定時間內進行降價促銷的信息，需要快速告知目標受眾，則在線、手機和社交媒體等較合適；需要對產品原理、技術特徵、使用效果詳細介紹的，專業性雜誌或報紙更適合。

（4）費用。不同媒體的收費標準不同。現代廣告理論認為不應計算總費用，而應以千人成本為依據，但該方法存在一定局限。部分媒體如電視，收看者可能很多，但目標顧客可能較少，以受眾人數計算千人成本較低，但由於目標受眾較少，綜合來看費用昂貴；相反，一份包含了較多目標受眾讀者群的雜誌，其千人成本可能很高，但從目標顧客成本的角度來說，其成本較低。

廣告的千人成本（CPM）計算公式如下：

$$CPM = \frac{廣告費用}{受眾數} \times 1,000$$

但是，如果企業能夠確定特定媒體受眾中的目標顧客數，則可以計算目標顧客的千人成本，其計算公式如下：

$$TPM = \frac{廣告費用}{目標顧客受眾數} \times 1,000$$

比如，A、B兩企業進行廣告宣傳，其具體情況如表11-3所示。儘管A媒體的接觸人數較少，絕對費用和千人成本均高於B媒體，但其接觸者中，潛在顧客的比例高於B媒體。因而，如果考慮潛在顧客的數量，顯然A媒體的千人成本比B媒體低，效果比B媒體好。

表11-3　　　　　　　　　千人成本例表

媒體	A	B
廣告費（元）	600,000	500,000
受眾（人）	2,000,000	2,500,000
千人成本（元）	300	200
潛在顧客（年收入在10,000元以上者）	1,000,000	500,000
潛在顧客千人成本（元）	600	10,000

另外，千人成本只是分析媒體的一項重要指標，並不一定是最好的指標。以報紙為

例，其針對性強、傳播範圍廣，但傳真程度差，對那些試圖以外形打動消費者的廣告，效果很差。此時，千人成本是沒有意義的，因為與效果相比，費用反而可能是昂貴的。

此外，選擇具體廣告媒體時，還需要考慮以下因素：

（1）發行量或接觸人數，即印刷媒體的發行數量或電子媒體的接觸的人數。

（2）有效受眾，即接觸媒體的受眾中符合目標顧客特徵或要求的人數占比。

（3）到達率與暴露頻次。到達率也稱累積視聽眾、淨量視聽眾或無重複視聽眾，是指特定時期內看到某一廣告的人數（多次看到只算一次）占總人數的比率。暴露頻次是指一定時期內，每個人（用戶）接到同一廣告信息的平均次數。到達率側重的是廣告影響的廣度，而暴露頻次側重影響深度。兩者對廣告計劃的制訂都十分重要。側重點不同，費用和效果也不同。

3. 如何選擇廣告時機

廣告時間的選擇涉及兩個時間變量：一是投放廣告的時間跨度，即需要投放多長時間；二是在已決定的廣告投放時段內，廣告投放時點及信息出現時間。廣告時機形式分類如圖 11-12 所示。

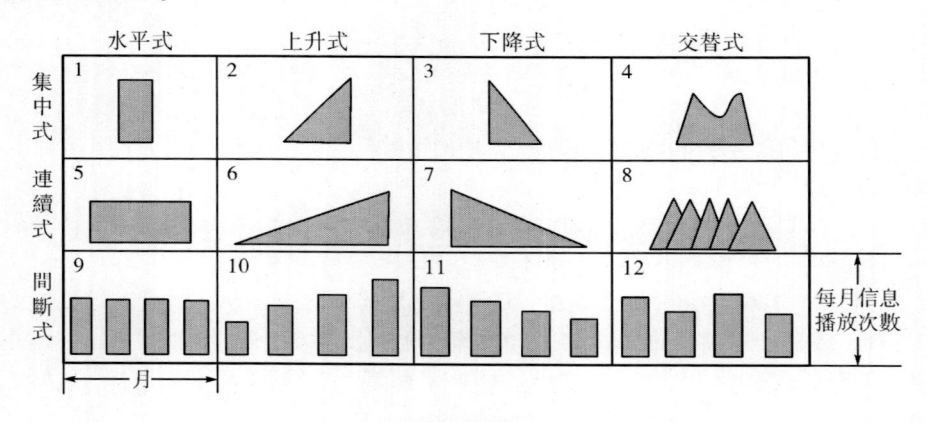

圖 11-12　廣告時機形式分類

如圖 11-12 所示，廣告時機的形式分為三類：①集中式：在特定時段集中播出廣告（如第一行），是一種爆發形式；②間斷式：在一段時間的中間斷播出（如最後一行），是一種提醒形式；③連續式：連續在一段時間播出（中間一行），是一種說服形式。廣告信息可以在播出時段內保持相同強度（第一列，水準式）；也可以先弱後強（第二列，上升式）；還可以先強後弱（第三列，下降式）或強弱穿插進行（第四列，交替式）。綜上，依據投放頻率與重點信息出現的時機可以將廣告的時機策略分為九種。

時機的形式選取應該考慮以下三個主要因素：

（1）購買者的流動率。新顧客加入的速度越快，廣告越應該連續播出。

（2）購買頻率。一定時間內重購次數或平均購買次數越高，廣告越應該連續播出。

（3）遺忘率。顧客對產品的遺忘速度越快，廣告就越應該連續播出。

（五）廣告效果衡量

迄今為止，如何衡量廣告效果仍沒有得到很好的解決。廣告對銷售的貢獻，一般表現為銷售額的穩定或增長，但這很可能是廣告與其他行銷努力的共同成果。廣告的作用也可能是即時或滯後的。因此，有效測量廣告對銷售的貢獻難度較大。

西方行銷學家提出了一個廣告效果測量模型，主要用於測量聲音份額與廣告效率。其計算方法為：

$$聲音份額 = \frac{本公司的廣告費用}{行業廣告總費用} \times 100\%$$

$$廣告效率 = \frac{市場份額}{聲音份額} \times 100\%$$

比如某行業中只有 A、B、C 三家公司，現對三家公司的廣告效果進行測量，其具體結果如表 11-4 所示。其中，A 公司的聲音份額為 200÷350＝57.1%；廣告效率為 40%÷57.1%＝70。其餘以此類推。由結果可知，A 公司應該改變廣告策略，包括廣告傳播信息檢查、廣告媒體選擇與投放時機選擇等，找出問題並採取針對性措施。B 公司可以繼續保持現有的廣告策略；C 公司廣告效率特別高，但市場份額不大，應著重提高「聲音份額」，增加廣告開支。

表 11-4　　　　　　　　　　廣告效果測量

公司	廣告費用（萬元）	聲音份額（%）	市場份額（%）	廣告效率
A	200	57.1	40.0	70
B	100	28.6	28.6	100
C	50	14.3	31.4	220

註：廣告效率 100 為基本有效。低於 100 為相對無效，高於 100 為高度有效。

第五節　人員銷售

人員銷售是利用推銷人員幫助或勸說目標受眾購買產品或服務的活動。人員銷售是一種直接行銷方式，它既是一種渠道方式，也是一種促銷方式。人員銷售出現很早並且現在仍是一種比較有效的促銷方法，特別是在洽談磋商、完成交易手續等方面，具有其他促銷手段不能代替的作用。

為適應數字化的購買環境，人員銷售也不斷增加對網絡和社交媒體的應用。數字技術在識別、吸引顧客，創造顧客價值，達成交易，培養顧企關係等方面發揮了重要作用。但其在提高人員銷售效率的同時，也對銷售人員提出了更高的要求。

一、人員銷售的特點及應用

1. 人員銷售的特點

（1）面對面接觸。這是人員銷售最基本的特點，也是與廣告等其他促銷工具的主要區別。企業推銷人員能一對一或一對多直接接觸顧客。在銷售過程中，雙方都能直接觀察對方反應並對語言、態度和氣氛等進行及時調整。

（2）能有效地發現並接觸顧客。合格的銷售人員能將目標顧客從消費者中分離出來，並可把推銷的努力集中在目標顧客身上，此舉可減少許多無效工作。

（3）靈活機動，有較強的互動性和針對性。在明確目標顧客的情況下，銷售人員與顧客面對面接觸時，可有針對性地進行解說，為顧客提供所需信息，並可幫助顧客辨明問題甚至提出建議。

（4）產品展示。推銷員能當面向顧客展示產品，使顧客較快熟悉產品特徵。

（5）增強買賣雙方關係。推銷員可以幫助顧客解決問題，甚至充當顧客的購買顧問。人與人的直接交往，有利於增強買賣雙方的溝通、理解和信任。

（6）促進行動。從瞭解產品信息到實際購買需要經歷一定過程。推銷員通過面對面地講解與勸說，促使顧客立即或盡快購買的概率較大。

（7）信息交流。推銷員不僅能將產品信息及時、準確地傳遞給顧客，還能瞭解顧客的意見和要求，為行銷活動或產品的改進提供依據。

但人員銷售也有一定的局限，如費用較高。據許多國外公司估計，人員銷售開支約占銷售總額的8%~15%，而廣告費用平均只占1%~3%。此外，人員銷售接觸的顧客數量和範圍十分有限，許多企業也缺少優秀的銷售人員，以上因素也制約著人員銷售的應用範圍。

2. 人員銷售的應用

因行業、市場環境、產品或服務特點的不同，人員銷售對企業的適用性也存在差異。企業對人員銷售的應用需考慮以下因素：

（1）市場集中度。與分散市場相比，人員銷售在顧客集中度高的地區比較有效。

（2）購買量。若大部分顧客的單次購買量或購買金額很小時，人員銷售的成本較高。企業可以以此為標準確定是否採用及在多大程度上採用人員銷售。

（3）顧客類型。在消費品市場，目標顧客數量較多但個體消費者的購買量較小；與此相反，在產業用品市場，雖然用戶較少，但顧客的購買量較大。因此，對生產企業來說，人員銷售適用於向中間商推銷。

（4）產品類型。某些產品，如果不通過公開表演或當場操作的方式展示產品，顧客很難瞭解產品性能及特點，也就不容易產生購買慾望。在這種情況下，有必要進行人員銷售。

（5）購買阻力。許多高檔商品價格昂貴且技術複雜，顧客的感知風險較大，人員銷售能有效消除這些購買阻力。

（6）服務的必要性。有的商品在售前、售中及售後都需要提供諸多服務，人員銷售能有效解決服務問題。

二、推銷員的類型

從負責交付產品的推銷人員（如送牛奶的人）到推銷非常複雜的醫療專用設備的推銷員，雖然都在進行推銷，但兩者在本質上存在很大區別。現實中存在著多種推銷活動，它們在複雜程度和範圍上各不相同，對推銷人員的要求也各不相同，可以將推銷人員分為以下幾種主要類型：

（1）交付產品（牛奶、燃油等）的推銷員。當企業擁有一定數量的穩定的消費群體時，不需要再花費較多時間與顧客交流或勸說顧客。該類推銷員以友好的態度為顧客提供服務即可。

（2）在確定市場（商店、辦公室等）的推銷員。在這裡，推銷的作用是迅速、高效地滿足顧客需要。在一定的情況下，需要一些推銷技術促使交易完成，使顧客不空手離去。

（3）樹立信譽或傳授知識的推銷員（如醫藥代表）。他們的任務首先是爭取顧客同意會面；其次是以形象有趣的方式向顧客講解，並滿足顧客的要求。

（4）以卓越的技術知識為基礎進行推銷的推銷人員。一般來說，該類推銷員知識豐富並配備良好的銷售工具。在一定程度上，該類推銷員可以充當顧客的顧問，而交易的達成一般也要通過良好的諮詢服務才能實現。

（5）有形產品（如洗衣機、吸塵器等）的推銷員。他們必須具有很強的說服力，並且通常需要在一個回合裡完成推銷任務。

（6）無形產品的推銷員（如保險業和銀行業的推銷員）。這類產品的推銷員必須對產品擁有詳盡知識，並用顧客能夠理解的方式與顧客進行交流。

以上列示的每種推銷員都需要有一定的專業技術知識，並要運用有效的和有感情的方法與顧客進行交流，為顧客的需求提供有效的解決方法。

三、銷售人員的任務

傳統觀點認為，推銷員的唯一任務就是設法將產品賣出去。隨著市場經濟的發展，購買組織趨於大型化，購買決策權越來越集中在企業高層領導手中，購買決策更加科學，而且買賣雙方更加注重建立長期關係。因此，企業對推銷員的素質要求越來越高。一名合格的推銷員，需要掌握更多的知識和技術，需要更加嚴格訓練，也需要完成多方面的任務。這些任務包括：

（1）銷售活動。這是推銷員最基本的工作，包括傳遞信息、接近顧客、推薦產品、答復意見、洽談交易、完成手續等。

（2）開拓活動。當現有顧客較少時，企業通常需要尋找新買主，培養新客戶。這就要求推銷員要經常走訪預期用戶或進行調查研究，開拓更廣闊的銷路。

（3）宣傳活動。推銷員還負責許多宣傳任務，要經常向客戶宣傳企業、產品及服務的新信息並提供諮詢。部分企業甚至訓練推銷員專門從事宣傳活動。

（4）服務活動。這包括向客戶提供諮詢和技術協助，幫助解決服務問題，並及時辦理交貨等。

（5）情報活動。推銷員是企業人員中最接近目標用戶和市場的，他們能及時瞭解用戶需求的變化和競爭者動向，他們提供的信息情報，對管理決策有重要意義。因此，及時提供市場信息或情報也是推銷員的一項重要任務。企業一般還要求推銷員定期匯報市場情況。

四、銷售人員的目標

銷售人員是公司最為寶貴的資源之一。公司通常需要花費很長時間才能培養一支優秀的銷售隊伍。一個通俗的比喻是，如果企業的全部活動是一場足球賽，那麼，推銷人員就是球隊中完成「臨門一腳」任務的「前鋒」。

企業需制定恰當的標準衡量銷售人員的銷售業績。衡量標準需滿足以下三個條件：

（1）可量度。用銷售量表示銷售目標時，很容易就能確定銷售人員或銷售團隊每天或每週的業績是否達標。除銷售量外，其他因素也可作為衡量標準。管理者必須制定正確的、可度量的衡量標準。

（2）相關性。銷售目標必須與銷售人員的工作性質相匹配。如推銷大型工業設備時，「每天打電話的次數」就不能作為衡量標準。在制定與推銷任務相關性較強的衡量標準時，也要考慮該標準的可度量性。相關但無法度量的因素與可以度量但不相關的因素同樣不能有效衡量銷售業績。

（3）公平性。必須保證為每一個銷售人員設定的目標都是公平的，並且可以通過良好訓練和努力工作實現該目標。如果目標定得過高，當銷售人員意識到無論怎樣努力都無法實現時，可能會喪失工作熱情和工作積極性。

表11-5列出了制定銷售目標時需要考慮的因素。銷售經理可以從中選擇與本企業銷售業務有關的項目分解落實，並作為衡量銷售人員工作績效的標準。

表 11-5　　　　　　　　　　　銷售人員工作目標一覽表

1. 用銷售量衡量的目標 　A. 用價值量表示的每人的銷售量 　B. 用實物量表示的每人的銷售量 　C. 用銷售額數量表示的每人的銷售量 　D. 用新客戶與老客戶之比表示的每人的銷售量
2. 用對市場或顧客的滲透來衡量的目標 　A. 對新顧客的保有量 　B. 自己發展的顧客數量與主管分給的顧客（已發展）數量之比 　C. 自己發展的顧客數量與當地顧客總量之比 　D. 顧客流失數量 　E. 在當地實現的市場份額 　F. 有銷售的城市或未發展的城市
3. 用支出衡量的目標 　A. 與銷售額相關的工資（或總的薪水） 　B. 與銷售額相關的旅差費和管理費 　C. 每日成本 　D. 每次電話成本 　E. 銷售成本（或銷售成本率）
4. 活動的目標 　A. 每日打電話數量 　B. 每日拜訪顧客的數量 　C. 工作時間（天數） 　D. 計劃 　E. 利用銷售工具或設備

五、推銷過程（推銷術）

推銷過程由以下幾個步驟組成，每個步驟都表示了推銷員為達成交易的努力方向和應該完成的具體工作（如圖 11-13 所示）。

尋找預期顧客 → 事前準備 → 接近客戶 → 展示與介紹 → 應付異議 → 達成交易 → 跟進維持

圖 11-13　人員銷售過程

1. 尋找預期顧客

推銷人員可根據下列要點尋找和確定預期顧客：

一是確有這種需要的顧客（鑑別顧客資格）。如汽車產品顧客必須有較高收入；購買保險的顧客也一定是有較高收入且對風險敏感的人。

二是對特定的產品或服務有需要（需求的指向性）的顧客。將汽車作為身分象徵的購買者通常不會對小型經濟車感興趣；重視汽車的「省油」功能的消費者則是小型經濟型汽車最可能的購買者。

三是公司應盡量利用數據資料指導推銷人員尋找潛在顧客，而不是讓推銷人員盲目尋

找。用敲門、攔截等方法尋找顧客，容易引起顧客的反感。

2. 事前準備

推銷人員訪問顧客時，應事先做好準備工作。對公司類顧客，需要瞭解公司的經營情況，購買決策程序，公司的文化風格等。對個體顧客，最好能通過資料庫瞭解顧客的基本情況。如果沒有顧客資料庫，可以按照接觸過的同類顧客的情況進行必要準備。準備工作還包括預約時間、準備資料等。

3. 接近顧客

推銷人員初次接觸顧客時，應尋找順利進行推銷訪談的方法。主要技巧如下：

（1）儀表。推銷人員與訪談顧客的著裝風格一致，有助於在初次接觸時拉近雙方的心理距離。

（2）開場白。如何進行開場白，是相當考驗推銷人員的功力的。若開場白不好，則很難將談話繼續下去。好的開場白能使顧客願意與推銷人員交談。

（3）談話內容。推銷員要考慮開場白後的談話內容，若能引起顧客的興趣將獲得更長的推銷訪談時間，達成交易的可能性也將大大增加。

4. 展示與介紹

展示與介紹是決定最後能否達成交易的關鍵。過去，許多公司都在這個環節上花費大量時間培訓推銷人員，但現在認為，展示與介紹只是其中的一個關鍵步驟，企業也應加強推銷人員在其他方面的培訓。

推銷人員可以按照 AIDA 模式向顧客介紹產品，即 Attention（爭取注意）、Interest（引起興趣）、Desire（激發慾望）、Action（見諸行動）；也可以用 FABV 模式：Feature（特徵）、Advantages（優勢）、Benefit（利益）與 Value（價值）。推銷人員常用的介紹方法主要有：

（1）固定法。固定法是指將各個要點逐一詳細講解的方法。該方法靈活性較差，如果不能打動顧客，則推銷很可能失敗。

（2）公式化法。公式化法是指先瞭解潛在顧客的要求，然後用一套公式化方法向顧客推銷的方法。此法的靈活性和針對性都優於固定法，但要求推銷人員對顧客的要求有準確的判斷力。此外，顧客可能提出超出公式涵蓋內容的要求，此法也對推銷人員的反應能力提出了更高的要求。

（3）滿足需要法。滿足需要法通過鼓勵和促使顧客多發言，瞭解顧客的真正需求，並通過交互式的方法，不斷解決顧客提出的問題，直至達成交易。此法難度最大，耗時最長，對推銷人員的素質要求也最高，但也最有助於與顧客建立信任關係。

5. 應付異議

推銷過程中，被推銷對象可能會提出異議（反對、否定的意見），尤其是在推銷顧客過去從來沒有接觸過甚至聽說過的產品時，更容易發生這種情況。推銷人員不應對提出異

議的顧客進行反駁、不屑、鄙視、挖苦、諷刺等。

當顧客提出異議時，無論其初始動機如何，都為推銷人員提供了繼續談話的機會。解決異議的最好辦法是給予推銷對象一些暗示、比喻，使顧客意識到異議的不合理，如果能夠這樣，達成交易的希望就非常大了。

6. 達成交易

雙方達成交易意向後，推銷人員要協助顧客辦理交易手續，告知顧客付款方法、退貨方法、產品的使用方法、如何聯繫推銷員或公司的相關機構等，也要對顧客表示真誠的感謝。若沒有達成交易，也不要對顧客表現出任何不滿，雙方可能還會有其他交易機會。

7. 跟進與維持

交易意向達成後，推銷人員還要考慮以下問題：

一是顧客產生購買意向不一定會真正購買，顧客可能會猶豫甚至付款後還會要求退貨。因此，交易意向達成後，推銷人員除了應積極協助顧客辦理各種手續外，還應真誠邀請顧客隨時聯繫自己或公司相關部門，以表示一定負責到底。

二是爭取與顧客再次交易的機會。推銷人員可及時告知公司的促銷信息或優惠政策。維持和跟進還包括定期回訪，瞭解顧客對產品的使用情況及對產品看法等。通過維持與顧客的關係，當顧客再次購買時，能夠較易獲得新的交易機會。

六、銷售人員的組織

銷售人員的組織，應根據銷售地區、產品性質和顧客組成來確定。同時還要考慮銷售人員的素質。幾種常見的組成形式有：

（1）按區域組織。這是普遍採用的一種形式，即按產品銷售的不同地區分派推銷員，每一銷售人員負責一個特定地區的全部銷售任務。這種形式的優點是有利於與客戶建立穩定的持續性聯繫，易發現新顧客，並且責任明確，減少推銷員的流動性和費用。它主要適用於產品種類和品牌較少的企業。如果產品種類和品種較多，完成銷售任務就有不少困難。

（2）按產品組織。即每個推銷員負責一種或一類產品的銷售任務。當企業的產品繁多時，可採用這種形式，按不同的產品分派推銷員。這樣，推銷員可以深入掌握某一種產品的知識和推銷技術，有利於實現銷售。

（3）按顧客組織。即按照顧客類型分派推銷員。這種形式可使推銷員較深入掌握某一類顧客的工作特點和需要，並與之建立密切聯繫。

另外，企業也可綜合使用以上組織形式，如地區與產品結合、產品與顧客結合、地區與顧客結合等。

七、銷售人員的選擇與培訓

企業對合格（優秀）的推銷員應有明確的要求，這些要求或條件是挑選和培訓推銷

員的標準。一般來講，合格的推銷員應具備以下條件：
（1）瞭解公司的歷史、目標、組織、財務及產品銷售情況。
（2）熟悉產品的製造過程、產品質量、性能、型號及各種用途。
（3）掌握用戶的需要、購買目的、購買習慣等。
（4）瞭解競爭者的產品特點、交易方式及行銷策略。
（5）具有較強的判斷能力，能通過觀察顧客的反應，準確判斷顧客的意圖。
（6）有較強的應變能力，能得體地應對突發狀況和顧客提出的各種問題。
（7）良好的語言表達和文字能力。推銷員的工作性質是說服他人，良好表達是接近和打動顧客的必要條件。當需要向顧客提供書面材料、擬定交易文件時，文字書寫能力就顯得非常重要了。
（8）社交能力。要擅長社交，有與人共事的本領，才能獲得很多朋友。
（9）熟練掌握各種銷售方法和程序。
當企業無法直接挑選符合要求的推銷員時，就只能從已有推銷員中擇其優者進行培訓。培訓的方法主要有：講課、討論、示範、實習和以老帶新等。

八、銷售人員的報酬和監督考核

報酬和監督考核都是調動推銷員積極性的有效方法。

報酬合理與否直接影響到銷售人員的積極性。銷售人員工作艱苦，責任重大，富於挑戰性和創造性，他們的報酬一般應高於企業同級別的其他人員。此外，報酬與銷售業績掛勾，也可有效激勵銷售人員的工作積極性。

為吸引銷售人員，公司應制訂一個有吸引力的報酬計劃。銷售人員希望有固定的收入，也希望獲得與銷售業績相關的回報。不同的行業，銷售人員報酬水準差異很大，這種差異主要是銷售工作類型和所需能力決定的。但總的來講，報酬水準過低會導致銷售人員不足和質量不高，銷售隊伍穩定性差等。

銷售人員的報酬組成應包括：固定和變動工資、出差津貼、福利補貼等。隨著對不同部分的重要性強調程度的不同，報酬也會出現一定的差異。

第六節　銷售促進與公共關係

一、銷售促進

銷售促進也稱促銷，英文名稱為 Sales Promotion[①]，其含義是指通過採用廣告、人員

[①] 在行銷學中，英文 Promotion 一般翻譯成促銷，比較準確的含義應是行銷促進；Sales Promotion 才是「促銷」的意思。但因為「Promotion」譯成促銷已約定俗成，因此，為了避免兩者混淆，通常將後者譯為「銷售促進」。

銷售及公共關係以外的短期性的刺激活動，以刺激顧客或其他中間機構（如零售商）迅速和大量地購買某種產品或服務。銷售促進具有短期刺激性質，需要與其他促銷工具配合使用才能達到企業的銷售活動的目的。

1. 銷售促進的類型及方法

銷售促進活動涉及企業、中間商、消費者三者之間的關係，涵蓋產品、勞務、信息等各個方面。因此，銷售促進的活動對象、活動內容具有多樣性。相應地，銷售促進活動的方法也是多種多樣的。

（1）對消費者的銷售促進活動。對消費者的銷售促進是由生產企業或中間商進行的。在新產品進入市場和促使老產品恢復生機時經常採用該方法，它也是對抗競爭者的有力措施。銷售促進的關鍵在於喚起消費者的慾望和需求，促使其自動購買。

對消費者銷售促進的工具主要有：

①樣品。免費分發樣品，供消費者試用。

②折價券。這是指對特定商品限定期限折價出售。實踐證明，採用折價券在新產品導入期與產品成熟期均能刺激銷售，且效果顯著。

③特價包。這是以低於常規價格出售商品的一種方法。具體形式有兩種：一是減價包，即將商品單獨包裝起來減價出售；二是組合包，即將兩件相關的商品（如牙膏、牙刷）一起減價銷售。這種銷售促進對於刺激短期銷售效果較好。

④贈獎。這是指以相當低的費用出售或免費贈送作為購買另一特定產品的刺激。主要有兩種形式：一種是隨附贈品，即附在商品內或包裝上的贈品；另一種是免費郵寄贈品，就是消費者出示購物憑證，商家會給消費者郵寄一份商品。

⑤交易印花。消費者購買商品後，將零售店所發的印花集到一定張數後，便可換取贈品。

⑥消費者競賽。這是指通過募集歌詞、歌譜、攝影比賽，企業或商品命名，徵求創意、廣告語等活動，提高產品、服務或企業的知名度。

⑦講座。這是指通過舉辦商品講座活動，在提高消費者有關商品知識的同時，刺激消費者的購買慾望。

（2）對中間商的銷售促進活動。對中間商的銷售促進是由生產企業進行的，旨在促使中間商更加努力地推銷本企業的產品。對中間商的銷售促進主要採用下述工具：①銷售店競賽，即通過舉辦營業額、陳列、接待顧客等方式進行競爭，以獎金、獎品刺激中間商參加。②銷售店贈品，即在零售店進貨達一定數額或對特定商品進貨齊全時，為零售商發放贈品。③銷售店援助，即對店鋪的場地布置、設備、裝潢等進行改造，促使其銷售額增加。④特殊廣告，指向中間商提供附有企業名稱的贈品，用於加強企業與中間商的關係。⑤進貨優待，即為部分進貨者提供價格折扣。⑥代培銷售人員，即對中間商的銷售人員進行培訓，提高其推銷企業產品的能力。

（3）對企業內部銷售人員的銷售促進活動。對企業內部進行銷售促進活動，旨在推動銷售活動順利進行，明確銷售重點，提高銷售人員對產品特性的認識，制定最佳銷售促進方式，瞭解銷售促進計劃，促使銷售促進活動有效開展。

2. 銷售促進的特點

（1）銷售促進是廣告和人員銷售的補充措施，是一種輔助的促銷工具。

（2）銷售促進是一種非正規、非經常性的促銷活動，而廣告和人員銷售則是連續的、常規的促銷活動。

（3）銷售促進具有強烈的刺激性，可獲得顧客的快速反應，但是其作用短暫，屬於短期促銷工具。

恰當運用銷售促進，特別是與廣告或人員銷售配合應用，是非常有效的。但是，幾乎每一種銷售促進方法，都要在提供商品的同時，附加上一些有實際價值的產品，以刺激顧客的購買行動。所以，銷售促進費用較高。

3. 對銷售促進的管理

銷售促進的管理過程包括：明確活動的目標，選擇銷售促進的手段，確定活動的時機、強度和範圍等。

（1）明確目標。銷售促進要明確推廣的對象、目的，也要與促銷組合的其他方面結合起來考慮，相互協調配合。

（2）選擇銷售促進的方法（工具）。由於每一種方法對各類顧客的吸引力不同，實現銷售促進目標的能力也有差別。因此，企業應結合目標對象的特點、產品的性質和市場地位、競爭對手的活動、費用限制等綜合分析選擇。

（3）具體規劃。第一，要對發起銷售促進的時機進行判斷。第二，要對活動的時間長短做出決定。時間過短，可能遺漏許多目標顧客；時間過長，開支過大，還可能削弱推廣的效果。第三，刺激強度的決定。刺激強度與選擇的手段有關，刺激過大，是一種浪費，雖然短期內效果很好，但長期來看，效果會呈遞減趨勢；刺激過小，則不會引起顧客的興趣，達不到推廣的目的。第四，對銷售促進的範圍和途徑做出決定。即要確定實施的範圍有多廣，在什麼地點和場所實施，通過什麼途徑實施等問題。

（4）評價。實施以後，可用銷售額的變化與推廣目標進行對比來評價銷售促進活動的效果。

二、公共關係

公共關係（Public Relation，簡稱 PR）是指企業或組織為了適應環境，爭取社會公眾的瞭解、信任、支持和合作，以樹立良好的企業形象和信譽而採取的有計劃的行動。

任何企業都不可避免地要與社會各界發生各種各樣的關係，諸如政府機構、司法機構、社會團體、金融機構、新聞界、股東、經銷商和代理商、消費者、內部員工等。企業

要在紛繁複雜的社會環境中求得生存和發展，就必須採取有計劃的行動處理縱橫交錯的關係。創造性地建立良好的社會關係環境，是企業成功必不可少的條件，也是公共關係的根本任務。

公共關係不僅僅是一種促銷手段，也包含著更為廣泛的管理職能，如參與處理各種問題和難題；幫助管理部門及時瞭解輿論並做出反應，使企業隨時掌握並有效利用變化的形勢；幫助預測發展趨勢等。就促銷來講，公共關係只是一種間接的推廣工具，但它著眼於企業的長遠利益和戰略目標。公共關係不是企業的權宜之計，不能等到出現了問題，才披掛上陣。

公共關係的基本方法是雙向溝通，既要使企業瞭解社會公眾，也要使社會公眾瞭解企業。公共關係的準則是服從全社會的公共利益，這是創立企業良好社會形象的前提。公共關係活動的內容十分廣泛，常見的有以下幾種：

1. 編寫新聞

這是公關活動的一個重要環節，是由公司的公關人員對企業具有新聞價值的政策、背景、活動和事件撰寫新聞稿件，散發給有關的新聞傳播媒介或有關公眾。這種由第三者發布的報導文章，可信度高，有利於提高公司的形象，而且一般不須付費。IBM 的管理制度，可口可樂的行銷策略，常常成為管理類雜誌、報紙的熱門話題。公司內部的趣聞、歷史，只要故事性和趣味性強，也是報紙生活版、消閒雜誌、有關的電視或電臺節目樂於採用的。這種輕鬆有趣的公關報導最能吸引消費者的關注。

2. 舉辦記者招待會

記者招待會也可稱為新聞發布會，這是搞好與新聞媒介關係的重要手段，也是傳播各類信息，爭取新聞界客觀報導的重要途徑。

3. 散發宣傳資料

宣傳資料包括與公司有關的所有刊物、小冊子、畫片、傳單、年報等。這些宣傳資料印刷精美，圖文並茂，在適當的時機，向有關公眾團體、政府機構和當地居民散發，可吸引他們認識和瞭解公司，以擴大公司的影響。公司一般都十分重視宣傳資料的策劃和研究。

4. 企業領導人的演講或報告

演講或報告可以把信息傳播給較多的公眾，但也對演講者的內容安排、表達能力、動作及儀表儀容提出了較高要求。

5. 製造新聞事件

許多著名公司都善於製造新聞，而不只是被動地發現新聞。有目的地製造出來的新聞，常常能轟動新聞界，在公眾中引起強烈反響。如日本豐田汽車公司的破壞性試驗，在當時震動了新聞界，幾乎成為所有媒介的新聞焦點。

6. 社會捐助活動

這是日益流行的公關活動，是贏得良好的社會關係，樹立「好公民」形象的重要途徑，例如捐助當地的文化活動、體育比賽、慈善事業、教育事業和重要節日等。這些捐助活動影響較大，常常受到當地居民的關注和好評，也屬於製造出來的新聞。美國麥當勞快餐公司每年兒童節都在世界各地的連鎖店舉辦遊樂會、組織球隊，這一舉措受到各地兒童及家長的喜愛；豐田汽車公司為了改善美國人對日本汽車大量湧入的不滿情緒，利用各種機會向美國的各類消費者組織、福利組織捐贈，還為13個美國中學生提供在日本學習的獎學金。

7. 維持和矯正性活動

公司不僅要樹立還要維護良好的企業形象。當出現不利於公司形象的事件時，要採取積極措施，挽回聲譽。這是一項經常性的活動，如建立與公眾的聯繫制度；接待來信、來訪；及時對公眾的意見做出反應等。這些工具是公司瞭解公眾看法、消除誤解、澄清是非的重要手段，也是實現公司與公眾雙向溝通的重要途徑。日本松下電器公司讓下屬工廠都掛上「歡迎參觀」的牌子，各工廠設立專門的參觀課，培訓專門的接待員，恭恭敬敬地請大眾參觀工廠的生產設備、工廠流程、管理制度、質量要求等。顧客通過參觀，深入瞭解松下先進的設備和嚴格的管理，對企業的信任度大大提高。

第七節　直復和數字行銷

數字技術和新行銷媒體的迅猛發展為直復行銷的發展帶來了巨大變化，而直復行銷也越來越多地以互聯網為基礎發展。直復行銷協會公布的數據顯示，2013年，美國企業已經通過直復行銷驅動2萬億美元以上的銷售額。直復和數字行銷已經成為增長最快的行銷形式。

一、直復和數字行銷的定義

直復和數字行銷（Direct and Digital Marketing）是指企業直接與單個消費者或用戶社區進行互動，以獲得顧客的即時回應並建立持久的客戶關係。企業可以通過直復和數字行銷制定產品或服務內容，以有效滿足消費者需求。直復和數字行銷也可以幫助企業實現顧客互動、建立品牌社區和增加銷售等目標。

二、直復行銷與數字行銷的形式

傳統的直復行銷工具包括面對面銷售、目錄銷售、電話銷售、電視直銷、直接郵寄銷售等。隨著數字化購物環境的變化，直復行銷與互聯網等數字技術的結合越來越緊密，催生了大量新型數字化行銷工具，如網絡行銷、社交媒體行銷和移動行銷等，可將之統稱為

數字和社交媒體行銷。雖然數字和社交媒體行銷已經受到廣泛關注和大量使用，但部分重要的傳統直復行銷工具仍活躍在行銷傳播領域。雖然傳統直復行銷工具與數字和社交媒體行銷工具的內涵、特徵、效果等存在差異，但其目標都是建立直接的顧客參與和社群，與顧客有效溝通並建立持久的顧客關係。

三、傳統直復行銷形式

傳統直復行銷工具包括面對面行銷、目錄行銷、電話行銷、電視直銷、直接郵寄行銷等，本章第五節已經詳細討論了人員銷售，因此，本節對其他形式進行簡要介紹。

1. 購物目錄行銷

傳統的目錄行銷是指以印刷目錄作為傳播信息載體，並郵寄給目標受眾，從而獲得對方直接反應的行銷活動。隨著互聯網和數字技術的發展，購物目錄也逐漸數字化。數字目錄或網上目錄節約了印刷和郵寄成本，也突破了版面限制，內容和表現形式都更加豐富，並可以對目錄內容進行及時調整。

2. 電話行銷

電話行銷是指通過電話直接向消費者或企業銷售。當企業的行銷電話定位準確並且內容設計合理時，電話行銷有助於增加產品銷量，但不請自來的「騷擾電話」極易引起消費者的不滿甚至排斥。因此，企業應審慎使用電話行銷並合理制定相關策略，如撥打時間、談話技巧、溝通時長等。

3. 電視直銷

電視直銷包括兩種主要形式：直接答復的電視廣告和互動式電視廣告。其中直接答復的電視廣告向顧客介紹產品信息並提供免費電話或網址以供訂購，該類廣告的時長一般為 60~120 秒，往往具有較強的勸說性。互動電視廣告允許觀眾與電視節目或廣告進行互動，是一種更新的直接答復的電視廣告形式。此外，電視直銷也包括關於某產品或企業的長達 30 分鐘或更長時間的廣告或商業信息片。

4. 直接郵寄行銷

直接郵寄行銷（Direct-mail Marketing）是指將產品、宣傳冊、紀念品或其他東西直接寄送或發送給目標受眾。該方法有利於建立直接的、一對一的溝通，雖然電子郵件等新型行銷工具已經得到廣泛使用，但傳統形式也具有其獨特優勢。直接郵寄行銷可以為客戶派發樣品或其他易於持有或保存的有形信息。但行銷者也應選取對公司產品有興趣的目標受眾進行直接郵寄行銷，避免浪費金錢和時間。

受多種因素的影響，傳統的直復行銷形式在中國並非都得到了較好發展和廣泛應用，並且隨著互聯網和數字技術的迅猛發展，數字和社交媒體的發展勢如破竹，已經受到各界的廣泛關注和大量使用。

四、數字和社交媒體行銷

如前所述，直復和數字行銷形式多樣，其中增長最快的是數字和社交媒體行銷。它通過社交媒體、移動應用等數字化行銷工具和其他數字化平臺向顧客傳遞信息，並允許顧客通過電腦、智能手機、平板電腦等數字化設備隨時隨地參與互動交流。直復數字行銷主要包括網絡行銷、社交媒體行銷和移動行銷。

1. 網絡行銷

網絡行銷是指企業依託於互聯網並通過公司主頁、電子郵件、在線視頻等方式進行的行銷。其主要包括行銷網站和品牌社群網站、電子郵件行銷、在線視頻、網絡廣告等方式。

（1）行銷網站（Marketing Website）和品牌社群網站（Branded Community Website）。企業需要建立網站進行網絡行銷，根據行銷目的不同，網站內容存在較大差異。行銷網站（Marketing Website）主要用於吸引顧客並促進交易，而品牌社群網站（Branded Community Website）不以銷售為主，其主要目的在於展現品牌內容、促進顧客和品牌互動、建立和維持良好的顧企關係等。

（2）電子郵件行銷（E-mail Marketing）。電子郵件成本較低，並且有助於將具有高度針對性和個性化的信息傳遞給顧客。隨著移動設備的普及，電子郵件的使用不再局限於電腦，較多用戶開始使用移動設備打開和閱讀電子郵件。但隨著電子郵件行銷的較多使用，垃圾郵件逐漸泛濫，引起了部分用戶的不滿。此外，由於近年來網絡安全問題層出不窮，部分用戶對電子郵件行銷的信任度較低。因此，電子行銷者需要在向消費者有效傳遞信息和引起消費者反感之間尋求平衡。

（3）在線視頻行銷。在線視頻行銷是指在品牌網站主頁或者微博、微信等社交媒體上發布數字視頻的一種線上行銷方式，視頻內容包括品牌促銷及其他與品牌相關的娛樂活動，如指導操作的視頻和公共關係視頻。為提高廣告運動的到達率和影響力，公司也會在廣告運動之前或之後為電視和其他媒體製作相關視頻並上傳到網絡。

（4）網絡廣告（Online Advertising）。網絡廣告的主要形式包括展示廣告和搜索內容關聯廣告。網絡展示廣告是與上網者正在瀏覽的網站內容相關的廣告，該類廣告會出現在上網者屏幕的任何位置。搜索內容關聯廣告（Search-related Ads）是最重要的網絡廣告形式，當上網者在谷歌、百度等搜索引擎中輸入詞條時，與搜索內容相關的廣告及連結會伴隨搜索結果出現在頁面的頂部或旁邊。

2. 社交媒體行銷

隨著移動通信技術的發展、互聯網和移動設備的普及，網絡社交媒體發展迅猛，企業為吸引消費者的關注，將社交媒體網絡也納入行銷組合之中。行銷者可以採用兩種方式進行社交媒體行銷：利用現有社交媒體或自行創建。對企業來說，利用現有社交媒體簡單易

行，企業在大型社交媒體上建立網頁可以吸引大量用戶關注並有效擴大品牌影響力。但社交媒體行銷在為企業帶來巨大機遇的同時也使企業面臨嚴峻挑戰，具體來說，社交媒體行銷的優勢和挑戰如下：

（1）社交媒體行銷的主要優勢是：①具有較強的針對性和個性化，企業可以為個體消費者提供個性化服務；②信息傳達及時、迅速，行銷者可以隨時隨地接近並影響用戶，可以對突發事件做出迅速反應；③與電視等傳統行銷媒體相比，社交媒體行銷的成本較低，投資回報率很高；④互動性較強，能與顧客進行有效溝通並吸引顧客分享品牌內容和使用體驗。

（2）社交媒體行銷面臨的挑戰是：①信息傳播難以掌控，用戶擁有較強的自主性，可以隨意處置各種行銷信息，行銷活動的進展和效果可能事與願違。②社交媒體行銷的成果較難度量，企業需要結合具體情況探索有效的社交媒體行銷措施。

3. 移動行銷

移動行銷是指通過移動設備向消費者傳遞行銷信息、促銷或其他行銷內容。CNNIC公布的第41次《中國互聯網絡發展狀況統計報告》顯示，截至2017年12月，中國網民使用手機上網的比例已高達97.5%。移動行銷是企業接觸和吸引廣大消費者的有效途徑。

對消費者來說，使用移動設備可以隨時隨地獲取最新的產品和促銷信息、進行價格對比，並可獲取來自其他消費者的評論和建議。對企業來說，使用移動行銷可以吸引消費者及時關注並迅速參與相關行銷活動，豐富品牌體驗並簡化購買過程。但行銷者運用移動行銷進行廣告宣傳時也要遵循適度原則，避免因頻繁打擾而引起消費者反感。

總之，數字和社交媒體行銷在為企業帶來巨大機遇的同時，也為企業帶來嚴峻挑戰。數字和社交媒體行銷是企業接近市場的重要手段，企業要恰當運用並與其他行銷手段配合使用。

本章小結

要完成既定的行銷目標，企業必須與目標顧客進行溝通，即對行銷信息進行傳播。行銷傳播和促銷的基本任務為溝通信息並說服或激勵目標顧客購買本企業的產品。由信息有效傳播的原理可知，行銷信息的有效傳播必須符合編譯碼匹配、傳送力大於干擾力和媒體的可接觸性等要求。

行銷信息的傳播可使用五種不同的行銷傳播工具，即廣告、公關關係、人員推銷、銷售促進、直復和數字行銷。

由消費者的認知過程和購買準備階段的理論可知，目標顧客從接受信息到產生預期反應是一個通過行銷傳播和促銷活動對目標顧客施加影響的過程，這個過程的特點就是逐漸而不是一次性地轉變目標受眾的信念與態度。由此可知：①沒有任何一種傳播或促銷工具

能夠適應全部的傳播促銷活動，必須將其組合使用；②行銷傳播和促銷應該按照確定目標受眾→確定傳播目標→設計傳播信息→選擇傳播渠道→編製傳播預算→確定傳播組合→評測促銷效果七個步驟組織進行。

傳統的傳播和促銷理論認為，公司形象、品牌形象與產品形象是不同的傳播內容，往往將其分開對待。但在信息化時代，消費者往往將三者統一看待，整合行銷傳播理論應運而生。所謂整合行銷傳播就是將公司形象、品牌形象和產品形象統一起來進行傳播，具體來說，整合行銷傳播要求傳播目標統一、公司、品牌產品形象統一和傳播過程統一。

廣告是一種針對最終消費者的大眾傳播方式，其作用是把顧客「拉」進商店、購買產品。廣告對工業用戶也有特殊作用，但其應用不及消費品廣泛。我們還按照廣告的策劃和管理過程，分別闡述了廣告目標與預算的確定、廣告表現策略、廣告媒體及廣告效果的評價等。

公共關係是一種重要的促銷工具，具有多種功能和作用，但對企業來說，其控制難度較大。

人員銷售與廣告不同，它主要用於對中間商和工業用戶開展的促銷活動。推銷人員的推銷方法、選拔培訓方法、考核方法與報酬激勵方法，是銷售管理中重要而複雜的管理問題。

銷售促進是一種不連續但經常使用的、短期刺激效果明顯的促銷工具。它是廣告和人員銷售的重要輔助措施，運用得當可收到立竿見影的效果。

直復行銷和數字行銷已經成為發展最快的行銷方式，它為賣方提供了一個低成本、高效和快速進入市場的平臺，同時也為買方帶來了更簡單、更便捷的購物方式。

本章復習思考題

1. 什麼是行銷傳播？行銷傳播有哪些基本任務？
2. 信息有效傳播需要滿足什麼充要條件？
3. 對比廣告與人員推銷的優缺點，並說明為什麼消費品要更多依賴於廣告進行行銷信息傳播和促銷，而產業用品則更依賴人員推銷。
4. 行銷傳播的基本步驟有哪些？按照這些步驟組織行銷傳播的原因是什麼？
5. 為一種家電產品策劃或設計傳播計劃時，應如何設計顧客印象分析問卷？
6. 請以某種產品為例，說明根據購買反應層次理論，顧客在各階段可能表現出什麼行為特點。
7. 分別採用理性訴求、感情訴求和道義訴求為手機產品設計廣告傳播文案，並說明設計的特點。
8. 請用實例說明代言人的可信度如何影響企業形象。

9. 人員傳播與非人員傳播的優劣如何？應如何運用？
10. 促銷預算編製有幾種方法？其特點如何？
11. 「推」與「拉」戰略對促銷工具的要求分別是什麼？
12. 什麼是整合行銷傳播？其「整合」思想和要求，主要表現在哪些方面？
13. 試說明為什麼保險業產品都是採用人員銷售，而日用百貨很少採用人員銷售？
14. 什麼是直復和數字行銷？有哪些形式及各有什麼特點？
15. 請任選一種直復和數字行銷工具，並舉例說明企業如何應用該工具，其效果如何。

第十二章 行銷演進

　　市場行銷的發展經歷了早期的行銷組織與功能分析、消費者測試技術與推銷研究階段，以及中期的行銷戰略、服務行銷、全球行銷、品牌資產、行銷組合、消費者行為與客戶關係管理等細分研究階段。進入 21 世紀，市場行銷在廣度和深度上進一步擴展，如綠色行銷、區域與城市行銷方興未艾，在學科交叉與前沿方面，神經行銷、網絡行銷、社交媒體行銷、大數據與人工智能精準行銷等成為新的熱點。

　　隨著社會經濟的發展，無形服務與顧客參與價值共創擴展了傳統的以商品交換為基礎的行銷理論邊界，服務邏輯開始替代產品邏輯，廠商與消費者的邊界開始融合，商品主要作為服務傳遞的載體，廠商提供顧客價值主張實現的平臺，顧客成為行銷的中心，不僅實現價值消費還參與價值創造。服務行銷也成為行銷學領域中的一個熱門與前沿學科發展方向。以互聯網絡為基礎的現代信息技術使得傳統市場交換的基石發生了根本性的改變，導致商業模式的巨大變革，這些都推動了網絡行銷學科的持續創新與發展。大數據與人工智能技術的發展，使得精準行銷與顧客個性化與多元化的需求滿足成為現實。

第一節　服務行銷

一、服務的概念與特徵

（一）服務的概念

　　關於服務，行銷學一般是從區別於有形的實物產品的無形活動角度來進行界定與分析的。菲利普・科特勒把服務定義為「一方向另一方提供的基本上是無形的任何東西或利益，並且不導致任何所有權的產生。它的產生可能與某種有形產品聯繫在一起，也可能毫無關係」。

　　其他有代表性的服務定義還有：

　　美國市場行銷學會（AMA）：服務是用於出售或者是同產品一起進行出售的活動、利益或滿足感。

　　格羅魯斯（Gronroos）認為：服務一般以無形的方式，在顧客與服務員工、有形資源商品或服務系統之間發生的、可以解決顧客問題的一種或一系列行為。

　　我們可以簡單地將服務概括為：服務是一種能夠有效地提供某種滿足或利益的活動過

程。之所以這樣界定，是因為：①服務作為一種無形的商品，必須通過交換來滿足某種需要和提供利益；②所謂的有效性是指能提供更多的滿足或利益，才能實現交換、實現產品的價值；③服務是一種無形的產品，它的產生必然伴隨一種活動過程。

(二) 服務的基本特徵

在實踐中，服務的定義也許不是那麼重要，而服務的基本特徵卻是十分重要的，它是整體服務與服務行銷研究的基石。服務的基本特徵：服務的無形性（Intangibility）、不可分離性（Inseparability）、可變性（Variability）和易消失性（Perishability）。

1. 無形性

服務在本質上是一種活動或行為，它是無形的。服務在被購買之前是看不見、摸不著、基本上無法感知的。購買者很難事先判斷和預知服務結果的好壞，某些服務甚至在顧客購買或者消費後獲得的利益也很難被準確描述或者判斷。

服務雖然是無形的，但也不是絕對的無形化，很多時候和很大程度上需要有形的產品或者設施作為載體，如航空服務、醫療服務、酒店服務。現實生活中的產品或者服務往往是表現為有形和無形程度上的差異，有形產品的提供常常帶有某些無形服務，如汽車售後服務支持等。無形服務常常也是需要有形產品支持的，如醫療儀器或旅遊設施。所以說，從無形的服務到有形產品之間是一個漸變的過程，存在一個不間斷的連續圖譜，如圖12-1所示。

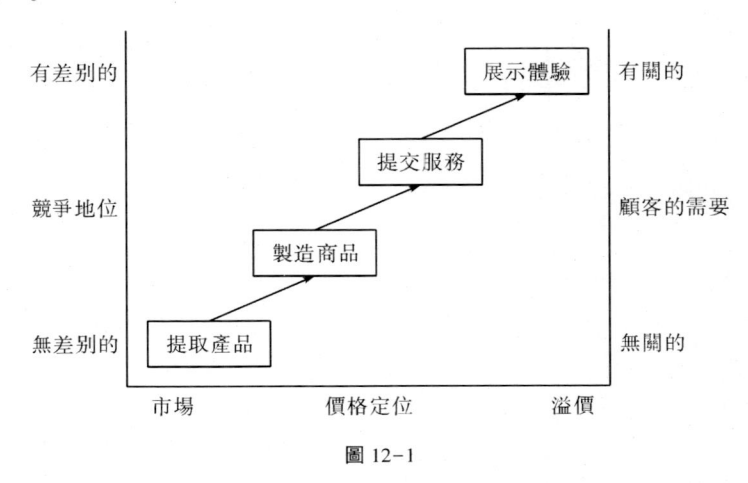

圖 12-1

通過有形產品與無形服務的漸變連續圖譜，我們可以發現：服務和有形產品是有區別的，它們的區別反應在有形程度上的不同，但其劃分界限越來越模糊，有形產品也越來越具有某些服務的特徵，服務也越來越依賴實體硬件的支持。

2. 不可分離性

服務的不可分離性是指服務的生產過程與消費過程是同時進行的，生產與消費服務在

305

時間上不可分離。提供服務的生產者和接受服務的消費者在這一過程中相互作用，並對服務結果產生影響。

服務的不可分離性要求服務消費者必須以積極的、合作的態度參與服務生產過程，才能得到滿意的服務。服務的這一特徵也顯示服務員工與顧客的互動是服務質量高低的重要影響因素。

3. 可變性

可變性反應服務質量的不穩定和差異性。影響服務的因素很多，如時間、地點、服務提供者及消費者等。由於服務的主體和對象均是人，服務質量就受到人員差異的影響而具有可變性，不同水準的服務人員會產生不同的服務效果；同一服務人員為不同的顧客服務，也會產生不同的服務效果。

4. 易消失性

服務的易消失性是指服務是不能儲存的。服務在時間上不可儲存，在空間上不可轉移，如不及時消費就會消失。服務的這種特性容易引起服務供求之間的矛盾。在供不應求時，顧客的需求不能得到很好的滿足；在供大於求時，會造成資源的閒置和浪費。

服務的四個基本特徵，決定了服務與有形產品之間的區別，我們可以通過兩者的對比進行反應，如表 12-1 所示。

表 12-1　　　　　　　　　　　服務與有形產品的特性對比

有形產品	服務產品
實體	非實體
形式相似	形式相異
生產、分銷不與消費同時發生	生產、分銷與消費同時發生
一種物品	一種行為或過程
核心價值在工廠被生產出來	核心價值在買賣雙方接觸中產生
顧客一般不參與生產過程	顧客參與生產過程
可以儲存	不可以儲存
有所有權轉讓	無所有權轉讓

服務可以看成是具有無形性、可變性、不可分離性、易消失性不同程度的組合，或者說向這四個特徵變化的一種趨勢，如快餐服務具有較高的有形性、較低的可變性、一定程度的生產與消費的不可分離性和不可儲存性；金融服務基本上是無形的、很高的變化性、顧客可以不參加服務過程和易消失的。

由於服務是無形性、可變性、不可分離性、易消失性的組合，我們可以通過改變服務的基本特徵、調整基本特徵的組合，來改變服務形態，使服務更具有個性化與多元化特徵。

二、服務行銷的特徵

服務行銷與一般產品行銷沒有本質的區別，只是由於服務的特殊性決定了服務行銷有著與產品行銷不同的特徵：

1. 促銷難以展示

有形產品促銷可以採用不同的手段，如產品陳列、展銷、演示等，消費者在購買產品之前就可以對產品的外觀、功能和效果有所瞭解。而服務是無形的，難以展示，消費者在購買服務前，很難客觀評價服務的功能和使用效果。

2. 分銷方式單一

有形產品可以根據產品、市場的特點採用不同的行銷渠道進行分銷，以最大限度地覆蓋目標市場。而服務由於生產和消費是同時進行的，大多只能採取直銷的形式，這部分限制了服務企業的市場規模和範圍，增加了市場開發的難度。現代網絡信息技術對服務分銷渠道的開發提供了更多的選擇。

3. 服務供求分散

在服務行銷的活動中，服務產品的供給和需求都比較分散，服務的顧客也是涉及各類企業、社會團體和千家萬戶不同類型的消費者，大多是廣泛分散的。服務供求的分散性，要求服務提供者的服務網點也要廣泛而分散，盡可能地接近消費者，如銀行儲蓄網點、加油站、汽車修理點等的分佈總是盡可能地覆蓋更大的區域，為更多的人群提供方便、快捷的服務。

4. 服務對象的複雜性

服務市場的購買者是多元的，購買行為受多種因素影響而更加複雜化；同一服務產品的購買者可能是各種不同的人，其購買動機差異很大，而且不同消費者對服務產品的需求種類、內容和方式經常變化。根據馬斯洛需求層次原理，人們的基本物質需求主要是一種原發需求，對這類需求人們易產生共性；而人們對服務消費的需要許多屬於精神文化消費層次，屬於繼發性需求，需求者會因各自所處的社會環境和各自具備的條件不同而形成較大的需求差異。

5. 服務需求彈性大

服務需求彈性大是服務行銷棘手的問題之一。服務需求受到外界因素的影響較大，如季節變化、氣候變化等會對旅遊服務、航運服務等需求造成較大影響，由於服務難以存儲，存在需求波峰與波谷的巨大落差。

6. 對服務人員的技能和態度要求高

服務的提供都離不開人，服務人員的技能和態度直接關係著服務質量，這使得服務產品的質量很難控制，消費者對各種服務的質量要求也意味著對服務人員的技能和態度的要求。

三、服務行銷組合

由於服務與服務行銷的特殊性，服務行銷強調與顧客建立長期關係，注重長遠的利益；強調對顧客的承諾，注重服務過程的質量保證；強調與顧客的接觸和溝通，注重與顧客建立和維持一種動態適應的交互關係。相應的行銷組合理論在傳統4Ps基礎上，補充了服務人員、服務過程與有形設施等方面，並強調顧客與員工的互動，注重保留和維持現有顧客，追求顧客的滿意和顧客的忠誠。

目前關於服務行銷組合的理論主要包括服務行銷三角模型、7Ps 組合、7Ps + 3Rs 組合。

(一) 服務行銷三角模型

由於服務的無形性、可變性、生產消費不可分離性和不可存儲性，僅依靠以 4Ps 行銷為主的外部行銷是難以保證服務行銷的有效性和高質量的。服務行銷組合不僅包括外部行銷，還包括內部行銷和交互行銷，如圖 12-2 所示。

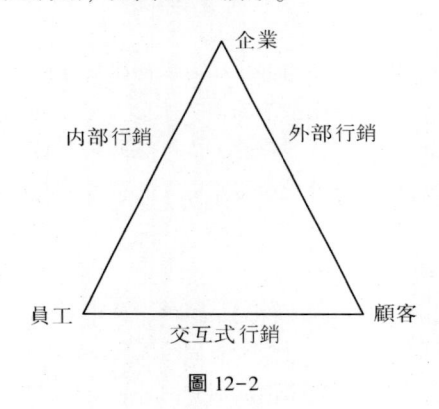

圖 12-2

1. 內部行銷 (Internal Marketing)

在服務行銷中，內部員工的作用是十分重要的，員工的服務質量決定企業的服務質量，因此，需要像滿足外部顧客需求一樣滿足內部員工需求。內部行銷就是企業通過對員工的選擇、聘用、培訓、指導、激勵和評價，使企業的每一個員工都樹立正確的服務觀念，都具備良好地為顧客服務的願望和能力。內部行銷作為一種全面服務管理活動，主要包括態度管理和溝通管理。

(1) 態度管理。企業員工的顧客意識和服務的自覺性需要得到有效的激勵與反饋，這是態度管理的基本內容，也是內部行銷的關鍵組成部分。企業的所有員工都是為了實現公司價值與企業經營目標，具有服務意識和顧客導向的「服務人員」。

(2) 溝通管理。企業的所有人員應該得到足夠的信息來保障其有效完成相應的崗位工作，從而為內部和外部的顧客提供良好的服務。溝通管理的內容包括：提供員工服務所

需的各種信息，如各種規章制度、崗位責任制度、產品和服務的性能、企業對顧客的承諾等；以及促進信息在各部門的相互交流，如交流各自的部門需求、分享顧客數據信息及對如何提高工作業績的看法，以此保障整個企業系統科學地界定顧客需求並提供最優的服務方案。

內部行銷不但能夠讓員工具有良好的服務意識、顧客導向觀念與專業服務技能，也是企業吸引和保留住高素質的員工的主要手段。企業的內部行銷做得越好，對員工就越有吸引力。

2. 交互式行銷（Interactive Marketing）

服務行銷典型的特徵之一就是顧客互動，大多數服務都不是簡單的單向傳遞，顧客通常會有一定程度的參與，並影響其最終的感知與體驗。交互行銷要求企業的員工不僅要具有良好的專業技術能力，而且還要具有與顧客進行有效溝通的能力，因為顧客評價服務的質量高低的標準，不僅包括服務過程中提供的技術質量，也包括服務過程中的功能質量。

3. 外部行銷（Marketing）

外部行銷，即傳統的市場行銷，就是企業滿足顧客需求的服務承諾及提供的服務。

（二）服務行銷7Ps組合

鑒於服務行銷的性質與特徵，服務行銷組合在傳統產品4Ps行銷組合基礎上還應該增加新的組合要素，即人（People）、有形展示（Physical Evidence）和服務過程（Process），服務行銷組合就從傳統產品行銷4Ps組合擴展到7Ps服務行銷組合。

1. 人（People）

人是服務行銷中的一個核心組成要素，服務的提供是很難離開人而獨立存在的，這裡的人既包括服務的提供者也包括服務的接受者，即參與和體驗服務的消費者。服務四個特性就決定了人對服務和服務行銷的影響將是至關重要的，以至於格羅魯斯認為「服務行銷學的4Ps就是人、人、人，最後還是人」。

2. 有形展示（Physical Evidence）

由於服務具有無形性，因此有形展示便顯得不可或缺。服務的無形與不確定性增加了市場交易的風險和難度，通過實物和外觀的展示可以在不同程度上展示服務質量和某些其他特徵，如提供理療健康服務的企業，往往通過展示其最新技術設備來對顧客或潛在的顧客進行服務質量保證，又如一家餐廳的外觀與室內裝潢往往能體現餐廳的定位和風格，以吸引不同的顧客，並帶來不同的消費體驗。

3. 過程（Process）

服務本身就表現為一種活動或過程，對消費者而言，服務體驗除了服務人員與物理設施以外，很大程度上反應為服務流程的體驗。服務過程的效率與質量決定服務的效率。將服務過程按照不同維度進行劃分有助於更好地進行服務設計。服務過程維度包括標準化與個性化、複雜性程度、服務設施與員工的重要性程度等。我們以服務過程的複雜程度和差

309

異程度分類做一個示例：
（1）複雜程度和差異程度都較高的服務過程，如外科醫生的手術。
（2）複雜程度高而差異程度低的服務過程，如酒店服務。
（3）複雜程度低而差異程度高的服務過程，如理髮、美容等服務。
（4）複雜程度和差異程度都較低的服務過程，如普通零售服務。
企業可以通過行銷策略改變服務過程的複雜程度或差異程度實現服務創新。

(三) 服務行銷 $3R_s+7P_s$ 組合

服務與商品銷售不同，大多數是一種持續性的過程，如健身、餐飲、金融，而不是一次性交易，因此，服務行銷強調長期的關係行銷，不但需要提供優質的產品與服務，提高顧客滿意與忠誠度，還需要建立與保持長期的顧客關係，帶動相關服務的銷售。這可以用顧客保留（Retention）、相關產品銷售（Related Sales）和顧客推薦（Referrals）3 個 R 來表示，這 3 個 R 與 7P$_S$一起構成了（$3R_S+7P_S$）服務行銷組合模式。

1. 顧客保留（Retention）

服務行銷需要企業與顧客之間建立長期關係，維持與保留現有顧客，以獲取穩定收益。顧客保留的關鍵在於首先取得顧客的滿意，顧客的滿意是維繫與發展顧客長期關係的基礎，是建立顧客忠誠的先決條件。同時，顧客保留能夠大幅降低企業行銷費用。有研究發現，顧客的保留率每提高 5%，企業利潤將提高 75%。

2. 相關銷售（Related Sales）

顧客的滿意和保留，將有助於企業相關服務與新服務的銷售。由於服務的不確定性，顧客往往傾向於向原有供應商購買新服務，這樣，新服務推廣費用將大大降低，同時，一個滿意的老顧客在接受企業新服務時，對價格也不會太敏感。這不僅能提高相關服務的銷售，而且還能提升銷售利潤率。

3. 顧客推薦（Referrals）

滿意的顧客是企業最寶貴的資產，是企業最好的廣告。滿意消費者的推薦和口碑的傳播將對企業潛在顧客產生深刻的影響，尤其是購買前體驗性差的無形服務。

四、服務質量管理

(一) 服務質量

服務質量是服務效用與顧客需求滿足的綜合表現。與產品質量不同，服務質量很難有統一標準，顧客個體水準，如文化修養、審美觀點、興趣愛好和價值取向等，直接影響著他們對服務質量的需求和評價。同一項服務，不同顧客可能會提出不同的質量需求，並得出不同的服務質量評價。

服務質量既表現在服務人員提供的服務本身的直接效用上，又表現在顧客對他們得到的服務過程的滿足程度上。也就是說，服務質量不僅與服務結果有關，也與服務過程有

關，它包含兩方面內容：

（1）技術性質量，即服務結果質量，反應服務本身的質量標準、環境條件、網點設置及服務項目、服務時間、服務設備等是否適應和滿足顧客的需要。通常消費者能夠比較客觀地評估服務結果的技術性質量。

（2）功能性質量，即服務過程質量。服務提供過程與消費過程同時發生，服務功能性質量反應服務人員的儀態儀表、服務態度、服務程序、服務行為是否滿足顧客需求。

服務質量感知不僅與顧客的個性、態度、知識、行為方式等因素有關，也會受到環境因素及其他顧客消費行為的影響；消費者對功能性質量的評估通常是一種比較主觀的判斷，優質的服務質量應該是該項服務既符合企業制定的服務標準，又能滿足顧客的需要。這是由服務質量的技術性和功能性決定的，而服務標準的制定則應該以顧客滿意為指導。

（二）服務質量差距模型

柏拉所羅門、塞登爾和貝利在1988年提出了一種服務質量模型（SERVQUAL）來評估企業的服務質量。該模型以顧客需求滿足為前提，逐次分析了顧客期望服務質量與顧客感知服務質量的五大差距過程，並提出了消除這些差距的策略。

（1）顧客期望值與管理人員認知之間的差距。服務企業中高層管理人員常常並不知道消費者真正的需求是什麼。例如飯館的經理很可能認為顧客希望吃好一點，喝好一點，而顧客實際上可能更注意餐館的衛生條件和舒適的就餐環境。

（2）管理人員的認識與服務質量標準之間的差距。飯館的經理也許能夠正確地認識到顧客的需求，但並不知道滿足這一需求的服務標準是什麼，不知道怎樣把這種需求滿足制度化規範化。例如，飯館經理感知到顧客需要一種衛生、舒適的就餐環境，但他卻無法確定什麼樣的環境才是顧客真正需要的那種衛生和舒適。

（3）服務質量標準與提供服務之間的差距。由於訓練不當、能力不足或其他諸多的原因，服務人員無法按質量標準提供服務。很多時候服務質量的各種具體標準可能是相互衝突的，如快捷的服務與仔細周到的服務常常是兩個衝突的質量標準。

（4）提供服務與外部溝通之間的差距。顧客對服務質量的期望會受到公司廣告和行銷人員宣傳的影響，例如，飯館的經理在廣告時將其飯館的環境衛生說得很好，可當顧客來後發現並非如此，因而感到失望。這就是外部溝通造成了顧客期望的扭曲，需要提供確切反應顧客需求的服務承諾。服務承諾，就是公布服務質量或服務效果的標準，並對顧客加以利益上的保證或擔保。公司服務人員不僅要提供優質服務，還需要學會與顧客之間的有效溝通。

（5）認知的服務與期望的服務之間的差距。不同的環境下，不同顧客對服務質量的認知是不同的，其不僅受到服務質量本身的影響，服務人員的有效溝通也很關鍵。值得注意的是，不同顧客的服務期待可能是不同的，需要對顧客進行有效的細分，如果服務人員不注意這種區別，刻板地運用通常的服務改進，可能會使提供的標準服務與顧客所期望的

服務之間產生差距。例如，一對熱戀中的情侶平時都忙於工作，難得相聚，週末到飯館用餐，期望有一個安靜舒適、沒有外人干擾的環境。可是服務人員沒注意到這一點，而是根據熱情周到的服務標準，不斷地詢問他們還需要什麼、對飯菜是否滿意等。可以想像，這種過分熱情的服務並不能帶來他們對服務的好評。

服務質量的好壞很大程度上取決於顧客在服務過程中的感受。因此服務質量不可能像製造業那樣，完全以產品的技術質量為標準，而必須找到另外的著力點。面向顧客提供真實可靠的服務承諾，並在服務過程中有效溝通，是服務行銷有效的著力點。

接下來，我們就可以根據上述的分析逐一消除以上五個層面的服務質量差距，比如加強服務人員的挑選和培訓，或者使用差距分析法來衡量顧客的期望，由服務業管理人員請顧客根據自己的期望值來評價其對某項服務的滿意程度。一般說來，顧客的期望會受到他人的意見、本人的需求、過去的經驗及促銷活動的影響。

五、服務差異化與價格管理

與產品行銷一樣，服務行銷也需要針對顧客的不同需求實施差異化管理，包括服務差異化與價格管理。

（一）服務差異化

服務差異化是指為顧客提供與眾不同的特色化、個性化服務。服務差異化具體表現在：服務內容的差異化，服務形式的差異化，服務人員的差異化，服務價值的差異化。服務差異化並不是簡單改變既定的服務標準，而是根據不同顧客群體甚至個人設計服務行銷組合，有針對性地開展服務行銷，從而最大限度地滿足顧客的需要。

具體的服務差異化手段包括：

（1）大規模定制：使用靈活的服務流程和組織結構，以標準化和大批量提供為特定的顧客群體定制的服務。例如，賓館為不同規格會議提供全套服務。

（2）個性化行銷：針對不同顧客提供特殊性服務。例如醫院開設家庭病房。

（3）開發特色服務項目：進行服務項目創新。例如餐館推出新的菜品；旅遊景區推出特色項目。

服務差異化策略是服務企業贏得競爭優勢的有效途徑。

（二）服務價格管理

服務定價與傳統產品定價有較大差異，企業在實施服務價格管理時，需要考慮服務定價的主要影響因素、服務對象和提供的服務產品特徵。

1. 服務定價影響因素

服務定價影響因素主要包括服務的特徵、品牌影響力、消費者價格敏感度，以及服務產品生命週期。

服務的特徵對服務定價有很大的影響，這主要表現在以下四個方面：

（1）服務的無形性使服務產品的定價遠比有形產品困難。顧客在判斷價格是否合理時，不僅僅受到服務中實體產品價值因素的影響，如航班中飛機的機型、酒店服務中餐廳的設施，還受到自身對服務需求的價值感知的影響，並將這個價值同價格進行比較，判斷是否物有所值。所以，企業在定價時，考慮的焦點主要是顧客對服務價值的認識，而不僅僅是服務硬件設施與成本，如教育服務。

（2）服務的時間性及服務的需求波動大，導致服務企業必須採用價格優惠、促銷及降價等方式，以充分利用閒置的生產能力，所以，服務邊際定價政策得到了普遍性應用。

（3）服務的同質性使價格競爭更激烈，不過，可以通過行業協會或政府管制部門規定基本收費標準，防止不正常的價格競爭行為。

（4）服務與提供服務的人的不可分性，使服務受地理因素或時間的限制。同樣，消費者也只能在一定的時間和區域內才能接受服務，這種限制不僅加劇了企業間的競爭，而且直接影響其定價水準。

正如等級越高的飯店收取的費用越高一樣，品牌影響力在服務市場的定價中起到了重要的甚至是決定性的作用。品牌影響力代表著服務產品的知名度、美譽度、服務產品所使用的等級標準等，它與企業的市場定位和目標市場密切相關，進而決定了價格水準。

在服務定價時，消費者的價格敏感度是制定價格時需要考慮的主要因素。在某些行業，價格成了一種競爭的武器，一家打折銷售，其餘的服務提供者會立刻跟進。但在有些行業，消費者對價格的敏感度就表現得比較低，如醫療。

服務產品的價格也與其生命週期有關。例如，在引入一種新產品時，公司可用低價策略去滲透市場，並在短期內快速爭得市場佔有率。另一種辦法是撇脂策略，即一開始就採用高價策略，以在短期之內盡量收回成本、攫取利潤。不過，這種策略只有在沒有直接競爭者以及存在大量需求的情況下才能採用。

2. 服務產品的定價方法

服務定價的基本方法與傳統定價方法類似，仍然主要是採用需求導向定價、成本導向定價和競爭導向定價。

需求導向定價法著眼於消費者需求認知、態度和行為，服務質量和成本則根據價格進行相應的調整。

成本導向定價法是指企業依據其提供服務的成本決定服務的價格。這種方法的優點：一是比需求導向更簡單明了；二是在考慮合理的利潤前提下，當顧客需求量較大時，能使服務企業維持在一個適當的盈利水準，並降低顧客的購買費用。

競爭導向定價法是指以競爭者各方面之間的實力對比和競爭者的價格作為定價的主要依據，以競爭環境中的生存和發展為目標的定價方法，主要包括通行價格定價和主動競爭型定價兩種。通行價格定價法以服務的市場通行價格作為本企業的價格依據。主動競爭型定價，是指為了維持或增加市場佔有率而採取的進取性定價。

六、服務分銷與促銷管理

（一）服務分銷管理

服務由於產銷同時進行，因此在傳統意義上難以廣泛分銷，現代網絡行銷為其拓展了分銷渠道與空間。

1. 服務選址

服務選址是企業做出的關於它在什麼地方向目標市場提供服務的決策。服務選址的重要性取決於服務提供者與消費者互動的類型和程度。服務提供者與消費者有三種互動方式：顧客上門來找服務提供者、服務提供者上門來找顧客及服務提供者和顧客在隨手可及的範圍內交易。

當顧客不得不上門來找服務提供者並接受服務時，服務提供者的位置就變得特別重要，如餐館、零售店鋪等位置便利就是顧客光顧的主要理由之一。如果是服務提供者上門去找顧客，服務提供者的位置就變得不那麼重要了。如果服務提供者和顧客在隨手可及的便捷範圍內都可以進行交易，這時，位置變得無關緊要，在這種情況下，只要在某些地方裝備了有效的郵遞和電子通信系統，大可不必關心服務供應者的實際位置在什麼地方，如電話、保險等。

2. 分銷渠道

分銷渠道是指服務從生產者移向消費者所涉及的一系列仲介和中間服務商。由於服務和服務提供者不可分割的原因，服務渠道大多數是採用零渠道，即直銷，由服務提供者直接將服務傳遞給顧客，實行面對面的服務，如法律服務、會計和家政服務等。

當然，服務提供者也可以選擇通過仲介機構銷售服務，服務業市場的仲介機構形態很多，常見的有下列幾種：

（1）代理。其一般是在旅遊觀光、旅館、運輸、保險等服務市場出現。

（2）代銷。代銷是指專門執行或提供一項服務，然後以特許權的方式銷售該服務。

（3）經紀。其主要指在某些市場，服務因傳統慣例的要求必須經由仲介機構提供才行，如股票市場和廣告服務等。

（4）批發商。其主要指在金融市場中的中間批發商等。

（5）零售商。其包括照相館（婚紗影樓）和提供干洗服務的商店等。

（二）服務促銷

服務也是需要與顧客進行價值溝通的，服務行銷的促銷目標與產品行銷大致相同，只不過由於服務的無形性，服務促銷相對難以展示，或者說消費者更相信自己的經驗。服務行銷主要的促銷目標是建立對該服務產品及服務公司的認知和興趣，使服務內容和服務公司本身與競爭者產生差異，溝通並描述所提供服務的種種利益，建立並維持服務公司整體形象和信譽，說服顧客購買或使用該項服務。

由於服務的特殊性，服務行銷溝通方式與策略在傳統的廣告、銷售促進、人員推銷和公共關係方面也有所不同。

服務廣告主要致力於實現無形服務的有形化展示，消除顧客的不確定性心理，服務業利用廣告進行促銷的趨勢在逐漸擴大。服務廣告的指導原則包括：使用明確的信息；強調服務利益；只宣傳企業能提供或顧客能得到的允諾；提供有形線索；解除購買後的疑慮。

在服務行銷中，人員面對面的接觸的重要性和服務人員的影響力已被普遍認同。因此，人員銷售已成為服務行銷中最被重視的因素。在服務行銷的背景下，人員銷售有著許多指導原則，主要包括：發展與顧客的個人關係，採取專業化導向，建立並維持有利的形象，多種服務交叉銷售，使採購簡單便捷。

銷售促進在服務促銷中具有越來越重要的地位，由於服務的無形性與不可存儲性，銷售促進能夠有效消除服務提供的不確定性，如免費體驗；增強顧客粘連，如會員制特惠；降價促銷，如淡季打折。

公共關係是為了樹立和維護服務企業的良好形象而採用各種交際技巧，提高企業的知名度與美譽度。服務公關工作的三個重點決策包括：建立多元公關目標，選擇公關的信息與工具，評估骨骼效果。這三個重點決策對所有的服務業公司都是必要的。許多服務業都很重視公關工作，尤其對於行銷預算較少的小型服務公司。公關的功能在於它是獲得展示機會的花費較少的方法，而且公關更是建立市場知名度、美譽度和顧客偏好的有效工具。

七、服務體驗

當代服務消費行為日益表現出個性化、情感化和體驗化的傾向，越來越注重接受服務時的過程體驗，顧客的服務體驗已經成為當代顧客滿意的決定性因素。從服務的特徵來看：服務的無形性決定了服務產品只能是一種表現過程，而不是客觀存在的實物，消費者只能在過程中體驗；服務的可變性決定了顧客的體驗內容和體驗感知是不確定的和動態的；生產和消費的不可分離性和不可存儲性決定了體驗服務時需要顧客的親自參與。這就表明在大多數情況下，服務活動的發生依賴於顧客和服務人員的互動，只有顧客親臨服務提供現場，服務人員才能完成服務過程。有學者指出，服務的本質就是提供顧客體驗，顧客的服務消費過程本身就是一種體驗過程。必須有效管理顧客體驗，才能夠提高顧客滿意度，建立顧客忠誠，最後為服務提供者帶來長期收益。

約瑟夫·派恩二世和詹姆斯·H.吉爾摩在《體驗經濟》中指出：體驗本身代表著一種已經存在但是先前沒有被清楚表述的經濟產出類型，它是繼產品、商品和服務之後的第四種經濟提供物，是從服務中分離出來的。

服務行銷學者格羅魯斯最早在行銷領域提出顧客的服務體驗這一概念，並指出顧客的服務體驗就是顧客對服務接觸的感知，是顧客在消費服務的過程中對服務滿足其需求的能力和服務品質進行評價後的一種心理上的感受。李建州、範秀成證實了服務體驗是個多維

的概念，包括功能體驗、情感體驗和社會體驗三個維度。消費者追求功能性體驗時，進行更多的認知、思考和評價，較少投入情感，在乎服務的結果質量和實用性，滿足消費者最基本的功能需要，或解決實際的具體問題。服務的情感體驗是指顧客在服務消費的過程中被引發的情感、情緒或心情，它是複雜和微妙的。積極情感包括高興、喜悅、滿意、快樂、驚喜等，消極情感包括悲傷、厭煩、不滿意、憤怒等。服務的社會體驗是指消費者不僅僅是經濟人，更重要的是社會人，強調消費者與社會的關係。顧客的服務消費的同時也在建構社會關係，尋求社會歸屬和認同感，體現自己的人生觀、價值觀和消費觀及定位自己的社會身分。三種體驗帶給顧客不同的利益，共同影響著顧客整體服務體驗感知。在不同服務場合，消費者體驗感知側重點不同，如表 12-2 所示。

表 12-2　　　　　　　　　　　服務體驗的維度與特徵

	功能性體驗	情感性體驗	社會性體驗
特徵	更多的認知成分	更多情感成分	更多的社會屬性
	有形產品特徵更明顯	服務業表現更明顯	有形產品和服務業
	功能性利益	情感性利益	社會性利益
	強調結果、目的	強調享樂、快樂	強調關係
	解決問題	享受的投入	關係的緊密程度
	客觀	主觀	主觀或客觀

第二節　網絡行銷

20 世紀 90 年代以來，Internet 的飛速發展推動了全球的互聯網熱潮。目前，世界上的大部分交易都是在廣泛連接著個人和企業的互聯網中進行的。隨著網絡環境和 Internet 的發展變化，網絡行銷日漸成熟並成為主流。人們借助互聯網與移動網絡隨時隨地接觸商品信息、瞭解品牌、即時溝通或留言。互聯網從根本上改進了消費者對於便利、速度、價格、產品信息、服務、品牌與溝通互動的需求，也給行銷者提供了一種聯結顧客、溝通互動與價值共創的全新方式。

一、網絡行銷的概念與特徵

（一）網絡行銷概念

中國互聯網的使用和影響在持續穩定地增長。相關數據顯示，2017 年 12 月中國網民規模達 7.72 億，普及率達到 55.8%，超過全球平均水準 51.7%，使用手機上網的網民規模達 7.53 億，占上網人數的 97.5%。中國網絡購物用戶規模達到 5.33 億，占網民總體的 69.1%，較 2016 年增長 14.3%，其中，手機網絡購物用戶規模達到 5.06 億，使用比例達

67.2%，同比增長14.7%。隨著越來越多的消費者從實體店轉向網上購買，2017年中國網絡零售額達到7.18萬億元，零售額同比增長32.2%，增速較上一年提高了6個百分點。據估計幾乎一半的零售銷售額要麼直接在網上交易，要麼與互聯網有緊密聯繫。越來越多的消費者即使在實體店內，也不忘利用智能手機和平板電腦尋找最優惠的價格。因此，在互聯網時代，網絡行銷是各大企業必須面對的行銷方式。

一般來說，凡是以互聯網為主要手段開展的行銷活動都可稱為網絡行銷。網絡行銷是企業行銷的重要組成部分，它是以互聯網媒體為基礎，運用網絡化思維與理念，利用數字化的信息和網絡媒體的交互性來實現組織目標的一種新型的行銷，即通過互聯網，借助公司主頁、APP、在線視頻、博客和微博等方式進行的行銷活動，以更有效地實現個人和組織的交易目標與價值。

需要注意的是：首先，網絡行銷不等於簡單的網上銷售，它是為了實現最終產品的銷售、提升品牌的形象而進行的一系列行銷活動的整合；其次，網絡行銷也不等於電子商務，電子商務的內涵很廣，其核心是電子化交易，而網絡行銷注重的是以互聯網為主要手段的行銷活動。最後，網絡行銷是企業整體行銷的一個組成部分，網絡行銷活動不可能脫離一般行銷而獨立存在，網絡行銷和傳統行銷並不衝突，兩者很大程度上是互補關係。

網絡行銷的產生是多種因素作用的結果，它主要基於三大特定基礎：網絡信息技術的發展是網絡行銷產生的技術基礎，價值觀的變遷是網絡行銷產生的觀念基礎，全球化與跨界競爭是網絡行銷產生的現實基礎。

互聯網絡的出現，為企業和顧客提供了直接交互的網絡行銷渠道，使得企業與顧客直接交互成為可能，企業可以通過網絡渠道，把產品直接銷售給顧客；消費者也可以按照自己的需求，直接搜尋產品與服務提供者，並進行各種屬性功能價格的比較。網絡行銷還能夠精準地瞄準目標消費群體，從而提高行銷的有效性，降低行銷成本。

(二) 網絡行銷的特徵

1. 跨時空高效性

由於互聯網與移動網絡能夠超越時間和空間的限制進行信息數據的交換與交易，企業可以每週七天，每天24小時隨時隨地提供全球性行銷服務，能更加便捷和及時地與顧客進行溝通互動。網絡行銷信息傳播便捷高效，可以實現行銷信息的及時發布和更新，並能適應市場需求，及時更新產品服務和調整價格，以此及時有效瞭解並滿足顧客的需求。

2. 多媒體交互性

移動互聯網作為一種新的多媒體互動式傳播媒體，可以充分利用其文字、聲音、圖像、動畫等信息，全方位地展示商品屬性和特點，並能夠即時或者延時與顧客進行供需互動與雙向溝通。

3. 個性化集成性

企業可以利用網絡優勢，一對一地向顧客提供獨特的、個性化的產品和服務，這在傳

統行銷中是難以想像的，廠商可以與顧客通過交互式溝通，最大限度地滿足每一個消費者的特定消費需求，並與消費者建立長期關係。網絡行銷中從需求喚醒、商品信息收集到決策、付款，直至售後服務一氣呵成，是一種全程的集成行銷，企業可以借助移動互聯網將不同的傳播行銷活動進行統一設計規劃和協調實施，以統一的資訊向消費者傳達信息與提供服務。

4. 高技術經濟性

網絡行銷是建立在互聯網信息技術基礎上的，企業實施網絡行銷必須有一定的技術投入和技術支持。許多企業取得市場競爭優勢的關鍵因素就是它們擁有先進的網絡信息技術。同時，網絡行銷大部分活動在網上進行，通過互聯網進行信息溝通與交易，有關產品特徵、規格、性能、公司情況、使用說明與反饋、售後服務等信息都被存儲在網絡中，可供顧客隨時查閱交流，可以節約很多成本；在吸引潛在顧客與長期客戶維護時，網絡化的方式提供行銷信息，需要投入的資金和資本相對較低。

二、網絡行銷理論

（一）整合行銷理論

在網絡經濟環境下，消費者的個性消費迴歸，消費者購買商品的選擇性與主動性增強，越來越在乎購買便利、一站式購物與輕鬆購物，享受購物樂趣。網絡整合行銷理論認為，企業開展網絡行銷活動必須以顧客為中心，在充分考慮顧客需求、讓渡價值、交易便捷與雙向溝通的 4C 的基礎上來整合行銷組合策略。

宏觀角度來看，網絡行銷是以整合企業內外部所有資源為手段，充分發揮產業生態圈價值，再造企業的生產交易行為，實現企業價值目標的全面的一體化行銷，它以整合為中心，講求系統化管理，強調協調與統一。

（二）直復行銷理論

直復行銷理論是一個相對較早的理論，在 20 世紀 80 年代開始盛行，網絡行銷讓其再次引起學界的關注。美國直復行銷協會對其所下的定義是：「一種為了在任何地方產生可度量的反應和達成交易所使用的一種或多種廣告媒體的相互作用的市場行銷體系」。直復行銷理論的核心在於它對行銷績效的直接測試、度量和評價，從根本上解決了傳統行銷效果評價的科學性，為量化行銷決策提供了依據。

基於互聯網的直復行銷更加符合直復行銷的理念，表現在如下兩個方面：

一是網絡直復行銷作為一種雙向互動溝通與交易反饋系統，在任何時間、任何地點都可以實現廠商與顧客之間的雙向信息交流，克服了傳統市場行銷單向信息交流方式下行銷者和顧客之間無法有效溝通與直接反饋的致命弱點。

二是直復行銷為每一個目標顧客提供直接向行銷人員反饋的渠道，企業可以憑藉顧客反應找出行銷中的不足，並能夠有效測評直復行銷活動效果。

(三）長尾理論

長尾理論認為，只要存儲和流通的渠道足夠多，需求比較小眾或銷售頻率很低的產品所共同占據的市場份額可以和那些熱銷產品所占據的市場份額相匹敵甚至更大，即眾多小市場可以匯聚成可與主流大市場相匹敵的市場能量。在商業實踐中，長尾理論被廣泛應用於網絡行銷中，可以為企業，特別是電子商務為主導的企業找到真正的發展空間與利潤增長點。例如阿里巴巴拋棄傳統的二八定律，堅持做小眾的長尾市場，讓數量眾多的小企業和個人通過淘寶這一平臺進行小件商品的銷售互動，從而創造了驚人的交易量和利潤，類似成功的還有餘額寶。它們的成功讓人們看到，只要將尾巴拖得足夠長，就會聚沙成塔，產生意想不到的效果。

（四）全球行銷理論

由於互聯網無處不在，世界就是一個地球村。網絡行銷理論也就是全球行銷理論，即向全世界提供同質性或者差異化產品與服務，兼顧大規模的同質產品的成本優勢與不同區域差異化的價值提供。全球行銷主要是要確定不同地區的共同需求，以及需要在哪些方面進行適應性調整。

在網絡行銷中全球行銷理論可以指導企業通過產品標準化降低成本，樹立統一的品牌形象，滿足消費者需要的全球品質的標準化產品或者服務。當然，根據不同區域市場進行相應的市場與產品改進也是必不可少的。

（五）網絡行銷 SoLoMo 理論

SoLoMo 是美國 KPCB 風險投資公司合夥人 John Doerr 在 2011 年提出的一個網絡行銷理論。SoLoMo 中的 So 指 Social（社會化），Lo 指 Local（本地化），Mo 指 Mobile（移動化）。三者合在一起，SoLoMo 為涉足互聯網的企業提出了重要的網絡行銷戰略方向，即社會化、本地化和移動化。

社會化包括兩層含義：一是社會化行銷，即更多地借助社交媒體擴散品牌口碑，開展行銷活動；二是社交購物，在互聯網時代，熟人之間、陌生人之間，借助社交媒體彼此溝通信息，增進瞭解，可以大大地促進人們的消費慾望和交易效率。

本地化主要是指借助 LBS（地理位置服務），通過在線方式告知消費者特定地理位置的線下服務，並為線下服務實施網絡行銷。本地化最典型的應用就是大眾點評這類 O2O 及滴滴出行這類共享經濟平臺，將巨大的網上客流導入特定地理位置的線下消費，並利用搜索、排名和精準推薦這些行銷方法為消費者提供消費便利。

移動化即適應強大的網絡終端移動化潮流，將網絡行銷從傳統電腦終端轉移到手機、IPAD 等智能移動終端。今天，智能手機已經成為人們上網的主要工具。企業的網絡行銷活動應當努力適應這樣的移動化潮流。比如，網絡廣告應當利用移動終端豐富的感應功能（比如手機的劃、翻、搖等功能）以使廣告更富表現力，產品展現也應該更加適應消費者碎片化時間的瀏覽需求。

三、網絡行銷方式

(一) 病毒式行銷

病毒式行銷（Viral Marketing）是口碑行銷的數字版本，涉及製作視頻、廣告和其他行銷內容，這些內容極具感染力，顧客會主動搜索它們並傳遞給朋友們，使得行銷信息像病毒一樣快速傳播。因為消費者自覺地搜索和主動傳播，病毒式行銷的成本非常低；而且，因為信息來自圈內朋友，這些視頻或者其他信息的接收者更有可能觀看、閱讀與回應。

現代攝錄技術已經大眾化與低技術化，精心設計製作和富有創意的視頻都可以採用病毒式傳播，吸引用戶並給品牌帶來正面的曝光。例如，在一段簡單而真誠的麥當勞視頻中，麥當勞公司加拿大區的行銷經理通過展示麥當勞廣告製作的幕後過程，解釋為什麼廣告中的麥當勞產品看起來要比現實中的更好。這段時長3分半鐘的視頻吸引了1,500萬次瀏覽和1.5萬次轉發分享，也使公司因真誠和透明贏得了諸多讚譽。

(二) 博客行銷

博客（Blogs）即在線日誌，用來表達個人或者企業的想法和觀點，通常圍繞一定的主題，如政治、房地產、社區、足球、美食、汽車、明星、電視劇等。許多博主會用推特（Twitter）、臉書（Facebook）、微博（We Chat）等社交媒介來推廣他們的博客，獲取更多的閱讀量。在各種社交網絡上擁有廣大粉絲的博客，具有很大的社會影響力。

作為一種行銷工具，博客有其獨特優勢。它為企業加入消費者網絡和社交媒體提供了一種新穎、原創、個性化的低成本進入方法。儘管公司有可能利用博客來吸引顧客，建立密切顧客關係，但是，博客仍然是一種由消費者主導的媒介。企業需要積極參與和認真傾聽，通過來自消費者的網上日誌來洞察市場與改善行銷活動。

(三) 微博行銷

微博行銷是指通過微博平臺為商家、個人等創造價值而進行的一種行銷方式，也是商家或個人通過微博發現並滿足用戶各種需求的商業行為。微博與其他社交軟件如微信、QQ等一樣，在移動互聯網時代得到了快速發展。伴隨著微博用戶數量的逐漸攀升，微博行銷也漸漸興起並火熱起來。微博也憑藉其巨大的商業價值屬性從一個單純的社交和信息分享平臺轉化成為企業重要的網絡行銷推廣工具。微博行銷具有操作簡便，營運成本較低、容易受到用戶關注、可進行精準行銷和借助知名博主進行信息引導等行銷優勢。

(四) 微信行銷

微信行銷是伴隨著微信使用而興起的一種移動互聯網絡行銷方式，是借助微信中的公眾號、朋友圈等功能進行行銷的行銷活動。微信已成為目前中國移動端的最大社交應用平臺，擁有超過十億的用戶。越來越多商家利用微信平臺拓展企業的行銷業務，從免費短信聊天APP，到語音交流APP，再到小程序，給用戶帶來越來越多的全方位、高品質的服

務體驗。許多商家借助微信打造企業公眾號，實現和特定目標群體的文字、圖片和語音的全方位溝通互動。

微信行銷基於地理位置的服務也極大提高了行銷互動的精確度，商家可以通過微信和微信公眾平臺對客戶進行消息的推送。相對於博客行銷方式，微信擁有更加廣泛、真實、具體的客戶群，具有很強的互動及時性，無論客戶在哪裡，只要帶著手機，就能夠很輕鬆地進行交流互動。微信不僅可以借助移動終端進行定位行銷，線上線下互動行銷，而且還可以實現一定的一對一行銷。

（五）視頻行銷

視頻行銷是指在網站主頁或者諸如臉書、微博等社交媒體上通過發布數字視頻進行的行銷活動。這些視頻包括專門為網站和社交媒體製作的，旨在進行品牌促銷的視頻，如操作指導視頻和公共關係視頻；也有一些視頻是為電視和其他媒體製作，在廣告播放之前或之後上傳到網絡上的視頻，以提高廣告到達率和影響力。優秀的網上視頻可以快速吸引大量的目標消費者，優良的視頻可以像病毒一樣迅速地傳播。

目前各個視頻網站已累積了豐富的用戶數據，通過對數據挖掘與調研分析可以精準把握用戶需求偏好，從而開發出更具有針對性的自制內容。各大視頻網站均在電視劇、綜藝節目、電影、動漫這四大專業內容上進行佈局，打造內容產業鏈，吸引用戶注意力，增加用戶黏性。優質內容成為網絡視頻未來走向的關鍵環節，近年來，大批優秀專業人才的加入使得自制內容更加精品化、專業化。

四、網絡行銷工具與載體

公司需要選擇成本效益比最佳的網絡行銷工具與載體，以實現有效行銷傳播與實現行銷目標。企業可以選擇的網絡行銷傳播工具與載體有：企業網站、搜索引擎、電子郵件、網絡廣告與移動 APP 等。

（一）企業網站

企業網站設計必須能夠體現公司經營宗旨使命、歷史、產品和服務、發展願景，不僅要能夠吸引初次訪問者，並且要有足夠吸引力，能帶來重複瀏覽。網站設計在人機交互（Human-Computer Interface，HCI）中強調用戶導向（User-Oriented）。Rayport 與 Jaworski 在 2001 年提出 7Cs 模型，提出網站設計的 HCI 應注重讓顧客容易操作與使其滿意。7Cs 網站界面包含七項要素：

（1）Context（組織），即網站內容的設計與呈現方式，要同時符合功能性與美觀性需求。

（2）Content（內容）。網站上所傳遞的內容包括產品與服務內容、促銷方案、顧客支持、及時更新資訊，以及各種與產品或服務相關的資訊，採用多媒體方式提供產品或服務資訊（如：以語音或動畫的方式描述產品或服務內容）。

（3）Community（社群），即與網站使用者之間的互動空間，讓使用者有歸屬感或參與感，包括線上論壇（BBS）、會員電子信箱或留言板等。

（4）Customization（客戶化定制），提供使用者自身定做自己想瀏覽的內容資訊的功能，讓使用者在登錄後就可以開啓個性化頁面，使其更有親近感。

（5）Communication（溝通方式）。網站與使用者之間的溝通管道，包括以電子郵件方式告知各種資訊（如電子報），或是讓使用者可提供建議的渠道（如信箱）。

（6）Connection（連結），即網站與其他外部相關網站的連結。

（7）Commerce（商務），即支持各種交易功能，如線上查詢、下訂單與取消、繳費功能等。

訪問者往往通過易用性（快速下載、首頁簡明、導航清晰、文字易懂）和美觀性（網頁整潔有序、色彩和聲音形象逼真）來評判網站性能。同時，公司還必須注意網絡安全和隱私保護等問題。

除了企業網站外，公司還可以使用微站點、個人主頁或網頁群作為主站點的補充，特別是低潛在需求商品。例如，消費者很少訪問保險公司官網，但是保險公司可以在二手車網站建立一個微站點，在為購買者提供購買建議的同時，也是行銷汽車保險的好機會。

（二）電子郵件

通過電子郵件為消費者提供信息，進行交流溝通，性價比極高。據研究，通過電子郵件提高銷售的成功率至少是社會化媒體廣告效果的三倍，平均訂單價值也被認為高出17%。但是當電子郵件行銷被大量濫用時，形成垃圾郵件，消費者會使用垃圾郵件過濾器攔截。一些優秀公司首先會徵詢消費者是否願意收到商業信息郵件，以及希望什麼時候收到郵件的意見。企業電子郵件必須及時，有針對性且與顧客需求相關。吉爾特集團為推廣其閃購網站，基於收件人以往點擊行為，瀏覽歷史和購買歷史發出了3,000多種不同形式的電子郵件。

（三）網絡廣告

由於消費者瀏覽網絡的時間越來越多，許多企業正將更多的行銷資源投向網絡廣告（Online Advertising），以期提高品牌銷售或吸引訪問者訪問其公司網絡、移動和社交媒體網站。網絡廣告正成為一種新的主流媒體。網絡廣告的主要形式包括展示廣告和搜索內容關聯廣告。兩者共同在企業數字行銷支出中占30%的比重，是最大的數字行銷預算項目。

網絡展示廣告可能出現在瀏覽者的屏幕的任何位置，並且與其正在瀏覽的網站內容相關。例如，當你在百度網站上搜索「雲南」時，很可能看到來自旅遊公司提供的「雲南旅行套餐」的推廣廣告。近年來，展示廣告在吸引和保持顧客關注方面取得了長足的進步，融合了動畫、視頻、音效和互動等。例如，當你在電腦或手機屏幕上瀏覽與體育相關的內容的時候，很可能會看到天梭表的旗幟廣告突然躍上屏幕。在該旗幟廣告關閉之前，你最喜歡的籃球運動員突然從中閃出，展示超級體育明星使用天梭表場景的畫面。這種

內容豐富有趣的廣告只有短短的幾十秒，卻能產生很好的傳播效果。

（四）搜索引擎廣告

有許多關於搜索引擎優化和付費搜索的算法與指導準則。搜索引擎優化是為提高搜索項（如企業品牌）在所有非付費檢索結果中的排序而進行的優化設計。網絡行銷的一個重要組成部分是付費搜索或點擊付費廣告。付費搜索是公司對檢索項進行的競價拍賣。基於這些檢索項代表著消費者對商品或者消費的興趣，以及搜索者是公司的主要潛在客戶。當消費者用百度、谷歌、雅虎或者必應去搜索這些付費的檢索項時，付費企業的廣告就會在搜索結果上方或者側面出現，位置取決於公司的出價高低及搜索引擎計算廣告相關度時所用的算法。點擊付費廣告只有當訪問者點擊了廣告，廣告主才會付費。

較為寬泛的搜索項對公司整體品牌構建意義較大，而用於識別特定產品型號或服務的具體檢索項則對創造和轉化銷售機會更為有用。行銷人員需要在企業網站上突出目標檢索項，以便搜索引擎能夠較好地識別。通常一個產品或者服務可以通過多個關鍵詞識別，行銷人員必須根據每個關鍵詞的可能回報率來競價，並收集數據以追蹤付費搜索的效果。

（五）移動 APP

目前，全球已經進入移動互聯網時代。隨著移動互聯網的興起，越來越多的互聯網企業、電商平臺將 APP 視為銷售商品的主戰場。相關數據顯示，APP 給手機電商帶來的流量遠遠超過了傳統互聯媒介所帶來的流量值，通過 APP 盈利成了各大電商平臺發展的主要方向。APP 與電腦版普通網站在用戶體驗、設計風格、登錄方式、互動性等方面相比更具優勢。相較於傳統互聯網行銷工具，APP 行銷具有成本較低、持續性強、信息全面、靈活度高、精準度高、穩定高速、互動性強、促銷效果好、用戶黏性強等優點。

手機 APP 行銷是企業品牌與用戶之間形成長期良好關係的重要渠道，也是連接線上與線下渠道的樞紐，逐漸發展成為各大電商激烈競爭的主流行銷渠道。

五、網絡行銷管理

（一）網絡口碑管理

口碑，即關於產品及品牌的評價。口碑傳播是最原始、最古老的行銷傳播方式。隨著互聯網傳播媒介的迅速發展，企業對網絡口碑越來越重視。網絡口碑（Internet Word of Mouth，簡稱 IWOM），是指消費者借助網絡工具（如 QQ、MSN、論壇、電子郵件、博客和視頻網站等）把自己對有關產品的消費體驗、看法在網上發表、與人分享，並做出相應的討論，這些體驗、看法和評論可以通過文字、圖片、音頻、視頻等多媒體形式表現出來。網絡口碑行銷是口碑行銷與網絡行銷的結合，是企業通過良好的用戶體驗，借助於網絡媒介使企業產品在用戶社群中形成口碑效應，以達到提升企業品牌形象、促進產品銷售目標的活動。

與傳統口碑行銷相同，網絡口碑行銷能夠提升企業品牌形象，影響消費者決策，提高

品牌忠誠度，降低行銷成本等。與傳統的口碑傳播相比，網絡口碑傳播具有波及範圍大、傳播速度快、超越時空性、信息儲量大、溝通成本低、傳播匿名性等特點，一旦處理不慎，常常會給企業帶來不可估量的損失。因此，企業實施網絡口碑行銷，要以優質產品和良好服務為基礎，以真實具體的傳播信息、適當有效的傳播方式、傳播渠道為手段，綜合運用，精心設計，方可收到良好效果。

（二）內容管理

在「人人都是自媒體」的網絡時代，內容行銷（Content Marketing）已經全面滲透到網絡行銷之中。內容行銷是在普通門戶網站、企業網站和社交媒體網站等上面製作並上傳內容的一種行銷方法。內容行銷將企業產品、Logo、廣告等文字、圖片和動畫等內容植入軟文中，強調內容創意，使產品成為一種實體化的社交工具，把與用戶溝通變成內容生產的過程，以此吸引消費者。

其實在傳統行銷環境中，內容行銷由來已久，例如發放紙質傳單、新聞稿、商品目錄、公司宣傳冊、專題廣告片及網絡宣傳片等主動出擊的行銷手段。不同的是，廠商如今使用的是數字內容，他們通過把自己打造成網絡媒體信息的發布者，通過這些內容對那些搜索企業信息的消費者進行告知，吸引現有客戶和潛在客戶參與。

內容行銷的內容主要有三個方面的來源：

（1）BGC：企業生成內容，由企業為受眾提供企業的產品品牌品類相關的權威信息。

（2）PGC：專業機構生成內容，由企業品牌代理或專業內容提供機構提供的外部信息內容，為更廣泛的消費者群體提供品牌信息。

（3）UGC：用戶生成內容，以品牌粉絲為核心，消費者的用戶體驗等原生口碑內容信息。

（三）客戶關係管理（CRM）

隨著互聯網信息技術的發展，客戶關係管理進入「2.0」時代，即社交CRM（Social CRM）時代。在社交CRM時代，公司不僅僅關注自身的行銷戰略與願景，還要基於社交網絡深入洞察顧客需求，並與客戶形成多維度、多層次的良性互動。社交CRM對企業具有諸多的利益，例如對企業、產品及品牌的聲譽進行監視和管理，更深層次瞭解客戶需求，有助於瞄準目標市場定位、增加銷售收入與利潤等。同時，社交CRM對客戶也是有利的，例如顧客遇到問題可以及時得到解決，可以從其他客戶那裡得到有關產品的真實信息，方便快捷地與企業進行互動。社交CRM不僅可以建立「一對一」CRM，還可以建立「一對多」企業對顧客社群的CRM，充分尊重客戶需要並且細緻分析客戶個體及社群的訴求，發現差異化與未被發現的市場需求，確定企業未來發展戰略。

唐·佩珀斯和馬莎·羅杰斯認為，社交CRM需要重點做好以下工作：從廣大市場人群中發現公司潛在客戶並加以甄別；量化分析不同客戶對公司可能帶來的價值，並以其價值進行客戶畫像；強調顧客溝通的重要性，主動維繫客群關係，同時客戶也可積極主動聯

繫公司；根據客戶訴求即時調整公司的產品與服務。

第三節　大數據行銷

一、大數據行銷的概念與理論

傳統市場行銷活動主要基於大規模製造，設計相應的大範圍傳播渠道與不同路徑的分銷渠道，在大數據時代，針對一定範圍的行銷轟炸不僅是低效率的，行銷質量也不高。以企業促銷實踐為例，以往都是選擇知名度高，瀏覽量大的媒體進行投放。如今大數據技術可以讓企業準確掌握5W1H，從而實現精準行銷。

（一）大數據行銷的概念與特徵

大數據行銷是建立在海量微觀基層消費行為數據基礎上的，精準把握與引導顧客消費心理行為，即時動態調整企業產品與服務，滿足顧客多元化與個性化需求的行銷管理過程。

大數據行銷具有以下四個基本特徵：

1. 數據化

大數據行銷的基礎是大量的微觀個體數據及其行為數據，中國的微觀大數據主要掌握在電信營運商、金融機構、政府機構（人口、教育、稅收等）和電子商務營運商四大部門手中，它們在大數據領域占據獨特的天然「管道」優勢，擁有多年業務營運累積的網絡營運數據和用戶業務數據，具備精準行銷必備的基本要素，包括用戶辦理業務時提供的個人基本信息，如姓名、性別、年齡、單位、住址等；根據基站、定位系統等準確獲取用戶的地理位置信息；用戶訪問數據與相關業務數據等。

2. 精準化

大數據行銷具有精準化、高效率的特點，可以根據即時性的定價、分銷、促銷效果反饋，及時調整行銷策略，尤其是企業通過對用戶的各種信息進行多維度的關聯分析，可以從大量數據中發現有助於優化行銷決策的各種關聯。例如，通過發現用戶購物車中商品之間的聯繫，分析、預測用戶的消費習慣和規律，獲悉哪些商品被哪些用戶頻繁地購買，從而幫助行銷人員由此及彼，舉一反三，掌握消費者的購買行為及其規律，有針對性地制定出相關商品的行銷策略。

3. 個性化

大數據行銷不僅僅反應在數據量上，更多的是數據背後對消費者心理行為的洞察。因此大數據行銷具有明顯的個性化優勢，可以根據用戶個性、教育、興趣、愛好、觀念、及其在歷史性的行為與需求，有的放矢，實施一對一行銷與定制化服務。

4. 時效性

互聯網時代的消費者行為、購買方式及消費慾望表現為多元化與彈性化，需要即時把握顧客需求動態，及時推出相應產品與服務。在顧客需求慾望強烈時，及時實施針對性的行銷行為，無疑是交易雙方雙贏的最佳結局，比如在顧客有大量現金收入的時候，及時提供理財計劃。

（二）大數據行銷 SIVA 理論

舒爾茨的大數據行銷 SIVA 理論認為：在現代行銷管理過程中，用戶意見和用戶參與是核心，價值應該由用戶與企業共同創造。SIVA 理論包括四部分內容，分別是解決方案（Solutions）、信息（Information）、價值（Value）、途徑（Access）。

解決方案是指企業通過對用戶行為數據進行分析，獲得用戶真實需求，在此基礎上，提供針對性解決方案，這是 SIVA 的起點。數據信息包括信息用戶數據信息、主體內容信息、受眾反饋信息、內容傳播效果信息。在今天，用戶成了信息的主導者，他們擁有各式各樣的渠道來瞭解想要瞭解的內容。相較於過去，用戶從被動接受變成了主動獲取，並且能對所有信息內容進行甄別判斷。價值在 SIVA 理論中從一個廠商主導的靜態概念變成了用戶和廠商共同創造和認同的共享價值的概念。途徑即用戶獲取信息的平臺，通過這個交互式共享平臺建立多元化的產品與價值。

二、大數據行銷功能

（一）實現行銷行為和消費行為的數據化

大數據行銷把數據作為行銷營運的核心，打造符合企業、產品與品牌特質的具有深度的數據體系和數據應用。大數據時代，企業不僅僅需要主動獲取與收集數據，還要製造和影響數據。如何打造和營運有利於企業行銷發展的數據流，成為今後行銷管理，尤其是品牌行銷必須面對的重要課題。在新產品的開發與推廣中，也可以借助大數據來分析預測消費者行為，設計開發出符合市場需求的新產品，從而將眾多參與者與粉絲發展為新產品使用者和忠誠擁護者，提升新產品開發的成功率。

（二）實現精準行銷

我們目前處於一個信息爆炸時代，企業行銷過程中涉及的數據紛繁複雜，需要對數據進行過濾和處理，解決諸如行為噪聲、重複數據和非目標用戶數據等問題。通過去偽存真，精準錨定目標客戶，讓社交平臺實現價值倍增。企業還可以通過數據整理後提煉大眾意見去完善產品服務設計。例如，在新產品的開發與推廣中，利用大數據來整理用戶需求，利用粉絲的力量設計出新的產品。眾多參與者可能就是初始購買群體與忠誠客戶。未來隨著大數據技術的進一步提升，大數據行銷的精準性將帶來越來越大的商業價值。

（三）實現大規模個性化互動

在電視熒屏時代，促銷的核心是品牌形象傳遞；在互聯網門戶時代，促銷的核心是數

字化媒介傳播；在移動互聯網絡時代，行銷的核心是實現「大規模的個性化互動」，實現更有廣度與深度的顧客到達與互動，比如更加有針對性的傳播內容，更加人性化的客服信息，千人千面的個性化頁面，而實現這一核心的基礎就是消費者大數據的管理。

未來企業會更加關注其消費者生命週期的數據管理，與平臺合作，實現在多個接觸點上的個性化溝通。傳統意義上的廣告策略將漸漸被基於用戶畫像的自動化溝通機制所代替。目前的數據挖掘更多還是停留在線上數據的分析和挖掘上，未來大數據行銷的關鍵就在於實現線上與線下數據的打通。多屏時代的到來，正在把受眾的時間、行為分散到各個屏幕與媒介上面，企業想要更好地抓住消費者的興趣點，就需要實現多屏數據的程序化整合。

(四) 實現科學的促銷傳播

面對互聯網媒體資源在數量與種類上的快速增長與多元化，不同企業的促銷傳播需求也在日益多樣化，科學地促銷投放與智能化操作顯得尤其重要。大數據行銷是通過受眾分析，幫助企業找出目標受眾，然後對促銷傳播的內容、時間、形式等進行預判與調配。大數據行銷對企業來說，可以更加明確地知道自己的目標用戶並精準地進行產品定位，從而做出極具針對性的布置，獲得用戶關注和參與。

三、大數據行銷的主要模式

(一) 關聯推薦模式

大數據的核心是建立在相關關係分析法基礎上的預測，即把數學算法運用到海量數據上，量化兩個數據值之間的數理關係，通過相關關係的強弱來預測事物發生的可能性。具體到行銷實踐上，大數據根據消費者的「行為軌跡」，分析其消費行為，能夠進一步判斷其關聯需求，挖掘其潛在需求，對其整體消費需求進行預測；再通過具有針對性的關聯推薦，促成有效購買和消費。例如，零售業巨頭沃爾瑪通過大量消費者購買記錄分析，發現男性顧客在購買嬰兒尿布時，常常會順便搭配幾瓶啤酒來犒勞自己，於是推出「啤酒＋尿布」捆綁銷售的促銷手段，直接帶動這兩樣商品的銷量，成為大數據行銷的經典案例。

(二) 精準定向模式

利用關聯分析等相關技術對用戶社交信息進行分析，通過挖掘用戶的社交關係、所在群體來提高用戶的保有率，實現交叉銷售和向上銷售，基於社會影響和社交變化對目標用戶進行細分，行銷人員可識別社交網絡中的關鍵意見領袖、跟隨者及其他成員，通過定義基於角色的變量，識別目標用戶群中最有挖掘潛力的用戶。將大數據交換共享平臺和現有的客戶關係管理系統打通，對用戶的需求進行細分，促使行銷服務達到精準分析、精準篩選、精準投遞等要求。簡而言之，精準定向模式是指從 A、B、C……一群人中找到企業想要的 A。

以大數據行銷最重要的表現方式——需求方平臺（Demand Side Platform，簡稱 DSP）

為例，DSP 的運用可以幫助電商從以前找訂單、找流量變成找人。一是精細定位。用戶在打開互聯網時就產生了行為習慣、瀏覽目的，基於一個訪問廣告位的具體用戶，這個用戶會有自己的年齡特點、興趣愛好、朋友圈等，廣告如果能夠投其所好，就能產生最大的收益。DSP 技術能在每天全互聯網的幾百億 PV（頁面瀏覽量）的流量下，在中間把各種可能需求的人群分離尋找出來。二是精準投放。通過定位找到新客戶後，利用 RTB 技術（Real-Time Bidding，即時競價），實施競價投放。消費者瀏覽一個網站時，網站根據消費者瀏覽的情況把信息反饋給所有接入的 DSP 發一個請求，由很多家代理方對該來訪進行競價，出價最高的企業可以瞬間將廣告投放到來訪者的網頁上，實現精準的目標廣告投放。而這一系列的動作用時不會超過 100 毫秒，絲毫不影響用戶的訪問質量。三是回流客行銷。回流客，就是曾經在網站買過一次東西以後很長時間都沒有來過的客戶。DSP 技術能夠在海量的數據中把回頭客找出來，提醒他們的記憶。比如說購物車，當一個客戶把產品放到購物車而沒有購買，當客戶在瀏覽某一個網站的時候，DSP 系統會把相應的物品或廣告展示給客戶，客戶看到這個廣告並沒有購買，幾天以後變換另外的策略，根據客戶所瀏覽的媒體，把廣告再展示在客戶的面前，最大可能提醒客戶，促成消費。

（三）動態調整模式

傳統的市場行銷流程主要是以產品為中心，對市場的反應速度較慢，而且沒有對市場行銷活動的結果反饋進行改進，因而難以形成一個閉環。大數據時代的精準化行銷，以客戶為中心，從客戶的需求著手，進行深入的洞察和分析，然後結合營運商自身的業務、品牌等進行市場行銷活動的策劃；並根據市場變化、競爭對手的反應及用戶反饋情況等內容及時調整行銷策略；同時，在市場行銷活動開展一段時間後，要根據活動反饋結果適時做一些歸納和總結，以便為下一個階段市場行銷活動策劃打好基礎。

廣告系統是谷歌公司商業模式的核心部分。為了瞭解用戶更喜歡哪種備選的廣告方案，谷歌公司採取了大數據分析動態調整模式。為把用戶在網上的行為模式加入排名算法，谷歌進行了許多努力，例如推廣谷歌工具欄，用戶在瀏覽網頁時的行為數據會被谷歌收集，甚至曾經付出不少的一筆費用給戴爾公司，在其銷售的電腦上預裝谷歌工具欄。對那些沒有預裝谷歌工具欄的用戶，當他在谷歌網站進行搜索的時候，電腦也會設置cookie，在這個 cookie 一年的有效期內，用戶的搜索會被一一記錄。此外，買下原本需要付費的日誌分析軟件，再以 Google Analytics 的形式免費提供給站長們的做法也是出於同樣的考慮。通過對用戶使用搜索引擎中即時數據的搜集和分析，谷歌能夠甄別出哪個廣告更受歡迎，然後主推用戶偏好的版本。

（四）瞬時倍增模式

這種模式是指利用累積的大量人群數據，根據已經擁有的 A，找到一群更大的 A。找到 1,000 個忠實的目標消費者也許不難。如何把這個數量由 1,000 變為 10,000、1,000,000甚至更大呢？這 100、1,000 又如何從好幾億的人中挑選呢？

阿里巴巴為此構建了一個 Lookalike 模型，它被形象地稱為「粉絲爆炸器」，可以做到「給定一小群人，自動找到 10 倍、20 倍規模相似人群」。一旦客戶購買了商家的商品或服務，企業便可以知道客戶的情況，進而進行溝通、促銷與交叉銷售。相對於已有客戶人群規模（一家中型電商每月可能有上萬客戶），還沒有成為客戶的人群規模（線上有幾億規模的客戶）是非常巨大的。從上億潛在客戶中找到真正的消費者這個過程的效率和成本就成為商家制勝的關鍵。這也是「粉絲爆炸器」所要解決的問題。

通常，成為某商家客戶的人群具有一定的共性，例如都是近期購房人群、都是在意體重的人群等。這些共性往往在商家的已有客戶中已經有所顯現；這些消費者的各種屬性和行為與其他消費者的差異就能突出這些共性特點。利用這些共性，通過比較全網消費者與已有消費者客戶之間在這些行為上的相似程度，就可以在真正的消費行為發生之前來找到目標顧客。

與「啤酒尿布」不同的是，粉絲爆炸器更注重人的綜合行為特性，而不是把重點集中在商品/服務之間的關聯性上。因此，「粉絲爆炸器」會找出新任父親與家裡的嬰兒這樣的特性，而這樣的人通常會買啤酒、尿布、奶粉、嬰兒護膚品、產後保養品等。但如果我們只考慮關聯性，則會因消費者購買了啤酒，所以推薦關聯性最高的紅酒、尿布、飲料等。這種抓住人的相似性往往會有更為精準的效果。

通過大數據算法在全網用戶上運用「粉絲爆炸器」，實際上更像是把全網消費者和商家之間的已購消費者之間的關聯可能性進行精準排序。商家給定一小部分忠實用戶人群以後，系統可以給出最像這群人的前 1 萬人、前 10 萬人、前 100 萬人……；此時，便可根據商業目標來選擇合適規模的人群進行行銷活動。

四、大數據行銷基本流程

（一）客戶信息收集與管理

客戶數據收集與管理是一個數據行銷準備的過程，是數據分析和挖掘的基礎，是搞好精準行銷的關鍵和基礎，否則會造成盲目推介、過度行銷等錯誤，例如因為某些產品的購買，在一定時段裡是不會重複的，強行推薦，只會導致厭煩情緒和後悔情緒。傳統的客戶關係管理一般關注兩方面的客戶數據：客戶的描述性數據和行為數據。描述性數據類似於一個人的簡歷，比如姓名、性別、年齡、學歷等；行為數據則複雜一些，比如消費者購買數量、購買頻次、退貨行為、付款方式等。在大數據時代，結構性數據僅占 15%，更多的是類似於購物過程、社交評論等這樣的非結構性數據，並且數據十分複雜，只有通過大數據技術收集和數據整理，才有可能形成關於客戶的 360 度式數據庫，不錯過每一次行銷機會。

（二）客戶細分與定位

只有區分出了不同的客戶群，企業才有可能對不同客戶群展開有效的管理並採取差異

化的行銷手段，提供滿足這個客戶群特徵要求的產品或服務。在實際操作中，傳統的市場細分變量，如人口因素、地理因素、心理因素等由於只能提供較為模糊的客戶輪廓，難以為精準行銷的決策提供可靠依據。大數據時代，利用大數據技術能在收集的海量非結構信息中快速篩選出對公司有價值的信息，對客戶行為模式與客戶價值進行準確判斷與分析，深度細分，使我們有可能甚至深入瞭解「每一個人」，而不止是「目標人群」。

（三）行銷戰略制定

在得到基於現有數據的不同客戶群特徵後，市場人員需要結合企業戰略、企業能力、市場環境等因素，在不同的客戶群體中尋找可能的商業機會，最終為每個群制定個性化的行銷戰略，每個行銷戰略都有特定的目標，如獲取相似的客戶、交叉銷售或提升銷售，或採取措施防止客戶流失等。

（四）行銷方案設計

大數據時代，一個好的行銷方案可以聚焦到某個目標客戶群，甚至精準地根據每一位消費者不同的興趣與偏好為他們提供專屬性的市場行銷組合方案，包括針對性的產品組合方案、產品價格方案、渠道設計方案、一對一的溝通促銷方案。比如O2O渠道設計、網絡廣告的受眾購買的方式（DSP）和即時競價技術（RTB）及基於位置（LBS）的促銷方式。

（五）行銷結果反饋

大數據時代，行銷活動結束後，應對行銷活動執行過程中收集到的各種數據進行綜合分析，從海量數據中發掘出最有效的企業市場績效度量，並與企業傳統的市場績效度量方法展開比較，以確立基於新型數據的度量的優越性和價值，並對行銷活動的執行、渠道、產品和廣告的有效性進行評估，為下一階段的行銷活動打下良好的基礎。

五、大數據行銷的新發展

（一）場景行銷（Scene Marketing）

場景行銷是指基於大數據找到合適的消費者群體，根據其消費行為模式和購買決策規律安排信息內容，針對不同的消費者群體，在最合適的情境下為其推送最合適的產品或服務。場景行銷的核心在於預測用戶行為。用戶每時每刻產生的數據，都被場景行銷鏈中的各企業用於市場細分研究、購買行為研究、客戶留存研究、媒體習慣研究等，從而有助於企業更好地制定行銷決策，提升行銷效率。

場景行銷越來越呈現出融合的趨勢，線上場景與線下場景往往同時出現，而且兩者間的界限漸漸被打破，對用戶數據的挖掘、追蹤和分析越來越被企業所重視，在由時間、地點、用戶關係構成的特定場景下，連結用戶線上線下行為，理解並判斷用戶感情、態度和需求，為用戶提供即時、定向、創意的信息和內容服務，通過與用戶的互動溝通，梳理品牌形象或提升轉化率，成為企業開展大數據行銷的基本活動內容。

（二）「雲行銷」（Cloud Marketing）

隨著雲技術的不斷發展、數據雲平臺的持續完善，「雲行銷」模式越來越受到企業的歡迎並為企業行銷帶來新動力。「雲行銷」是指企業借助於雲技術，通過互聯網把多個成本較低的計算實體，運用「雲」之間的邏輯計算能力，將網絡上各種渠道的行銷資源整合成一個具有強大行銷能力的系統，以取得更理想的行銷效果。知名的電商企業如 Amazon、Google、百度、騰訊和阿里巴巴均已建立了自己的雲平臺。

「雲行銷」網絡覆蓋搜索引擎、博客、論壇及微博等社會化媒體（雲媒體），是分佈式計算、網絡存儲、虛擬化等先進技術發展融合的產物。其強大的資源整合能力將傳統上各個網絡行銷企業的計算機軟硬件資源及分散的網絡資源集中到「雲端」，所以「雲行銷」使得企業各類行銷活動在操作上更加精確、便捷、高效。不僅如此，還將產生各種新穎的服務或產品，以滿足消費者多樣化、個性化的需求。它能夠同時管理多個終端的消費者偏好數據，將傳統行銷方法與軟件服務化的理念融為一體。

「雲行銷」具有兩方面優勢：一是能夠為企業提供完整的用戶偏好數據，二是使得新用戶和新產品的冷啟動①得到瞭解決。雲行銷不僅顯著提高了信息量和信息利用效率，同時也通過雲端的集中管理，大幅度地降低了企業的行銷管理和營運成本，降低新用戶的獲取成本，並且增加了客戶數量，最終實現了企業整體利潤的增長。

（三）人工智能（AI）

大數據和人工智能是現代計算機技術應用的重要分支，近年來這兩個領域的研究相互交叉促進，產生了很多新的方法、應用和價值。大數據和人工智能具有天然的聯繫，大數據的發展本身使用了許多人工智能的理論和方法，人工智能也因大數據技術的發展步入了一個新的發展階段，並反過來推動大數據行銷的發展。

1. 精準內容推送

根據用戶以往操作記錄及歷史聊天數據，利用深度學習和大數據分析技術，可以構建更為完整的用戶畫像，並將其通過 Bot（智能機器人）推送給對該內容感興趣或者有需求的用戶，達到精準推送的效果。

2. 幫助品牌尋找合適的 KOL（關鍵意見領袖）

許多品牌傾向於在 KOL 的渠道投放廣告，KOL 與品牌的適配性也變得越來越重要。企業品牌可以借助自然語言處理技術和知識圖譜來閱讀、分析 KOL 發布在社交網站上的內容，在進行理解、分類後，尋找有觸達能力和影響力的、同時已經表露過對品牌支持態度的 KOL。

結合大數據，分析人口統計學信息和粉絲觸達數之外的東西，如對情緒和情感的分

---

① 冷啟動指的是在沒有歷史累積的信息時，無法挖掘用戶偏好的問題。例如，當一個新用戶進入網站 A 時，企業對這個用戶一無所知，很容易就會失去這個潛在客戶。這時如果向雲端發送一個請求，雲平臺就可以根據網站 B 和 C 的用戶偏好，來告訴網站 A 這款新品該推向什麼樣的消費者。

析，能找到 KOL 們在創作內容時內心的真實感受。因此，借助 AI 技術能夠幫助企業找到與品牌匹配度最佳的 KOL 並精準地投放到目標群體中，使企業影響力達到最大化。

3. 預測未來趨勢

借助特定的算法，人工智能能夠在數以百萬計的數據中，遴選出與企業自身、行業和消費者相關的有效信息。並通過對話更好地學習用戶行為、習慣與偏好，並以用戶畫像為基礎構建一套能夠以一定準確率對各種潛在結果進行預估的 AI 模型，從而為核心業務提供決策依據，帶來銷售和用戶數量的有效增長。

4. 廣告效果分析

AI 技術還能夠幫助企業分析廣告效果。如廣告效果分析系統，能透過計算機視覺與情感識別技術，來偵測受試者對視頻或廣告的情緒反應、專注程度、觀看熱區等指標，綜合評估觀看者對「關鍵情節」「關鍵商品」「關鍵人物」的接受程度，從而幫助廣告主與廣告製作單位更好地評估廣告效果。比如確定觀眾是否被該廣告所吸引，廣告中的畫外音是否被有效傳達，以此來確定品牌的廣告是否有影響力，進而有針對性地調整廣告的內容。

5. 多樣化的行銷方式

人工智能還為廣告商帶來了多種新穎的行銷方式。特別是利用圖像識別、人臉識別等創新技術，使行銷方式更具創意，吸引用戶參與，進而引發對企業品牌與產品的關注。在給用戶帶來歡樂的同時，又能輸出品牌的價值觀。

更重要的是，在每一次互動中，人工智能有機會捕捉用戶的心理與需求。在這個過程中，品牌將不再是冰冷的 LOGO，而是一種能觸摸、能感知、甚至能自主表達情緒的個體。這一改變對於廣告行銷而言，將是劃時代的事情。過去，無論多麼棒的廣告創意，消費者永遠只是旁觀者，而人工智能技術的存在則可以準確捕捉到消費者最近的需求與心理，並據此給他們提供相應商品、信息和服務，從而拉近企業品牌和用戶的距離，達到更好的行銷效果。

本章小結

在後工業化時代，服務及服務的邏輯逐漸替代產品與產品邏輯。服務的基本特徵是服務的無形性（Intangibility）、不可分離性（Inseparability）、可變性（Variability）和易消失性（Perishability）。與之相對應的服務行銷理論主要包括服務行銷三角模型理論、7Ps 行銷組合理論與 7Ps+3Rs 理論。無形服務的質量不僅與服務結果有關，也與服務過程有關，服務質量模型（SERVQUAL）以顧客需求滿足為前提，逐次分析了顧客期望服務質量與顧客感知服務質量的五大差距過程，並提出了消除這些差距的策略。

與產品行銷一樣，服務行銷也需要針對顧客的不同需求實施差異化管理，包括服務差

異化與價格管理。服務產銷同時進行，現代網絡為其拓展了分銷渠道與促銷空間。當代服務越來越注重服務過程體驗，顧客服務體驗已經成為顧客滿意的決定性因素。

網絡行銷具有跨時空高效性、多媒體交互性、個性化集成性、高技術經濟性等特質，這些特質帶來了網絡行銷理論與實踐的演進。網絡行銷理論發展包括網絡整合行銷理論、網絡直復行銷理論、長尾理論、SoLoMo 理論（社會化、本地化、移動化）。網絡行銷方式之一病毒式行銷是傳統口碑行銷的數字版本，其他還有博客、微博、微信、視頻等。網絡行銷管理主要包括：網絡口碑管理、內容行銷與「2.0」版本的 CRM，即社交 CRM（Social CRM）。

大數據行銷可以幫助企業實現行銷行為和消費行為的數據化，從而實現精準行銷，與顧客大規模個性化互動，實現科學的促銷傳播。大數據行銷 SIVA 理論包括：解決方案、信息、價值、途徑。大數據行銷的主要模式有：關聯推薦模式、精準定向模式、動態調整模式、瞬時倍增模式。大數據行銷的最新發展有場景行銷，針對不同的消費者群體，根據其消費行為模式和購買決策規律安排信息內容，在最合適的情境下為其推送最合適的產品或服務。「雲行銷」運用「雲」邏輯計算能力，將網絡上各種渠道的行銷資源整合成一個具有強大行銷能力的系統。人工智能可以實現精準地推送內容，幫助品牌尋找合適的 KOL（關鍵意見領袖），預測未來趨勢，以及實施廣告效果分析。

本章復習思考題

1. 結合服務的四個特徵，理解與掌握 7Ps+3Rs 服務行銷理論。
2. 基於無形及非標準服務特徵，學習與理解服務質量模型（SERVQUAL）。
3. 結合實際案例與現象，理解與掌握服務異化管理與服務體驗管理。
4. 結合實踐理解與掌握網絡行銷的直復行銷理論、長尾理論與 SoLoMo 理論。
5. 結合實踐理解網絡行銷管理中的口碑管理、內容管理與客戶關係管理。
6. 學習與理解大數據行銷的特徵與 SIVA 理論。
7. 學習與理解大數據行銷的主要模式，以及大數據行銷的新發展。

國家圖書館出版品預行編目（CIP）資料

現代市場行銷學 / 張劍渝, 王誼 主編. -- 第五版.
-- 臺北市：財經錢線文化, 2019.10
　　面；　公分
POD版

ISBN 978-957-680-354-3(平裝)

1.行銷學

496　　　　　　　　　　　　　　　　108016333

書　　名：現代市場行銷學(第五版)
作　　者：張劍渝、王誼 主編
發 行 人：黃振庭
出 版 者：財經錢線文化事業有限公司
發 行 者：財經錢線文化事業有限公司
E - m a i l：sonbookservice@gmail.com
粉絲頁：　　　　　　　　網址：
地　　址：台北市中正區重慶南路一段六十一號八樓 815 室
8F.-815, No.61, Sec. 1, Chongqing S. Rd., Zhongzheng
Dist., Taipei City 100, Taiwan (R.O.C.)
電　　話：(02)2370-3310　傳　真：(02) 2370-3210
總 經 銷：紅螞蟻圖書有限公司
地　　址：台北市內湖區舊宗路二段 121 巷 19 號
電　　話：02-2795-3656　傳真：02-2795-4100　　網址：
印　　刷：京峯彩色印刷有限公司（京峰數位）
　本書版權為西南財經出版社所有授權崧博出版事業股份有限公司獨家發行電子
書及繁體書繁體字版。若有其他相關權利及授權需求請與本公司聯繫。

定　　價：520元
發行日期：2019 年 10 月第五版
◎ 本書以 POD 印製發行